B. A. NEWSKI

PRAKTIKUM DER NOMOGRAMM-KONSTRUKTIONEN

B. A. NEWSKI

PRAKTIKUM DER NOMOGRAMM-KONSTRUKTIONEN

MIT 207 ABBILDUNGEN IM TEXT

1955

AKADEMIE-VERLAG · BERLIN

Б. А. Невский
Справочная книга по номографии
Erschienen im Staatsverlag für techn.-theor. Literatur
Moskau-Leningrad 1951

Übersetzt aus dem Russischen von Manfred Peschel
Wissenschaftliche Redaktion: Joh. Fischer, Mitarbeiter
am Institut für Physikalische Hydrographie der Deutschen Akademie
der Wissenschaften zu Berlin

Die Herausgabe der deutschen Übersetzung wurde gefördert
vom Kulturfonds der Deutschen Demokratischen Republik

Erschienen im Akademie-Verlag Berlin W 8, Mohrenstr. 39
Lizenz-Nr. 202. Druckgenehmigungs-Nr. 100/405/55

Satz und Druck: Druckhaus „Maxim Gorki", Altenburg
Bestell- und Verlagsnummer 5161
Printed in Germany

INHALTSVERZEICHNIS

III. KAPITEL

Die Rechengenauigkeit in Nomogrammen und die Verfahren, sie zu gewährleisten

IV. KAPITEL

Die allgemeine Reihenfolge der Operationen bei der Konstruktion von Nomogrammen

V. KAPITEL

Nomogramme für Gleichungen mit zwei Variablen

VI. KAPITEL

Netztafeln für Gleichungen mit drei Variablen

VII. KAPITEL

Fluchtlinientafeln (Allgemeine Theorie)

VIII. KAPITEL

Die einfachsten Verfahren zur Konstruktion von Fluchtlinientafeln

X. KAPITEL

Verfahren zur angenäherten Konstruktion von Fluchtlinientafeln für nichtnomographierbare Gleichungen

XI. KAPITEL

Stechzirkelnomogramme

XII. KAPITEL

Nomogramme mit beweglichen Elementen

XIII. KAPITEL

Zusammengesetzte Nomogramme

XIV. KAPITEL

Räumliche Fluchtlinientafeln

XV. KAPITEL

Die Technik der Nomogrammherstellung

VORWORT DES HERAUSGEBERS

Mit der vorliegenden deutschen Ausgabe des russischen Originalwerkes Б. А. Невский, Сиравочная книга по номографии, Москва, Ленинград, 1951, dessen Übersetzung einem Vorschlag des Vizepräsidenten der Deutschen Akademie der Wissenschaften zu Berlin, Prof. Dr. HANS ERTEL, zu verdanken ist, wird den deutschen Ingenieuren, Technikern und Wissenschaftlern eine höchst wünschenswerte Ergänzung zu dem im Jahre 1953 gleichfalls im Akademie-Verlag erschienenen Buches von M. W. PENTKOWSKI, „Nomographie" zugänglich gemacht. Das vorliegende Werk B. A. NEWSKI, „Praktikum der Nomogrammkonstruktionen" gibt vor allem der angewandten Nomographie eine Reihe wertvoller Hinweise.

Besondere Beachtung findet die gute Darstellung zu nomographierender Formeln, deren Bereiche durch die Praxis vorgeschrieben sind, unter Benutzung der schon von PENTKOWSKI erfolgreich angewandten Methode der schrittweisen Verbesserung, falls der erste Ansatz auf eine unzweckmäßige nomographische Form führt. Viele ausführlich durchgerechnete Zahlenbeispiele erläutern die einzelnen Schritte. Diesen gehen die erforderlichen theoretischen Betrachtungen voran, die gegenüber dem PENTKOWSKIschen Buche wesentlich erweitert worden sind, so daß auch der anspruchsvolle Nomogrammpraktiker zufriedengestellt werden wird.

Es ist dem Herausgeber ein aufrichtiges Bedürfnis, an dieser Stelle dem Vizepräsidenten der Deutschen Akademie der Wissenschaften zu Berlin, Prof. Dr. HANS ERTEL, für die stete Förderung der Verbreitung nomographischen Gedankengutes sowie für viele wertvolle Hinweise bei der Bearbeitung des Buches bestens zu danken.

Herr stud.-nat. MANFRED PESCHEL als Übersetzer sowie Herr RICHARD SCHÖN als Zeichner sämtlicher Abbildungen haben auch diesmal — wie schon beim PENTKOWSKIschen Werk — mit großer Sorgfalt und Mühe zum Gelingen des Werkes beigetragen, wofür ihnen ebenso Worte herzlichen Dankes gebühren, wie dem Akademie-Verlag, der mit nie erlahmendem Interesse die speziellen, den Druck und die Ausstattung betreffenden Wünsche des Herausgebers mit Geduld und Verständnis berücksichtigt hat.

Möge das vorliegende Werk recht vielen Nomogrammkonstrukteuren ein stets bereiter Helfer sein bei ihren Bemühungen, mit ihren Nomogrammen möglichst allen Ansprüchen der industriellen und wissenschaftlichen Praxis gerecht zu werden und weiterhin dazu dienen, der Nomographie neue Freunde zuzuführen.

JOH. FISCHER

VORWORT

Die Anwendung der Nomographie beschränkte sich bis in die neueste Zeit hinein hauptsächlich auf die Herstellung solcher Nomogramme, die man in Form einer Zeichnung auf einem Blatt Papier darstellen kann und die zu ihrer Verwendung keiner besonderen Spezialvorrichtungen bedürfen. Dies drückte dem Charakter der Darstellung und Ausarbeitung der Theorie von den Nomogrammkonstruktionen seinen Stempel auf: hauptsächlich wurde die Theorie und die Technik der Herstellung von Netztafeln und Fluchtlinientafeln entwickelt, da diese Methoden am besten zur Darstellung funktionaler Abhängigkeiten in Form eines Nomogramms in einer Ebene geeignet sind.

Die nomographischen Methoden beschränken sich jedoch nicht allein darauf. Es gibt auch innerhalb einer Reihe von Spezialfällen sehr bequeme Nomogrammarten, von denen man viele auch als Grundlage zur Konstruktion der verschiedensten Geräte verwenden kann. Von diesem Gesichtspunkt aus sind die Fluchtlinientafeln und die Netztafeln mitunter nicht immer die bestmöglichen geometrischen Darstellungen solcher Art. Die Theorie der Nomogrammkonstruktionen verschiedener Typen wird gewöhnlich in Form einer Reihe untereinander nicht zusammenhängender Ausführungen über diese Verfahren angegeben. Die bestehende Klassifikation der Nomogramme mit beweglichen Elementen gibt uns wegen ihrer Unvollständigkeit auch nicht die Möglichkeit, in jedem konkreten Falle einer Nomogrammkonstruktion alle Vorzüge der einzelnen speziellen Formen abzuschätzen. Da es streng formulierte allgemeine Prinzipien, die jeder geometrischen Darstellung einer analytischen Abhängigkeit zugrunde liegen, sowie eine hinreichend vollständige Konstruktionsmethodik noch nicht gibt, blieb eine Reihe für die Wahl der besten Ausführungsform eines Nomogramms ganz wesentlicher Fragen offen. So weiß man überhaupt noch nichts darüber, welche Möglichkeiten der Nomogrammumformung für jeden einzelnen Typ es gibt, es bestehen auch noch keine Kriterien über die Genauigkeit und Bequemlichkeit bei der Anwendung von Nomogrammen, außerdem weiß man noch nicht viel über die Näherungskonstruktionen von Nomogrammen usw. Die Erörterung der einzelnen Fragen der Nomographie trug einen unvollständigen Charakter, daher schien die Nomographie aus einzelnen Rezepten zur Nomogrammherstellung zu bestehen.

Auf die Unzulänglichkeiten der Klassifikation von Nomogrammen und auf die großen Möglichkeiten, die durch Anwendung der Nomogramme mit beweglichen Elementen eröffnet werden, wies N. A. GLAGOLEW hin, der mit Recht als der Schöpfer der modernen Nomographie gilt. Er verwendete große Mühe auf die Verbreitung nomographischer Erkenntnisse und ihre weitgehende Benutzung durch unsere sowjetischen Ingenieure.

Seinem Andenken habe ich dieses Buch gewidmet. Es stellt einen Versuch dar, die Einzelprobleme der Nomographie in ein allgemeines System auf Grund der allgemeinen Theorie der Nomogramme mit beweglichen Elementen einzuordnen. In diesem Buche hatte ich jedoch nicht die Möglichkeit, alle oben aufgezeigten Fragen in aller Vollständigkeit zu beleuchten, deshalb bedarf ein bedeutender Teil von ihnen noch einer Durcharbeitung. Die Anwendung einer einheitlichen Theorie der Nomogramme hat meiner Meinung nach eine Reihe von Vorzügen; der wichtigste von ihnen ist, daß es mit Hilfe einer allgemeinen Methode der Aufstellung der kanonischen Formen einer Gleichung, die durch ein Nomogramm dieser oder jener Form gelöst werden, möglich ist, neue Nomogrammtypen zu betrachten, um in jedem konkreten Falle die geeignetste geometrische Darstellung angeben zu können.

Besondere Aufmerksamkeit bei der Abfassung des Buches wurde der Festsetzung der an ein Nomogramm zu stellenden Anforderungen gewidmet. Besonders gelang es, bei der Charakterisierung der Genauigkeit bei der Anwendung von Nomogrammen mit beweglichen Elementen die Aufgabe in allgemeiner Form zu lösen.

Der gewählte Aufbau des Buches gestattet es, auf verhältnismäßig kleinem Raum sowohl die allgemeine Theorie der Nomogrammkonstruktionen als auch in extensio die Konstruktion einzelner spezieller Typen darzulegen, wobei die wichtigsten Stellen durch Beispiele illustriert wurden.

Das Buch enthält fünfzehn Kapitel, jedes von ihnen ist einem Einzelproblem (bzw. einem Fragenkomplex) der Nomographie gewidmet. Im ersten Kapitel sind alle notwendigen Ausführungen über graduierte Elemente eines Nomogramms (Skalen, Netze) zusammengefaßt: Definitionen, Konstruktionsverfahren, ihre qualitativen Charakteristiken im Zusammenhang mit der möglichen Ablesegenauigkeit des Ergebnisses.

Den theoretischen Fragen der Nomogrammkonstruktionen ist das zweite Kapitel des Buches gewidmet, in dem man die Grundlagen der Klassifikation der Nomogramme mit beweglichen Elementen findet und in dem ein allgemeines Verfahren zur Bestimmung der Gestalt der analytischen Abhängigkeit angegeben ist, die durch ein Nomogramm von gegebenem Typ gelöst wird; als Beispiele werden die Bestimmung der Formen von Gleichungen betrachtet, die durch Fluchtlinientafeln, durch Stechzirkelnomogramme und durch Netztafeln gelöst werden. Hier ist in allgemeiner Form auch das Problem der Nomogrammumformung dargelegt.

Das dritte Kapitel betrachtet Fragen der Genauigkeit bei der Anwendung von Nomogrammen und enthält die Forderungen, die man an Nomogramme stellen muß. In den folgenden Kapiteln (IV bis XII) werden Konstruktionsverfahren für besondere Nomogrammformen für Gleichungen mit nichttrennbaren Variablen betrachtet. Insbesondere sind den Fluchtlinientafeln die Kapitel VII, VIII, IX und X gewidmet. Im neunten Kapitel sind Verfahren zur Lösung des Problems der projektiven Nomogrammumformung dargelegt, wobei die projektive Umformung mit Hilfe von Netzen und die Umformung von Nomogrammen für Gleichungen dritter nomographischer Ordnung mit Hilfe von „Skeletten“ nur kurz geschildert werden konnte, da der Leser eine eingehende Beschreibung in dem unlängst erschienenen Buche des Autors dieser Methoden M. W. PENTKOWSKI (L. 10)[1]) findet. Im zehnten Kapitel sind die Ausführungen über die Methoden der angenäherten Konstruktion von Fluchtlinientafeln zusammengefaßt. Im dreizehnten Kapitel werden Spezialfälle zusammengesetzter Nomogramme betrachtet und zusätzliche spezifische Forderungen formuliert, die man an zusammengesetzte Nomogramme stellt. Im vierzehnten Kapitel werden kurz die Theorie und die Konstruktionsverfahren räumlicher Fluchtlinientafeln und ihr Zusammenhang mit ebenen Nomogrammen angegeben. Das fünfzehnte Kapitel ist der Technik der Konstruktion und zeichnerischen Ausführung von Nomogrammen gewidmet.

Will sich demnach der Leser mit der Konstruktion dieses oder jenes Typs eines Nomogramms vertraut machen, so braucht er nicht das ganze Buch durchzulesen, sondern er benötigt nur den Inhalt eines der betreffenden Kapitel, wo er, falls erforderlich, Hinweise auf die entsprechenden Stellen anderer Kapitel vorfindet.

Das Buch ist für Ingenieure der verschiedensten Spezialgebiete bestimmt, die sich mit der Konstruktion von Nomogrammen beschäftigen oder die sich bei ihrer Arbeit nomographischer Methoden bedienen, außerdem kann es als Lehrmittel für die Lehrer der Nomographie und für Studenten höherer Lehranstalten dienen.

Bei der Abfassung des Buches wurde nach Möglichkeit von all dem Neuen Gebrauch gemacht, das sich in der Literatur der Nomographie der letzten Zeit findet. Ein großer Teil der Beispiele ist anderen, früher erschienenen Büchern über Nomographie entnommen, diese Beispiele wurden nach entsprechender Überarbeitung in das Buch aufgenommen. Ein Literaturverzeichnis befindet sich am Ende des Buches.

In diesem Literaturverzeichnis werden Einzelfragen sehr eingehend behandelt. Besonders erwähnenswert ist das Buch von N. A. GLAGOLEW, „Theoretische Grundlagen der Nomographie", in dem Fragen der Konstruktionsmöglichkeiten von Fluchtlinientafeln sehr genau beleuchtet wurden.

Bei der Herstellung des Buches leistete mir M. W. PENTKOWSKI große Hilfe, er hat mir eine Reihe wertvoller Hinweise und Ratschläge gegeben, wofür ich ihm hiermit herzlich danke.

Auch muß ich Herrn T. W. FIRSOW meine herzliche Anerkennung aussprechen, er hat die große Arbeit der Herstellung der Zeichnungen (Nomogramme) des Buches durchgeführt.

B. NEWSKI

---

[1]) Die Quellenhinweise, die im Literaturverzeichnis aufgeführt sind (am Ende des Buches), werden in der Form (L. 10) angegeben, wobei die Zahl 10 die Ordnungszahl in der Liste bedeutet.

I. KAPITEL

Die Elemente eines Nomogramms

§ 1. Die Skala

1. Definition. Durch die Parametergleichungen

(1.1) $$x = f(u), \quad y = \varphi(u)$$

seien rechtwinklige cartesische Koordinaten x und y der Punkte auf der Ebene festgelegt, wobei u eine Variable ist; gibt man u verschiedene Werte: u', u'', u''', so erhält man durch die Gleichungen (1.1) verschiedene Werte für die Koordinaten x und y: (x_1, y_1), (x_2, y_2), (x_3, y_3), ..., oder einen bestimmten geometrischen Ort von Punkten, der von den Funktionen f und φ sowie von der gewählten Anzahl der Werte u abhängt.

Den Wert der Variablen u, der einem gegebenen Punkte dieses geometrischen Ortes entspricht, nennen wir das *Argument* dieses Punktes, die Punkte selbst nennen wir *bezifferte* (oder benannte)[1]) *Punkte.* Den so erhaltenen *geometrischen Ort bezifferter Punkte nennt man eine Skala der Variablen u* oder einfach eine *Skala* (auch: Teilungsträger. — D. H.).

Die Skala selbst kann eine Linie, die Gesamtheit einzelner Punkte oder eine bestimmte komplizierte Menge von Punkten und Linienteilen sein.

Sind z. B. f und φ irgendwelche Funktionen, die durch verschiedene Eigenschaften organischer Verbindungsstücke bestimmt sind, so wird die Skala sowohl aus einzelnen Punkten, die den einzelnen Verbindungen entsprechen, als auch aus Abschnitten von Linien bestehen, die den stetigen Reihen ähnlicher Verbindungen entsprechen.

Die Punkte der Skala und die Werte der Variablen u müssen sich nicht unbedingt umkehrbar eindeutig entsprechen.

Lauten z. B. die Gleichungen (1.1):

$$x = u^2 \text{ und } y = u^4,$$

so gehören zu jedem Punkt der Skala zwei u-Werte (± 1; ± 2 usw.); ist

$$x = \sin u \quad \text{und} \quad y = \cos u,$$

so entsprechen jedem Wert der Skala unendlich viele u-Werte, die sich voneinander durch ganzzahlige Vielfache von 2π unterscheiden.

Es gibt auch räumliche Skalen. Betrachtet man

(1.1') $$x = f(u), \ y = \varphi(u) \text{ und } z = \psi(u)$$

als Koordinaten eines Punktes im Raume, so bestimmen die Gleichungen (1.1')

---

[1]) Die wörtliche Übersetzung lautet: „bezeichnete Punkte". Im folgenden wird die Bezeichnung „bezifferte" und auch „benannte" Punkte verwendet. — D. H.

einen geometrischen Ort von Punkten im Raume, bei dem jedem Punkt ein Wert (einer oder einige) der Variablen u zugeordnet ist.

Die Gleichungen (1.1) und (1.1'), durch die die Zuordnung zwischen den Punkten der Skala und den Werten der Variablen u gegeben ist, nennt man die *Gleichungen der Skala u.*

Sind die Gleichungen gegeben, kann man die Skala konstruieren, indem man für jeden Wert u die ihnen entsprechenden Punktkoordinaten berechnet. Gewöhnlich mißt man die Punktkoordinaten in Millimetern; man vereinbart dabei, in die Gleichungen (1.1) und (1.1') der Skala Maßstabsfaktoren (*Maßstäbe*) einzuführen, durch deren Wahl man der Skala die notwendigen geometrischen Ausmaße geben kann. Die Zugehörigkeit des Maßstabes zu dieser oder jener Koordinatenachse kennzeichnet man durch den Index $_x$, $_y$ und $_z$.

Die Skalengleichungen unter Berücksichtigung der Maßstäbe lauten dann:

$$(1.1'') \qquad x = \mu_x f(u), \quad y = \mu_y \varphi(u) \quad \text{und} \quad z = \mu_z \psi(u),$$

wobei μ_x, μ_y, μ_z die Maßstäbe auf den Koordinatenachsen bezeichnen.

Die Veränderung der Maßstäbe bei der Konstruktion kann man als einen Spezialfall einer Umformung der Ebene betrachten, auf der die Skala konstruiert wird (siehe § 8, Seite 55).

2. Der Träger der Skala; die geradlinige Skala (Teilungsträger). Stellen die Gleichungen (1.1) und (1.1') eine Linie dar, so bezeichnet man diese Linie als den *Träger* der Skala u. Die Gleichung des Skalenträgers u in nichtparametrischer Form, erhalten wir[1]), indem wir den Parameter u aus den Gleichungen (1.1) und (1,1') eliminieren. Die Gleichung $x = f(u)$ habe nach u aufgelöst die Form $u = \omega(x)$. Dann erhalten wir die Gleichung des Skalenträgers u in der Ebene $y = \varphi[\omega(x)]$ oder die Gleichungen des räumlichen Skalenträgers u.

$$y = \varphi[\omega(x)], \quad z = \psi[\omega(x)].$$

In dem Spezialfall, bei dem man als Ergebnis der Elimination des Parameters u einen linearen Zusammenhang zwischen x und y bekommt, ist der Skalenträger eine gerade Linie, man nennt dann die Skala *geradlinig* als Unterschied zum Allgemeinfall, wo man die Skala *krummlinig* nennt.

Haben die Gleichungen der Skala die Form

$$x = f(u), \qquad y = \text{const}$$

oder

$$x = \text{const}, \quad y = \varphi(u),$$

dann liegt die Skala auf einer zu einer der Koordinatenachsen parallelen Geraden, die Gleichung des Skalenträgers wird dann

$$y = \text{const}$$

oder

$$x = \text{const}.$$

Eine räumliche Skala liegt dann auf einer zu einer der Koordinatenachsen parallelen Geraden, wenn die rechten Seiten zweier Gleichungen (1.1') Konstanten sind.

---

[1]) Die Gleichung des Skalenträgers in nichtparametrischer Form charakterisiert nur seine Eigenschaften, während die Parameterform (die Skalengleichungen) auch die Verteilung der Argumentwerte auf dem Träger charakterisiert. Daher werden wir im folgenden unter der Gleichung des Skalenträgers immer die Gleichung in nichtparametrischer Form verstehen.

3. Die Variabilitätsgrenzen (Bereiche) der Veränderlichen; die Begrenzungen der Skala. Die Variablen, für die die Nomogrammskalen konstruiert werden, sind im allgemeinen in ihrer Variabilität durch die physikalische Bedeutung der Größe selbst oder durch die Bedingungen der Aufgabe begrenzt. Ist z. B. u der Durchmesser eines Bolzen, so kann sich seine Größe (nach staatlicher Norm 3457-46) nur innerhalb der Grenzen 2,3 bis 100 mm usw. verändern. Diese Randwerte der Größe u, für die in dem gegebenen konkreten Fall die Skala konstruiert wird, tragen die Bezeichnung *Variabilitätsgrenzen* der Variablen u (auch „Bereiche" genannt. — D. H.). Sind a und b die oberen und unteren Variabilitätsgrenzen der Größe u, so schreibt man dies kurz so:

$$a \leqq u \leqq b.$$

Ist die Skala eine Linie und die Zuordnung zwischen den Werten der Variablen und den Punkten der Skala umkehrbar eindeutig, dann haben die Randpunkte der Skala die Argumentwerte a und b. Ist die Zuordnung nicht umkehrbar eindeutig, dann können den Randpunkten der Skala andere Argumentwerte entsprechen, die nicht gleich den Grenzen von u sind.

Lauten die Skalengleichungen:

$$x = 0, \quad y = 10 \sin u$$

und ist

$$0 \leqq u \leqq 2\pi,$$

dann sind die Randpunkte der Skala durch die Werte $u = \frac{3}{2}\pi$ ($y = -10$) unterster Punkt der Skala) und $u = \frac{\pi}{2}$ ($y = +10$, oberster Punkt der Skala) bestimmt.

4. Die Skalenrichtung. Skalenrichtung nennt man die Richtung auf dem Skalenträger, in der die Argumentwerte der Skala anwachsen. Sind x und y nicht monotone Funktionen von u auf dem durch die Bereiche von u gegebenen Intervall, dann kann sich die Richtung der Skala ändern.

Als Beispiel für eine Skala, deren Richtung sich ändert, möge die Skala u mit der Gleichung

$$x = 0, \quad y = 10 \sin u,$$

$$0 \leqq u \leqq 2\pi$$

dienen.

Die Argumentwerte der Skalenpunkte wachsen in Richtung der Achse $0y$ an; beim Anwachsen des Arguments u von 0 bis $\frac{\pi}{2}$ wächst die Funktion von 0 bis $+10$, d. h. die Richtung, in der die Argumentwerte anwachsen, fällt mit der positiven Richtung der y-Achse zusammen.

Beim Anwachsen von u von $\frac{\pi}{2}$ bis $\frac{3\pi}{2}$ fällt die Funktion y jedoch von $+10$ auf -10, d. h. die Richtung, in der die Argumentwerte anwachsen, ist der positiven Richtung der y-Achse entgegengesetzt.

Wächst u von $\frac{3\pi}{2}$ bis 2π, so wächst die Funktion y wieder von -10 bis 0, d. h. die Richtung in der die Argumentwerte anwachsen, fällt wieder mit der positiven Richtung der y-Achse zusammen.

Somit ist die Skala nach oben gerichtet (in der positiven Richtung der y-Achse), wenn sich u von 0 bis $\frac{\pi}{2}$ und von $\frac{3\pi}{2}$ bis 2π ändert; ändert sich u von $\frac{\pi}{2}$ bis $\frac{3\pi}{2}$, dann ist die Skala nach unten gerichtet.

Die Richtung der Skala wird durch einen Pfeil längs der Skala gekennzeichnet.

5. *Die Gradeinteilung der Skala* (Graduierung. — D. H.). Bei der Benutzung eines Nomogramms muß man zwei Aufgaben lösen: Man muß erstens zu dem gegebenen Argumentwert u den Skalenpunkt und zweitens den Wert u bestimmen, der einem gegebenen Punkte der Skala entspricht.

Zur Erleichterung beider Aufgaben sind an einige Skalenpunkte ihre Argumentwerte angeschrieben, d. h. die Werte von u, die diesen Punkten entsprechen. Die Skalenpunkte werden durch *Querstriche* senkrecht zum Skalenträger gekennzeichnet. Da man nicht durch jeden Punkt der Skala einen Strich zeichnen kann, so versieht man nur einige ihrer Punkte mit Strichen. Nicht jedem Strich sind Zahlenwerte angeschrieben, sondern nur den Punkten der Skala, die „runden" u-Werten entsprechen (Fig. 1, a); an den übrigen Punkten der Skala stehen keine Zahlwerte, die ihnen entsprechenden Striche heißen daher *unbenannte Striche*. Die Gesamtheit der Striche und der ihnen angeschriebenen Ziffern nennt man die *Gradeinteilung* der Skala. Man gibt den Strichen der Skala verschiedene Länge; dies erleichtert die Bestimmung des entsprechenden u-Wertes. In Fig. 1, a sind sie so eingetragen, daß der Abstand zwischen zwei benachbarten Strichen einer Änderung von u um 0,05 entspricht (Schritt. — D. H.); Striche, die einer Änderung von u um 0,1 entsprechen, sind etwas länger gezeichnet. Noch länger sind die Striche, die einer Änderung von u um 0,5 bis 1 entsprechen (siehe Kapitel XV, Abschnitt 1, Seite 297).

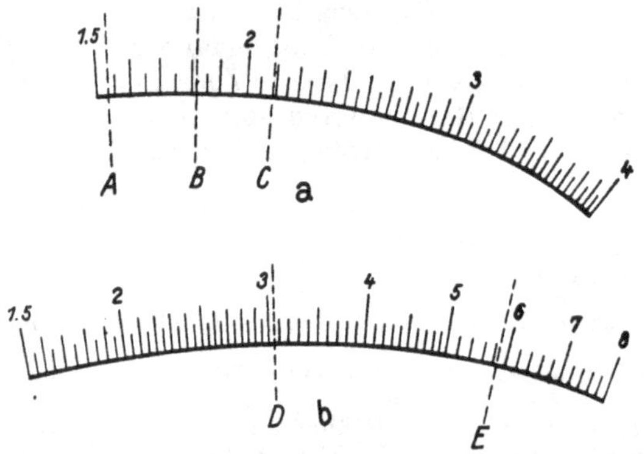

Figur 1

Der Skalenabschnitt zwischen zwei Punkten[1]) heißt *Teilung*, seine Länge (Länge des entsprechenden Bogens) *Länge der Teilung*; die Größe der Änderung von u, die der Teilung entspricht, heißt *Teilungswert der Skala*.

Wenn beim Eintragen der Gradeinteilung die Teilungslängen zwischen benachbarten Strichen zu klein werden, so daß die Benutzung der Skala erschwert wird, dann ändert man den Teilungswert. Auf der Skala der Fig. 1, b hat man die Teilungswerte zwischen den Strichen zweimal geändert (Teilungsschritt. — D. H.); im Punkte $u = 3$ und im Punkte $u = 5$ (auf dem Skalenteil von 1,5 bis 3 ist der Wert der Teilung zwischen zwei benachbarten Strichen gleich 0,05; auf dem Teil von 3 bis 5 ist sie gleich 0,1 und auf dem Teil von 5 bis 8 gleich 0,2).

[1]) Dieser Begriff der Teilung unterscheidet sich von dem gewöhnlich benutzten, wo die Teilung einer Skala der Abschnitt der Skala zwischen zwei benachbarten Strichen ist; bei Fragen der Theorie der Nomogramme ist der von uns angenommene Begriff zweckmäßiger, weil er von der Gradeinteilung der Skala unabhängig ist.

6. Die Interpolation auf der Skala. In dem Falle, wo der gegebene u-Wert gleich einer der Zahlen ist, die auf der Skala mit Strichen bezeichnet sind, bereitet das Aufsuchen des zugehörigen Punktes auf der Skala keine Schwierigkeiten. Leicht löst man auch die umgekehrte Aufgabe, die Bestimmung der Zahl u, die dem mit einem Striche versehenen Punkte entspricht.

Ist der gegebene Wert u jedoch nicht gleich einer der mit Strichen bezeichneten Zahlen, dann bestimmt man den zu dieser Zahl gehörenden Punkt der Skala, indem man *auf der Skala* zwischen zwei benachbarten Strichen *interpoliert.* Das Wesen einer solchen Interpolation kann man am einfachsten an Hand von Beispielen erläutern. Auf der Skala u (Fig. 1, a) soll der Punkt ermittelt werden, der dem Werte $u = 1{,}53$ entspricht. Auf der Skala u gibt es keinen Punkt mit einem Strich, für den dieser u-Wert Argument ist. Die nächsten mit Strichen versehenen Punkte haben als Argumente die Zahlen: 1,5 und 1,6. Der gesuchte Punkt muß im Innern zwischen diesen beiden Strichen liegen. Um seine Lage zu bestimmen, nehmen wir näherungsweise an, daß der Abstand von einem beliebigen Punkte im Innern der Teilung, die durch die Striche 1,5 und 1,6 begrenzt wird, bis zum Punkte mit dem Argument 1,5 deren Differenz der Argumente zwischen diesem Punkte und 1,5 proportional ist. Dann wird die Lage des gesuchten Punktes durch die Größe der Differenz $1{,}53 - 1{,}5 = 0{,}03$ bestimmt. Da der Teilungswert der Skala zwischen 1,5 und 1,6 gleich 0,1 ist, so ist der Abstand vom gesuchten Punkte zum Punkte mit dem Argument 1,5 gleich 0,3 der Länge dieser Teilung. Nach Augenmaß trennen wir 0,3 der Länge der Teilung ab vom Punkte mit dem Argument 1,5 aus gerechnet; der Punkt, den man so erhält, ist der gesuchte Punkt. Auf Fig. 1, a ist er mit dem Buchstaben A bezeichnet.

Genauso findet man, daß der Punkt B dem Werte $u = 1{,}82$ entspricht; der Punkt C dem Wert 2,09; auf Fig. 1, b entsprechen die Punkte D und E den Werten $u = 3{,}06$ und $u = 5{,}85$.

7. Die Argumentverteilung auf der Skala (das Zusammenlaufen); Charakteristik einer Skala. Ist die Skala durch die Gleichungen (1.1) gegeben, dann ist ihre Länge zwischen einem bestimmten konstanten Punkt mit dem Argument u_0 und einem Punkt mit dem Argument u gleich

$$S = S(u) = \int_{u_0}^{u} \sqrt{f'^2(u) + \varphi'^2(u)}\, du. \tag{1.2}$$

Gibt man der Größe u einen gewissen Zuwachs Δu, so ändert sich die Länge der Skala um die Größe ΔS:

$$\Delta S \approx S'(u) \cdot \Delta u.$$

Der Wert der Teilung ΔS ist gleich dem Zuwachs Δu. Je nachdem, wie $S'(u)$ aussieht, werden sich die Werte ΔS, betrachtet als Funktion von u, verschieden ändern.

Ist $S'(u)$ eine fallende Funktion, so werden mit wachsendem u die Werte ΔS kleiner (die Abstände zwischen Punkten mit Argumenten, die sich um ein und dieselbe Größe Δu unterscheiden, nehmen mit wachsendem u ab). Solche Skalen nennt man *zusammenlaufend.* Ist umgekehrt $S'(u)$ eine wachsende Funktion, so vergrößern sich bei wachsendem u die Werte ΔS. Solche Skalen nennt man *auseinanderlaufend.* Hat $S'(u)$ innerhalb der gegebenen Bereiche u

ein einziges Extremum bei $u = u_1$, so hat auch ΔS bei $u = u_1$ ein Extremum. In dem Falle, daß u_1 ein Minimum für ΔS ist, nennt man die Skala gegen den Punkt $u_1 = u$ *zusammenlaufend*. In dem Falle, daß u_1 ein Maximum ist, *läuft die Skala gegen ihre Randpunkte zusammen*. Daher ist durch die Größe ΔS die Verteilung der Argumentwerte auf der Skala charakterisiert.

Der Wert Δu der Teilung ein und derselben Länge ΔS hängt nicht nur vom Charakter der Skala (ihrem Zusammenlaufen), sondern auch vom Maßstab der Zeichnung ab. Um sich vom Einfluß des Maßstabes zu befreien, drückt man die Länge eines Abschnittes der Skala und ihre Veränderung in Bruchteilen der vollen Länge L der Skala aus $\left(\text{d. h. man führt die Größen } s(u) = \frac{S(u)}{L} \text{ und } \Delta S = \frac{\Delta S}{L} \text{ ein}\right)$. Dann wird Δs nur durch den Charakter der Verteilung der Argumente auf der Skala bestimmt.

Den Wert Δu der Teilung Δs kann man in verschiedenen Punkten der Skala verschieden wählen, d. h. man kann annehmen, daß Δu eine bestimmte Funktion[1]) von u ist:

$$\Delta u = \chi(u).$$

Dann ist

$$\Delta s \approx s'(u) \cdot \chi(u). \tag{1.3}$$

Die Größe Δs nennt man die *Charakteristik einer Skala*. Sie bestimmt den Abstand zwischen Punkten der Skala (in Bruchteilen der Gesamtlänge der gegebenen Skala), deren Argumentwerte sich um eine bestimmte Größe Δu unterscheiden, die eine gegebene Funktion von u ist.

Für verschiedene Funktionen $\chi(u)$ bekommt man verschiedene Abhängigkeiten Δs von u, verschiedene Arten von Charakteristiken der Skalenpunkte, in denen die Charakteristik der Skala Null wird, nennt man *Verdichtungspunkte* der Skala.

Ist z. B. die geradlinige Skala

$$x = 0, \quad y = \mu \sin u \quad (-90° \leqq u \leqq +90°)$$

gegeben, so hat die Charakteristik der Skala die Gestalt (vollständige Länge der Skala $L = 2\mu$):

$$\Delta s = \frac{1}{2} \cos u \; \chi(u).$$

In den Punkten $u = \pm 90°$ wird die Größe Δs Null; die Punkte $u = +90°$ und $u = -90°$ sind Verdichtungspunkte der Skala (siehe Fig. 2, Skala 6, Seite 8).

Nimmt man den Wert der Teilung konstant gleich 0,01 an, d. h. $\chi(u) = 0{,}01$, so ist

$$\Delta s = 0{,}005 \cos u.$$

Den größten Wert hat diese Charakteristik im Punkte $u = 0$.

8. Gleichförmige und logarithmische Skalen; die gleichförmige und logarithmische Charakteristik einer Skala. Wenn ein und derselben Länge der Teilung zwischen zwei Punkten einer krummlinigen Skala ein konstanter Wert δ dieser Teilung entspricht $[\chi(u) = \delta]$, dann lautet die Gleichung (1.3):

$$\Delta = s'(u) \cdot \delta.$$

---

[1]) Die Größe Δu kann man als die zulässige Ungenauigkeit bei der Bestimmung von u ansehen. An verschiedenen Stellen der Skala kann diese Größe verschieden sein (dies hängt von der Art der zu lösenden Aufgabe ab), in diesen Fällen muß man sie als eine Funktion von u betrachten.

Hieraus erhalten wir $$s(u) = \frac{\Delta}{\delta}(u - u_0).$$

Eine solche Skala nennt man *gleichförmig.*

Wenn ein und derselben Länge $\Delta s = \Delta$ der Teilung zwischen zwei Punkten der Skala ein Wert dieser Teilung entspricht, der dem Werte u proportional ist:

$$\chi(u) = mu,$$

dann lautet die Gleichung (1.3)

$$\Delta = s'(u)\,mu,$$

woraus folgt $$s(u) = \frac{\Delta}{m}\ln\frac{u}{u_0} = a\lg\frac{u}{u_0}.$$

Eine solche Skala nennt man *logarithmisch.*

Ist der Skalenträger eine gerade Linie, so hat eine solche Skala die Gleichung

$$x = \mu_x(u - u_0) + x_0, \quad y = \mu_y(u - u_0) + y_0,$$

falls sie gleichförmig ist, und die Gleichung

$$x = \mu_x\lg\frac{u}{u_0} + x_0, \quad y = \mu_y\lg\frac{u}{u_0} + y_0,$$

falls sie logarithmisch ist.

Hierin ist (x_0, y_0) der Skalenanfang, d. h. der Punkt, der dem Parameterwert $u = u_0$ entspricht: $\mu_x = \mu\cos\alpha$; $\mu_y = \mu\sin\alpha$, wobei μ der Maßstab der Skala (siehe Seite 9) und α der Neigungswinkel des Trägers der Skala gegen die x-Achse ist.

Gewöhnlich betrachtet man zwei Arten von Charakteristiken:

a) Die Charakteristik einer Skala heißt *gleichförmig*, wenn sie für Teilungen konstanten Wertes bestimmt ist, d. h. wenn man in der Gleichung (1.3)

$$\chi(u) = \delta = \text{const}$$

setzt; in diesem Falle ist $$\Delta s = s'(u)\cdot\delta.$$

Die gleichförmige Charakteristik einer gleichförmigen Skala ist für verschiedene u konstant. Je nachdem, wie sich die gleichförmige Charakteristik irgendeiner Skala u ändert, zeigt es sich, inwieweit die gegebene Skala dem Charakter der Verteilung der Argumente nach von einer gleichförmigen Skala derselben Länge abweicht.

b) Die Charakteristik einer Skala heißt *logarithmisch*, wenn sie für Teilungen bestimmt ist, deren Wert proportional der Veränderung der Werte der Variabeln u wächst, d. h. man setzt

$$\chi(u) = mu,$$

woraus folgt $$\Delta s = ms'(u)u.$$

Die logarithmische Charakteristik einer logarithmischen Skala ist eine konstante Größe.

Die Größe der Veränderung der logarithmischen Charakteristik zeigt, wie weit die gegebene Skala dem Charakter der Verteilung der Argumente von einer logarithmischen Skala derselben Länge abweicht.

§ 2. *Geradlinige Skalen*[1])

9. Die Konstruktion einer Skala bei vorgegebener Länge. Der Ausgangspunkt der Zählung und der Nullpunkt der Skala. Anfang (für die Zählung) einer geradlinigen Skala nennt man den Punkt, auf den man die nach der Gleichung der Skala berechneten y-Koordinaten der Punkte bezieht. Die Gleichung der Skala, deren Anfang das Argument u_0 besitzt, wird

$$y = f(u) - f(u_0)$$

oder unter Berücksichtigung des Maßstabes

$$y = \mu_y [f(u) - f(u_0)].$$

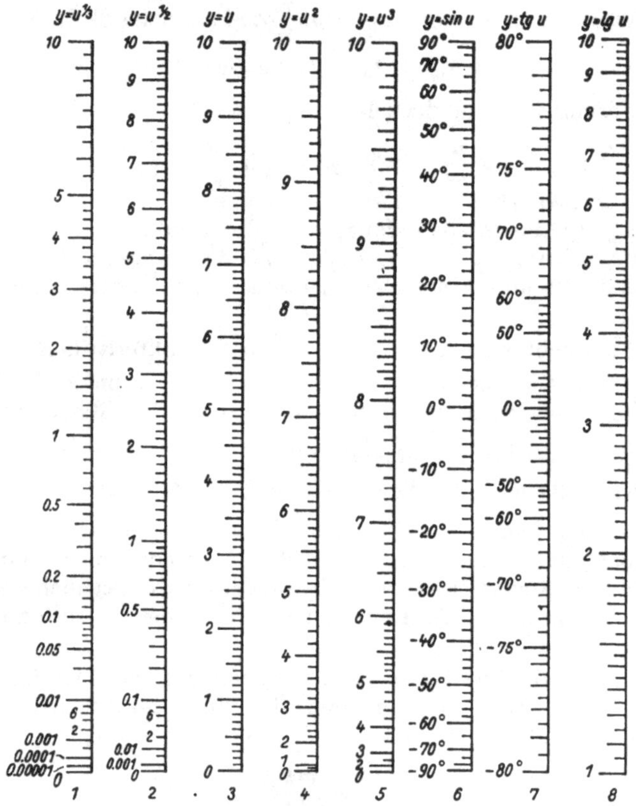

Figur 2

Nullpunkt der Skala nennt man den Punkt, an dem die Funktion $f(u)$ Null wird, d. h. den Punkt, dessen Argument die Wurzel der Gleichung $f(u) = 0$ ist.

[1]) In diesem Paragraphen wird nur die eine Koordinate (y) der Skalenpunkte betrachtet. Diese Koordinate wird längs des Trägers der Skala aufgetragen.

Den Abstand l zwischen zwei Skalenpunkten mit den Argumenten u_1 und u_2 kann man nach der Formel

$$l = \mu [f(u_2) - f(u_1)]$$

berechnen. Bei gegebener (habarytischer) Länge L der Skala kann ihr Maßstab wie folgt bestimmt werden:

$$\mu = \frac{L}{f(u'') - f(u')}, \tag{1.4}$$

wobei u' und u'' die u-Werte in den Randpunkten der Skala sind, während u innerhalb der gegebenen Grenzen a und b variiert. Nachdem man den Maßstab nach den gegebenen habarytischen Maßen berechnet hat, die gewöhnlich jedoch nur näherungsweise bekannt sind, rundet man ihn ab.

Beispiel. Für die Funktion $f(u) = u^2 + 2u + 2$ ist innerhalb der Grenzen $10 \leqq u \leqq 50$ eine Skala u der Länge $L \approx 250$ mm zu konstruieren.

Innerhalb der gegebenen Grenzen ist die Funktion $f(u)$ monoton; daher sind die Grenzen gleichzeitig die Randwerte der Skala. Folglich ist

$$\mu = \frac{L}{(50^2 + 2 \cdot 50 + 2) - (10^2 + 2 \cdot 10 + 2)} = \frac{250}{2480} \approx 0{,}1 .$$

Die Gleichung der Skala wird, wenn man den Ursprung im Punkte mit dem Argument $u = 10$ annimmt, gleich

$$y = 0{,}1\,(u^2 + 2u - 120).$$

Die y-Werte erhält man daraus in Millimetern.

10. Die verschiedenen Arten geradliniger Skalen; die logarithmische Skala. Auf Fig. 2 sind eine Reihe charakteristischer Skalen für verschiedene Funktionen dargestellt. Hat die Gleichung der Skala die Form

$$y = u^n,$$

dann ist:

a) für $n < 1$ die Skala zusammenlaufend, und zwar um so stärker, je kleiner n ist (Skalen *1* und *2*);

b) für $n = 1$ die Skala gleichförmig (Skala *3*);

c) für $n > 1$ die Skala auseinanderlaufend, und zwar um so stärker je größer n ist (Skalen *4* und *5*).

Die Skalen *6* und *7* sind für trigonometrische Funktionen konstruiert. Dabei hat die Skala $y = \sin u$ (oder $y = \cos u$) an ihren Enden ($+ 90°$ und $- 90°$) Verdichtungspunkte und ist in ihrer Länge begrenzt, obgleich die Variabilitätsgrenzen (Bereiche) von u unbegrenzt sind; die Skala $y = \operatorname{tg} u$ verdichtet sich nach dem Werte $u = 0$, während sie nach beiden Seiten ins Unendliche verläuft. Dem unendlich fernen Punkte der Skala entspricht das Argument $\pm 90°$.

In Fig. 3 und 4 sind gleichförmige und logarithmische Charakteristiken der in Fig. 2 dargestellten Skalen *1*, *2*, *3*, *4*, *5* und *8* angegeben.

Die gleichförmige Charakteristik der gleichförmigen Skala *3* (Fig. 2) ist in Fig. 3 durch die Gerade unter derselben Nummer dargestellt. Die Charakteristiken der Skalen, die für die Gleichung $y = u^n$ dargestellt sind, sind im Anfang der Skala für $n < 1$ größer als die Charakteristik der Skala *3* und für $n > 1$ kleiner als diese Charakteristik. Für große u-Werte werden die Charakteristiken dieser Skalen: für $n > 1$ größer und für $n < 1$ kleiner als die Charakteristik der Skala 3. Je mehr sich dabei n von 1 unterscheidet, um so mehr unterscheidet sich die gleichförmige Charakteristik der entsprechenden Skala von der gleichförmigen Charakteristik einer gleichförmigen Skala (um so mehr weicht in der Verteilung der Argumente die Skala von der gleichförmigen Skala ab).

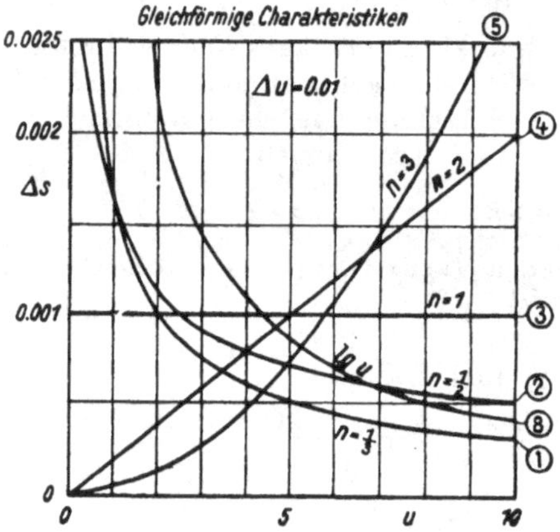

Figur 3

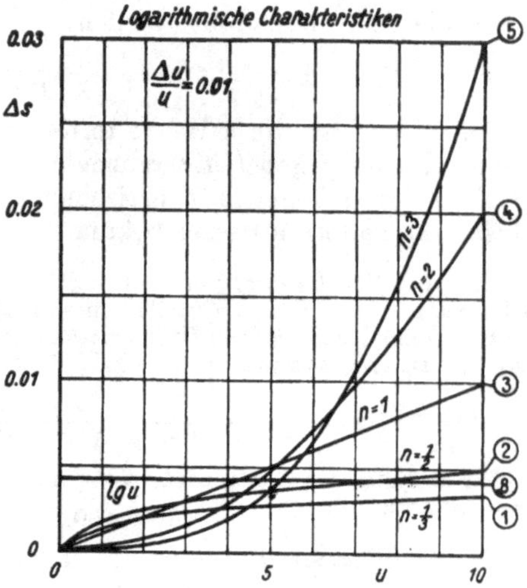

Figur 4

Für kleine u-Werte weichen die logarithmischen Charakteristiken für Skalen der Form $y = u^n$ (Fig. 4) stark von der logarithmischen Charakteristik der logarithmischen Skala 8 ab. Für große u-Werte kommt die logarithmische Charakteristik der Skala 2 ($y = u^{1/2}$) der logarithmischen Charakteristik der Skala *8* ziemlich nahe, und je größer n ist, um so stärker weicht die logarithmische Charakteristik der Skala von der logarithmischen Charakteristik der Skala *8* ab. Demgemäß unterscheidet sich die entsprechende Skala (Fig. 2) für große u-Werte um so stärker von einer logarithmischen.

Am häufigsten benutzt man die *gleichförmigen* (Skala *3* Fig. 2) *und die logarithmischen Skalen* (Skala *8* Fig. 2). Die Gleichung der letzten Skala lautet:

$$y = \mu \lg x .$$

Der Nullpunkt der logarithmischen Skala hat das Argument 1. Unter allen übrigen Skalen hat sie die Eigenschaft, daß bei ihr der relative Fehler bei der Bestimmung von u auf der Skala bei gleichbleibender geometrischer Ungenauigkeit konstant bleibt (siehe Paragraph 12, III. Kapitel, Seite 83), wodurch sich die logarithmische Skala für eine große Anzahl von Nomogrammen als die geeignetste erweist.

Eine zweite wichtige Eigenschaft der logarithmischen Skala ist die ihr eigene „Periodizität": Der Abstand zwischen zwei Punkten auf der logarithmischen Skala hängt nur vom Verhältnis der Argumente dieser Punkte ab. Daher ist der Abstand von 1 bis 10 gleich dem Abstand von 10 bis 100, von 2 bis 20 usw. Konstruieren wir den Teil der Skala von 1 bis 10, so können wir ihre Teile von 10 bis 100, von 100 bis 1000 und auch von 0,1 bis 1, von 0,01 bis 0,1 usw.

auftragen, indem wir jedesmal das Argument um die Größe des Maßstabes μ verschieben und den so erhaltenen Punkt mit einer um das 10fache veränderten Zahl versehen. Daher ist es zweckmäßig bei der Konstruktion (Zeichnung) der logarithmischen Skala eine Schablone zu verwenden, d. h. eine von vornherein auf einem Papierstreifen in den Grenzen $1 \leqq u \leqq 10$ gezeichnete Skala zu verwenden. (Aus Gründen der Genauigkeit ist die Papierstreifenmethode jedoch nur für Entwurfszwecke zu empfehlen. — D. H.)

Beispiel. Unter Verwendung einer fertigen Schablone ist in den Grenzen 2 bis 500 eine logarithmische Skala im Maßstabe 50 zu konstruieren.

Wir legen die Schablone so an die gegebene Gerade (Fig. 5, *a*), daß ihr Argument *2* neben den gewünschten Punkt des Trägers der Skala zu liegen kommt und übertragen von *5* bis *10* die Teilungen der Schablone auf diese Gerade; dann verschieben wir die Schablone in die Lage (*b*), indem wir ihr Argument *1* mit dem auf der Skala erhaltenen Argument *10* zur Deckung bringen, übertragen wiederum die Teilungen der Schablone auf die Skala und versehen sie mit den Argumenten von *10* bis *100*. Dann verschieben wir die Schablone in die Lage (*c*) und übertragen den Teil der Skala von *100* bis *500*.

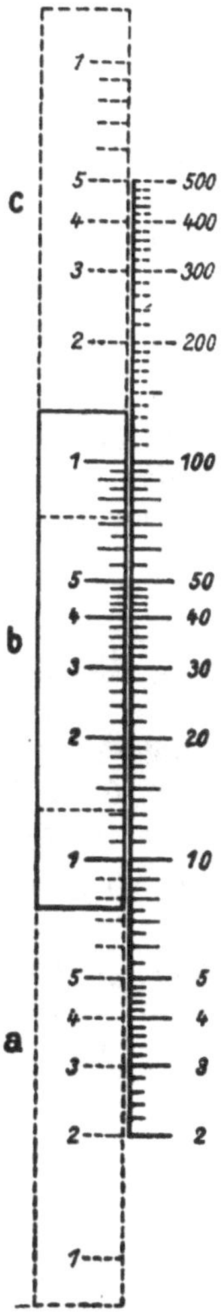

Figur 5

11. Die projektive Skala. Projiziert man die Punkte einer Skala AC (Fig. 6) aus dem Punkte M auf die Gerade AO und schreibt den Projektionen dieselben Argumente zu, so erhält man eine *projektive Skala u.*

Wählt man den Ursprung für die projektive Skala im Punkte O und bezeichnet $AO = L$, $AB = y$, $ON = y_0'$, $MO = m$, dann erhält man

$$\frac{y_0'}{L - y_0'} = \frac{m}{y}.$$

Ist
$$y = f(u) - f(u_0),$$
dann ist
$$y_0' = \frac{L}{1 + \frac{1}{m}\,[f(u) - f(u_0)]}.$$

Insbesondere bei $f(u_0) = 0$ ist (der Ursprung der Skala AC fällt mit ihrem Nullpunkt zusammen)

$$y_0' = \frac{L}{1 + \frac{1}{m}\,f(u)}. \tag{1.5}$$

Der bezüglich der Punkte A und O äußere Teil der Geraden AO entspricht den negativen Werten $f(u)$. Das Argument des unendlichfernen Punktes der Geraden AO erhält man aus der Gleichung $f(u) = -m$.

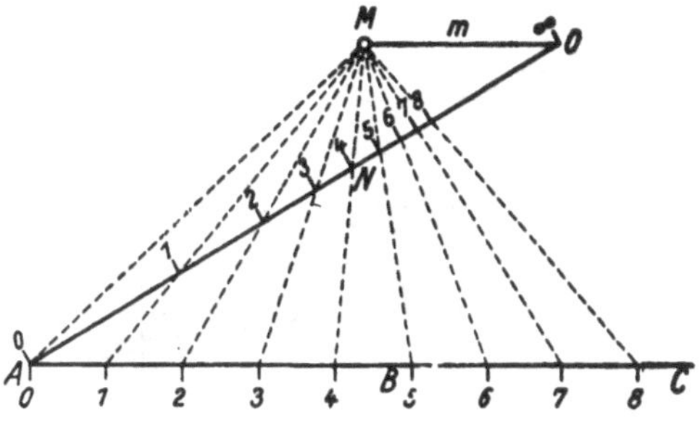

Figur 6

Die Skala AC kann man durch Projektion der Skala AO aus dem Punkte M bekommen, d. h. sie ist bezüglich der Skala AO eine *projektive Skala*.

Für den Allgemeinfall (bei beliebiger Wahl des Ursprungs auf der Skala AO) bekommt die Gleichung (1.5) der projektiven Skala die Form

$$y' = \frac{a\,f(u) + b}{c\,f(u) + d} = \frac{a}{c} + \frac{L}{1 + \frac{1}{m} f(u)} = \frac{a}{c} + y'_0$$

mit

$$L = \frac{b}{d} - \frac{a}{c} \quad \text{und} \quad m = \frac{d}{c}.$$

Ändert man die Richtung der y-Achse und überträgt den Ursprung in den Punkt A mit $f(u) = 0$, läßt sich die Gleichung der Skala wie folgt schreiben:

$$y'_A = \frac{b}{d} - \frac{L}{1 + \frac{m}{f(u)}} \tag{1.6}$$

In verschiedenen Fällen kann man die Gleichung der Skala in der Form (1.5) oder (1.6) benutzen, da diese für die Berechnung des Nomogramms am zweckmäßigsten ist.

Die Größe L ist der Abstand zwischen den Punkten u_1 und u_2 der projektiven Skala mit $f(u_1) = \infty$ und $f(u_2) = 0$. Ändert sich $f(u)$ von 0 bis ∞, so ändert sich der Bruch $\dfrac{1}{1 + \frac{1}{m} f(u)}$ von 1 bis 0 und der Bruch $\dfrac{1}{1 + \frac{m}{f(u)}}$ von 0 bis 1; daher ist L der Maßstab der projektiven Skala.

Die Größe m charakterisiert die Verteilung der Argumente auf der Skala. Verändert man m, dann kann man die Charakteristik der projektiven

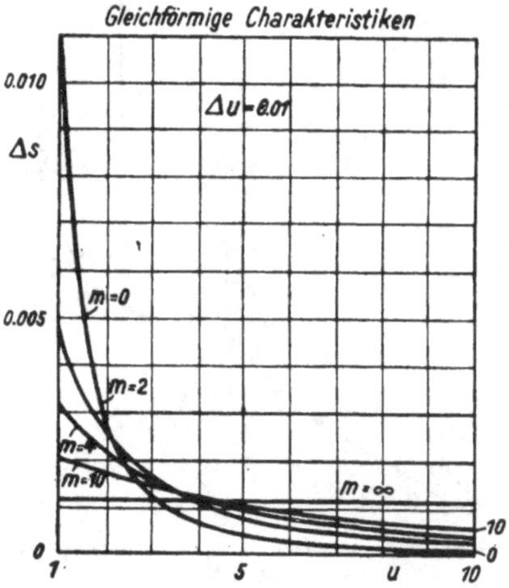

Figur 7

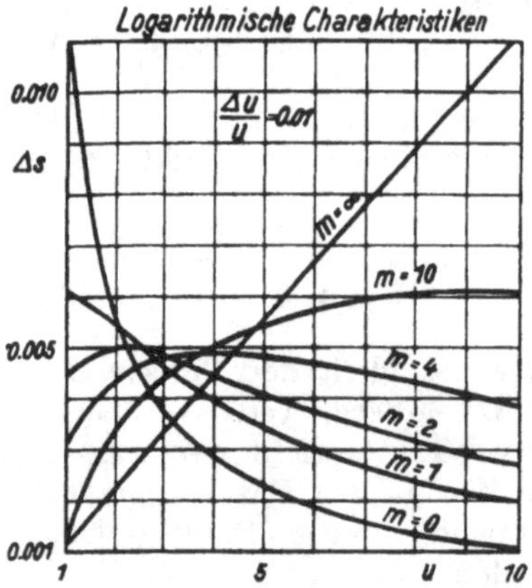

Figur 8

Skala verändern: bei $m = \infty$ $(c = 0)$ erhalten wir aus der Formel (1.6):

$$y'_A = \frac{b}{d} \cdot \frac{\frac{L}{m}}{\frac{1}{m} + \frac{1}{f(u)}}; \text{ wir setzen } \frac{L}{m} = \mu \text{ und finden } y_A = \frac{b}{d} - \mu \cdot f(u); \text{ analog}$$

erkennen wir aus der Formel (1.5) bei $m = 0$ $(d = 0)$, daß die Skala u eine Skala für die Funktion $\frac{1}{f(u)}$ wird (in beiden Fällen muß man $L = \infty$ annehmen).

Die Gesamtheit der m-Werte bestimmt eine Schar von Charakteristiken der Skala von vorgegebenem Typ: Diese Charakteristiken der projektiven Skala bilden eine Schar mit dem Parameter m. Auf Fig. 7 und 8 sind solche Scharen gleichförmiger und logarithmischer Charakteristiken der projektiven Skala $y = \frac{L}{1 + \frac{u}{m}}$ für $1 \leqq u \leqq 10$ dargestellt.

12. Die projektive Umformung einer geradlinigen Skala. Eine der Aufgaben, die man oft bei der Konstruktion von Nomogrammen lösen muß, ist die Ermittlung einer solchen Umformung, nach der die Teilstriche einer gewünschten Verteilung genügen. Für Fluchtlinientafeln kann diese Aufgabe mit Hilfe einer projektiven Umformung der Ebene gelöst werden. Bei dieser Umformung werden die geradlinigen Skalen des Nomogramms bezüglich ihrer ursprünglichen Gestalt projektiv, d.h. ihre Gleichungen haben die Form (1.5) oder (1.6). Um eine solche Umformung ausführen zu können, muß man den entsprechenden Parameterwert m der Umformung bestimmen.

Der Wert m, der der Skala $y = f(u)$ die vorgesehene Form gibt, ist im allgemeinen ziemlich schwer zu finden. Daher formulieren wir diese Aufgabe wie folgt: Für eine gegebene Skala

$$y = f(u) \quad (a \leqq u \leqq b \text{ und } A \leqq f(u) \leqq B)$$

ist eine projektive Umformung mit einem Parameter m derart zu wählen, daß man eine projektive Skala u erhält, deren vorgegebene Charakteristik für die vorgegebenen Bereiche von u einem bestimmten vorgegebenen Werte am nächsten kommt. Eine solche Umformung der Skala bezeichnet man auch als die *optimale Umformung* der Skala auf die gewünschte Gestalt. Gewöhnlich hat man zwei Aufgaben zu lösen: man hat die optimale Umformung der Skala in eine gleichförmige oder in eine logarithmische zu suchen (siehe Abschnitt 9, § 12, Seite 83).

Im ersten Falle muß man den Parameterwert m so wählen, daß der kleinste Wert der gleichförmigen Charakteristik der Skala ein Maximum besitzt. Im zweiten Falle muß m so gewählt werden, daß innerhalb der gegebenen Grenzen von u der kleinste Wert der logarithmischen Charakteristik ein Maximum besitzt.

Die Lösung dieser Aufgaben ist für einige Spezialfälle[1]) in den Abschnitten 14 und 15 (Seite 15 und 16) aufgeführt worden.

Das im Abschnitt 13 angeführte graphische Verfahren zur Bestimmung des Parameters m ist genügend allgemein; jedoch sagt es nichts über die Ab-

[1]) Siehe [10].

schätzung der Genauigkeit der Umformung aus, in einer Reihe von Fällen ist es außerdem schwierig zu entscheiden, ob die durch dieses Verfahren gefundene Umformung tatsächlich die beste der möglichen Änderungen der Form der Skala liefert (Verteilung der Argumente auf ihr).

Insbesondere erwähnen wir, daß für eine Skala der Form

$$y = u^2$$

die Charakteristik der projektiven Skala mit dem Parameter m den besten Wert für

$$u = \sqrt{\frac{m}{3}}$$

erhält.[1])

Wünschen wir also eine Skala, die für den Punkt $u = u'$ die größte Genauigkeit liefert, so müssen wir für eine solche Art der Skalenumformung den Wert des Parameters mit

$$m = 3u'^2$$

wählen.

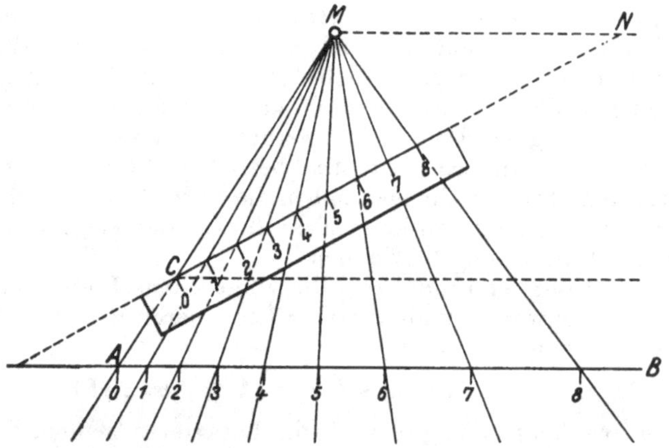

Figur 9

13. Ein graphisches Verfahren zur Bestimmung des Parameters m. Zur graphischen Bestimmung des Parameters m legen wir die gegebene Skala $y = f(u)$ auf die Gerade AB (Fig. 9). Wir wählen außerhalb der Geraden AB einen beliebigen Punkt M und verbinden ihn durch Geraden mit den Punkten der Skala AB. Dann tragen wir auf einen einzelnen Papierstreifen die gewünschte Form der Skala u (Schablone) auf, legen dann den Papierstreifen auf die Zeichnung und verschieben ihn so, daß der größte Teil der Argumente der Schablone auf Strahlen des Bündels fällt, die vom Punkte M ausgehen und die auf der Skala AB dieselben Argumente besitzen. Kann man eine solche Koinzidenz nicht für alle Punkte der Schablone erreichen, so gelingt dies doch in dem Teil des Bündels, in dem die projektive Skala am vollkommensten die Skala auf der Schablone wiedergeben soll. Hat man eine solche Lage der Schablone ermittelt, dann legt man an ihren Rand eine Gerade und verlängert diese bis zum Schnitt im Punkte N mit der Geraden, die durch M hindurchgeht und der Skala AB

[1]) Siehe [6] und [17].

parallel ist. Die entsprechende Größe des Parameters m bestimmt man aus der Gleichung

$$(1.7)\qquad m = \frac{MN}{\mu\,\dfrac{MC}{MA}}.$$

Hierbei ist der Punkt C der Schnittpunkt der Schablone (oder ihrer Verlängerung) mit dem Strahl, der durch den Nullpunkt der Skala AB hindurchgeht. Den so erhaltenen Wert von m kann man abrunden.

Will man der Skala einen gleichförmigen oder logarithmischen Charakter geben, so kann man als Schablone ein Lineal mit Zentimetereinteilung oder die Skala des Schiebers eines Rechenschiebers nehmen.

14. Die projektive Umformung einer Skala, die die beste Annäherung der Skala an eine gleichförmige Skala ergibt. Um eine solche projektive Umformung zu finden, nach deren Ausführung die Skala

$$y = f(u) \quad (a \leqq u \leqq b)$$

in eine Skala übergeht, die einer gleichförmigen am nächsten kommt, kann man von den Ergebnissen Gebrauch machen, die man bei der Lösung dieser Aufgabe in den folgenden beiden Fällen bekommt:[1])

a) Die gleichförmigen Charakteristiken einer Schar projektiver Skalen (für verschiedene m, siehe Abschnitt 12, Seite 13) für ein gegebenes Variabilitätsintervall von u sind entweder monoton oder haben nur ein einziges Maximum. Diese Eigenschaft ist dann erfüllt, wenn für die Funktion $f(u)$ für u-Werte, die der Ungleichung

$$(1.8)\qquad -1 < \frac{f''(u)}{2f'^2(u) - [f(u) - f(a)]f''(a)}$$

genügen, die Ungleichung

$$(1.8')\qquad 2f'''(u) \cdot f'(u) - 3f''^2(u) = 0$$

erfüllt ist.

Der Parameter m (siehe Abschnitt 11, Seite 11) der optimalen Umformung (siehe Abschnitt 10, § 12, Seite 83) wird in diesem Falle gleich

$$(1.8'')\qquad m = \frac{f(b) - (\lambda + 1)f(a)}{\lambda},$$

wobei

$$(1.8''')\qquad \lambda = \sqrt{\frac{f'(b)}{f'(a)}}.$$

b) Die gleichmäßigen Charakteristiken einer Schar projektiver Skalen (für verschiedene m) in einem gegebenen Variabilitätsintervall u sind entweder monoton oder haben alle genau ein Minimum. Diese Eigenschaft ist für alle Funktionen $f(u)$ erfüllt, die für $a \leqq u \leqq b$ der Ungleichung

$$(1.9)\qquad 2f'''(u) \cdot f'(u) - 3f''^2(u) > 0$$

genügen.

---

[1]) Siehe [10].

Der Wert des Parameters m der entsprechenden projektiven Umformung bestimmt sich aus (1.8″), λ bestimmt man als Lösung eines Systems von Gleichungen

$$\begin{aligned} &f(b) - f(a) - (\lambda + 2)\,[f(u) - f(a)] = 0 \\ &f''(u)\,\{\lambda[f(u) - f(a)] + f(b) - f(a)\} - 2\lambda f'^2(u) = 0, \end{aligned} \tag{1.9'}$$

worin u die zweite Unbekannte ist (der Wert der Variablen u, bei der die Charakteristik ein Minimum besitzt).

Beispiel. Gesucht ist die optimale Umformung zur gleichförmigen Form der Skala

$$y = \operatorname{tg} u, \quad 0° \leqq u \leqq 90°.$$

Haben wir die Ableitungen des Tangens ausgerechnet, dann finden wir, daß für beliebiges u gilt

$$2f'''(u)\cdot f'(u) - 3f''^2(u) = 4\,(1 + \operatorname{tg}^2 u)^2 > 0.$$

Folglich liegt der Fall b) vor, und es ist

$$m = \frac{\operatorname{tg} b - (\lambda + 1)\operatorname{tg} a}{\lambda},$$

λ bestimmen wir aus dem System

$$\begin{gathered} \operatorname{tg} b - \operatorname{tg} a - (\lambda + 2)\,[\operatorname{tg} u - \operatorname{tg} a] = 0, \\ 2\,(1 + \operatorname{tg}^2 u)\operatorname{tg} u\,\{\lambda\,[\operatorname{tg} u - \operatorname{tg} a] + \operatorname{tg} b - \operatorname{tg} a\} - 2\lambda\,(1 + \operatorname{tg}^2 u)^2 = 0, \end{gathered}$$

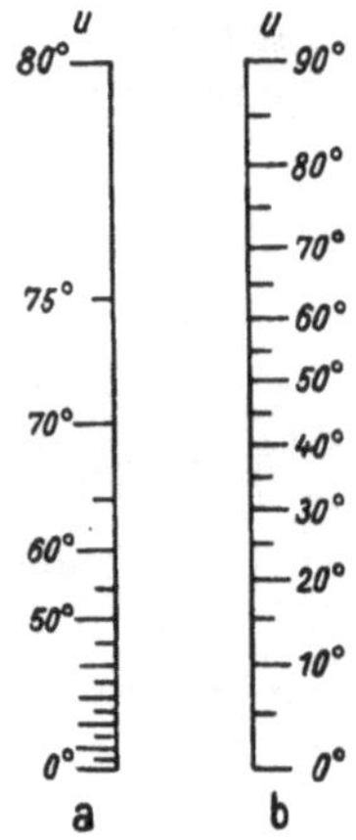

Figur 10

und erhalten ($\operatorname{tg} a = 0$)

$$\lambda = \frac{1 - \cos b}{\cos b}, \qquad m = \frac{\operatorname{tg} b}{\lambda} = \frac{\sin b}{1 - \cos b}$$

sowie

$$\operatorname{tg} u_{\min} = \frac{1 - \cos b}{\sin b}.$$

Bei $b = 90°$ erhalten wir

$$m = 1, \qquad u_{\min} = 45°.$$

Die Gleichung der umgeformten Skala ist dann

$$y = \frac{L}{1 + \operatorname{tg} u}.$$

Die Teilungen haben den geringsten Abstand in der Nähe des Arguments $u = 45°$.

Auf Fig. 10 sind eine umgeformte (b) und eine nichtumgeformte (a) Skala u dargestellt.

15. Die projektive Umformung einer Skala, die die beste Annäherung an eine logarithmische Skala ergibt. Im Falle der projektiven Umformung der Skala

$$y = f(u), \quad a \leqq u \leqq b,$$

kann man von den Ergebnissen der Lösung der folgenden beiden Spezialprobleme[1]) Gebrauch machen:

a) Die logarithmischen Charakteristiken einer Schar projektiver Skalen mit dem Parameter m (siehe Abschnitt 11, Seite 11) sind

[1]) Siehe [10].

im gegebenen Bereich u entweder monoton oder haben jede nur ein einziges Maximum. Diese Eigenschaft gilt für solche Funktionen $f(u)$, die für alle Werte u, die der Ungleichung

$$(1.10)\qquad -1 < \frac{uf''(u) + f'(u)}{\{2f'^2(u) - f''(u)[f(u) - f(a)]\}\,u - f'(u)[f(u) - f(a)]}$$

genügen, die Ungleichung

$$(1.11)\qquad u^2[2f'''(u)f'(u) - 3f''^2(u)] - f'^2(u) \leqq 0$$

befriedigen. Der Parameter der besten Umformung bestimmt sich in diesem Falle aus (1.8″) mit

$$(1.11')\qquad \lambda = \sqrt{\frac{f'(b)\cdot b}{f'(a)\cdot a}} - 1.$$

b) Die logarithmischen Charakteristiken einer Schar projektiver Skalen mit dem Parameter m sind im gegebenen Bereich entweder monoton oder haben jede ein einziges Minimum. Diese Eigenschaft ist für die Funktionen $f(u)$ erfüllt, die für Werte u, die der Ungleichung (1.10) genügen, die Ungleichung

$$(1.12)\qquad u^2[2f'''(u)f'(u) - 3f''^2(u)] - f'^2(u) \geqq 0$$

befriedigen. Der Wert des Parameters m bestimmt sich nach der Formel (1.8″), wobei λ eine der Lösungen des Systems

$$(1.13)\qquad \begin{aligned} &f(b) - f(a) - \lambda[f(u) - f(a)] - 2[f(u) - f(a)] = 0,\\ &u f''(u)\{\lambda[f(u) - f(a)] + f(b) - f(a)\} - 2uf'^2(u)\lambda\\ &\qquad + f'(u)\{\lambda[f(u) - f(a)] + f(b) - f(a)\} = 0 \end{aligned}$$

ist. Die zweite Unbekannte ist der Wert der Variablen u, in dem die Charakteristik ihr Minimum annimmt.

Beispiel. Gesucht ist die optimale Umformung zur logarithmischen Form der Skala

$$y = u^n \quad \text{mit} \quad 1 \leqq u \leqq 10.$$

Nach Berechnung der Ableitungen erkennt man, daß für alle Werte u (Fall a) die Ungleichung

$$u^2[2f'''(u)f'(u) - 3f''^2(u)] - f'^2(u) = -n^4u^{2(n-1)} < 0$$

erfüllt ist. Folglich ist [siehe (1.11′)]

$$\lambda = \sqrt{\frac{10^n}{1^n}} - 1 = 10^{\frac{n}{2}} - 1,$$

und aus (1.8″) erhält man

$$m = \frac{10^n - 10^{\frac{n}{2}}}{10^{\frac{n}{2}} - 1} = 10^{\frac{n}{2}}.$$

Bei $n = 2$ haben wir $m = 10$.

Die so erhaltene Skala ist in Fig. 11 dargestellt (vor der Umformung Fig. 11, a und nach der Umformung Fig. 11, b). Die Gleichung der Skala lautet:

$$y = \frac{L}{1 + 0{,}1\,u^2}.$$

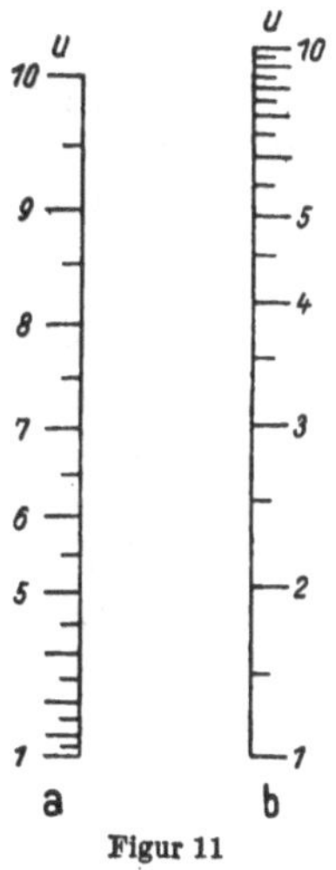

Figur 11

§ 3. *Die einparametrige Linienschar*

16. Definition. Ist die Gleichung $F(x, y, u) = 0$ gegeben, wobei der Bereich des Parameters u begrenzt ist $(a \leqq u \leqq b)$, dann stellt in kartesischen Koordinaten x und y diese Gleichung eine Linienschar dar, die nur von dem einzigen Parameter u abhängt. Gibt man u die Werte: $u', u'', u''', \ldots$ und konstruiert die graphischen Darstellungen für die so erhaltenen Beziehungen:

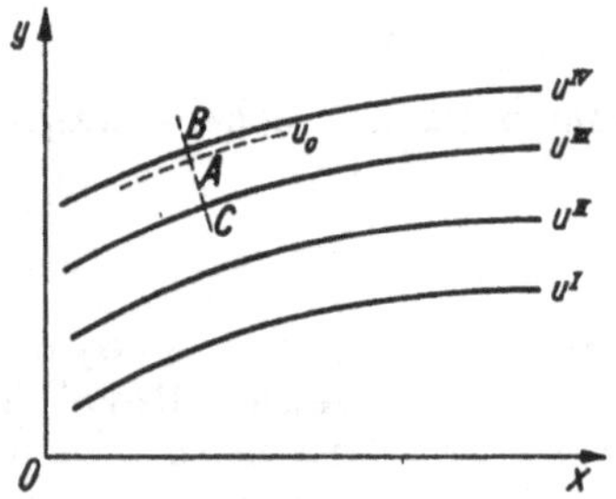

Figur 12

$$f(x, y, u') = 0, \quad F(x, y, u'') = 0,$$
$$f(x, y, u''') = 0, \quad \ldots,$$

dann erhält man (Fig. 12) ein System von Linien, von denen jede einem bestimmten u-Wert, *ihrem Argument*, entspricht. Nimmt man für die Größe u stetige Änderung an, dann ergibt sich eine Schar von Linien, die einen bestimmten Teil der Ebene anfüllt und ein *System* (Schar) *benannter Linien* darstellt, die im Sonderfall auch Geraden sein können.

17. Die Bestimmung der Linienscharen mit Hilfe bekannter Argumentwerte. Beim Gebrauch eines Nomogramms, zu dem auch eine Schar benannter Linien gehört, begegnet man zwei Problemen:

a) die bestimmte Linie zu finden, die einem gegebenen u-Wert entspricht;

b) das Argument u einer Linie der Schar zu ermitteln, die durch einen gegebenen Punkt der Ebene hindurchgeht.

Ist die entsprechende bestimmte Linie in der Zeichnung enthalten, so ist die Lösung beider Aufgaben nicht weiter schwierig. In der Regel wird die einem gegebenen u-Wert entsprechende Linie jedoch nicht gezeichnet vorliegen, so daß man ihre Lage notwendigerweise durch Interpolation zwischen zwei eingezeichneten Linien bestimmen muß.

Am einfachsten und am genauesten löst man diese Aufgaben folgendermaßen: Liegt der gegebene Wert $u = u_0$ zwischen den Werten u''' und u^{IV}, durch welche Linien der Schar hindurchgehen, so ziehen wir irgendwo mit der Hand mit einem Bleistift eine zu einer der Linien $u = u'''$ oder $u = u^{IV}$ senkrechte Gerade BC (Fig. 12). Wir schätzen ab, um wieviel u_0 größer ist als u''' und bestimmen auf der Geraden BC einen Punkt A so, daß der Abschnitt CA zu BC sich verhält, wie die Differenz $(u_0 - u''')$ zur Differenz $(u^{IV} - u''')$. Durch den so erhaltenen Punkt A ziehen wir dann mit der Hand das Stück einer Linie ungefähr so, wie die gesuchte Linie $u = u_0$ verlaufen müßte (ist u''' nahe an u^{IV}, dann „parallel" u^{IV}, ist u_0 nahe an u''', dann „parallel" u'''; und ist u_0 nahe $\dfrac{u''' + u^{IV}}{2}$, dann in Richtung der Winkelhalbierenden des Winkels, den an dieser Stelle die Linien $u''' = \text{const}$ und $u^{IV} = \text{const}$ miteinander bilden), das Argument dieser Linie ist dann ungefähr gleich u.

In dem Falle, wo wir das Argument u_0 einer Linie bestimmen müssen, die durch einen gegebenen Punkt A hindurchgeht, legen wir mit dem obigen Verfahren durch den Punkt A die Gerade BC, schätzen dann nach Augenmaß das Verhältnis der Abschnitte AC und BC ab und bestimmen den Wert $u = u_0$. Bei einiger Übung braucht man die Linie BC gar nicht erst einzuzeichnen.

Bei der Interpolation in einer Linienschar macht man sowohl bei der Bestimmung des Argumentes eines Punktes als auch eines Punktes nach seinem Argument einen gewissen Fehler (siehe Abschnitt 4, § 10, Seite 74).

18. Die Charakteristik einer Schar bezifferter Linien. Auf der Zeichnung nimmt jede Schar bezifferter Linien ein gewisses endliches Gebiet ein, das durch die Bereiche der Veränderlichen, die Bestandteil des Nomogramms werden, sowie durch den Maßstab der Zeichnung bestimmt ist. Wir nennen Durchmesser des auf dem Nomogramm durch die Linienschar der Variablen u eingenommenen Gebietes den Durchmesser S des kleinsten der Kreise, der das gesamte gegebene Gebiet enthält (Fig. 13).

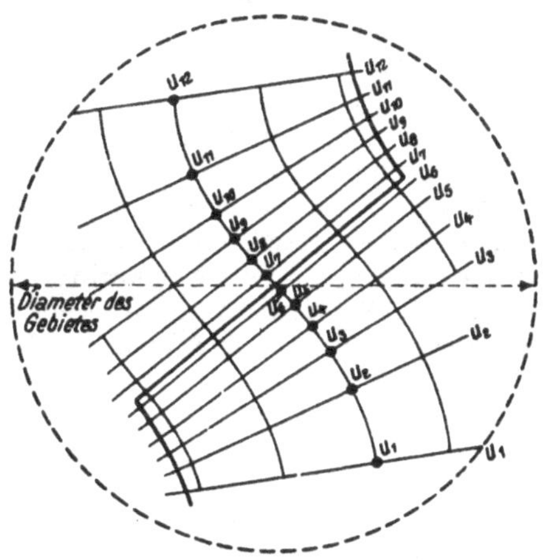

Figur 13

Zieht man durch die Linien $u = \text{const}$ eine Schar orthogonaler Linien und schreibt ihren Schnittpunkten mit den Linien der Schar dieselben Argumente zu, die die geschnittenen Linien haben, so entsteht auf jeder der orthogonalen Linien eine Skala u. Die Längen der Teilungen, die durch dieselben Argumente u begrenzt werden, sind auf den verschiedenen Skalen verschieden. Mit Δs bezeichnen wir das Verhältnis der Länge der Teilung zum Diameter S des Gebietes. Wir werden Teilungen betrachten, die einen vorgegebenen Wert Δu haben, der im allgemeinen eine Funktion des Wertes u ist: $\Delta u = \chi(u)$ (siehe Abschnitt 7, Seite 5). Für jede der so erhaltenen Skalen sind die Größen Δs, die diesen Werten Δu entsprechen, selbst eine Funktion von u, die sogenannte Charakteristik dieser Skala. Ihr Typ wird für alle Skalen gleichzeitig durch Angabe der Funktion $\chi(u)$ festgelegt.

Hinsichtlich der Stelle des Gebietes, in dem man für ein und denselben Wert von u die maximale Ungenauigkeit (siehe § 9, Seite 72) erhält, werden uns vor allen die der orthogonalen Skalen der Linienschar $u = \text{const}$ interessieren, für die der entsprechende Wert der Charakteristik Δs bei gegebenem Werte u den kleinsten Wert hat. Für einen anderen Wert von u kann der kleinste Wert von Δs auf einer anderen orthogonalen Skala liegen.

Die Größe Δs, betrachtet als Funktion von u für alle die Punkte des Gebietes, die bei konstantem Wert von u den kleinsten Wert von Δs ergeben (der kleinste Wert längs der Linie $u = \text{const}$), heißt *Charakteristik der Linienschar $u = \text{const}$.*

Für eine Linienschar, wie sie in Fig. 13 dargestellt ist, ist der geometrische Ort der Punkte, deren Δs-Werte die Charakteristik der Schar bilden, durch eine verstärkte Linie gekennzeichnet.

Verschiedene Arten von Charakteristiken Δs für eine gegebene Linienschar sind verschiedene Funktionen von u; es ist schwierig, ihren analytischen Ausdruck zu finden, man erhält aber durch geometrische Konstruktionen für jede von ihnen für eine gegebene Linienschar $u = \text{const}$ eine graphische Darstellung.

Ist Δu konstant, so nennt man die Charakteristik der Schar *gleichförmig*; ist $\Delta u = ku$, wobei k eine konstante Zahl ist, so nennt man die entsprechende Charakteristik der Schar *logarithmische Charakteristik*.

Gleichförmige Linienschar der Variablen u nennt man eine Schar, für die die gleichförmige Charakteristik einen konstanten Wert für beliebiges u hat und für die außerdem die gleichmäßige Charakteristik jeder der orthogonalen Skalen konstant ist. In diesem Falle erfüllt der geometrische Ort der Punkte, für die die Charakteristik berechnet wird, das ganze Gebiet der Schar. Eine solche Schar besteht aus äquidistanten (voneinander gleich weit entfernten) Linien, ihre orthogonalen Skalen sind gleichförmig.

Logarithmische Linienschar der Variablen u nennen wir eine Schar, für die die logarithmische Charakteristik einen konstanten Wert hat bei beliebigem Werte von u und außerdem die logarithmischen Charakteristiken jeder der orthogonalen Skalen gleich sind. In diesem Falle erstreckt sich der geometrische Ort der Punkte, für die die Charakteristik berechnet wird, über das ganze Gebiet der Schar. Die logarithmische Schar besteht aus äquidistanten Linien, ihre orthogonalen Skalen sind logarithmisch.

§ 4. Das Netz

19. Definition des Netzes. Netz der beiden Variablen u_1 und u_2 nennt man den geometrischen Ort der Punkte, von denen jeder zwei Argumente hat: ein Argument für die erste Variable und ein Argument für die zweite Variable. (Nach Schwerdt: „Zustandspunkte“. — D. H.)

Das Netz ist eine Verallgemeinerung des Begriffes der Skala.

Sind x und y Funktionen zweier Parameter u_1 und u_2:

$$x = f(u_1, u_2), \quad y = \varphi(u_1, u_2), \tag{1.14}$$

so werden die Punkte mit den Koordinaten x und y im allgemeinen ein ebenes Gebiet erfüllen. Jedem Wertepaar u_1 und u_2 entspricht in diesem Gebiete ein bestimmter Punkt.

Wir wählen folgende Reihenfolge bei der Bestimmung der Punkte der Ebene: Wir geben der Größe u_2 den konstanten Wert $u_2 = u_2'$ und variieren die Größe u_1 innerhalb der gegebenen Grenzen, indem wir ihr die Werte $u_1', u_1'', u_1''', \ldots$ in wachsender Reihenfolge geben; dann wählen wir $u_2 = u_2''$ und geben der Größe u_1 dieselben Werte usw. In jedem dieser Fälle kann man bei Änderung von u_1 die Koordinaten x und y als Funktionen nur einer dieser Variablen betrachten, aber in diesem Falle bekommen wir gemäß Abschnitt 1, § 1, für jeden Wert u_2 eine Skala u_1 für ein und dieselben Variabilitätsgrenzen (Fig. 14).

Gehen wir umgekehrt vor, indem wir der Größe u_1 eine Reihe konstanter Werte erteilen und jedesmal die Größe u_2 innerhalb der gleichen vorgegebenen

Variabilitätsgrenzen verändern, so bekommen wir ein System von Skalen u_2: für jeden Wert u_1 bekommen wir eine Skala u_2 (Fig. 15). Dabei werden die Koordinaten der Punkte, die ein und denselben Werten von u_1 und u_2 ent-

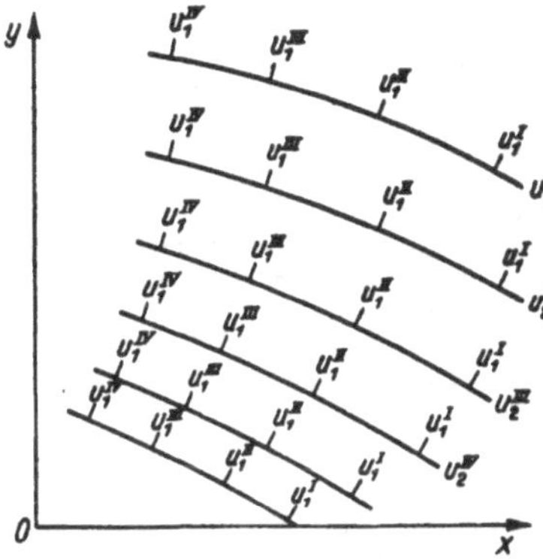

Figur 14

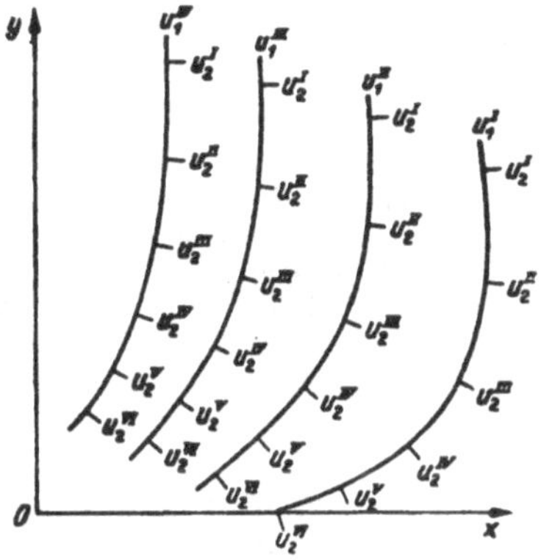

Figur 15

sprechen, gleich. Legt man beide Zeichnungen so aufeinander, daß ihre Koordinatenachsen zusammenfallen, so fallen auch diese Punkte zusammen und die eingezeichneten Träger der Skalen beider Zeichnungen schneiden einander in diesen Punkten (Fig. 16).

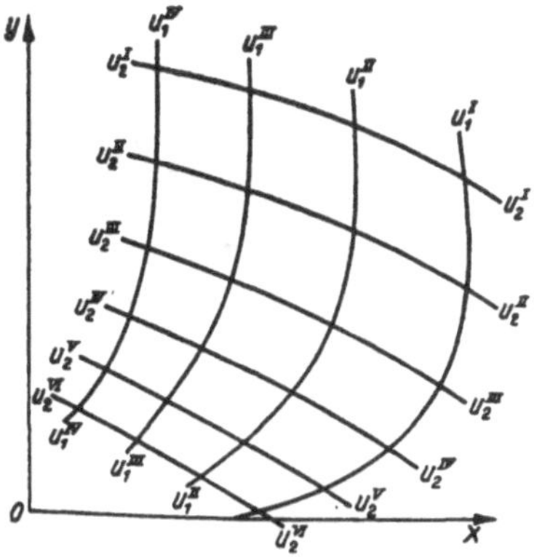

Figur 16

Jetzt kann man jeden Punkt der Ebene als einen Schnittpunkt zweier Linien festlegen: eine, die einem bestimmten Wert von u_1 (wir bezeichnen diese Linien als die Linien $u_1 = \text{const}$), und eine andere, die einem Wert von u_2 entspricht. (Linien $u_2 = \text{const.}$) Jedes dieser Systeme von Linien stellt eine Schar bestimmter Linien dar, die nur von einem Parameter (von u_1 oder u_2) abhängt. Das Netz kann man auch als einen Teil der Ebene definieren, dessen Punkte Schnittpunkte zweier Linien $u_1 = \text{const}$ und $u_2 = \text{const}$ sind.

20. Die Gleichung einer Netzlinie. Eliminiert man der Reihe nach aus den Gleichungen (1.14) die Parameter u_1 und u_2, so erhält man die Gleichungen der Scharen: bei Eliminierung des Parameters u_2 — die Gleichung der Linienschar $u_1 = \text{const}$; bei u_1 — die Gleichung der Linienschar $u_2 = \text{const}$, deren Gleichungen lauten:

$$F(x, y, u_1) = 0; \quad \text{Linien } u_1 = \text{const}$$

und

$$\Phi(x, y, u_2) = 0; \quad \text{Linien } u_2 = \text{const}.$$

Beispiel. Die Gleichungen eines Netzes lauten:

$$x = u \cdot \cos v, \quad y = u \cdot \sin v.$$

Gesucht sind die Gleichungen der Linienscharen $u = \text{const}$ und $v = \text{const}$.

Wir eliminieren den Parameter v, erheben beide Gleichungen ins Quadrat und addieren sie, dann erhalten wir die Gleichung der Linienschar $u = \text{const}$

$$x^2 + y^2 = u^2.$$

Die Linien $u = \text{const}$ sind konzentrische Kreise mit dem Radius u und dem Mittelpunkt im Koordinatenursprung (Fig. 17).

Wir eliminieren den Parameter v und dividieren die rechten und linken Seiten beider Gleichungen durcheinander und finden

$$y = x \cdot \operatorname{tg} v.$$

Berücksichtigt man bei den gegebenen Gleichungen, daß jedem Werte v bestimmte Vorzeichen der Werte x und y entsprechen, dann hat man als die Linienschar $v = \text{const}$ das Strahlenbündel zu nehmen, bei dem jeder Strahl vom Koordinatenursprung ausgeht und unter dem Winkel v gegen die x-Achse geneigt ist (Fig. 17).

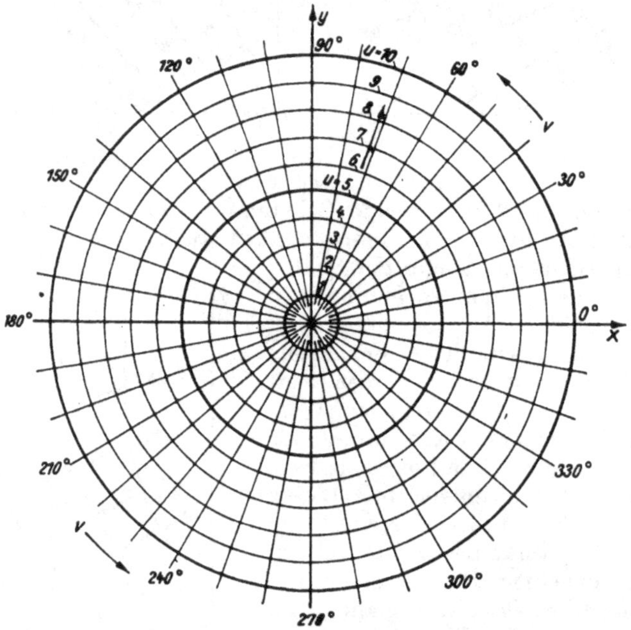

Figur 17

21. Die Erweiterung des Begriffs vom Netz auf den Raum. Der Begriff des Netzes läßt sich leicht auch auf den Raum ausdehnen. Betrachtet man die Koordinaten x, y, z eines Punktes im Raum als Funktionen zweier Parameter u_1 und u_2, so ergibt sich:

$$x = f(u_1, u_2), \quad y = \varphi(u_1, u_2), \quad z = \psi(u_1, u_2). \tag{1.15}$$

Der auf diese Weise festgelegte Punkt im Raum wird einer gewissen Oberfläche angehören, deren Gleichung[1]) sich ergibt, wenn man aus den drei Gleichungen (1.15) die zwei Parameter u_1 und u_2 eliminiert. Ergibt sich insbesondere bei der Elimination von u_1 und u_2 zwischen x, y und z ein linearer Zusammenhang, so wird sich das Netz auf einer bestimmten Ebene befinden. Diese Ebene

[1]) Siehe Fußnote auf Seite 2.

ist parallel einer der Koordinatenebenen, wenn der rechte Teil einer der Gleichungen (1.15) konstant ist.

Sind x, y und z Funktionen dreier Parameter u_1, u_2 und u_3:

$$x = f(u_1, u_2, u_3), \quad y = \varphi(u_1, u_2, u_3), \quad z = \psi(u_1, u_2, u_3), \tag{1.16}$$

so bekommen wir im Raume ein bestimmtes Gebiet, von dem jeder Punkt durch Werte der drei Parameter bestimmt wird. Insbesondere kann man jeden Punkt als Schnittpunkt dreier Oberflächen festlegen. Die Gleichungen solcher Oberflächenscharen kann man finden, indem man aus den Gleichungen (1.16) jedesmal zwei Parameter ausschließt, z. B. eliminieren wir zunächst die Parameter u_1 und u_2 und erhalten die Gleichung der Oberflächenschar $u_3 = \text{const}$; dann u_2 und u_3 — die Oberflächenschar $u_1 = \text{const}$ und schließlich u_3 und u_1, wodurch wir die Gleichung der Oberflächenschar $u_2 = \text{const}$ bestimmen.

Legt man die Punkte des Raumes nach dieser Methode fest, so liefert die weitere Ausdehnung des Begriffs vom Binarfeld (Netz) auf räumliche Abbildungen *das Ternärfeld* (räumliches Netz. — D. H.).

22. Gebrauch eines Netzes. In der Praxis führt man die Linien des Feldes nur für runde Werte der Parameter u_1 und u_2 aus. Für Zwischenwerte muß man die entsprechenden Punkte des Feldes bestimmen, indem man innerhalb eines gewissen krummlinig begrenzten Vierecks interpoliert, das durch den Schnitt zweier Linienpaare des Feldes gebildet wird. Es sei z. B. der Punkt A (Fig. 18)

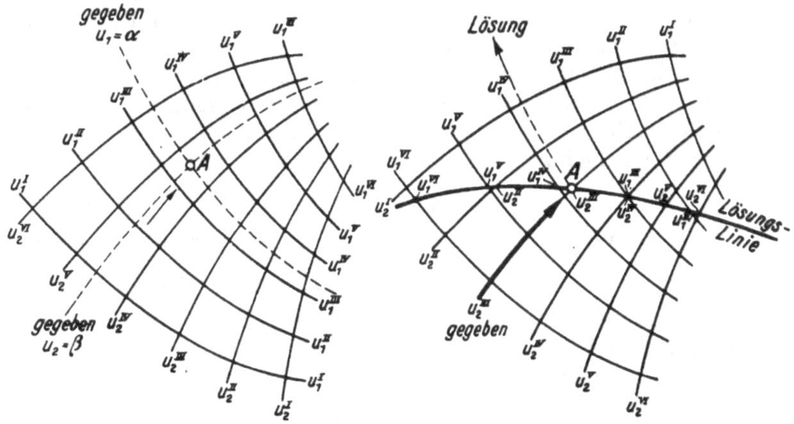

Figur 18 Figur 19

zu bestimmen, der zu unrunden Werten $u_1 = \alpha$ und $u_2 = \beta$ gehört, wobei die nächsten ins Feld eingezeichneten Linien sind: $u_1 = u_1^{'''}$, $u_1 = u_1^{\text{IV}}$ und $u_2 = u_2^{\text{IV}}$, $u_2 = u_2^{\text{V}}$ $\left(u_1^{'''} < \alpha < u_1^{\text{IV}},\ u_2^{\text{IV}} < \beta < u_2^{\text{V}}\right)$. Wir gehen folgendermaßen vor:

a) Wir ziehen mit dem Bleistift oder denken uns nach einiger Übung nach Augenmaß die Feldlinie, die dem gegebenen Werte $u_1 = \alpha$ entspricht (auf Fig. 18 ist sie punktiert eingezeichnet) gemäß dem Wert der Teilung zwischen den eingezeichneten Linien und der Größe der Differenz von α und $u_1^{'''}$;

b) ganz analog ziehen wir die Feldlinie $u_2 = \beta$;

c) der Schnittpunkt beider Linien bestimmt den gesuchten Punkt A des Feldes für die gegebenen Werte α und β der Parameter u_1 und u_2.

Bei der Benutzung von Nomogrammen begegnet man auch der umgekehrten Aufgabe, der Bestimmung des Parameterwertes bei bekanntem Punkt im Feld; aber diese Aufgabe kombiniert man mit der Aufgabe, den Punkt im Felde aufzusuchen. Die letzte Aufgabe führt man gewöhnlich so aus, daß man auf das gezeichnete Netz eine bestimmte Linie (*Lösungslinie*) legt[1]), auf der der gesuchte, die Lösung bestimmende Punkt liegen soll (Fig. 19). Die Lage des Punktes A auf der Lösungsgeraden bestimmt man, indem man sie mit einer der Feldlinien zum Schnitt bringt, die dem gegebenen Wert einer der Variablen (z. B. $u_2 = u_2'''$) entspricht. In diesem Falle erhält man die gesuchte Größe u_1 als Argument der zweiten Linie des Feldes (der Linie $u_1 = \text{const}$), die durch den Punkt A hindurchgeht. Den Wert der Lösung lesen wir ab, indem wir nach Augenmaß die Lage des Punktes A zwischen zwei Linien $u_2 = \text{const}$: u_2''' und u_2^{IV} interpolieren. Diese Interpolation vereinfacht sich und kann sehr genau durchgeführt werden, wenn man die Bestimmung des Wertes u_1 auf der Skala u_1 ausführt, die durch die Linien $u_1 = \text{const}$ des Netzes auf der Lösunglinie ausgeschnitten wird.

§ 5. *Funktionsnetze*

23. Definition. Bei der Konstruktion von Nomogrammen und der graphischen Darstellung von Funktionen macht man oft von Funktionsnetzen Gebrauch. Die Mehrzahl solcher Netze besteht aus zwei Linienscharen, deren Linien den Achsen eines rechtwinkligen cartesischen Koordinatensystems parallel sind. Funktionsnetze solcher Art kann man als Spezialfall eines Netzes betrachten, wenn nämlich die Gleichungen des Feldes die Form

$$x = f(u_1), \quad y = \varphi(u_2)$$

haben oder nach Einführung von Maßstäben auf den Koordinatenachsen

$$x = \mu_x[f(u_1) - f(u_{10})], \quad y = \mu_y[\varphi(u_2) - \varphi(u_{20})].$$

Für besondere Zwecke benutzt man auch Funktionsnetze anderer Typen (siehe unten Abschnitt 25).

Das am meisten verbreitete Netz ist das Millimeterpapier, das zwei aufeinander senkrechte gleichförmige Scharen paralleler Geraden darstellt.

Funktionsnetze sind ein Grundelement der Netztafeln (Abschnitt 6, § 19, Seite 101).

24. Die „Streckung" von Kurven in Funktionsnetzen. Mit Hilfe eines Funktionsnetzes kann man die graphische Darstellung einer beliebigen Funktion in Form einer geraden Linie durchführen. Ist die Gleichung

$$u_2 = f(u_1) \tag{1.17}$$

gegeben, so ist ihre graphische Darstellung im Koordinatensystem $x = u_1$, $y = u_2$ gewöhnlich eine krumme Linie, benutzt man zur graphischen Dar-

[1]) Genaueres über Lösungslinien siehe Seite 75.

stellung dieser Gleichung jedoch ein Funktionsnetz mit den Gleichungen der Linien

$$x = f(u_1), \quad y = u_2,$$

so erhalten wir auf ihm die graphische Darstellung dieser Beziehung in Form einer geraden Linie. Der Neigungswinkel dieser Geraden wird gleich dem Verhältnis der Maßstäbe auf den Achsen x und y.

Durch Einführung einer ungleichförmigen Geradenschar können wir jede beliebige Kurve begradigen; so kann man z. B. jede beliebige vorgegebene Kurve in eine beliebige Gerade, die keiner der Koordinatenachsen parallel ist, umwandeln. Dies wird graphisch ausgeführt (Fig. 20; mit x' wird die Skala bezeichnet, die auf der Ox-Achse durch Schnitt mit den Geraden der ungleichförmigen Schar nach der Umformung entsteht) durch aufeinanderfolgendes ,,Übertragen" der Punkte der gegebenen Kurve Omn auf die gewählte Gerade OA und entsprechende Verschiebung der Abszissen dieser Punkte: durch den Punkt a der Kurve legen wir eine Gerade parallel zur Ox-Achse, ihr Schnittpunkt a' mit der Geraden OA ist der entsprechende Punkt der graphischen Darstellung nach der Umformung. Dann müssen wir die Gerade ab mit dem Argument u'' in die Lage $a'b'$ bringen und der so erhaltenen Linie dasselbe Argument u'' zuschreiben. Verschiebt man analog die Linien mit den übrigen Argumenten, so bekommt man ein Funktionsnetz, auf dem die Beziehung der Form (1.17) durch eine gerade Linie dargestellt wird.

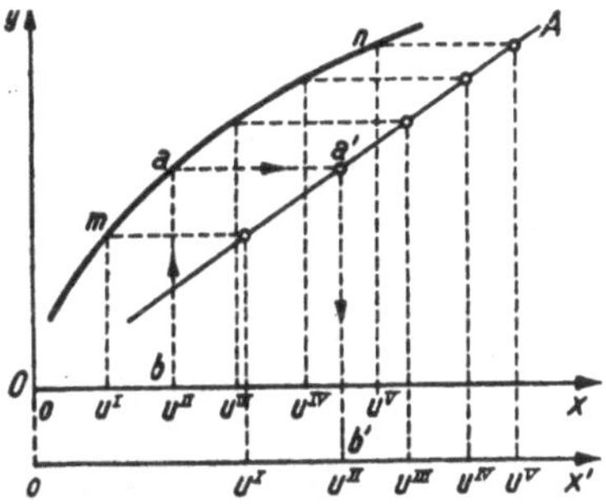

Figur 20

Funktionsnetze eignen sich sehr gut zur Ermittlung der Koeffizienten empirischer Abhängigkeiten von vornherein unbekannter Natur auf Grund erhaltener Versuchsdaten.

25. Einige gebräuchliche Funktionsnetze.

a) *Das Logarithmenpapier* (Fig. 21) besitzt zwei Scharen ungleichförmiger Geraden

$$x = \mu_x \lg u_1,$$

$$y = \mu_y \lg u_2.$$

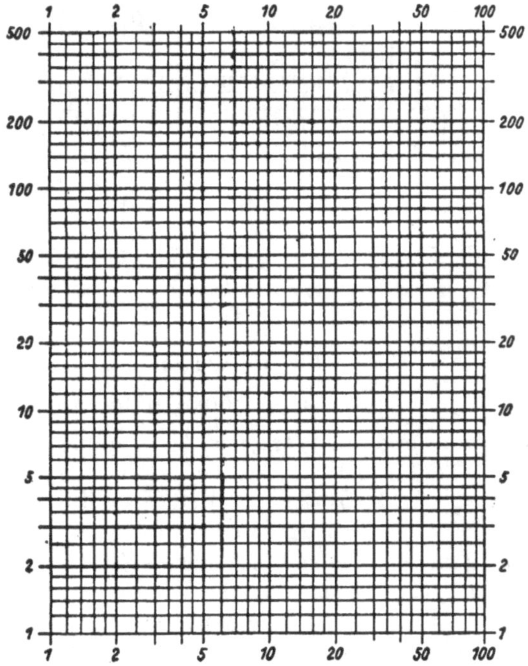

Figur 21

Auf dem Logarithmenpapier führt die graphische Darstellung der Potenzfunktion

$$u_2 = a u_1^n$$

oder

$$u_1^p u_2^m = a$$

(a, m, n und p beliebige konstante Zahlen) auf eine Gerade, deren Gleichung wie folgt lautet:

$$y = \frac{\mu_y}{\mu_x} n x + \mu_y \lg a$$

oder

$$m y + p \frac{\mu_y}{\mu_x} x = \mu_x \lg a .$$

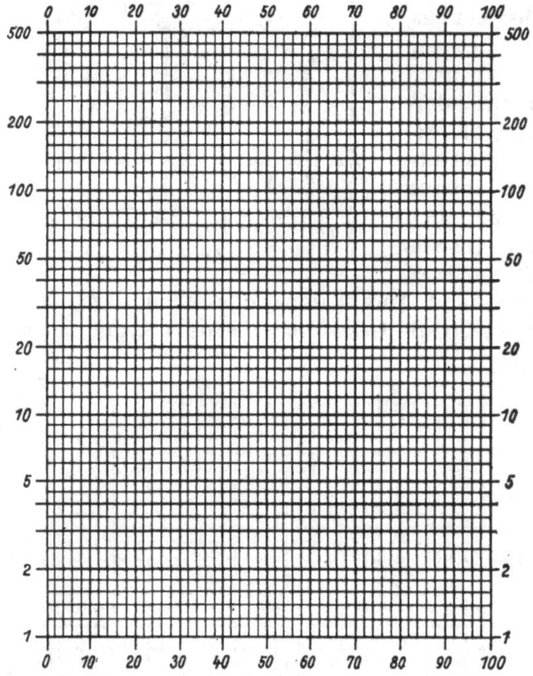

Figur 22

b) *Beim halblogarithmischen Papier* (Fig. 22) ist die eine Schar eine Schar ungleichförmiger Geraden:

$$y = \mu_y \lg u_2 ,$$

während die andere gleichförmig ist:

$$x = \mu_x u_1 .$$

Die graphische Darstellung der Exponentialfunktion

$$u_2 = a b^{u_1}$$

(a und b Konstante) ergibt ebenfalls eine Gerade mit der Gleichung

$$y = \frac{\mu_y}{\mu_x} \lg b \cdot x + \mu_y \lg a .$$

c) *Das Wahrscheinlichkeitsnetz* (Fig. 23) stellt ein Funktionalnetz mit folgenden Gleichungen für die Linienscharen dar:

für die vertikale Schar: $x_x = \mu u_1$,

für die horizontale Schar: $y_y = \mu u_2(p)$,

wobei u_1 und der Wert der (des) zufällig auftretenden Größe (Fehlers) ist, μ_x und μ_y die Maßstäbe auf den Koordinatenachsen sind und $p = \frac{1}{\sqrt{\pi}} \int\limits_{-\infty}^{u_2} e^{-t_2} dt$ die Wahrscheinlichkeit für das Auftreten eines solchen Wertes der zufälligen Größe ist, und der kleiner oder gleich u_2 ist. Die Linien der horizontalen Schar sind mit den entsprechenden Werten der Wahrscheinlichkeit bezeichnet (in Prozenten), die Linien der vertikalen Schar haben keine Argumente (Fig. 22).

Das Netz verwendet man zur Klärung der Frage, ob eine gegebene Reihe von Werten einer zufälligen Größe (Fehler) dem normalen Verteilungsgesetz (dem Gaußschen Gesetz) unterworfen ist oder nicht; bei der Klärung dieser Frage kann man mittels des Netzes den Mittelwert und den quadratischen Mittelwert dieser Größe bestimmen (Fig. 23).

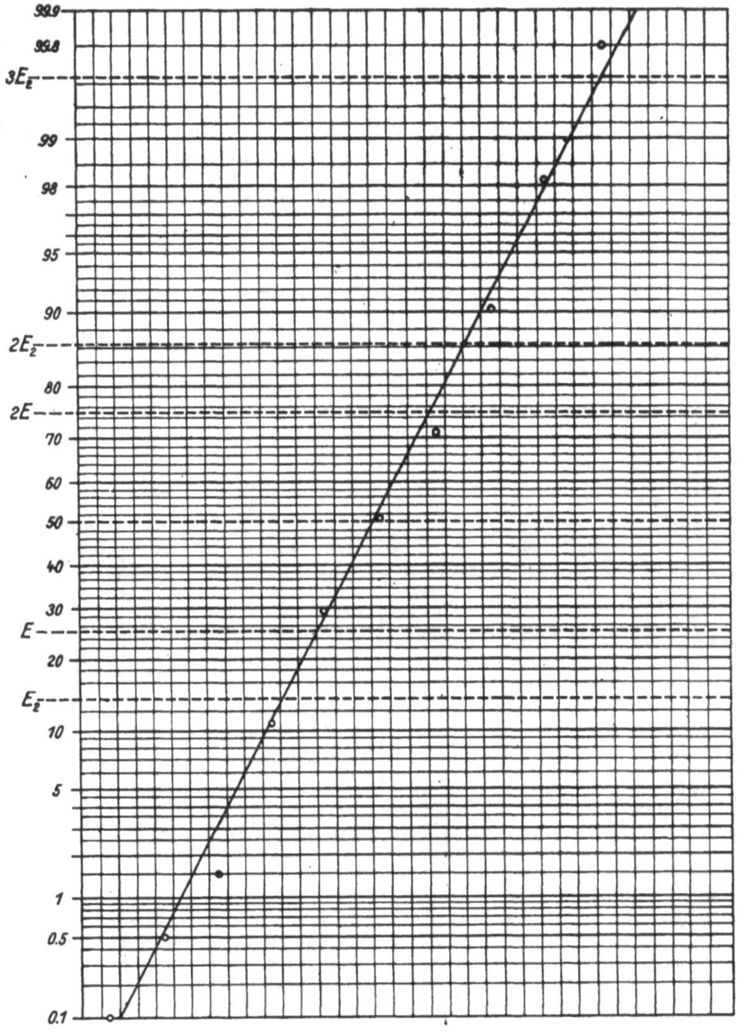

Figur 23

Die Benutzung des Netzes geschieht wie folgt:

1. Nach den Versuchsergebnissen schätzt man die Wahrscheinlichkeiten (Häufigkeiten) ab, mit der jeder Wert des Fehlers auftritt;

2. auf der horizontalen Skala trägt man die Werte der zufälligen Größe ein;

3. nach den bekannten Werten von u und $p(u)$ konstruiert man auf dem Netz eine Reihe von Punkten (wenn die Zufallsgröße dem normalen Gesetz gehorcht, müssen die erhaltenen Punkte auf oder längs irgendeiner Geraden liegen, im umgekehrten Falle läßt sich keine solche Gerade finden);

4. durch die im Netz aufgetragenen Punkte[1]) legt man eine gerade Linie, die die graphische Darstellung des Verteilungsgesetzes ist;

5. der Schnittpunkt dieser Geraden mit der Geraden $p(u) = 50\%$ bestimmt das Streuzentrum (die Größe des systematischen Fehlers), der Schnittpunkt der graphischen Darstellung mit den punktierten Geraden, die mit E und E_2 bezeichnet sind, bestimmt die Größe des mittleren Wertes und des quadratischen Mittelwertes der Fehler.

So z. B. verteilten sich beim Schuß aus einer Pistole auf eine 3,3 m große Zielscheibe, die in elf horizontale Streifen zu je 0,3 m unterteilt war, die Treffer von 1000 Schuß folgendermaßen auf die horizontalen Streifen:

Nr. des Streifens von oben . . .	1	2	3	4	5	6	7	8	9	10	11
Abstand der Mitte des Streifens vom oberen Scheibenrand in m	0,15	0,45	0,75	1,05	1,35	1,65	1,95	2,25	2,55	2,85	3,15
Prozente der Treffer in einem gegebenen Streifen	0,1	0,4	1,0	8,9	19,0	21,2	20,4	19,3	7,9	1,6	0,2
Prozente der Treffer in den Teil der Scheibe, der oberhalb des unteren Randes eines gegebenen Streifens liegt .	0,1	0,5	1,5	10,4	29,4	50,6	71,0	90,3	98,2	99,8	100

Wir bezeichnen die vertikalen Linien des Netzes der Werte der Streifenhöhe der Schießscheibe mit 0,3 m, indem wir von links nach rechts rechnen und 1 im Netz gleich 0,1 m setzen. Die in der Tafel aufgeführten Prozentwerte der Treffer (dritte Zeile) beziehen wir auf die Mitte des jeweiligen Streifens. Wir tragen die Punkte in das Netz ein (sie sind auf

[1]) Liegen die Punkte nicht genau auf einer Geraden, so legt man die Gerade nach Augenmaß so, daß

a) auf beiden Seiten die gleiche Anzahl Punkte liegen;

b) die Abweichung der Punkte von der Geraden ein Minimum wird. Zu diesem Zweck verwendet man am besten einen gespannten Faden, den man so verschiebt, bis er die günstigste Lage einnimmt.

Fig. 23 durch Kreise angedeutet): die so erhaltene Punktreihe paßt sich sehr gut (oszilliert) einer bestimmten Geraden an (diese Gerade ist auf dem Netz durch eine dünne Linie angedeutet).

Infolgedessen gehorcht die aufgezeigte Fehlerreihe dem normalen Verteilungsgesetz; der Schnitt dieser Linie mit der Horizontalen für $p = 50\%$ gibt uns die Lage des Streuzentrums an (die Mitte des sechsten Streifens, 1,64 m vom oberen Rand der Schießscheibe entfernt). Der Schnitt der graphischen Darstellung mit den Geraden $p = E$ und $p = E_2$ liefert die Werte $u = 1{,}34$ m und $u = 1{,}14$ m. Die Differenz dieser Werte mit der Koordinate (1,64 m) des Streuzentrums sind dann die Größen des Mittelwertes und des quadratischen Mittelwerts der Fehler

$$E = -1{,}34 + 1{,}64 = 0{,}30 \text{ m},$$

$$E_2 = -1{,}14 + 1{,}64 = 0{,}50 \text{ m}.$$

d) *Das radiale Netz* (Fig. 24), auch Polarnetz genannt, besteht aus einer Schar konzentrischer Kreise und einem Geradenbündel, das vom Zentrum dieser Kreise ausgeht.

Man benutzt es zur Konstruktion der Charakteristiken von Lichtquellen oder Strahlern.

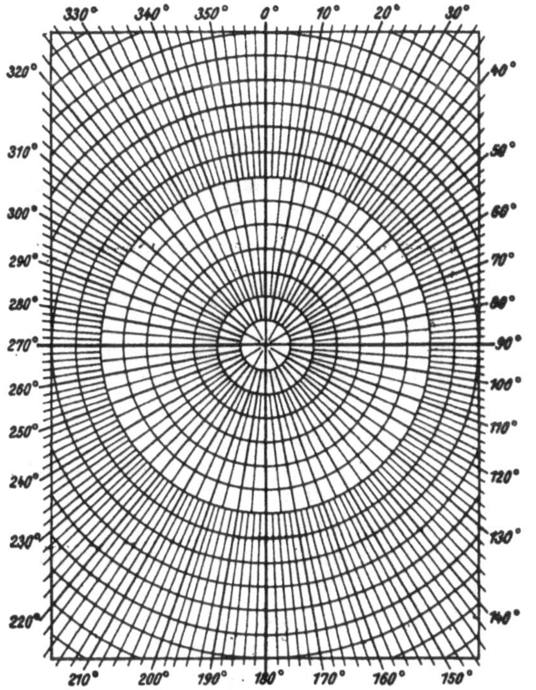

Figur 24

e) *Das sinoidale Netz* (Fig. 25); die Gleichungen seiner Scharen sind:

$$x = \mu_x \sin u_1,$$

$$y = \mu_y u_2;$$

mit Hilfe dieses Netzes kann man die Sinuskurve

$$u_2 = A \sin (u_1 + \varphi)$$

zu Geraden strecken.

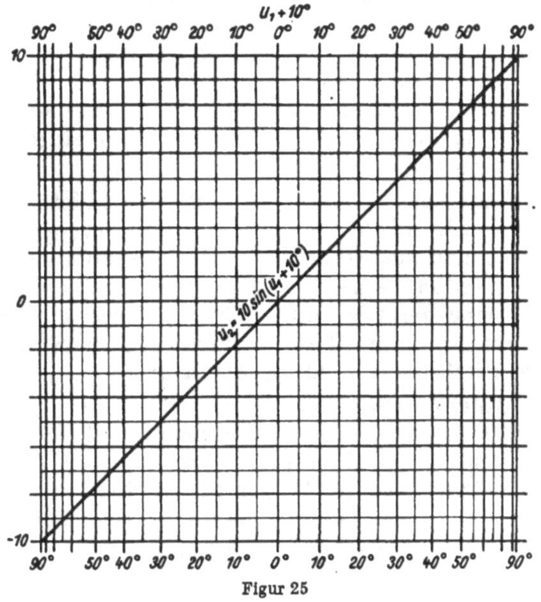

Figur 25

II. KAPITEL

Der Begriff des Nomogramms und seine Umformung; die Nomographierbarkeit von Gleichungen. Vergleichende Bewertung von Nomogrammen verschiedener Typen.

§ 6. Die Grundlagen der Klassifikation von Nomogrammen

1. Die Definition des Nomogramms. Nomogramm einer gegebenen Gleichung nennt man die geometrische Darstellung der gegebenen Abhängigkeit (Gleichung) zwischen mehreren Variablen. In dieser geometrischen Darstellung entspricht jeder der in die Gleichung eingehenden Variablen ein mit Gradeinteilung versehenes Element, d. h. eine Skala oder eine einparametrige Linienschar in der Ebene (oder die in Abschnitt 1 und 21 des I. Kapitels, Seite 2 und 20 betrachteten Elemente eines räumlichen Nomogramms).

Aus dieser Definition folgen unmittelbar die folgenden zwei wichtigen Tatsachen:

a) Zu jeder vorgegebenen Gleichung gehört nicht unbedingt nur ein bestimmter Typ von Nomogrammen: es kann einige geben, die durch verschiedene Arten geometrischer Darstellung bestimmt werden.

b) Nomogramm für die gegebene funktionale Abhängigkeit kann man nicht eine solche geometrische Darstellung nennen, die zur Bestimmung des Wertes der gesuchten Größe noch einiger zusätzlicher Konstruktionen bedarf; ist z. B. die gesuchte Größe die Fläche eines Dreieckes, dessen Eckpunkte drei durch die Konstruktion erhaltene Punkte sind. In diesem Falle besitzen wir kein von vornherein eingeführtes mit Gradeinteilung versehenes Element, das uns gestattet, unmittelbar die gesuchte Lösung (die Größe der Fläche) an einer Skala oder in einem Netz abzulesen.

Da es schwierig ist, eine allgemeine Methode zur Lösung der Aufgabe zu finden, alle möglichen Typen für eine vorgegebene Abhängigkeit aufzuführen, geht man umgekehrt vor: man gibt ein konkretes Verfahren zur geometrischen Darstellung einer funktionellen Abhängigkeit an und bestimmt dann die Formen der Gleichungen, für die man ein entsprechendes Nomogramm konstruieren kann. Daher klassifiziert man die Nomogramme nach ihrer geometrischen Darstellung (Struktur).

Jedes beliebige Nomogramm besteht im allgemeinen aus zwei einzelnen Teilen: einem festen und einem beweglichen Teil, der sich gegen den ersten Teil verschiebt (im Spezialfall kann das Nomogramm nur aus einem festen Teil bestehen (siehe Abschnitt 9, Seite 47). Für ebene Nomogramme sind solche Teile zwei Ebenen, auf denen sich die Elemente des Nomogramms befinden: eine der Ebenen ist fest, die andere, die bewegliche, wird in bestimmter Weise auf die erste aufgelegt.

2. Der Begriff vom Kontakt. Die Ebene π sei der feste und die Ebene π' der bewegliche Teil eines Nomogramms. Die Lage der Ebene π' bezüglich der Ebene π ist vollkommen bestimmt, wenn man ein Verfahren angibt, derart, daß drei Punkte der Ebene π' mit der Ebene π inzidieren (es wird allgemein vorausgesetzt, daß diese Punkte nicht auf einer Geraden liegen und nicht Eckpunkte eines gleichseitigen Dreiecks sein sollen).[1]) Man kann ein solches Verfahren, das drei Punkte der Ebene π' mit der Ebene π zur Inzidenz bringt, auf verschiedene Arten wählen: man kann verlangen, daß ein bestimmter Punkt der Ebene π' auf einen bestimmten Punkt der Ebene π fällt, man kann sich aber auch mit der etwas weniger scharfen Bedingung begnügen, daß ein Punkt der Ebene π' auf irgendeine Gerade der Ebene π zu liegen kommt.

Die Forderung der Inzidenz eines Punktes der einen Ebene mit einem bestimmten Punkt der anderen schränkt die Möglichkeiten der weiteren Verschiebung der Ebene π' bezüglich der Ebene π stark ein, es bleibt nur die Möglichkeit der Drehung der Ebene π' um einen Punkt. Im zweiten Falle kann sich die Ebene π' bezüglich der Ebene π noch so verschieben, daß der vorgegebene Punkt sich die ganze Zeit auf der vorgegebenen Linie der Ebene π befindet.

Im allgemeinsten Falle hat die Ebene π' drei Freiheitsgrade der Verschiebung bezüglich der Ebene π (Bewegung längs beider Koordinatenachsen und Drehung). Die Inzidenz eines Punktes der Ebene π' mit einem Punkt der Ebene π vermindert die Zahl der Freiheitsgrade der Verschiebung beider Ebenen sogleich um zwei; während die Forderung, daß sich ein Punkt auf einer Geraden befindet, die Zahl der Freiheitsgrade der Bewegungen nur um einen vermindert.

Man muß nicht unbedingt als Verschiebungselemente beider Ebenen zwei Punkte oder einen Punkt und eine Gerade nehmen. Man kann z. B. auch fordern, daß eine Linie der Ebene π' eine Linie der Ebene π berührt. Dadurch verringern wir ebenfalls die Zahl der Freiheitsgrade der gegenseitigen Verschiebung beider Ebenen um einen.[2])

Die Inzidenz von Elementen (Punkten oder Linien) der Ebenen π und π' nennt man *Kontakt. Falls der geometrische Zusammenhang so ist, daß bei gegenseitiger Verschiebung der Ebenen die Zahl der Freiheitsgrade sich nur um einen vermindert, dann heißt der Kontakt einfacher Kontakt* oder kurz *Kontakt. Vermindert sich bei Herstellung eines Zusammenhangs zwischen zwei Elementen der Ebenen die Zahl der Freiheitsgrade gegenseitiger Verschiebung sofort um zwei, dann trägt der Kontakt die Bezeichnung doppelter Kontakt.*

Einfache Kontakte sind: die Angabe, daß ein Punkt der Ebene π' (oder π) auf einer Linie der zweiten Ebene π (oder π') liegen soll; Angabe der Parallelität zweier Geraden, von denen die eine in der Ebene π, die andere in der Ebene π' liegt (die Gerade der Ebene π' geht bei einer Verschiebung dieser Ebene bezüglich der Ebene π ständig durch ein und denselben unendlichfernen Punkt der Ebene π); allgemein, alle die Fälle geometrischen Zusammenhangs zwischen den Elementen eines Nomogramms, die einer Verschiebung der Ebene π' nur eine Bedingung auferlegen.

---

[1]) Siehe Fußnote auf Seite 32.

[2]) Wenn die gegebenen Linien in den Ebenen π und π' nicht beide Geraden sind. In dem Falle, daß beide inzidenten Linien Gerade sind, vermindert sich die Anzahl der Freiheitsgrade der Verschiebung der Ebene π' um zwei.

Doppelte Kontakte sind alle die Verbindungen, bei denen die Verschiebungsfreiheit der Ebene π' bezüglich der Ebene π auf einmal durch zwei Bedingungen beschränkt wird: Inzidenz zweier Punkte (jeder Punkt hat zwei Koordinaten), Berührung zweier Linien in einem auf einer der beiden Linien vorgegebenen Punkte, das Zusammenfallen zweier Geraden usw.[1])

3. Die Bezeichnung des Kontakts. Die verschiedenen Elemente der festen und der beweglichen Ebene bezeichnet man wie folgt: Punkte mit dem Buchstaben P, Linien mit C, gerade Linien mit D. Spricht man allgemein von einem geometrischen Element, ohne seinen Charakter anzugeben, so bezeichnet man es mit dem Buchstaben E. Gehört dabei das Element der beweglichen Ebene an, so versieht man seine Bezeichnung mit einem Strich (P', C', ...). Die unteren Indizes an den Buchstaben bezeichnen die Zugehörigkeit eines Punktes oder einer Linie zu dem oder jenem mit Gradeinteilung versehenen Element (einer Skala oder einem Netz) der Ebene π oder π'. Gehört ein Punkt zur Skala der Variablen u_i, so bezeichnet man ihn mit P_i oder P'_i (besitzt ein Argument); bestimmt sich der Punkt P als Punkt eines Netzes der Variablen u_i und u_j, so bezeichnet man ihn mit: P_{ij} oder P'_{ij}. Für Linien einer einparametrigen Linienschar führt man die Bezeichnung C_i oder C'_i ein, was bedeutet: „die mit dem Wert des Parameters u_i bezeichnete Linie". Hat ein Element der Ebene kein Argument, so setzt man neben die Bezeichnung eine Null (*unbenannte Elemente*): $P_{0,0}$ oder C'_0.

Die unendlich ferne Gerade der Ebene bezeichnet man mit: D_∞ oder D'_∞; den unendlich fernen Punkt einer geradlinigen Skala u_i mit dem Buchstaben $P_{\infty,\,i}$ oder $P'_{\infty,\,i}$.

Besteht zwischen zwei Elementen E_i (gehört zur Ebene π) und E'_k (gehört π' an) Inzidenz, so bezeichnet man sie mit einem besonderen Kontaktzeichen $E_i \mid\!-\!\mid E'_k$. Ist dieser Kontakt ein doppelter Kontakt, so greifen wir zu der Schreibweise: $E_i \mid\!=\!\mid E'_k$, z. B. die Schreibweise

$$P_{i,\,k} \mid\!=\!\mid P'_j$$

und sagt, daß der Punkt des Netzes (u_i, u_k), das in der festen Ebene π liegt, mit einem Punkt der in der Ebene π' liegenden Skala u_j inzidiert. Dabei vereinbaren wir, links immer die Bezeichnung des Elements der festen und rechts immer die des Elements der beweglichen Ebene zu schreiben.

---

[1]) Führt man auf der Ebene π' ein Koordinatensystem (x', y') und auf der Ebene π ein System (x, y) ein, so bestehen für jede vorgegebene Lage der Ebene π' zwischen den Koordinaten zusammenfallender Punkte die folgenden Relationen:

$$x' = x \cos \alpha - y \sin \alpha + x_0,$$
$$y' = x \sin \alpha + y \cos \alpha + y_0,$$

wobei α der Drehwinkel der x-Achse bezüglich der x'-Achse ist und x_0 und y_0 die Koordinaten des Ursprungs 0 im System (x', y') sind.

Daher wird die gegenseitige Lage der Ebenen durch die drei Parameter α, x_0 und y_0 bestimmt. Damit die Lage vollkommen festgelegt ist, muß man zwischen den drei Koordinaten x', y', x und y drei Relationen angeben. Die Angabe der Inzidenz eines Punktpaares, die auf verschiedenen Ebenen liegen, liefert zwei Bedingungen — zwei Relationen zwischen α, x_0 und y_0; die Angabe der Inzidenz eines Punktes der Ebene π (oder π') mit irgendeiner Linie der Ebene π' (oder π) liefert eine Bedingung (die Koordinaten des Punktes müssen die Gleichung der Linie befriedigen), die den Parametern α, x_0, y_0 auferlegt wird usw.

4. Der allgemeine Fall eines Nomogramms. Die Strukturformel. Haben wir die Lage der Ebene π' bezüglich der Ebene π durch Angabe dreier Kontakte (dreier einfacher Kontakte oder durch einen einfachen und einen doppelten Kontakt) festgelegt, so können wir noch ein Element in der Ebene π oder π' wählen, das in der zweiten Ebene die Lage des Lösungspunktes angibt. Geben wir in der Ebene π irgendeine Linie einer Schar an, die durch den Wert eines Parameters u_i bestimmt wird, so bestimmt ihr Schnitt mit einer der Linien eines in der Ebene π' liegenden Netzes der Variablen u_j und u_k einen Punkt; das Argument der Linie der zweiten Schar dieses Netzes gibt uns dann die gesuchte Lösung. Dieser vierte Kontakt, der im Anschluß an die Herbeiführung der ersten drei Kontakte hergestellt wird, heißt *Lösungskontakt* und wird mit dem Zeichen $\mid\!\rightarrow$ oder $\leftarrow\!\mid$ bezeichnet.[1])

Sind die Elemente beider Ebenen π und π' durch auf diesen Ebenen vorher eingezeichnete und schon mit einer Gradeinteilung versehene Elemente festgelegt, so können wir in bekannter Weise die Ebenen π und π' zur Deckung bringen und so eine bestimmte Zuordnung zwischen dem vierten Element auf diesen Ebenen herstellen, womit wir ein Verfahren zur Ermittlung von Lösungen mittels eines solchen Nomogramms angegeben haben.

Der allgemeinste Fall von Kontakten, die die gegenseitige Lage der Ebenen bestimmen (sie tragen die Bezeichnung Lagekontakte) ist der folgende:

$$P_{1,2} \mid\!-\!\mid C'_3, \quad P_{4,5} \mid\!-\!\mid C'_6, \quad P_{7,8} \mid\!-\!\mid C'_9,$$

d. h. drei Punkte der Ebene π, die Punkte von Netzen der Variablen (u_1, u_2), (u_4, u_5) und (u_7, u_8) sind, müssen gleichzeitig mit drei Linien der Ebene π' inzidieren, von denen jede zu einer der Scharen mit den Parametern u_3, u_6 und u_9 gehört (Fig. 26). Indem wir diese Inzidenz herstellen, legen wir die Lage der Ebene π' bezüglich der Ebene π fest. Gibt man sodann in der Ebene π' ein viertes Element, einen Punkt des Netzes der Variablen u_{10} und u_{11} an, so können wir das Argument u_{12} einer der Linien einer in der Ebene π liegenden Schar ablesen, das dann unsere gesuchte Größe angibt. In diesem Falle ist der Lösungskontakt $C_{12} \leftarrow\!\mid P'_{10,11}$.

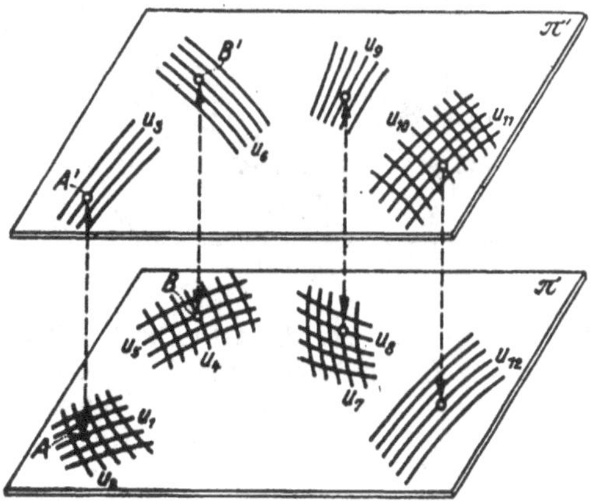

Figur 26

Die so erhaltene Schreibweise

$$P_{1,2} \mid\!-\!\mid C'_3, \; P_{4,5} \mid\!-\!\mid C'_6, \; P_{7,8} \mid\!-\!\mid C'_9 \quad \text{und} \quad C_{12} \leftarrow\!\mid P'_{10,11}$$

bestimmt die Form des Nomogramms und trägt die Bezeichnung *Strukturformel* des gegebenen Nomogramms.

[1]) Der Pfeil muß nach der Seite gerichtet sein, auf der die Bezeichnung des gesuchten Elementes steht. Liegt das gesuchte (Lösungs-)Element auf der festen Ebene, so muß der Pfeil nach links gerichtet sein; liegt das Lösungselement auf der beweglichen Ebene, so ist der Pfeil nach rechts gerichtet.

Mit Hilfe eines so erhaltenen Nomogramms kann man den Wert der Größe u_{12} nach gegebenen Werten von elf Variablen $u_1, u_2, u_3, \ldots, u_{11}$ bestimmen; das Nomogramm ist eine geometrische Darstellung irgendeiner Abhängigkeit zwischen zwölf Variablen.

Man sieht leicht, daß dies der allgemeinste Fall (der Zahl der eingehenden Variablen nach) eines Nomogramms ist, das aus zwei Ebenen besteht. Denn erhöht man die Zahl der in das Nomogramm eingehenden Variablen, so geht dies nur dadurch, daß man dieLinien der einparametrigen Scharen (u_3, u_6, u_9) durch Netze[1]) ersetzt. Aber infolge der beliebigen Wahl der Abstände zwischen gewählten Punkten, z. B. den Punkten A und B der Netze der Ebene π, können wir allgemein diese Punkte nicht gleichzeitig mit den Punkten A' und B' der Ebene zur Inzidenz bringen, wenn letztere beliebige Punkte der entsprechenden Netze sein sollen, da es vorkommen kann, daß der Abstand AB nicht gleich dem Abstand $A'B'$ ist. Bestimmt man den Punkt A' als Punkt eines Netzes und bringt die Punkte A und A' zur Inzidenz, so bleibt für die Ebene π' nur ein Freiheitsgrad — nämlich eine Drehung um den Punkt A', und benutzt man diese Bewegung, um einen Punkt B mit einer vorgegebenen Linie der Schar u_6 im Punkte B' zur Inzidenz zu bringen, so ist dadurch die Ebene π' hinsichtlich der Ebene π in ihrer Lage festgelegt. Der nächste Kontakt kann nur ein Lösungskontakt sein, somit erhalten wir ein neues Nomogramm (Fig. 27). Die ihm entsprechende Strukturformel lautet:

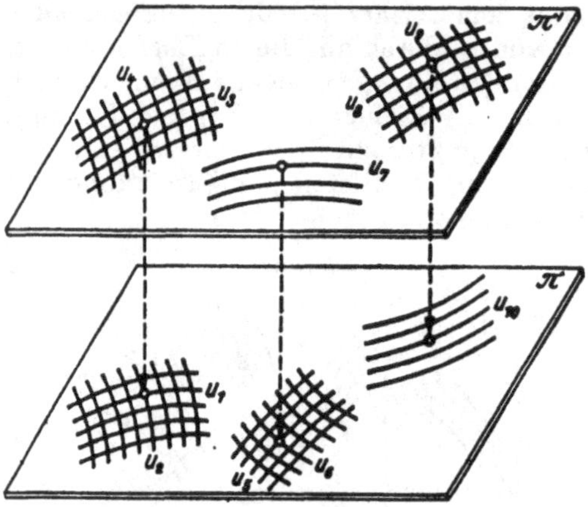

Figur 27

$$P_{1,2} \models\!| \; P'_{3,4}, \quad P_{5,6} \;|\!-\!|\; C'_7 \quad \text{und} \quad C_{10} \leftarrow\!| \; P'_{8,9}.$$

Bei einem solchen Nomogrammschema haben wir nur noch eine Abhängigkeit zwischen zehn Variablen: $u_1, u_2, \ldots, u_{10}$.

5. Zusammengesetzte Nomogramme. Es scheint demnach, als ob man mit Hilfe eines Nomogramms Rechenresultate nur für solche Formeln erhalten kann, die nur eine begrenzte Zahl von Variablen enthalten. Für einige Klassen von Gleichungen kann man jedoch die Zahl der in die gegebene Formel eingehenden Variablen vergrößern, wenn man die gesuchte Größe nicht mit Hilfe nur einer Operation bestimmt, bei der man die feste Ebene auf eine zweite feste Ebene legt, sondern indem man einige aufeinanderfolgende Deckungen durchführt; dabei muß man den Lösungskontakt bei einer solchen Operation immer als

[1]) Hier sei der Fall zusammengesetzter Funktionen ausgeschlossen, daß also z. B. u_i seinerseits wieder eine Funktion anderer Variabler ist. Dieser Fall findet seine Darstellung im zusammengesetzten Nomogramm (siehe Abschnitt 10, Seite 48).

Lagekontakt in der folgenden Deckung benutzen. Wir betrachten ein Nomogramm, das die Lösung durch zwei aufeinanderfolgende Deckungen der beweglichen auf die feste Ebene liefert.

Die erste Deckung sei durch die drei Lagekontakte

$$P_{1,2} \vdash\!\dashv C'_3, \quad P_{4,5} \vdash\!\dashv C'_6 \quad \text{und} \quad P_{7,8} \vdash\!\dashv C'_9$$

bestimmt; bei Herstellung des Lösungskontaktes mögen wir irgendeinen Punkt $P_{0,0}$ der Ebene erhalten, der keinem mit Gradeinteilung versehenen Element des Nomogramms angehört

$$P_{00} \leftarrow\!| \, P'_{10,11}.$$

Wir nehmen nun an, daß auf den Ebenen π und π' sich noch graduierte Elemente für die anderen Variablen $u_{12}, u_{13}, \ldots, u_{17}$ derart befinden, daß man, wenn man sie unter Beibehaltung des Kontaktes zwischen $P_{0,0}$ und $P'_{10,11}$ zu einer neuen Deckung der Ebene π' auf die Ebene π benutzt, die Möglichkeit hat, die Variable u_{17} zu bestimmen. Dann haben wir für die neue Deckung der Ebene π' auf die Ebene π die Lagekontakte

$$P_{0,0} \vdash\!\!=\!\!\dashv P'_{10,11}, \quad P_{12,13} \vdash\!\dashv C'_{14}$$

und den Lösungskontakt $\qquad C_{17} \leftarrow\!| \, P'_{15,16}.$

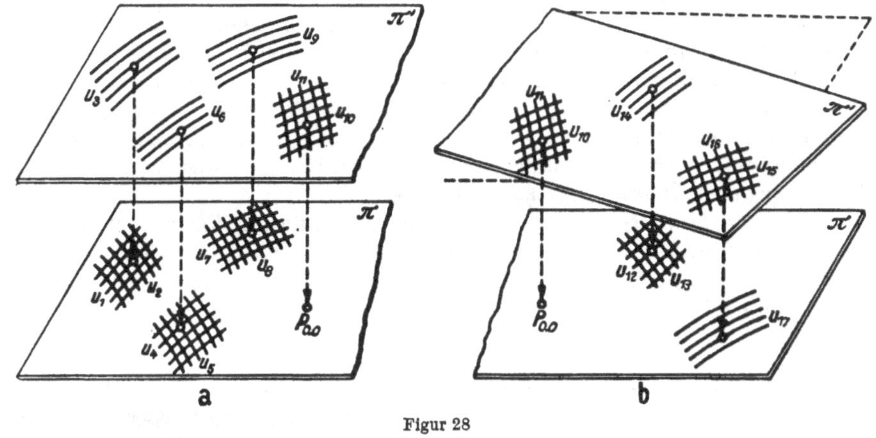

Figur 28

Wie diese Deckungen aufeinanderfolgen, ist schematisch in Fig. 28 dargestellt; nachdem wir unter Benutzung der graduierten Elemente des Nomogramms für die Variablen $u_1, u_2, \ldots, u_{11}$ (Fig. 28, a) bei der ersten Deckung den Punkt $P_{0,0}$ bestimmt haben, können wir durch Drehung der Ebene π' um den Punkt $P'_{10,11}$, der mit dem Punkt $P_{0,0}$ zusammenfällt, den Punkt $P_{12,13}$ des Netzes der Ebene π mit der Linie C'_{14} der Linienschar der Ebene π' zur Inzidenz bringen und so die neue Lage der Ebene π' bezüglich der Ebene π festlegen. Dann gibt uns der Punkt $P'_{15,16}$ der Ebene π' eine bestimmte Linie C_{17} der Ebene π an, deren Argument uns den gesuchten Wert u_{17} liefert (Fig. 28, b).

Man kann jetzt den letzten der erhaltenen Lösungskontakte als einen neuen doppelten Lagekontakt für eine dritte Deckung der Ebene π' auf die Ebene π

benutzen. Dabei können wir die Zahl der Variablen, die in dem entsprechenden Nomogramm auftreten, wiederum um fünf erhöhen. Der Prozeß der Wiederholung von Deckungen kann beliebig oft ausgeführt werden.

Wir können das erhaltene Nomogramm mit einer mehrfachen Deckung einer Ebene auf die andere als zwei einzelne Nomogramme betrachten. Dazu genügt es, daß man den Punkt $P_{0,0}$ als Punkt eines beliebigen mit Gradeinteilung versehenen Netzes bestimmt und dieses Feld sich auf dem anderen Nomogramm wiederholt. Wir bezeichnen die Argumente der Netzlinien mit α und β. Dann können wir die Größe u_{17} mit Hilfe zweier einzelner Nomogramme bestimmen: mit Hilfe des ersten aus den Ebenen π_1 und π_1' bestehenden Nomogramms bestimmen wir die zwei Hilfszahlen α und β (ihr Schema schreibt sich so: $P_{1,2} \mid\!\!-\!\!\mid C_3'$, $P_{4,5} \mid\!\!-\!\!\mid C_6'$, $P_{7,8} \mid\!\!-\!\!\mid C_9'$ und $P_{\alpha,\beta} \mid\!\!\rightarrow P_{10,11}'$), und mit Hilfe des zweiten aus den Ebenen π_2 und π_2' bestehenden Nomogramms bestimmen wir an Hand der gefundenen Größen α und β die gesuchte Lösung u_{17} (ihr Schema sieht folgendermaßen aus: $P_{\alpha,\beta} \mid\!\!=\!\!\mid P_{10,11}'$, $P_{12,13} \mid\!\!-\!\!\mid C_{14}'$ und $P_{15,16}' \mid\!\!\rightarrow C_{17}$).

Jedoch ist eine solche geometrische Darstellung unzweckmäßig, da sie zur Bestimmung der gesuchten Größe u_{17} überflüssiger Operationen bedarf, nämlich der Ablesung der Werte α und β auf der Ebene π_1 und dann das Aufsuchen des den Werten α und β entsprechenden Punktes $P_{\alpha,\beta}$ auf der Ebene π_2. Daher ist es günstiger, die Ebenen π_1 und π_2 so aufeinanderzulegen, daß gleichbenannte (für ein und dieselben Variablen) Elemente zusammenfallen und man so ein einziges Nomogramm bekommt. Die Projektierung und Berechnung jedes der zwei erhaltenen Nomogramme kann man unabhängig voneinander ausführen.

Nomogramme solcher Art nennt man *zusammengesetzte Nomogramme.* Ein zusammengesetztes Nomogramm kann als Zusammenstellung von zwei (oder mehr) *elementaren Nomogrammen* betrachten.

Da die Form eines Nomogramms und ihre Benutzung um so einfacher ist, je kleiner die Zahl der Variablen ist, für die es konstruiert ist (siehe Seite 93), so ist es zuweilen günstig für eine gegebene Gleichung einige Deckungen der Ebene π' einzuführen, wodurch sich jedes elementare Nomogramm vereinfacht.[1])

6. Die zwei Hauptklassen von Nomogrammen. Die Inzidenz mit Gradeinteilung versehener Elemente der Ebenen π und π' ist im allgemeinen etwas schwierig. Daher führte das Bestreben, die Form eines Nomogramms zu vereinfachen, zur bevorzugten Anwendung des Nomogrammtyps, bei denen die bewegliche Ebene keine mit Gradeinteilung versehenen Elemente besitzt.

Daß solche Nomogramme möglich sind, ersieht man leicht z. B. aus der Fig. 26, wenn man an Stelle der Linienscharen C_3', C_6' und C_9' und an Stelle des Netzes $P_{10,11}'$ auf der beweglichen Ebene die nicht mit Gradeinteilung versehenen Linien C_{I}', C_{II}', C_{III}' und C_{IV}' und an Stelle der Linienschar mit dem Parameter u_{12} ein Netz einführt. Die Strukturformel eines solchen Nomogramms schreibt sich dann:

$$P_{1,2} \mid\!\!-\!\!\mid C_{\mathrm{I}}', \quad P_{3,4} \mid\!\!-\!\!\mid C_{\mathrm{II}}', \quad P_{5,6} \mid\!\!-\!\!\mid C_{\mathrm{III}}' \quad \text{und} \quad P_{7,8} \leftarrow\!\!\mid C_{\mathrm{IV}}'.$$

[1]) Bei Erhöhung der Zahl der Deckungen der Ebene verliert die geometrische Darstellung der zu nomographierenden funktionellen Abhängigkeit jedoch an Anschaulichkeit.

Ein Schema dieses Nomogramms ist in Fig. 29 dargestellt. Das Nomogramm stellt eine funktionale Abhängigkeit zwischen acht Variablen dar.[1])

Die Zahl der Variablen, die miteinander in funktionalem Zusammenhang stehen und durch solch ein Nomogramm dargestellt werden können, kann man erhöhen, indem man an Stelle der Linie C'_{IV} der beweglichen Ebene eine Schar „unbenannter" Linien einführt. In diesem Falle haben wir die Möglichkeit, den Lösungskontakt mit Hilfe jeder beliebigen Linie dieser Schar zu erhalten, und um diese Linie zu wählen, können wir auf der Ebene noch ein graduiertes Element einführen, von dem dann ein Punkt die Linie anzeigt, die den Lösungskontakt liefert. Die Wahl dieser Linie wird auch durch den Kontakt zweier Elemente der Ebenen π und π' verwirklicht; einen solchen Kontakt nennt man *Übertragungskontakt* und bezeichnet ihn mit dem Zeichen $\rightarrow$. Der Übertragungskontakt beeinflußt die Zahl der Freiheitsgrade der Ebene π' nicht.

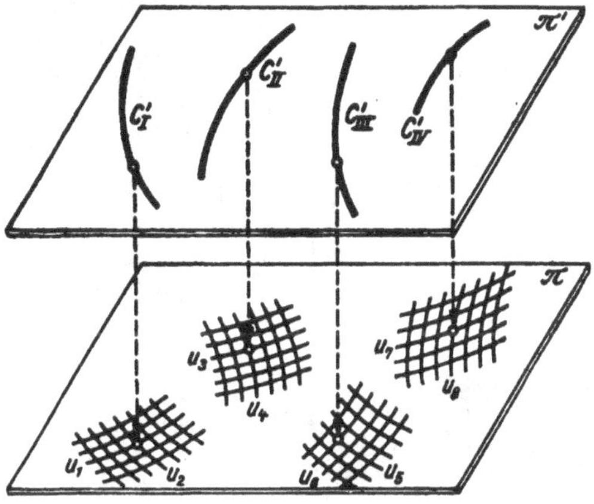

Figur 29

Ein prinzipielles Schema eines solchen Nomogramms ist in Fig. 30 dargestellt, seine Strukturformel lautet:

$$P_{1,2} \mid\!\!-\!\!\mid C'_{I}, \quad P_{3,4} \mid\!\!-\!\!\mid C'_{II}, \quad P_{5,6} \mid\!\!-\!\!\mid C'_{III}, \quad P_{7,8} \rightarrow C'_{IV} \quad \text{und} \quad P_{9,10} \leftarrow\!\mid C'_{IV}.$$

Hierdurch ist es möglich, die in der gegebenen funktionalen Abhängigkeit auftretenden Variablen bis auf zehn zu erweitern.

Den Übertragungskontakt kann man als eine Übertragung eines graduierten Elementes von der beweglichen auf die feste Ebene betrachten. Er ist nur

[1]) Man muß dazu bemerken, daß die Deckung der beweglichen Ebene mit unbenannten Elementen auf die feste Ebene in einer Reihe von Fällen auf mehrere verschiedene Arten durchgeführt werden kann, denn die Koordinaten jedes Punktes der Ebene π sind Funktionen der Variablen u_i. Geht dieser Punkt einen Kontakt mit irgendeiner Linie der Ebene π' ein, so müssen die Koordinaten bezüglich des Koordinatensystems der Ebene π' die Gleichung dieser Linie befriedigen. Daher müssen bei Ausführung aller drei Lagekontakte die Parameter x_0, y_0 und α (siehe Abschnitt 11, Seite 50), die die Lage des Koordinatensystems der Ebene π' bezüglich der Ebene π bestimmen, gleichzeitig drei Gleichungen genügen. Diese Gleichungen werden im allgemeinen keine eindeutige Lösung besitzen, da jede von ihnen eine eindeutige Lage der Ebene π' bezüglich der Ebene π bestimmt, jeder Lage der Ebene π' entspricht jedoch ein eigener durch das Nomogramm bestimmter Lösungswert.

Wegen der beschränkten Bereiche sowohl der gegebenen als auch der gesuchten Größen oder auch bei entsprechender Wahl der Abschnitte der Kurven C'_I, C'_{II}, C'_{III} und C'_{IV} auf der beweglichen Ebene kann gewöhnlich eine solche Mehrdeutigkeit vermieden werden.

Jedoch muß man diese Tatsache bei der Konstruktion eines Nomogramms berücksichtigen und, falls erforderlich, es in der Gebrauchsanweisung des Nomogramms ausdrücklich erwähnen.

möglich bei der Erweiterung der den Lösungskontakt bestimmenden Variablen; jedoch ist es nicht möglich, in analoger Weise die Zahl der Lagekontakte zu erweitern, da dann die Lage der Ebene π' bezüglich der Ebene π nicht mehr vollbestimmt ist, d. h. die Ebene π' besitzt dann noch einen Freiheitsgrad der Verschiebung gegenüber der Ebene π.

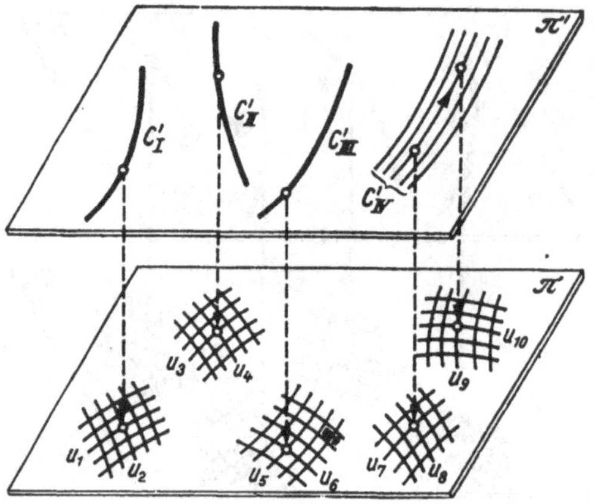

Figur 30

Die Möglichkeit einen Übertragungskontakt einzuführen, ist eine spezifische Eigenschaft des Nomogramms mit einer beweglichen Ebene, in der es ein nichtgraduiertes, in den Lösungskontakt eingehendes Element gibt. (Fig. 30.)

7. *Spezialfälle von Nomogrammen, deren Ebene π' unbenannte Elemente enthält.*

a) Nomogramme, deren bewegliche Ebene ein nichtgraduiertes Element C' enthält. Da die Kurve C' eine vorgegebene Kurve ist, so sind alle Koeffizienten in ihrer Gleichung bestimmte Werte. Daher wird die Zahl der Punkte der Ebene π, die mit der Kurve C' in Kontakt treten und die Lage der Kurve C' bezüglich der Ebene π bestimmen, nicht durch die Koeffizienten der Kurve, sondern durch die Zahl der Parameter bestimmt, von denen die Lage der Ebene π' bezüglich der Ebene π abhängt. Solche Parameter gibt es drei: folglich können wir drei Punkte der Ebene π vorgeben, die mit der Kurve C' in Kontakt treten, d.h. in einem solchen Nomogramm können die drei folgenden Lagekontakte auftreten:

$$P_{1,2} \vdash\!\dashv C', \quad P_{3,4} \vdash\!\dashv C', \quad P_{5,6} \vdash\!\dashv C'.$$

Geben wir die Punkte $P_{1,2}$, $P_{3,4}$ und $P_{5,6}$ in der Ebene π vor, so ist die Lage der Linie C' bezüglich der Ebene π vollkommen bestimmt[1]). Fügt man noch den Lösungskontakt $P_{7,8} \leftarrow\!\dashv C'$ hinzu, so bekommt man ein

[1]) Dies kann man leicht zeigen, wenn man in der Gleichung der gegebenen Linie, die sich auf die Koordinatenachsen (x', y') der beweglichen Ebene π' bezieht, die Koordinaten x' und y' durch ihre Ausdrücke in den Koordinaten x und y der festen Ebene π ersetzt (siehe Abschnitt 11 auf Seite 50). Wählt man drei beliebige Punkte (x_1, y_1), (x_2, y_2) und (x_3, y_3) und setzt ihre Koordinatenwerte in die Gleichung der Linie C' im xy-System ein, so bekommt man für die drei unbekannten Parameter, die die gegenseitige Lage der Ebenen bestimmt, ein System dreier Gleichungen, das im allgemeinen einen bestimmten Wert liefert. Diese Lösung bestimmt auch die Lage der Linie C' bezüglich der Ebene π. Die erhaltene Lösung muß nicht die einzige sein (siehe Fußnote auf Seite 37); ist C' z. B. die graphische Darstellung einer periodischen Funktion, so kann die Zahl der Lösungen sogar unendlich sein.

Im Spezialfall kann es auch vorkommen, daß eine der drei Gleichungen des Systems aus den zwei anderen Gleichungen folgt. In diesem Falle ist die Lage der beweglichen Ebene durch Angabe dreier Kontakte nicht vollkommen bestimmt.

Nomogramm, das einer funktionalen Abhängigkeit zwischen acht Variablen entspricht.

In einigen Spezialfällen entspricht einer bestimmten Lage der Linie C' bezüglich der Ebene π keine bestimmte Lage der Ebene π' gegenüber der Ebene π. Dies ist dann der Fall, wenn sich bei einer der möglichen Verschiebungen der Ebene π' bezüglich π die Punkte der Linie C' längs der Linie selbst verschieben, d.h. in dem Fall, daß die Linie C' ein Kreis oder eine gerade Linie ist. Im ersten Falle hat die Ebene π' die Möglichkeit, sich um das Zentrum des Kreises C' zu drehen; im zweiten Falle kann sie sich längs der Geraden C' bewegen; um die Lösung zu finden, braucht man bei dem Nomogramm die Ebene π' nicht festzuhalten, sondern die Ebene π' kann bezüglich der Ebene π einen Freiheitsgrad behalten. In diesen Fällen ist die Lage von π' gegenüber der Ebene π durch zwei in den Kontakt mit C' eingehende Punkte vollkommen bestimmt.[1]) Schemata solcher Nomogramme sind in Fig. 31 und 32 dargestellt, deren Strukturformel lautet:

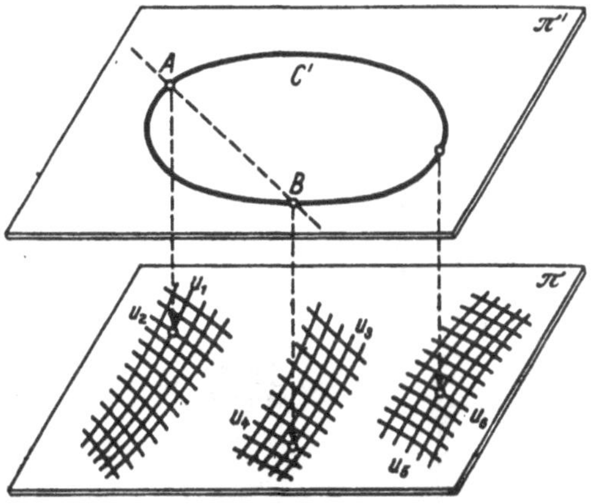

Figur 31

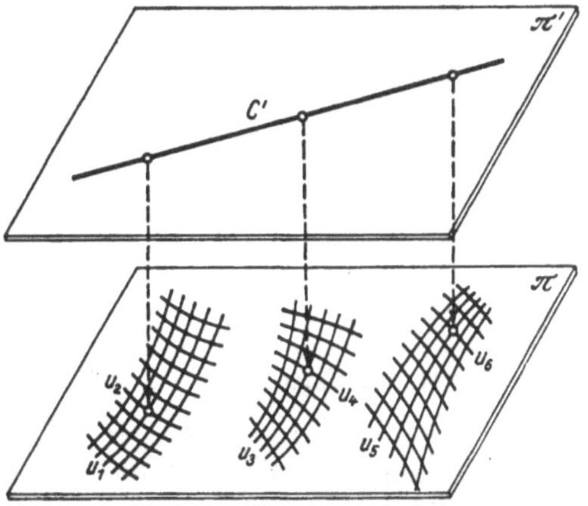

Figur 32

$$P_{1,2} \vdash\!\dashv C', \quad P_{3,4} \vdash\!\dashv C'$$
$$\text{und} \quad P_{5,6} \vdash\!\dashv C',$$

wobei man unter C' entweder eine Gerade oder einen Kreis versteht.

Dank ihres bequemen Gebrauchs erfuhren die Nomogramme, die als Linie C' eine Gerade haben, die weiteste Verbreitung. Sie tragen eine besondere Bezeichnung: *Fluchtlinientafeln* (VII. Kapitel). Beim Gebrauch dieses Nomogramms benutzt man an Stelle der beweglichen Ebene gewöhnlich ein Lineal. Das Beispiel einer Fluchtlinientafel ist auf Fig. 33 dargestellt.

---

[1]) Das Vorhandensein nur zweier Punkte bestimmt die Lage des Kreises noch nicht vollkommen; man kann ihn mit den Punkten A und B (Fig. 31) noch dadurch anders zur Inzidenz bringen, daß man die Ebene um 180° um die Gerade AB dreht. Aber gewöhnlich bedeckt man die Ebene immer mit derselben Seite der Ebene, wodurch diese Unbestimmtheit vermieden wird.

Ein Nomogramm vom Typ der Fig. 31 heißt *Nomogramm mit einem kreisförmigen Transparent* (auch Schiebeblatt genannt. — D. H.).

b) Die bewegliche Ebene des Nomogramms besitzt zwei nichtgraduierte Linien. Im Allgemeinfall können wir mit Hilfe einer solchen beweglichen Ebene vier Punkte der festen Ebene verbinden (drei Lagekontakte

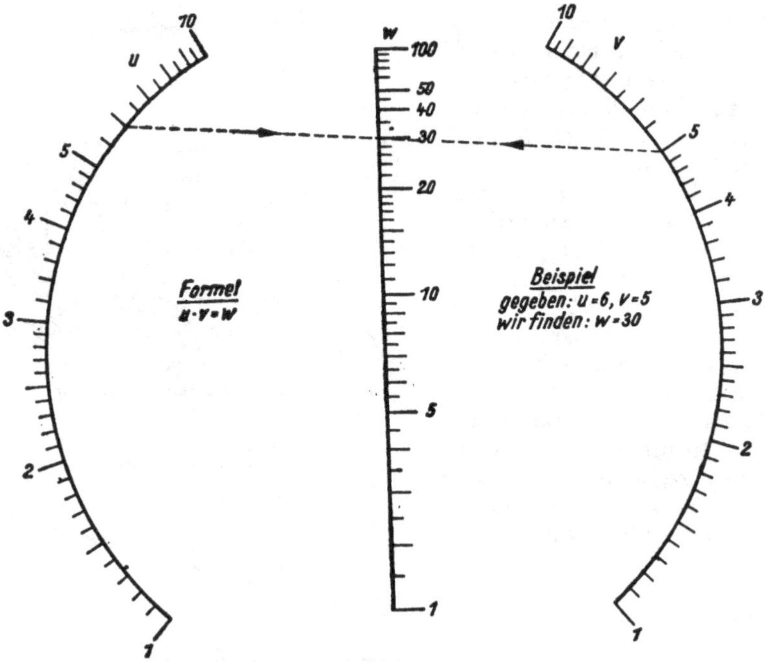

Figur 33

und einen Lösungskontakt), was einer bestimmten funktionalen Abhängigkeit zwischen acht Variablen entspricht. Die Strukturformel eines solchen Nomogramms hat die Form:

$$P_{1,2} \vdash\!\dashv C'_I, \quad P_{3,4} \vdash\!\dashv C'_I, \quad P_{5,6} \vdash\!\dashv C'_{II} \quad \text{und} \quad P_{7,8} \leftarrow\!| \, C'_{II}.$$

Die Herstellung eines Übertragungskontaktes ist in diesem Falle zwar möglich, seine Einführung bringt aber keine größere Verallgemeinerung des Nomogramms mit sich.

Sind die Linien der beweglichen Ebene zwei parallele Geraden oder zwei Kreise, wobei ein Freiheitsgrad der Bewegung der Ebene π' unausgenutzt bleibt, so ist die Zahl der Variablen, die in den Bestand der entsprechenden funktionalen Abhängigkeit eingehen, auf sechs beschränkt, da die ersten zwei Lagekontakte durch die Lage der zweiten Linie der beweglichen Ebene bezüglich der Ebene π vollkommen bestimmt sind.[1]) Die Strukturformel eines solchen Nomogramms lautet:

$$P_{1,2} \vdash\!\dashv C'_I, \quad P_{3,4} \vdash\!\dashv C'_I \quad \text{und} \quad P_{5,6} \leftarrow\!| \, C'_{II}.$$

[1]) Siehe die Fußnoten auf Seite 37 und 38.

Einige Verbreitung erfuhren zwei Arten solcher Nomogramme: *die Nomogramme mit einem kreuzförmigen Ableseindex auf Transparent* (Abschnitt 8, § 39) und *die Nomogramme mit einem Ableseindex in Form eines rechten Winkels* (Abschnitt 7, § 39).

Auf die beweglichen Ebenen der ersten von ihnen trägt man zwei aufeinander senkrechte Linien — ein „Kreuz" — auf. Der Gebrauch eines solchen Nomogramms (Fig. 34) besteht darin, daß man auf die feste Ebene π das Transparent (die Ebene π') so legt, daß seine Gerade D'_{I} durch zwei gegebene Punkte P_1 und P_3 hindurchgeht; dann verschiebt man das „Kreuz" (Ebene π') so lange längs der Linie D'_{I}, bis die Gerade D'_{II} durch den dritten vorgegebenen Punkt P_4 hindurchgeht. Der Schnitt von D'_{II} mit der Skala u_5 bestimmt die Lösung: P_5.

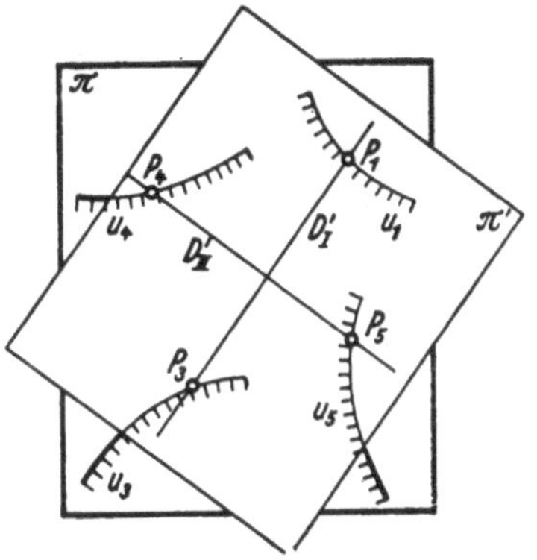

Figur 34

Überdeckt man mit der Spitze eines rechten Winkels einen der vorgegebenen Punkte, so erhalten wir ein Nomogramm mit einem Index in Form eines rechten Winkels; eine solche Inzidenz kann durch einen doppelten Kontakt bestimmt werden $P_{1,2} \mid\!=\!\mid P'_{\text{I,II}}$, nach dessen Ausführung die Ebene nur noch einen Freiheitsgrad — eine Drehung um den Punkt $P'_{\text{I,II}}$ besitzt. Die Strukturformel des Nomogramms lautet:

$$P_{1,2} \mid\!=\!\mid P'_{\text{I,II}}, \quad P_{3,4} \mid\!-\!\mid D'_{\text{I}} \quad \text{und} \quad P_{5,6} \leftarrow\!\mid D'_{\text{II}}.$$

Ein solches Nomogramm ist in Fig. 35 dargestellt.

Der Winkel zwischen den Linien D'_{I} und D'_{II} ist nicht unbedingt ein rechter; dieser Winkel kann völlig beliebig sein.

c) Die bewegliche Ebene besitzt drei oder mehr nichtgraduierte Linien. Nomogramme dieser Gestalt wurden im allgemeinsten Falle zu Be-

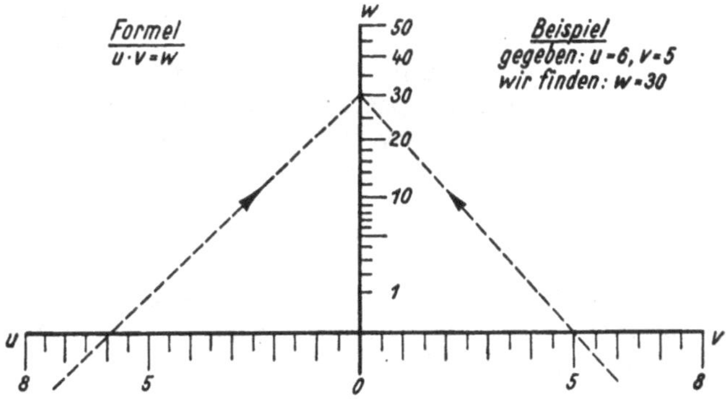

Figur 35

ginn dieses Paragraphen (Fig. 29) betrachtet. Man erkennt leicht, daß sich der Fall, bei dem man auf der Ebene π' drei unbenannte Linien hat, sich nicht prinzipiell von dem allgemeinen Fall unterscheidet, bei dem vier solcher Linien vorhanden sind, es ändert sich lediglich die Form der entsprechenden funktionalen Abhängigkeit.

In dem Spezialfall, wo die bewegliche Ebene nach Ausführung aller Lagekontakte noch einen Freiheitsgrad der Verschiebung behält, d. h. wenn die Linienschar C' eine Schar paralleler Geraden oder konzentrischer Kreise ist, kommen wir zu Nomogrammen des Falles b, sofern sie einen Übertragungskontakt besitzen.

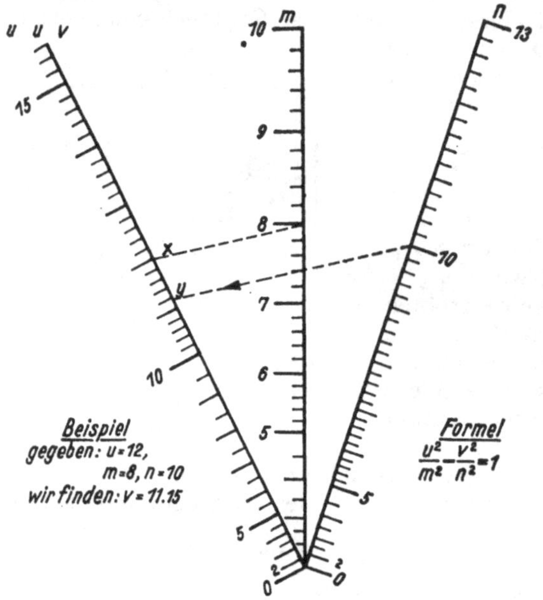

Figur 36

Wir nehmen an, daß die bewegliche Ebene eine Schar paralleler Linien oder konzentrischer Kreise enthält. Der Kontakt einer (C'_{I}) der Linien dieser Schar mit zwei Punkten der Ebene π bestimmt die Lage des Systems solcher Linien bezüglich der Ebene π. Wir führen hier noch einen Übertragungskontakt ein, d. h. benutzen noch einen Punkt der Ebene π zur Bestimmung der Linie C'_{II} der Schar, mit deren Hilfe wir den Lösungspunkt finden. Die Strukturformel derartiger Nomogramme hat die Form:

$$P_{1,2} \vdash\!\dashv C'_{\mathrm{I}}, \quad P_{3,4} \vdash\!\dashv C'_{\mathrm{I}}, \quad P_{5,6} \to C'_{\mathrm{II}} \quad \text{und} \quad P_{7,8} \leftarrow\!| \; C'_{\mathrm{II}}.$$

Nomogramme, die auf der beweglichen Ebene eine Schar paralleler Geraden haben, heißen *Nomogramme mit einem Parallelindex* (Abschnitt 7, § 39). Eines von ihnen ist in Fig. 36 dargestellt.

Bringt man mit dem ersten Punkt $P_{1,2}$ der Ebene π das Zentrum eines Systems konzentrischer Kreise zur Inzidenz, läßt sich bei Benutzung des erhaltenen Nomogramms ein gewöhnlicher Zirkel benutzen. Ist C'_0 das Zentrum des Systems konzentrischer Kreise, so hat die Strukturformel des Nomogramms die Form:

$$P_{1,2} \models\!\dashv C'_0, \quad P_{3,4} |\!\to C'_{\mathrm{II}} \quad \text{und} \quad P_{5,6} \leftarrow\!| \; C'_{\mathrm{II}}.$$

Diese Art von Nomogrammen nennt man *Stechzirkelnomogramme von Gersewanow* oder *Nomogramme mit äquidistanten Punkten* (Kapitel XI). Eines von ihnen ist in Fig. 37 dargestellt (Fig. 36) (Fig. 37).

8. Spezialfälle von Nomogrammen mit graduierten Elementen auf der beweglichen Ebene.

a) Die bewegliche Ebene trägt eine Skala. In diesem Falle bringt man einen Punkt eines graduierten Elements der festen Ebene mit einem bestimmten Punkt der Skala u_1 der Ebene π' zur Inzidenz, dann besitzt die Ebene π' bezüglich der Ebene π nur noch einen Freiheitsgrad und infolgedessen hat die Strukturformel des Nomogramms die Form:

$$P_{2,3} \mid\!=\!\mid P_1', \quad P_{4,5} \mid\!-\!\mid C_1' \quad \text{und} \quad P_{6,7} \leftarrow\!\mid C_1',$$

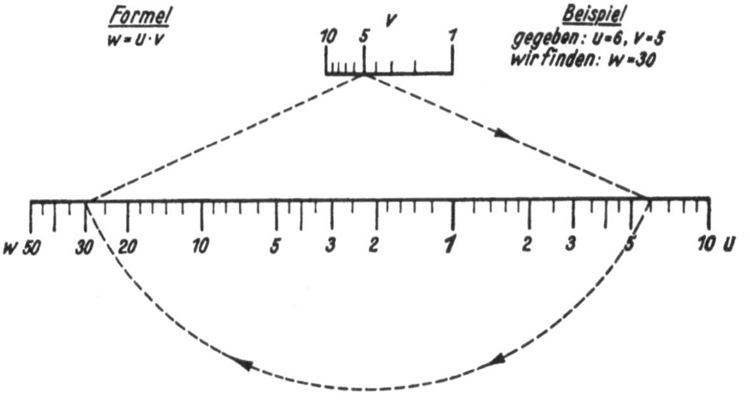

Figur 37

wobei die Linie C_1' Träger der Skala u_1 ist, von der der Punkt P_1' ein Punkt ist. Ein Schema des Nomogramms ist in Fig. 38 dargestellt.

In dem Fall, wo man den zweiten Lagekontakt mit einem Lösungskontakt zusammenfallen läßt, wozu man einen zweiten Punkt der Skala u_1 benutzt, nimmt die Strukturformel des Nomogramms die Form an:

$$P_{2,3} \mid\!=\!\mid P'_{1,\mathrm{I}},$$
$$P_{5,6} \mid\!\overset{-}{\leftarrow}\!\mid P'_{1,\mathrm{II}}.$$

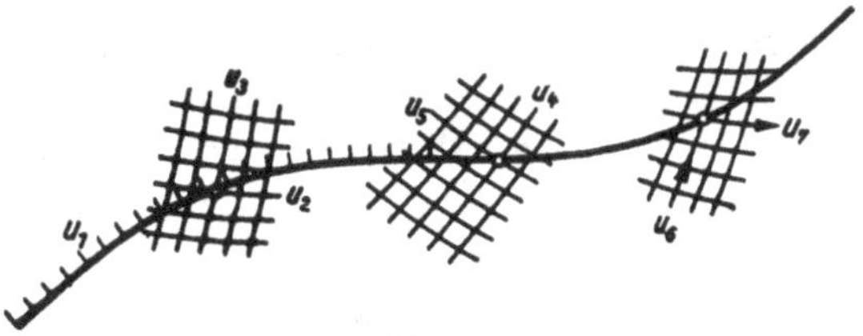

Figur 38

Dieses Nomogramm ist eine der *speziellen Formen des zirkularen Nomogramms* (siehe unten Abschnitt b). Ein Schema des Nomogramms ist in Fig. 39 dargestellt.

b) Die bewegliche Ebene trägt zwei Skalen. Beim Gebrauch eines solchen Nomogramms inzidieren wir einen Punkt der Ebene π' (Skala u_1) mit einem Punkt der Ebene π (des Netzes u_2, u_3), was uns einen doppelten Lagekontakt liefert, nach dessen Ausführung die Ebene π' nur noch einen Freiheitsgrad, eine Drehung um den festen Punkt besitzt. Schreibt man jetzt noch einen Lagekontakt vor, indem man einen Punkt auf der zweiten Skala u_4 der

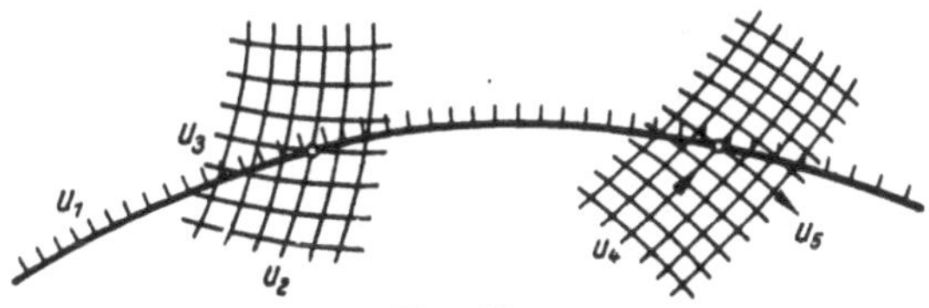

Figur 39

Ebene π' mit einer der Linien der Schar u_5 der Ebene π zur Inzidenz bringt, so erhält man folgende Strukturformel des Nomogramms:

$$P_{2,3} \mid\!=\!\mid P'_1, \quad C_5 \mid\!-\!\mid P'_4 \quad \text{und} \quad P_{6,7} \leftarrow\!\mid C'_4.$$

Ein Schema des Nomogramms ist in Fig. 40 angeführt.

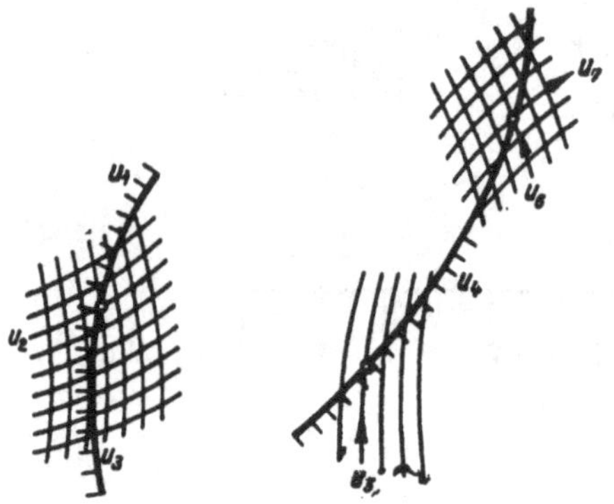

Figur 40

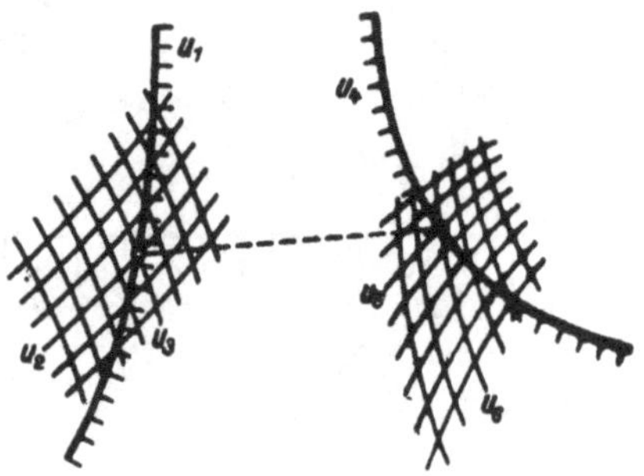

Figur 41

In dem Spezialfalle, wo man die Strukturformel

$$P_{2,3} \mid\!=\!\mid P'_1, \quad C_5 \mid\!-\!\mid P'_4 \quad \text{und} \quad P_{5,6} \leftarrow C'_4$$

benutzt, d. h. wenn man annimmt, daß der Lösungskontakt mit dem zweiten einfachen Lagekontakt zusammenfällt, hat das Nomogrammschema eine Form, wie sie in Fig. 41 angeführt ist. Die Haupteigenschaft dieses Nomogramms kann so formuliert werden: Die Abstände zwischen den Punkten $P_{1,2} - P_{5,6}$ und $P_1 - P_4$ müssen einander gleich sein. Daher nennt man Nomogramme solcher Art: *zirkulare Nomogramme der allgemeinsten Form* (Stechzirkelnomogramm, Kapitel XI). Diese Nomogramme können ohne bewegliche Elemente

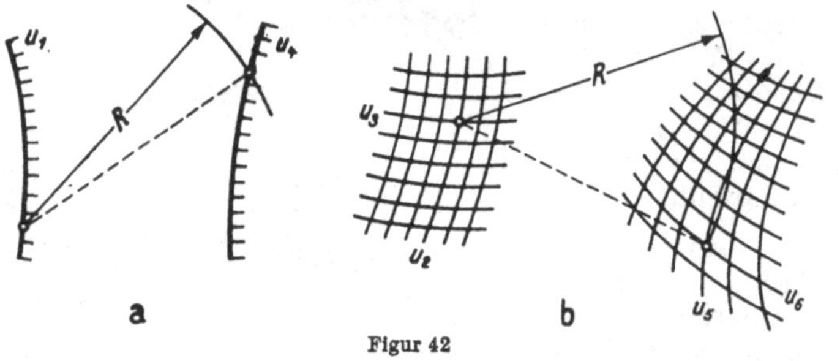

Figur 42

nur unter Verwendung eines Zirkels zur Bestimmung der Lösung benutzt werden. Überträgt man die Skalen u_1 und u_4 auf den freien Platz der festen Ebene, behält dabei ihre gegenseitige Lage bei und mißt mit dem Zirkel den Abstand zwischen den gegebenen Punkten auf den Skalen u_1 und u_4, nimmt sodann diesen Abstand in den Zirkel und bringt die eine Spitze in den Punkt

$P_{2,3}$ und die andere auf die Linie u_5 des zweiten Netzes, dann erhält man das Argument u_6 der zweiten Linie des Netzes, das die gesuchte Lösung liefert (Fig. 42, a und b). Solch ein Nomogramm ist in Fig. 43 dargestellt.

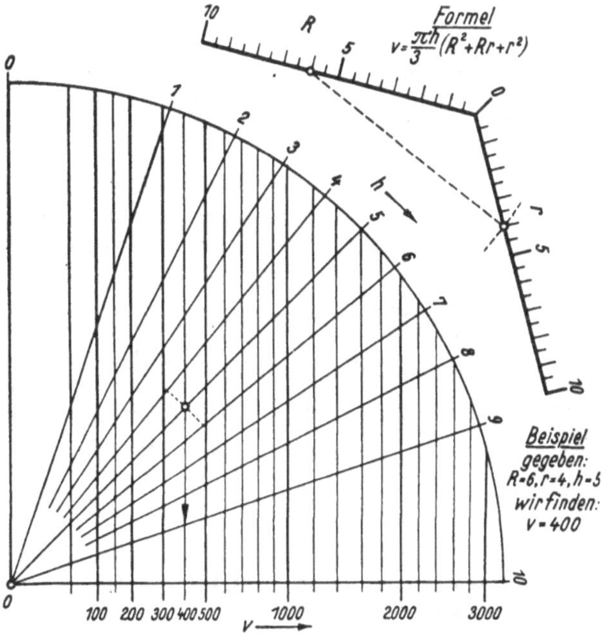

Figur 43

9. *Die Klassifikation der Nomogramme auf Grund der Beschränkung der Freiheitsgrade.* Nomogramme kann man nach der Zahl der Freiheitsgrade ihrer beweglichen Ebene klassifizieren. Von diesem Gesichtspunkte lassen sich alle Nomogramme in vier große Klassen einteilen.

I. Die bewegliche Ebene besitzt drei Freiheitsgrade.

Zu diesem Typ gehören alle von uns oben betrachteten Nomogramme mit unbenannten und graduierten Elementen auf der beweglichen Ebene.

II. Die bewegliche Ebene besitzt zwei Freiheitsgrade.

a) *Eine fortschreitende Bewegung und eine Drehung.* Nomogramme dieser Art müssen eine bewegliche Ebene haben, deren einer Punkt $P_{0,0}$ immer längs einer der Geraden D_0 der Ebene π gleitet. Folglich besitzt das Nomogramm einen festen Kontakt $D_0 \mid\!\!-\!\!\mid P'_{0,0}$, wobei man unter D und $P'_{0,0}$ eine konstante Gerade und einen konstanten Punkt dieser Ebenen versteht. Um die Lage der Ebene zu fixieren, können wir noch zwei Lagekontakte vorgeben. Der erste Kontakt beseitigt die Freiheit der fortschreitenden Bewegung der Ebene π' längs einer Geraden D_0, der zweite die Drehung der Ebene. Die allgemeinsten Fälle solcher Kontakte sind $P_{1,2} \mid\!\!-\!\!\mid C'_3$ und $P_{4,5} \mid\!\!-\!\!\mid C'_6$. Die Lösung erhält man wie gewöhnlich durch $P_{7,8} \leftarrow\!| C'_9$. Somit wird die Strukturformel des Nomogramms:

$$D_0 \,|\!\!-\!\!|\, P'_{0,0},\quad P_{1,2} \,|\!\!-\!\!|\, C'_3,\quad P_{4,5} \,|\!\!-\!\!|\, C'_6 \quad\text{und}\quad P_{7,8} \leftarrow\!| C'_9.$$

Ein Schema des Nomogramms ist in Fig. 44 dargestellt.

Wir bemerken, daß wir im allgemeinsten Falle an Stelle der Geraden D_0 jede beliebige Linie nehmen können. In diesem Falle besteht die Beschränkung, die uns der erste Kontakt liefert, darin, daß fortschreitende Bewegungen der Ebene π' in zwei aufeinander senkrechten Richtungen nicht mehr gänzlich beliebig sein können.

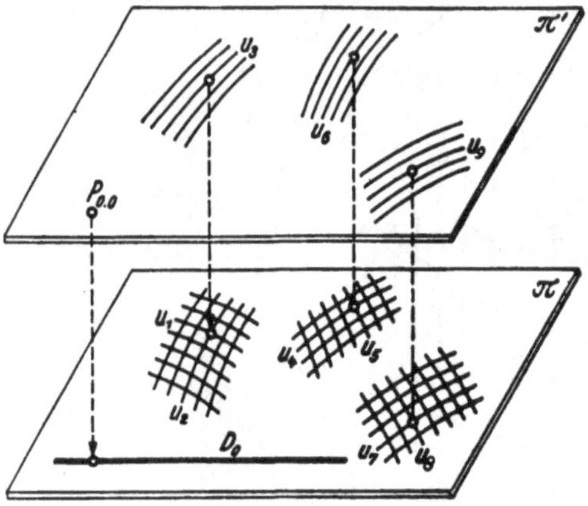

Figur 44

Beschränkt man die Freiheit der fortschreitenden Bewegung der Ebene π', indem man die Inzidenz des Punktes $P'_{0,0}$ mit der auf der Geraden D_0 aufgetragenen Skala u_1 fordert, so wird die Beschränkung $D_0 \,|\!\!-\!\!|\, P'_{0,0}$ überflüssig, da die Art, wie man das erhaltene Nomogramm benutzt, die Erfüllung dieses Kontaktes automatisch einschließt. Die Strukturformel des Nomogramms lautet danach:

$$P_1 \,|\!\!=\!\!|\, P'_{0,0},\quad P_{4,5} \,|\!\!-\!\!|\, C'_6 \quad\text{und}\quad P_{7,8} \leftarrow\!| C'_9.$$

b) *Die bewegliche Ebene besitzt zwei fortschreitende Bewegungen.* Die Haupteigenschaft dieses Nomogramms besteht darin, daß zwei parallele Geraden, von denen jede in einer der Ebenen π und π' liegt, bei jeder beliebigen Verschiebung der Ebene π' gegenüber der Ebene π parallel bleiben müssen. Diese Eigenschaft der Ebene kann man derart ausdrücken, daß bei den Verschiebungen der Ebene π' eine in ihr liegende, beliebige Gerade sich selbst parallel bleibt, d. h. eine ihrer Geraden geht immer durch ein und denselben unendlich fernen Punkt der Ebene. Hieraus erhalten wir die Strukturformel des Nomogramms:

$$P_{0,\infty} \,|\!\!-\!\!|\, D'_0,\quad P_{1,2} \,|\!\!-\!\!|\, C'_3,\quad P_{4,5} \,|\!\!-\!\!|\, C'_6 \quad\text{und}\quad P_{7,8} \leftarrow\!| C'_9.$$

Zu diesem Typ von Nomogrammen gehören alle Nomogramme mit orientierten Indizes, und man versteht insbesondere unter C'_3, C'_6 und C'_9 *Halbgeraden*, die von einem Punkt der Ebene π' ausgehen und miteinander Winkel von 120° bilden, — das sogenannte *hexagonale Nomogramm mit geradlinigen Skalen* (Abschnitt 9, § 39). Ein solches Nomogramm ist in Fig. 45 angegeben; die Ebene π' muß bezüglich der Ebene π so verschoben werden, daß ihre Geraden D'_i immer auf den Skalen der Ebene π senkrecht stehen. Die Strukturformel eines solchen Nomogramms hat die Form:

$$P_{0,\infty} \,|\!\!-\!\!|\, D'_0,\quad P_1 \,|\!\!-\!\!|\, D'_{\mathrm{I}},\quad P_2 \,|\!\!-\!\!|\, D'_{\mathrm{II}} \quad\text{und}\quad P_3 \leftarrow\!| D'_{\mathrm{III}}.$$

Man muß nicht unbedingt die Orientierung der einen Ebene bezüglich der anderen durch die Forderung paralleler Geraden in den Ebenen π' und π angeben; einen allgemeineren Fall bekommt man, wenn man z. B. fordert, daß irgendeine

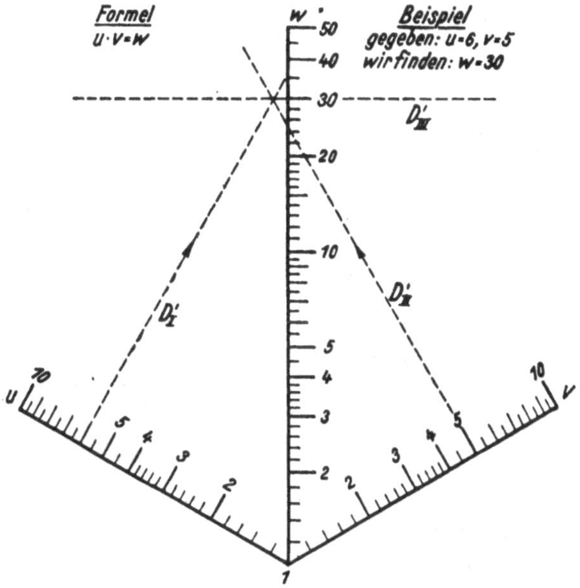

Figur 45

Gerade D'_I der Ebene π' immer senkrecht auf irgendeiner Linie der Ebene π steht. Jedoch bei krummlinigen Skalen ist ein derartiges Orientierungsverfahren des Indexes ohne irgendwelche Mechanisierung seiner Bewegung unzweckmäßig.

III. Die bewegliche Ebene besitzt nur einen Freiheitsgrad.

a) *Die Ebene π' kann sich nur um einen festen Punkt drehen.* In diesem Falle haben wir einen konstanten doppelten Kontakt zwischen den Ebenen: die Inzidenz des Punktes $P_{0,0}$ der Ebene mit einem Punkt $P'_{0,0}$ der Ebene π'. Folglich sieht die Strukturformel des Nomogramms wie folgt aus:

$$P_{0,0} \models\!| P'_{0,0}, \quad P_{1,2} \vdash\!| C'_3 \quad \text{und} \quad P_{4,5} \leftarrow\!| C'_6.$$

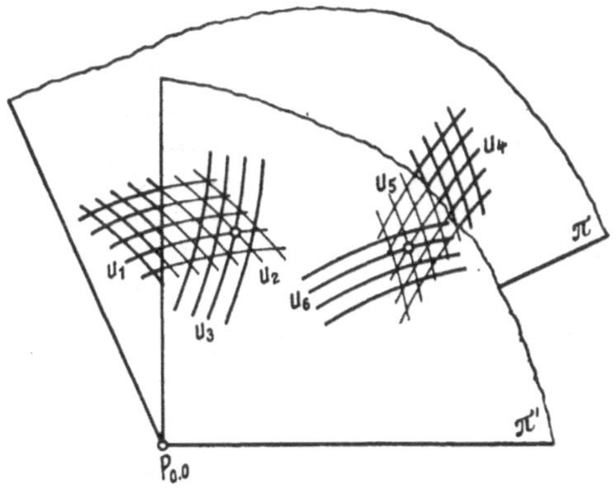

Figur 46

Auf diesem Prinzip beruhen die einfachsten Rechengeräte verschiedener Arten: Belichtungsrechner für photographische Zwecke, Kreisrechenschieber usw.

Ein Schema des Nomogramms ist in Fig. 46 dargestellt.

b) *Die Ebene π' hat nur die Möglichkeit einer fortschreitenden Bewegung bezüglich der Ebene π.* Ein solches Nomogramm besitzt eine konstante Inzidenz zweier gerader Linien auf beiden Ebenen. Folglich lautet die Strukturformel:

$$D_0 \;|\!=\!|\; D'_0, \quad P_{1,2} \;|\!-\!|\; C'_3 \quad \text{und} \quad P_{4,5} \leftarrow\!| \; C'_6 .$$

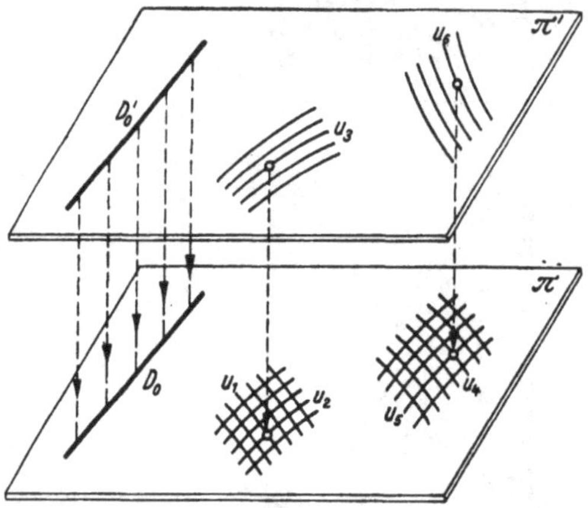

Figur 47

Ein Schema des Nomogramms ist in Fig. 47 dargestellt.

Auf diesem Prinzip beruhen Rechenschieber und Schiebetafeln der verschiedensten Art. Im allgemeinsten Falle kann man $C_0 \;|\!=\!|\; C'_0$ als eine Berührung der Linien C_0 und C'_0 in einem vorgegebenen Punkte C'_0 betrachten. Wählt man für C_0 und C'_0 Kreise mit gleichem Radius, so bekommt man Fall a) (Drehbewegung) als eine Verallgemeinerung von Fall b).

IV. Die bewegliche Ebene kann sich hinsichtlich der festen Ebene überhaupt nicht verschieben.

Ein solches Nomogramm besitzt drei konstante Lagekontakte und einen Lösungskontakt; die Strukturformel des Nomogramms lautet:

$$P_{0,0} \;|\!-\!|\; D'_{\mathrm{I}}, \quad D_0 \;|\!=\!|\; D'_{\mathrm{II}} \quad \text{und} \quad P_{1,2} \leftarrow\!| \; C'_3$$

oder $P_{0,\mathrm{I}} \;|\!-\!|\; C'_{\mathrm{I}}, \quad P_{0,\mathrm{II}} \;|\!-\!|\; C'_{\mathrm{II}}, \quad P_{0,\mathrm{III}} \;|\!-\!|\; C'_{\mathrm{III}} \quad \text{und} \quad P_{1,2} \leftarrow\!| \; C'_3$.

Zu der allgemeinen Form dieses Nomogrammtyps gehören auch *die Netztafeln* (siehe Kapitel VI), wenn man annimmt, daß das Netz auf der Ebene π und die Linienschar C'_3 auf der Ebene π' aufgetragen ist.

In dem Spezialfall, wo an Stelle der Linienschar C'_3 auf der Ebene π' nur eine einzige Linie vorhanden ist, bildet das Nomogramm die *graphische Darstellung* zwischen den Variablen u_1 und u_2 (siehe § 18).

Befindet sich auf der Ebene π die Skala der Variablen u_1 und auf der Ebene π die der Variablen u_2 und besteht ein Punktkontakt zwischen den Trägern dieser Skalen oder fallen ihre Träger zusammen, dann erhält man eine *zweifache Skala*, die den Zusammenhang zwischen den Variablen u_1 und u_2 ausdrückt. Ein Beispiel eines solchen Nomogramms ist die in Fig. 62 (Seite 98) dargestellte zweifache Skala (Doppelleiter. — D. H.).

§ 7. *Durch Nomogramme darstellbare funktionale Abhängigkeiten*

10. Trennung der Variablen. Die Eigenschaften von Gleichungen, die sich durch zusammengesetzte Nomogramme darstellen lassen. In dem Falle, daß die vorgelegte Gleichung eine große Anzahl Variablen enthält, muß man prüfen, ob man für die Gleichung ein zusammengesetztes Nomogramm konstruieren kann

(Abschnitt 5, § 6, Seite 34), man sagt dann, daß die Gleichung eine Trennung der Variablen zuläßt. Das Wesen der Trennung der Variablen besteht darin, daß die Gleichung

(2.1) $$F(u_1, u_2, \ldots, u_n) = 0$$

auf die Form

$$\Phi[\varphi_{\mathrm{I}}(u_1, u_2, \ldots, u_k), \varphi_{\mathrm{II}}(u_{k+1}, \ldots, u_i), \ldots, u_m, u_{m+1}, \ldots, u_n] = 0$$

führt, bezeichnet man nun die Funktionen $\varphi_{\mathrm{I}}, \varphi_{\mathrm{II}}, \ldots$ mit neuen Variablen $\lambda_1, \lambda_2, \ldots$, so ergibt sich an Stelle einer Gleichung (2.1) ein System von Gleichungen

(2.2) $$\begin{aligned} &\Phi(\lambda_1, \lambda_2, \ldots, \lambda_p, u_m, u_{m+1}, \ldots, u_n) = 0, \\ &\lambda_1 = \varphi_{\mathrm{I}}(u_1, u_2, \ldots, u_k), \\ &\lambda_2 = \varphi_{\mathrm{II}}(u_{k+1}, u_{k+1}, \ldots, u_i), \\ &\vdots \\ &\lambda_p = \varphi_p(u_{j+1}, \ldots, u_{m-1}), \end{aligned}$$

von denen jede eine kleinere Anzahl von Variablen enthält.

Für jede dieser Gleichungen konstruieren wir ein eigenes elementares Nomogramm und vereinen diese Nomogramme dann zu einem zusammengesetzten Nomogramm (Abschnitt 5, § 6).

Bis jetzt kennt man noch nicht die allgemeinen Bedingungen, die es gestatten, zu entscheiden, ob die Trennung der Variablen in einer vorgelegten Gleichung möglich ist. Dieses Problem ist nur für den Fall der Trennung der Variablen in der Gleichung [L. 5] gelöst

(2.3) $$F(u_1, u_2, u_3, u_4) = 0,$$

die vier Variable enthält. Die entsprechende Bedingung ist wie folgt formuliert: *Die Gleichung (2.3) läßt eine Trennung der Variablen u_1, u_2 und u_3, u_4 dann zu, wenn die Gleichung* (notwendige und hinreichende Bedingung):

$$\frac{\partial F}{\partial u_4}\begin{vmatrix} \frac{\partial F}{\partial u_1} & \frac{\partial F}{\partial u_2} \\ \frac{\partial^2 F}{\partial u_1\,\partial u_3} & \frac{d^2 F}{du_2\,\partial u_3} \end{vmatrix} = \frac{\partial F}{\partial u_3}\begin{vmatrix} \frac{\partial F}{\partial u_1} & \frac{\partial F}{\partial u_2} \\ \frac{\partial^2 F}{\partial u_1\,\partial u_4} & \frac{\partial^2 F}{\partial u_2\,\partial u_4} \end{vmatrix}$$

erfüllt ist.

Ist diese Bedingung erfüllt, dann kann die Gleichung (2.3) in der Form

$$u_4 = \Phi[\varphi(u_1, u_2), u_3]$$

dargestellt werden oder bei Auflösung nach $\varphi(u_1, u_2)$:

(2.4) $$\varphi(u_1, u_2) = \psi(u_3, u_4) = \lambda.$$

Ist dabei eine Trennung der Variablen u_1 und u_2 von u_3 und u_4 nicht möglich, dann muß man es mit einer anderen Kombination der Variablen u_1, u_2, u_3 und u_4 zu Paaren versuchen [z. B. (u_1, u_3) und (u_2, u_4) oder (u_1, u_4) und (u_2, u_3)].

Eine notwendige und hinreichende Bedingung gibt aber nicht an, wie man diese Variablen trennen muß; deshalb benutzt man in der Praxis gewöhnlich die Methode des Probierens, indem man die gegebene Gleichung verschiedenen Umformungen unterwirft.

11. Die allgemeine Form einer durch ein Nomogramm darstellbaren funktionalen Abhängigkeit. Führt man auf der Ebene π ein Koordinatensystem x, y und auf der Ebene π' ein Koordinatensystem $x'\,y'$ ein, so können die Gleichungen der graduierten Elemente des Nomogramms in allgemeiner Form wie folgt geschrieben werden (siehe Fig. 26):

auf der Ebene π:

$$\begin{aligned} &\text{Netz } (u_1, u_2): && x = f_{1,2}(u_1, u_2), && y = \varphi_{1,2}(u_1, u_2); \\ &\quad ,, \quad (u_4, u_5): && x = f_{4,5}(u_4, u_5), && y = \varphi_{4,5}(u_4, u_5); \\ &\quad ,, \quad (u_7, u_8): && x = f_{7,8}(u_7, u_8), && y = \varphi_{7,8}(u_7, u_8); \\ &\quad ,, \quad (u_{10}, u_{11}): && x = f_{10,11}(u_{10}, u_{11}), && y = \varphi_{10,11}(u_{10}, u_{11}); \end{aligned} \tag{2.5}$$

auf der Ebene π':

$$\begin{aligned} &\text{Linienschar } u_3: && F_3(x', y', u_3) = 0; \\ &\quad ,, \quad u_6: && F_6(x', y', u_6) = 0; \\ &\quad ,, \quad u_9: && F_9(x', y', u_9) = 0; \\ &\quad ,, \quad u_{12}: && F_{12}(x', y', u_{12}) = 0. \end{aligned} \tag{2.5'}$$

Die bewegliche Ebene legen wir so auf die feste Ebene, daß die Lagekontakte

$$P_{1,2} \vdash\!\dashv C_3', \quad P_{4,5} \vdash\!\dashv C_6', \quad P_{7,8} \vdash\!\dashv C_9'$$

erfüllt sind.

Bei Herstellung einer solchen Inzidenz bestimmen wir die Koordinaten der Netzpunkte der Ebene π im Koordinatensystem x', y' der Ebene π'. Die so erhaltenen Koordinaten der Netzpunkte der Ebene müssen dem Gleichungssystem (2,5') genügen.

Der Koordinatenursprung der Ebene falle im System der $x'\,y'$-Ebene mit dem Punkte x_0', y_0' zusammen und die x-Achse bilde mit der x'-Achse den Winkel α. Die Abhängigkeit zwischen den Koordinaten irgendeines Punktes in der Ebene π' und den Koordinaten in der Ebene π ist:

$$\begin{aligned} x' &= x\cos\alpha + y\sin\alpha + x_0', \\ y' &= y\cos\alpha - x\sin\alpha + y_0'. \end{aligned} \tag{2.6}$$

Wir setzen in die Formeln (2.5') an Stelle x' und y' ihre Ausdrücke ein (2.6). Ersetzt man jetzt in den erhaltenen Gleichungen x und y durch u_i aus (2.5), so bestimmen die ersten drei Gleichungen die unbekannten Parameter der Umformung x_0', y_0' und α:

$$\begin{aligned} &F_3[f_{1,2}\cos\alpha + \varphi_{1,2}\sin\alpha + x_0';\ \varphi_{1,2}\cos\alpha - f_{1,2}\sin\alpha + y_0';\ u_3] = 0, \\ &F_6[f_{4,5}\cos\alpha + \varphi_{4,5}\sin\alpha + x_0';\ \varphi_{4,5}\cos\alpha - f_{4,5}\sin\alpha + y_0';\ u_6] = 0, \\ &F_3[f_{7,8}\cos\alpha + \varphi_{7,8}\sin\alpha + x_0';\ \varphi_{7,8}\cos\alpha - f_{7,8}\sin\alpha + y_0';\ u_9] = 0. \end{aligned} \tag{2.7}$$

Durch Lösung dieser Gleichungen bestimmen wir x_0', y_0' und α in Abhängigkeit von $u_1, u_2, \ldots, u_9$. Bei verschiedenen Inzidenzen der Ebenen π und π' erhalten wir verschiedene Werte x_0', y_0' und α; während wir bei Benutzung der Elemente des Nomogramms, die in den Lösungskontakt eingehen $P_{10,11} \leftarrow\!\!\dashv C_{12}'$, jedesmal die gesuchte Lösung erhalten. Zwischen den Koordinaten der Punkte, die in den Lösungskontakt eingehen, besteht folgende Beziehung:

$$(2.7')\quad \begin{aligned} &F_{12}\,[f_{10,\,11}\cos\alpha + \varphi_{10,\,11}\sin\alpha + x_0';\\ &\varphi_{10,\,11}\cos\alpha - f_{10,\,11}\sin\alpha + y_0';\ u_{12}] = 0. \end{aligned}$$

Ersetzen wir hier α, x_0' und y_0' durch ihre Ausdrücke, die man aus den Relationen (2.7) bekommt, so findet man eine Beziehung zwischen den gewählten Werten der Größen u_i, die dem von uns betrachteten Nomogramm entspricht; aber da wir die Werte u_i gänzlich beliebig wählen konnten, bekommen wir, indem wir alle u_i in der Gleichung (2.7′) variabel annehmen, die allgemeine Form der funktionalen Abhängigkeit zwischen den Variablen u_i, deren geometrische Darstellung das gegebene Nomogramm ist.

Hieraus folgt, daß, wenn die vorgelegte Gleichung

$$F\,(u_1, u_2, \ldots, u_{12}) = 0$$

in der Form

$$\Phi\,(M, N, u_{12}) = 0$$

dargestellt werden kann, diese Gleichung durch ein Nomogramm gelöst werden kann, wenn

$$M = f_{10,\,11}\cos\alpha + \varphi_{10,\,11}\sin\alpha + x_0'$$

$$N = \varphi_{10,\,11}\cos\alpha - f_{10,\,11}\sin\alpha + y_0'$$

ist, wobei x_0', y_0' und α aus dem Gleichungssystem (2.7) *bestimmt werden, in dem F_3, F_6 und F_9* beliebige *Funktionen sind.*

Im XII. Kapitel werden wir (Seite 231) speziellere Fälle funktionaler Abhängigkeiten betrachten, die durch Nomogramme dargestellt werden.

Entgegen einem weitverbreiteten Vorurteil, hängt die durch ein Nomogramm dargestellte Form der funktionalen Abhängigkeit nicht von der Reihenfolge ab, in der man die Lagekontakte herstellt, da alle drei Gleichungen, die die Werte von x_0', y_0' und α bestimmen, nur von der Form (von den parametrischen Gleichungen) der inzidierenden graduierten Elemente des Nomogramms abhängen. Diese Meinung war bedingt durch unklare Definitionen des Nomogramms mit einer beweglichen Ebene und des zusammengesetzten Nomogramms. Ergeben sich nämlich beim letzteren einige aufeinanderfolgende Deckungen der Ebene (oder nach anderer Terminologie führt man einige Deckungen der Ebenen aufeinander aus), dann ist die Art der durch das zusammengesetzte Nomogramm gelösten Abhängigkeit durch die gewählte Reihenfolge bestimmt, in der man die einzelnen Deckungen der beweglichen Ebene π' auf die feste Ebene herstellt.

12. Die Form der Gleichung bei Vorhandensein eines doppelten Kontaktes im Nomogrammschema. Die allgemeinste Nomogrammform, für die man die Form der durch dieses Nomogramm zu lösenden Gleichung aufstellen kann, ergibt sich in dem Fall, bei dem die Drehung der Ebene, durch die der dritte Lagekontakt hergestellt wird, zu einer selbständigen Operation wird, nachdem die ersten zwei Lagekontakte bereits hergestellt worden sind. Zu diesen Nomogrammen gehören alle diejenigen, deren Strukturformeln die Form

$$P_{1,\,2} \mid\!=\!\mid P_{3,\,4}',\quad P_{5,\,6} \mid\!-\!\mid C_7' \quad \text{und} \quad P_{8,\,9} \leftarrow\!\mid C_{10}'$$

haben, wobei C_7' die Schar gerader Linien ist, die vom Parameter u_7 abhängen. Praktische Anwendung fand bis jetzt eine speziellere Form von Nomogrammen dieser Art. Ihre Strukturformel sieht folgendermaßen aus:

$$P_{1,\,2} \mid\!=\!\mid P_{3,\,4}',\quad P_{\infty,\,5} \mid\!-\!\mid D_6' \quad \text{und} \quad P_{7,\,8} \leftarrow\!\mid C_9',$$

wobei man unter D'_6 ein Geradenbündel in der Ebene π' mit dem Parameter u_6 und unter $P_{\infty,5}$ den unendlich fernen Punkt der Ebene π versteht, der durch die Richtung einer Geraden des Bündels mit dem Parameter u_5 gegeben ist. Die Bezeichnung $P_{\infty,5} \vdash\!\dashv D_6$ bedeutet dann, daß eine der Geraden des Bündels mit dem Parameter u_5 in der Ebene π sich mit einer Geraden des Bündels u_6 der Ebene π' im unendlich fernen Punkte schneidet, d. h. die Ebene π' muß bezüglich der Ebene π so orientiert sein, daß diese Geraden parallel sind.

Wir wollen die Art der durch dieses Nomogramm dargestellten funktionalen Abhängigkeit ermitteln. Die Parametergleichungen der Elemente des Nomogramms lauten:

im Koordinatensystem der Ebene π
$$\begin{cases} \text{Netz } (u_1, u_2): & x = f_{1,2}(u_1, u_2);\ y = \varphi_{1,2}(u_1, u_2), \\ \text{Netz } (u_7, u_8): & x = f_{7,8}(u_7, u_8);\ y = \varphi_{7,8}(u_7, u_8), \\ \text{Geradenbündel } u_5: & y = x \cdot f_5(u_5); \end{cases}$$

in der Ebene π'
$$\begin{cases} \text{Netz } (u_3, u_4): & x' = f_{3,4}(u_3, u_4),\ y' = \varphi_{3,4}(u_3, u_4), \\ \text{Geradenbündel } u_6: & y' = x' \cdot f_6(u_6), \\ \text{Linienschar } u_9: & F_9(x', y', u_9) = 0. \end{cases}$$

Wir nehmen an, daß der Koordinatenursprung der Ebene π mit dem Punkt (x'_0, y'_0) der Ebene π' inzidiert und die x-Achse mit der x'-Achse den Winkel α bildet und wollen die Parametergleichungen der Elemente des Nomogramms der Ebene π im Koordinatensystem der Ebene π' bestimmen:

Netz (u_1, u_2):
$$x' = f_{1,2}\cos\alpha + \varphi_{1,2}\sin\alpha + x'_0,\quad y' = \varphi_{1,2}\cos\alpha - f_{1,2}\sin\alpha + y'_0;$$

Netz (u_7, u_8):
$$x' = f_{7,8}\cos\alpha + \varphi_{7,8}\sin\alpha + x'_0,\quad y' = \varphi_{7,8}\cos\alpha - f_{7,8}\sin\alpha + y'_0;$$

Geradenbündel u_5:
$$(y' - y'_0)\cos\alpha + (x' - x'_0)\sin\alpha = f_5(u_5)\,[(x' - x'_0)\cos\alpha - (y' - y'_0)\sin\alpha].$$

Die Herbeiführung der Lagekontakte liefert uns folgende Bedingungen zur Bestimmung der Parameter x'_0, y'_0 und α:

Kontakt $P_{1,2} \vDash\!\dashv P'_{3,4}$:
$$f_{1,2}\cos\alpha + \varphi_{1,2}\sin\alpha + x'_0 = f_{3,4},$$
$$\varphi_{1,2}\cos\alpha - f_{1,2}\sin\alpha + y'_0 = \varphi_{3,4};$$

Kontakt $P_{\infty,5} \vdash\!\dashv C'_6$ der durch die Bedingung der Parallelität von Geraden u_5 und u_6 ersetzt wird:
$$f_6 = \frac{\cos\alpha + f_5\sin\alpha}{f_5\cos\alpha - \sin\alpha}.$$

Aus diesen Bedingungen finden wir den Winkel α, x'_0 und y'_0.

(2.8)
$$\operatorname{tg}\alpha = \frac{f_5 f_6 - 1}{f_5 + f_6}$$

und
$$x'_0 = f_{3,4} - f_{1,2}\cos\alpha - \varphi_{1,2}\sin\alpha,$$
$$y'_0 = \varphi_{3,4} + f_{1,2}\sin\alpha - \varphi_{1,2}\cos\alpha.$$

Der Lösungskontakt liefert uns die gesuchte funktionale Abhängigkeit

$$F_9(M, N, u_9) = 0$$

mit
$$M = f_{3.4} + (f_{7.8} - f_{1.2}) \cos\alpha + (\varphi_{7.8} - \varphi_{1.2}) \sin\alpha,$$
$$N = \varphi_{3.4} + (\varphi_{7.8} - \varphi_{1.2}) \cos\alpha - (f_{7.8} - f_{1.2}) \sin\alpha.$$

Der Winkel α ist durch die Beziehung (2.8) bestimmt.

13. Kanonische Formen von Gleichungen, die sich durch Nomogramme besonderer Art darstellen lassen. Beschränken wir uns auf verschiedene spezielle Arten von Elementen der Ebenen π und π', so bekommen wir verschiedene Spezialfälle von Nomogrammen mit beweglichen Elementen. Geben wir die Strukturformeln der Nomogramme vor und beschreiten jedesmal den Weg nach Abschnitt 11 (Seite 50), dann erhalten wir die Art der funktionalen Abhängigkeit, die durch dieses oder jenes Nomogramm gelöst wird.[1] Als Beispiele bestimmen wir die Art der funktionalen Abhängigkeit, die durch Fluchtlinientafeln, durch Stechzirkelnomogramme nach Gersewanow und durch Netztafeln gelöst wird.

A. Die Strukturformel einer Fluchtlinientafel lautet (siehe Seite 39):

$$P_{1.2} \mid\!\!-\!\!\mid D', \quad P_{3.4} \mid\!\!-\!\!\mid D' \quad \text{und} \quad P_{5.6} \leftarrow\!\mid D',$$

wobei man als Gerade D' die Achse x' nehmen kann.[2])

Die Gleichungen der Elemente des Nomogramms seien:

Netz (u_1, u_2):

$x = f_{1.2}(u_1, u_2),\ y = \varphi_{1.2}(u_1, u_2)$ in Koordinaten der Ebene π;

$$\left.\begin{aligned} x' &= f_{1.2} \cos\alpha + \varphi_{1.2} \sin\alpha + x_0' \\ y' &= \varphi_{1.2} \cos\alpha - f_{1.2} \sin\alpha + y_0' \end{aligned}\right\} \text{ in Koordinaten der Ebene } \pi';$$

Netz $(u_{3,4})$:

$x = f_{3.4}(u_3, u_4),\ y = \varphi_{3.4}(u_3, u_4)$ in Koordinaten der Ebene π;

$$\left.\begin{aligned} x' &= f_{3.4} \cos\alpha + \varphi_{3.4} \sin\alpha + x_0' \\ y' &= \varphi_{3.4} \cos\alpha - f_{3.4} \sin\alpha + y_0' \end{aligned}\right\} \text{ in Koordinaten der Ebene } \pi';$$

Netz (u_5, u_6):

$x = f_{5.6}(u_5, u_6),\ y = \varphi_{5.6}(u_5, u_6)$ in Koordinaten der Ebene π;

$$\left.\begin{aligned} x' &= f_{5.6} \cos\alpha + \varphi_{5.6} \sin\alpha + x_0' \\ y' &= \varphi_{5.6} \cos\alpha - f_{5.6} \sin\alpha + y_0' \end{aligned}\right\} \text{ in Koordinaten der Ebene } \pi'.$$

Die Gleichung der Geraden D' ist:

$$y' = 0.$$

---

[1]) Spezialfälle von Nomogrammen mit beweglichen Elementen sind in Tabelle 1 (Seite 56) aufgeführt.

[2]) Dabei behält die dadurch ermittelte funktionale Abhängigkeit ihre Allgemeinheit.

Die Herstellung der Kontakte liefert uns folgende Bedingungen, denen die Parameter x_0', y_0' und α unterworfen sind:

die Erfüllung der Kontakte $P_{1,2} \vdash\!\dashv D'$ und $P_{3,4} \vdash\!\dashv D'$:

$$\varphi_{1,2} \cos\alpha - f_{1,2} \sin\alpha + y_0' = 0$$

und

$$\varphi_{3,4} \cos\alpha - f_{3,4} \sin\alpha + y_0' = 0$$

und die Erfüllung des Lösungskontakts $P_{5,6} \leftarrow\!\dashv D'$:

$$\varphi_{5,6} \cos\alpha - f_{5,6} \sin\alpha + y_0' = 0.$$

Eliminiert man aus diesen drei Gleichungen die Größen y_0' und α, so bekommt man die allgemeine Form der funktionalen Abhängigkeit, die durch eine Fluchtlinientafel gelöst wird zu:

$$\frac{\varphi_{5,6} - \varphi_{1,2}}{f_{5,6} - f_{1,2}} = \frac{\varphi_{3,4} - \varphi_{1,2}}{f_{3,4} - f_{1,2}}$$

Diese Beziehung kann man auch so schreiben:

$$\begin{vmatrix} f_{1,2}(u_1, u_2) & \varphi_{1,2}(u_1, u_2) & 1 \\ f_{3,4}(u_3, u_4) & \varphi_{3,4}(u_3, u_4) & 1 \\ f_{5,6}(u_5, u_6) & \varphi_{5,6}(u_5, u_6) & 1 \end{vmatrix} = 0,$$

der man leicht die Bedingung ansieht, daß die drei Punkte $(f_{1,2};\ \varphi_{1,2})$, $(f_{3,4};\ \varphi_{3,4})$ und $(f_{5,6};\ \varphi_{5,6})$ auf einer Geraden liegen.

B. Das Stechzirkelnomogramm von Gersewanow hat eine Strukturformel folgender Form:

$$P_{1,2} \models\!\dashv P_{0,0}' \quad P_{3,4} \rightarrow C_{II}' \quad \text{und} \quad P_{5,6} \leftarrow\!\dashv C_{II}',$$

wobei man unter C_{II}' einen Kreis von beliebigem Radius R mit dem Zentrum im Punkte $P_{0,0}'$ versteht; als Punkt $P_{0,0}'$ kann man den Koordinatenursprung der Ebene π' wählen.

Auf der Ebene π hat man drei Netze (u_1, u_2), (u_3, u_4) und (u_5, u_6), deren Gleichungen man auch so schreiben kann, wie dies im Falle A durchgeführt wurde.

Die Gleichung des Kreises C_{II}' in der Ebene π' heißt:

$$x'^2 + y'^2 = R^2,$$

wobei die Größe R durch den Übertragungskontakt bestimmt wird, nachdem der doppelte Kontakt hergestellt ist.

Der doppelte Lagekontakt liefert uns die Gleichungen

$$\text{(2.9)} \qquad \begin{aligned} f_{1,2} \cos\alpha + \varphi_{1,2} \sin\alpha + x_0' &= 0, \\ \varphi_{1,2} \cos\alpha - f_{1,2} \sin\alpha + y_0' &= 0. \end{aligned}$$

Der Übertragungskontakt bestimmt uns den Radius R des Kreises aus der Bedingung

$$\text{(2.10)} \qquad (f_{3,4} \cos\alpha + \varphi_{3,4} \sin\alpha + x_0')^2 + (\varphi_{3,4} \cos\alpha - f_{3,4} \sin\alpha + y_0')^2 = R^2$$

und der Lösungskontakt bestimmt die gesuchte funktionale Abhängigkeit:

$$\text{(2.11)} \qquad (f_{5,6} \cos\alpha + \varphi_{5,6} \sin\alpha + x_0')^2 + (\varphi_{5,6} \cos\alpha - f_{5,6} \sin\alpha + y_0')^2 = R^2.$$

Ersetzt man infolgedessen R^2 in (2.11) durch den Ausdruck in (2.10), so bekommt man

$$(f_{5.6}\cos\alpha + \varphi_{5.6}\sin\alpha + x_0')^2 + (\varphi_{5.6}\cos\alpha - f_{5.6}\sin\alpha + y_0')^2$$
$$= (f_{3.4}\cos\alpha + \varphi_{3.4}\sin\alpha + x_0')^2 + (\varphi_{3.4}\cos\alpha - f_{3.4}\sin\alpha + y_0')^2.$$

Ersetzen wir hier x_0' und y_0' durch ihre Ausdrücke aus (2.9) und lösen die Klammern auf, dann erhalten wir die gesuchte funktionale Abhängigkeit zwischen u_1, u_2, u_3, u_4, u_5 und u_6:

$$(f_{5.6} - f_{1.2})^2 + (\varphi_{5.6} - \varphi_{1.2})^2 = (f_{3.4} - f_{1.2})^2 + (\varphi_{3.4} - \varphi_{1.2})^2$$

oder

$$f_{5.6}^2 - 2f_{5.6}f_{1.2} + \varphi_{5.6}^2 - 2\varphi_{5.6}\varphi_{1.2} = f_{3.4}^2 - 2f_{3.4}f_{1.2} + \varphi_{3.4}^2 - 2\varphi_{3.4}\varphi_{1.2}.$$

Dies ist die allgemeine Form der durch ein Stechzirkelnomogramm von Gersewanow gelösten Gleichung.

C. Die Strukturformel einer Netztafel hat die Form:

$$P_{0.0} \mid\!=\!\mid P'_{0.0}, \quad P_{0.\mathrm{I}} \mid\!-\!\mid D_0 \quad \text{und} \quad P_{1.2} \leftarrow\!\mid C_3'.$$

Nimmt man für D_0' die x'-Achse, für $P_{0.\mathrm{I}}$ einen Punkt der x-Achse und für $P_{0.0}$ und $P'_{0.0}$ die Koordinatenanfangspunkte der entsprechenden Koordinatensysteme, so bekommt man bei der Herstellung der Lagekontakte auf beiden Ebenen zusammenfallende Koordinatenlinien, d. h.

$$x' = x, \quad y' = y.$$

Die Linie C_3' aber hat die Gleichung

$$F_3(x', y', u_3) = 0$$

und der Punkt des Feldes (u_1, u_2) bestimmt sich aus den Parametergleichungen

$$x = f_{1.2}(u_1, u_2); \quad y = \varphi_{1.2}(u_1, u_2).$$

Hieraus bekommen wir die gesuchte Form der funktionalen Abhängigkeit

$$F_3[f_{1.2}(u_1, u_2), \varphi_{1.2}(u_1, u_2), u_3] = 0$$

oder

$$\Phi(u_1, u_2, u_3) = 0,$$

d. h. eine Netztafel kann jede beliebige funktionale Abhängigkeit zwischen drei Variablen u_1, u_2 und u_3 darstellen.

§ 8. Der Begriff der Nomogrammumformung. Eine vergleichende Beurteilung verschiedener Nomogrammtypen

14. Der Begriff der Nomogrammumformung. In den seltensten Fällen genügt ein mittels der in Tabelle 1 angegebenen Gleichungen seiner Elemente konstruiertes Nomogramm sofort den an das Nomogramm gestellten Anforderungen (§ 9, Seite 72). Daher muß man seine Form noch so verändern, daß es diesen oder jenen Verwendungsbedingungen genügt. Dies geschieht durch Umformung der beweglichen und der festen Ebene des Nomogramms.

Tabelle 1

Strukturformel des Nomogramms und die Gleichungen seiner Elemente	Allgemeine Form der dargestellten funktionalen Abhängigkeit
I. Bewegliche Ebene besitzt drei Freiheitsgrade	
1. Nomogramm der allgemeinen Form mit beweglichen Elementen	
$P_{1,2} \mid\!\!-\!\!\mid C'_3$; $P_{4,5} \mid\!\!-\!\!\mid C'_6$; $P_{7,8} \mid\!\!-\!\!\mid C'_9$; $P_{10,11} \mid\!\!\rightarrow C'_{12}$ (s. Fig. 26). Bewegliche Elemente: Schar u_3: $F_3(x', y', u_3) = 0$; ,, u_6: $F_6(x', y', u_6) = 0$; ,, u_9: $F_9(x', y', u_9) = 0$; ,, u_{12}: $\Phi(x', y', u_{12}) = 0$. Feste Ebene: Feld (u_1, u_2): $x = f_{1,2}(u_1, u_2)$; $y = \varphi_{1,2}(u_1, u_2)$; Feld (u_4, u_5): $x = f_{4,5}(u_4, u_5)$, $y = \varphi_{4,5}(u_4, u_5)$; Feld (u_7, u_8): $x = f_{7,8}(u_7, u_8)$, $y = \varphi_{7,8}(u_7, u_8)$; Feld (u_{10}, u_{11}): $x = f_{10,11}(u_{10}, u_{11})$, $y = \varphi_{10,11}(u_{10}, u_{11})$.	$\Phi(M, N, u_{12}) = 0$, $M = f_{10,11}\cos\alpha + \varphi_{10,11}\sin\alpha + x'_0$, $N = -f_{10,11}\sin\alpha + \varphi_{10,11}\cos\alpha + y'_0$. Die Größen x'_0, y'_0 und α hängen von den übrigen Variablen ab und bestimmen sich aus den Gleichungen: $F_3(R_{1,2}, S_{1,2}, u_3) = 0$, $F_6(R_{4,5}, S_{4,5}, u_6) = 0$, $F_9(R_{7,8}, S_{7,8}, u_9) = 0$, mit $R_{i,j} = f_{i,j}\cos\alpha + \varphi_{i,j}\sin\alpha + x'_0$, $S_{i,j} = -f_{i,j}\sin\alpha + \varphi_{i,j}\cos\alpha + y'_0$ (s. Seite 40 und 49).
2. Drehung um einen Punkt des Netzes; allgemeiner Fall der Bestimmung des Drehwinkels der beweglichen Ebene	
$P_{1,2} \mid\!=\!\mid P'_{3,4}$; $P_{5,6} \mid\!\!-\!\!\mid C'_7$; $P_{8,9} \mid\!\!\rightarrow C'_{10}$ (Fig. 27). Bewegliche Elemente: Feld (u_3, u_4): $x' = f_{3,4}(u_3, u_4)$, $y = \varphi_{3,4}(u_3, u_4)$; Schar u_7: $F_7(x', y', u_7) = 0$; ,, u_{10}: $\Phi(x', y', u_{10}) = 0$. Feste Ebene: Feld (u_1, u_2): $x = f_{1,2}(u_1, u_2)$, $y = \varphi_{1,2}(u_1, u_2)$; Feld (u_5, u_6): $x = f_{5,6}(u_5, u_6)$, $y = \varphi_{5,6}(u_5, u_6)$; Feld (u_8, u_9): $x = f_{8,9}(u_8, u_9)$, $y = \varphi_{8,9}(u_8, u_9)$.	$\Phi(M, N, u_{10}) = 0$, $M = R_{8,9} - R_{1,2} + f_{3,4}$, $N = S_{8,9} - S_{1,2} + \varphi_{3,4}$ (die Größe $R_{i,j}$, $S_{i,j}$, s. oben). Die Größe α bestimmt sich aus der Gleichung $F_7(R_{5,6} - R_{1,2} + f_{3,4}$; $S_{5,6} - S_{1,2} + \varphi_{3,4}$; $u_7) = 0$ (s. Seite 35).

Fortsetzung

Strukturformel des Nomogramms und die Gleichungen seiner Elemente	Allgemeine Form der dargestellten funktionalen Abhängigkeit
3. Drehung der beweglichen Ebene um einen Punkt des Netzes; der Drehwinkel bestimmt sich aus der Koinzidenz zweier Richtungen	
$P_{1,2} \;\mid{=}\mid\; P'_{3,4}$; $P_{\infty,5} \;\mid{-}\mid\; D'_6$; $P_{7,8} \;\mid{\rightarrow}\; C'_9$. Unbewegliche Ebene: Feld (u_1, u_2): $x' = f_{1,2}(u_1, u_2)$, $y' = \varphi_{1,2}(u_1, u_2)$; Geradenbündel u_5: $y' = f_5(u_5) \cdot x'$; Feld (u_7, u_8): $x' = f_{7,8}(u_7, u_8)$, $y' = \varphi_{7,8}(u_7, u_8)$. Bewegliche Ebene: Feld (u_3, u_4): $x = f_{3,4}(u_3, u_4)$, $y = \varphi_{3,4}(u_3, u_4)$; Geradenbündel u_6: $y = f_6(u_6) \cdot x$; Schar u_9: $\Phi(x, y, u_9) = 0$.	$\Phi(M, N, u_9) = 0$, $M = R_{7,8} - R_{1,2} + f_{3,4}$, $N = S_{7,8} - S_{1,2} + \varphi_{3,4}$ (die Größen $R_{i,j}$ und $S_{i,j}$, s. oben Abschnitt 1) mit $$\operatorname{tg} \alpha = \frac{f_5 f_6 - 1}{f_5 + f_6}$$ (s. Seite 232).
4. Nomogramm allgemeiner Form mit einer unbenannten Linienschar; die Linie, die in den Lösungskontakt eingeht, bestimmt den Übertragungskontakt	
$P_{1,2} \;\mid{-}\mid\; C'_3$; $P_{4,5} \;\mid{-}\mid\; C'_6$; $P_{7,8} \;\mid{-}\mid\; C'_9$; $P_{10,11} \rightarrow C'_\gamma$; $P_{12,13} \leftarrow\mid C'_\gamma$. γ Hilfsparameter (Fig. 30). Bewegliche Ebene: Schar u_3: $F_3(x', y', u_3) = 0$; ,, u_6: $F_6(x', y', u_6) = 0$; ,, u_9: $F_9(x', y', u_9) = 0$; ,, γ: $\Phi(x', y', \gamma) = 0$. Feste Ebene: Feld (u_1, u_2): $x = f_{1,2}(u_1, u_2)$, $y = \varphi_{1,2}(u_1, u_2)$; Feld (u_4, u_5): $x = f_{4,5}(u_4, u_5)$, $y = \varphi_{4,5}(u_4, u_5)$; Feld (u_7, u_8): $x = f_{7,8}(u_7, u_8)$, $y = \varphi_{7,8}(u_7, u_8)$; Feld (u_{10}, u_{11}): $x = f_{10,11}(u_{10}, u_{11})$, $y = \varphi_{10,11}(u_{10}, u_{11})$; Feld (u_{12}, u_{13}): $x = f_{12,13}(u_{12}, u_{13})$, $y = \varphi_{12,13}(u_{12}, u_{13})$.	$\Phi(M_1, N_1) = \Phi(M_2, N_2)\,(= \gamma)$, $M_1 = f_{12,13} \cos \alpha + \varphi_{12,13} \sin \alpha + x'_0$, $N_1 = \varphi_{12,13} \cos \alpha - f_{12,13} \sin \alpha + y'_0$, $M_2 = f_{10,11} \cos \alpha + \varphi_{10,11} \sin \alpha + x'_0$, $N_2 = \varphi_{10,11} \cos \alpha - f_{10,11} \sin \alpha + y'_0$. Die Größen x'_0, y'_0 und α bestimmen sich aus den Gleichungen: $F_3(R_{1,2}, S_{1,2}, u_3) = 0$, $F_6(R_{4,5}, S_{4,5}, u_6) = 0$, $F_9(R_{7,8}, S_{7,8}, u_9) = 0$ (die Größen $R_{i,j}$ und $S_{i,j}$, s. oben Abschnitt 1).

Fortsetzung

Strukturformel des Nomogramms und die Gleichungen seiner Elemente	Allgemeine Form der dargestellten funktionalen Abhängigkeit
5. Die bewegliche Ebene hat eine unbenannte Linie	
a) Allgemeiner Fall der unbenannten Linie	
$P_{1,2} \vdash\!\dashv C'$; $P_{3,4} \vdash\!\dashv C'$; $P_{5,6} \vdash\!\dashv C'$; $P_{7,8} \mid\!\leftarrow\!\mid C'$. Bewegliche Elemente: Linie C': $\Phi(x', y') = 0$. Feste Ebene: Feld (u_1, u_2): $x = f_{1,2}(u_1, u_2)$, $y = \varphi_{1,2}(u_1, u_2)$; Feld (u_3, u_4): $x = f_{3,4}(u_3, u_4)$, $y = \varphi_{3,4}(u_3, u_4)$; Feld (u_5, u_6): $x = f_{5,6}(u_5, u_6)$, $y = \varphi_{5,6}(u_5, u_6)$; Feld (u_7, u_8): $x = f_{7,8}(u_7, u_8)$, $y = \varphi_{7,8}(u_7, u_8)$.	$\Phi(M, N) = 0$, $M = f_{7,8}\cos\alpha + \varphi_{7,8}\sin\alpha + x'_0$, $N = \varphi_{7,8}\cos\alpha - f_{7,8}\sin\alpha + y'_0$. Die Größen x'_0, y'_0 und α bestimmen sich aus den Gleichungen $\Phi(R_{1,2}, S_{1,2}) = 0$, $\Phi(R_{3,4}, S_{3,4}) = 0$, $\Phi(R_{5,6}, S_{5,6}) = 0$ (die Größen $R_{i,j}$ und $S_{i,j}$, s. oben Abschnitt 1).
b) Unbenannte Linie ist eine Gerade	
$P_{1,2} \vdash\!\dashv D'$; $P_{3,4} \vdash\!\dashv D'$; $P_{5,6} \leftarrow\!\mid D'$ (s. Fig. 32). Bewegliche Ebene: Linie D': $y' = 0$. Feste Ebene: Feld (u_1, u_2): $x = f_{1,2}(u_1, u_2)$, $y = \varphi_{1,2}(u_1, u_2)$; Feld (u_3, u_4): $x = f_{3,4}(u_3, u_4)$, $y = \varphi_{3,4}(u_3, v_4)$; Feld (u_5, u_6): $x = f_{5,6}(u_5, u_6)$, $y = \varphi_{5,6}(u_5, u_6)$.	$\begin{vmatrix} f_{1,2} & \varphi_{1,2} & 1 \\ f_{3,4} & \varphi_{3,4} & 1 \\ f_{5,6} & \varphi_{5,6} & 1 \end{vmatrix} = 0$ oder $\frac{f_{5,6} - f_{1,2}}{\varphi_{5,6} - \varphi_{1,2}} = \frac{f_{3,4} - f_{1,2}}{\varphi_{3,4} - \varphi_{1,2}}$. Fluchtlinientafel (s. Seite 39, 53 und Kap. VII).

Fortsetzung

Strukturformel des Nomogramms und die Gleichungen seiner Elemente	Allgemeine Form der dargestellten funktionalen Abhängigkeit
c) Unbenannte Linie ist Kreis von vorgegebenem Radius	
$P_{1,2} \vdash\!\dashv C'$; $P_{3,4} \vdash\!\dashv C'$; $P_{5,6} \leftarrow\!\dashv C'$; C' Umkreis und Radius R (s. Fig. 31). Bewegliche Ebene: Linie C': $x'^2 + y'^2 = R^2$. Feste Ebene: Feld (u_1, u_2): $x = f_{1,2}(u_1, u_2)$, $y = \varphi_{1,2}(u_1, u_2)$; Feld (u_3, u_4): $x = f_{3,4}(u_3, u_4)$, $y = \varphi_{3,4}(u_3, u_4)$; Feld (u_5, u_6): $x = f_{5,6}(u_5, u_6)$, $y = \varphi_{5,6}(u_5, u_6)$.	$\begin{vmatrix} f_{1,2} & f_{1,2}^2 + \varphi_{1,2}^2 - R^2 & 1 \\ f_{3,4} & f_{3,4}^2 + \varphi_{3,4}^2 - R^2 & 1 \\ f_{5,6} & f_{5,6}^2 + \varphi_{5,6}^2 - R^2 & 1 \end{vmatrix}^2$ $+ \begin{vmatrix} f_{1,2}^2 + \varphi_{1,2}^2 - R^2 & \varphi_{1,2} & 1 \\ f_{3,4}^2 + \varphi_{3,4}^2 - R^2 & \varphi_{3,4} & 1 \\ f_{5,6}^2 + \varphi_{5,6}^2 - R^2 & \varphi_{5,6} & 1 \end{vmatrix}$ $+ 4 \begin{vmatrix} f_{1,2} & \varphi_{1,2} & 1 \\ f_{3,4} & \varphi_{3,4} & 1 \\ f_{5,6} & \varphi_{5,6} & 1 \end{vmatrix}$ $\times \begin{vmatrix} f_{1,2} & \varphi_{1,2} & f_{1,2}^2 + \varphi_{1,2}^2 - R_2 \\ f_{3,4} & \varphi_{3,4} & f_{3,4}^2 + \varphi_{3,4}^2 - R_2 \\ f_{5,6} & \varphi_{5,6} & f_{5,6}^2 + \varphi_{5,6}^2 - R^2 \end{vmatrix} = 0.$ Nomogramm mit kreisförmigem Ableseindex.
6. Bewegliche Ebene hat zwei unbenannte Linien	
a) Unbenannte Linien sind beliebige Kurven	
$P_{1,2} \vdash\!\dashv C'_{\mathrm{I}}$; $P_{3,4} \vdash\!\dashv C'_{\mathrm{I}}$; $P_{5,6} \vdash\!\dashv C'_{\mathrm{II}}$; $P_{7,8} \leftarrow\!\dashv C'_{\mathrm{II}}$. Bewegliche Ebene: Linie C'_{I}: $F(x', y') = 0$, Linie C'_{II}: $\Phi(x', y') = 0$. Feste Ebene: Feld (u_1, u_2): $x = f_{1,2}(u_1, u_2)$, $y = \varphi_{1,2}(u_1, u_2)$; Feld (u_3, u_4): $x = f_{3,4}(u_3, u_4)$, $y = \varphi_{3,4}(u_3, u_4)$; Feld (u_5, u_6): $x = f_{5,6}(u_5, u_6)$, $y = \varphi_{5,6}(u_5, u_6)$; Feld (u_7, u_8): $x = f_{7,8}(u_7, u_8)$, $y = \varphi_{7,8}(u_7, u_8)$.	$\Phi(M, N) = 0$, $M = f_{1,2}\cos\alpha + \varphi_{1,2}\sin\alpha + x'_0$, $N = \varphi_{1,2}\cos\alpha - f_{1,2}\sin\alpha + y'_0$. Die Größen x'_0, y'_0 und α bestimmen sich aus den Gleichungen: $\Phi(R_{5,6}, S_{5,6}) = 0$, $F(R_{3,4}, S_{3,4}) = 0$, $F(R_{1,2}, S_{1,2}) = 0$ (die Größen $R_{i,j}$ und $S_{i,j}$, s. oben Abschnitt 1).

Fortsetzung

Strukturformel des Nomogramms und die Gleichungen seiner Elemente	Allgemeine Form der dargestellten funktionalen Abhängigkeit
b) Unbenannte Linien sind sich schneidende Geraden	
$P_{1,2} \mid\!\!-\!\!\mid D'_{\mathrm{I}}$; $P_{3,4} \mid\!\!-\!\!\mid D'_{\mathrm{I}}$; $P_{5,6} \mid\!\!-\!\!\mid D'_{\mathrm{II}}$; $P_{7,8} \leftarrow\!\mid D'_{\mathrm{II}}$; D'_{I} und D'_{II} Geraden, die sich unter einem beliebigen Winkel α ($\operatorname{tg} \alpha = k$) schneiden. Bewegliche Ebene: Linie D'_{I}: $y' = 0$; Linie D'_{II}: $y' = kx'$. Feste Ebene: Feld (u_1, u_2): $x = f_{1,2}(u_1, u_2)$, $y = \varphi_{1,2}(u_{1,2})$; Feld (u_3, u_4): $x = f_{3,4}(u_3, u_4)$, $y = \varphi_{3,4}(u_3, u_4)$; Feld (u_5, u_6): $x = f_{5,6}(u_5, u_6)$, $y = \varphi_{5,6}(u_5, u_6)$; Feld (u_7, u_8): $x = f_{7,8}(u_{7,8})$, $y = \varphi_{7,8}(u_7, u_8)$.	$\dfrac{\varphi_{3,4} - \varphi_{1,2}}{f_{3,4} - f_{1,2}} = \dfrac{1 - k \dfrac{f_{7,8} - f_{5,6}}{\varphi_{7,8} - \varphi_{5,6}}}{k + \dfrac{f_{7,8} - f_{5,6}}{\varphi_{7,8} - \varphi_{5,6}}}$.
c) Die unbenannten Linien sind Geraden, die sich unter einem rechten Winkel schneiden („Kreuz")	
$P_{1,2} \mid\!\!-\!\!\mid D'_{\mathrm{I}}$; $P_{3,4} \mid\!\!-\!\!\mid D'_{\mathrm{I}}$; $P_{5,6} \mid\!\!-\!\!\mid D'_{\mathrm{II}}$; $P_{7,8} \leftarrow\!\mid D'_{\mathrm{II}}$; D'_{I} und D'_{II} Geraden, die sich unter einem rechten Winkel schneiden ($\alpha = 90°$) (s. Fig. 34). Bewegliche Ebene: Linie D'_{I}: $y = 0$; Linie D'_{II}: $x' = 0$. Feste Ebene: Feld (u_1, u_2): $x = f_{1,2}(u_1, u_2)$, $y = \varphi_{1,2}(u_1, u_2)$; Feld (u_3, u_4): $x = f_{3,4}(u_3, u_4)$, $y = \varphi_{3,4}(u_3, u_4)$; Feld (u_5, u_6): $x = f_{5,6}(u_5, u_6)$, $y = \varphi_{5,6}(u_5, u_6)$; Feld (u_7, u_8): $x = f_{7,8}(u_7, u_8)$, $y = \varphi_{7,8}(u_7, u_8)$.	$\dfrac{\varphi_{3,4} - \varphi_{1,2}}{f_{3,4} - f_{1,2}} = \dfrac{f_{7,8} - f_{5,6}}{\varphi_{7,8} - \varphi_{5,6}}$. Nomogramm mit kreuzförmigem Ableseindex auf Transparentblatt (s. Seite 242).

Fortsetzung

Strukturformel des Nomogramms und die Gleichungen seiner Elemente	Allgemeine Form der dargestellten funktionalen Abhängigkeit
d) Die unbenannten Linien — Schenkel eines rechten Winkels	
$P_{1,2} \mid\!=\!\mid P'_{\mathrm{I,II}}$; $P_{3,4} \vdash\!\dashv D'_{\mathrm{I}}$; $P_{5,6} \leftarrow\!\mid D'_{\mathrm{II}}$, $P'_{\mathrm{I,II}}$ Schnittpunkt der Geraden D'_{I} und D'_{II} (s. Seite 21). Bewegliche Ebene Linie D'_{I}: $x' = 0$; Linie D'_{II}: $y' = 0$; Punkt $P'_{\mathrm{I,II}}$: $x' = 0$, $y' = 0$. Feste Ebene: Feld (u_1, u_2): $x = f_{1,2}(u_1, u_2)$, $y = \varphi_{1,2}(u_1, u_2)$; Feld (u_3, u_4): $x = f_{3,4}(u_3, u_4)$, $y = \varphi_{3,4}(u_3, u_4)$; Feld (u_5, u_6): $x = f_{5,6}(u_5, u_6)$, $y = \varphi_{5,6}(u_5, u_6)$.	$\frac{\varphi_{5,6} - \varphi_{1,2}}{f_{5,6} - f_{1,2}} = \frac{f_{3,4} - f_{1,2}}{\varphi_{3,4} - \varphi_{1,2}}$. Nomogramm mit einem Index in Form eines rechten Winkels (s. Seite 246).
7. Die bewegliche Ebene besitzt eine Schar unbenannter Linien	
a) Unbenannte Linien sind eine Schar paralleler Geraden	
$P_{1,2} \vdash\!\dashv D'_{\mathrm{I}}$; $P_{3,4} \vdash\!\dashv D'_{\mathrm{I}}$; $P_{5,6} \rightarrow D'_{\gamma}$; $P_{7,8} \leftarrow\!\mid D'_{\gamma}$. Die Gerade D'_{γ} ist der Geraden D'_{I} parallel (s. Seite 21). Bewegliche Ebene: Linie D'_{I}: $y' = 0$; Linie D'_{γ}: $y' = \gamma$. Feste Ebene: Feld (u_1, u_2): $x = f_{1,2}(u_1, u_2)$, $y = \varphi_{1,2}(u_1, u_2)$; Feld (u_3, u_4): $x = f_{3,4}(u_3, u_4)$, $y = \varphi_{3,4}(u_3, u_4)$; Feld (u_5, u_6): $x = f_{5,6}(u_5, u_6)$, $y = \varphi_{5,6}(u_5, u_6)$; Feld (u_7, u_8): $x = f_{7,8}(u_7, u_8)$, $y = \varphi_{7,8}(u_7, u_8)$.	$\frac{\varphi_{3,4} - \varphi_{1,2}}{f_{3,4} - f_{1,2}} = \frac{\varphi_{7,8} - \varphi_{5,6}}{f_{7,8} - f_{5,6}}$. Nomogramm mit parallelem Index (s. Seite 242).

Fortsetzung

Strukturformel des Nomogramms und die Gleichungen seiner Elemente	Allgemeine Form der dargestellten funktionalen Abhängigkeit
b) Die unbenannten Linien sind eine Schar konzentrischer Kreise	
$P_{1,2} \mid\!=\!\mid P'_{0,0}$; $P_{3,4} \to C'_\gamma$; $P_{5,6} \leftarrow\!\mid C'_\gamma$; C'_γ einer der Kreise mit dem Zentrum im Punkt $R'_{0,0}$ (Radius beliebige Zahl γ; s. Fig. 37). Bewegliche Ebene: Punkt $P'_{0,0}$: $x' = 0$, $y' = 0$; Linie C'_γ: $x'^2 + y'^2 = \gamma^2$. Feste Ebene: Feld (u_1, u_2): $x = f_{1,2}(u_1, u_2)$, $y = \varphi_{1,2}(u_1, u_2)$; Feld (u_3, u_4): $x = f_{3,4}(u_3, u_4)$, $y = \varphi_{3,4}(u_3, u_4)$; Feld (u_5, u_6): $x = f_{5,6}(u_5, u_6)$, $y = \varphi_{5,6}(u_5, u_6)$.	$(f_{3,4} - f_{1,2})^2 + (\varphi_{3,4} - \varphi_{1,2})^2$ $= (f_{5,6} - f_{1,2})^2 + (\varphi_{5,6} - \varphi_{1,2})^2$ oder $f_{3,4}^2 + \varphi_{3,4}^2 - 2f_{1,2} \cdot f_{3,4} - 2\varphi_{3,4} \cdot \varphi_{1,2}$ $= f_{5,6}^2 + \varphi_{5,6}^2 - 2f_{5,6} \cdot f_{1,2}$ $- 2\varphi_{5,6} \cdot \varphi_{1,2}$. Stechzirkelnomogramme von Gersewanow (s. Seite 222).
8. Die bewegliche Ebene besitzt zwei Skalen (zwei Netze)	
a) Allgemeinfall — zwei beliebige Skalen; in den Lösungskontakt geht nur der Träger einer der Skalen ein	
$P_{2,3} \mid\!=\!\mid P'_1$; $C_5 \mid\!-\!\mid P'_4$; $P_{6,7} \leftarrow\!\mid C'_4$ (s. Fig. 40). Bewegliche Ebene: Punkt P'_1: $x' = f_1(u_1)$, $y = \varphi_1(u_1)$; Punkt P'_4: $x' = f_4(u_4)$, $y = \varphi_4(u_4)$; Träger der Skala u_4: $\Phi(x', y') = 0$. Feste Ebene: Feld (u_2, u_3): $x = f_{2,3}(u_2, u_3)$, $y = \varphi_{2,3}(u_2, u_3)$; Schar u_5: $F_5(x, y, u_5) = 0$; Feld (u_6, u_7): $x = f_{6,7}(u_6, u_7)$, $y = \varphi_{6,7}(u_6, u_7)$.	$\Phi(M, N) = 0$, $M = (f_{6,7} - f_{2,3}) \cos\alpha$ $+ (\varphi_{6,7} - \varphi_{2,3}) \sin\alpha + f_1$, $N = (\varphi_{6,7} - \varphi_{2,3}) \cos\alpha$ $- (f_{6,7} - f_{2,3}) \sin\alpha + \varphi_1$, wobei man die Größe α aus der Gleichung $F(R_4 - R_1 + f_{2,3}; S_4 - S_1 + \varphi_{2,3}; u_5) = 0$ bestimmt, mit $R_4 - R_1 = (f_4 - f_1)\cos\alpha - (\varphi_4 - \varphi_1)\sin\alpha$, $S_4 - S_1 = (\varphi_4 - \varphi_1)\cos\alpha - (f_4 - f_1)\sin\alpha$.

Fortsetzung

<table>
<tr><th>Strukturformel des Nomogramms und die Gleichungen seiner Elemente</th><th>Allgemeine Form der dargestellten funktionalen Abhängigkeit</th></tr>
<tr><td colspan="2">b) Zwei doppelte Kontakte (Lösungskontakt ist doppelt)</td></tr>
<tr><td>$P_{2,3} \vert\!=\!\vert P'_1$; $C_5 \vert\!-\!\vert P'_4$; $P_{5,6} \leftarrow\!\vert C'_4$
oder $P_{2,3} \vert\!=\!\vert P'_1$; $P_{5,6} \overset{\vert-\vert}{\leftarrow\!\vert} P'_4$; P'_4 — Punkt der Skala u_4 mit dem Träger C'_4; C_5 Linie des Feldes (u_5, u_6) (s. Fig. 41).

Bewegliche Ebene:

Skala u_1: $x' = f_1(u_1)$, $y = \varphi_1(u_1)$;
Skala u_4: $x' = f_4(u_4)$, $y = \varphi_4(u_4)$;
Träger C'_4 der Skala u_4: $F_4(x', y') = 0$.

Feste Ebene:

Feld (u_2, u_3): $x = f_{2,3}(u_2, u_3)$,
$y = \varphi_{2,3}(u_2, u_3)$;
Feld (u_5, u_6): $x = f_{5,6}(u_5, u_6)$,
$y = \varphi_{5,6}(u_5, u_6)$.</td><td>$(f_4 - f_1)^2 + (\varphi_4 - \varphi_1)^2$
$= (f_{5,6} - f_{2,3})^2 + (\varphi_{5,6} - \varphi_{2,3})^2$
oder
$(f_{7,8} - f_{1,2})^2 + (\varphi_{7,8} - \varphi_{1,2})^2$
$= (f_{5,6} - f_{2,3})^2 + (\varphi_{5,6} - \varphi_{2,3})^2$.

Nomogramm auf äquidistanten Punkten „allgemeiner Gestalt“ (s. Seite 222).</td></tr>
<tr><td colspan="2">II. Bewegliche Ebene besitzt zwei Freiheitsgrade: eine fortschreitende Bewegung und eine Drehung</td></tr>
<tr><td colspan="2">9. Allgemeiner Fall der Lagebestimmung der Ebene (Drehung und fortschreitende Bewegung sind voneinander nicht zu trennen)</td></tr>
<tr><td>$D_0 \vert\!-\!\vert P'_{0,0}$; $P_{1,2} \vert\!-\!\vert C'_3$; $P_{4,5} \vert\!-\!\vert C'_6$; $P_{7,8} \leftarrow\!\vert C'_9$ (s. Fig. 44).

Bewegliche Ebene:

Punkt $P'_{0,0}$: $x' = 0$, $y' = 0$;
Schar u_3: $F_3(x', y', u_3) = 0$;
„ u_6: $F_6(x', y', u_6) = 0$,
„ u_9: $\Phi(x', y', u_9) = 0$.

Feste Ebene:

Linie D_0: $y = 0$;
Feld (u_1, u_2): $x = f_{1,2}(u_1, u_2)$,
$y = \varphi_{1,2}(u_1, u_2)$;
Feld (u_4, u_5): $x = f_{4,5}(u_4, u_5)$,
$y = \varphi_{4,5}(u_4, u_5)$;
Feld (u_7, u_8): $x = f_{7,8}(u_7, u_8)$,
$y = \varphi_{7,8}(u_7, u_8)$.</td><td>$\Phi(M, N, u_9) = 0$,
$M = f_{7,8}\cos\alpha + \varphi_{7,8}\sin\alpha + x'_0$,
$N = \varphi_{7,8}\cos\alpha - f_{7,8}\sin\alpha$.

Die Größen x'_0 und α bestimmen sich aus den Gleichungen:

$F_3(R_{1,2};\ S_{1,2} - y'_0;\ u_3) = 0$,
$F_6(R_{4,5};\ S_{4,5} - y'_0;\ u_6) = 0$;
$R_{i,j}$ und $S_{i,j}$ (s. oben, Abschnitt 1).</td></tr>
</table>

Fortsetzung

Strukturformel des Nomogramms und die Gleichungen seiner Elemente	Allgemeine Form der dargestellten funktionalen Abhängigkeit
10. Drehung und Verschiebung der beweglichen Ebene — die Operationen werden einzeln ausgeführt; der Drehwinkel ist bestimmt durch die Parallelität der Geraden zweier Bündel	
$D_0 \vdash\!\dashv P'_{0,0}$; $P_{1,2} \vdash\!\dashv C'_3$; $P_{\infty,5} \vdash\!\dashv D'_6$; $P_{7,8} \leftarrow\!\dashv C'_9$. Bewegliche Ebene: Punkt $P'_{0,0}$: $x' = 0,\ y' = 0$; Schar u_3: $F_3(x', y', u_3) = 0$; Geradenbündel u_6: $y' = f_6(u_6)x'$; Schar u_9: $\Phi(x', y', u_9) = 0$. Feste Ebene: Gerade D_0: $y = 0$, Feld (u_1, u_2): $x = f_{1,2}(u_1, u_2)$, $y = \varphi_{1,2}(u_1, u_2)$; Geradenbündel u_5: $y = f_5(u_5)\,x$; Feld (u_7, u_8): $x = f_{7,8}(u_7, u_8)$, $y = \varphi_{7,8}(u_7, u_8)$.	$\Phi(M, N, u_9) = 0$, $M = f_{7,8}\cos\alpha + \varphi_{7,8}\sin\alpha + x'_0$, $N = \varphi_{7,8}\cos\alpha - f_{7,8}\sin\alpha$, wobei $\alpha = \operatorname{arctg} f_5 - \operatorname{arctg} f_6$, x'_0 wird bestimmt aus der Gleichung $F_3(R_{1,2};\ S_{1,2} - y'_0;\ u_3) = 0$; $R_{1,2}$ und $S_{1,2}$ (s. oben, Abschnitt 1).
III. Die bewegliche Ebene besitzt zwei Freiheitsgrade; zwei fortschreitende Bewegungen	
11. Allgemeinfall — die Bewegungen können nicht unabhängig voneinander und nacheinander ausgeführt werden	
$P_{0,\infty} \vdash\!\dashv D'_0$; $P_{1,2} \vdash\!\dashv C'_3$; $P_{4,5} \vdash\!\dashv C'_6$; $P_{7,8} \leftarrow\!\dashv C'_9$ $P_{0,\infty}$ der feste unendlich ferne Punkt der y-Achse auf der Ebene π. Bewegliche Ebene: Gerade D'_0: $x'_0 = 0$; Schar u_3: $F_3(x', y', u_3) = 0$; „ u_6: $F_6(x', y', u_6) = 0$; „ u_9: $\Phi(x', y', u_9) = 0$. Feste Ebene: Punkt $P'_{0,0}$: $x = 0,\ y = \infty$; Feld (u_1, u_2): $x = f_{1,2}(u_1, u_2)$, $y = \varphi_{1,2}(u_1, u_2)$; Feld (u_4, u_5): $x = f_{4,5}(u_{4,5})$; $y = \varphi_{4,5}(u_4, u_5)$; Feld (u_7, u_8): $x = f_{7,8}(u_7, u_8)$, $y = \varphi_{7,8}(u_7, u_8)$.	$\Phi(M, N, u_9) = 0$, $M = f_{7,8}(u_7, u_8) + x'_0$, $N = \varphi_{7,8}(u_7, u_8) + y'_0$. Die Größen x'_0 und y'_0 bestimmen sich aus den Gleichungen: $F_3(f_{1,2} + x'_0;\ \varphi_{1,2} + y'_0;\ u_3) = 0$, $F_6(f_{4,5} + x'_0;\ \varphi_{4,5} + y'_0;\ u_6) = 0$.

Fortsetzung

Strukturformel des Nomogramms und die Gleichungen seiner Elemente	Allgemeine Form der dargestellten funktionalen Abhängigkeit
12. Die Bewegungen können nacheinander ausgeführt werden	
$P_{0,\infty} \vdash\!\dashv D_0'$; $P_{1,2} \vdash\!\dashv D_I'$; $P_{3,4} \vdash\!\dashv D_{II}'$; $P_{5,6} \leftarrow\!\dashv D_{III}'$; $P_{0,\infty}$ der feste unendlich ferne Punkt der y-Achse; D_0' beliebige Gerade; D_I', D_{II}', D_{III}' Strahlen, die von einem Punkt ausgehen und miteinander Winkel von 120° einschließen (s. Fig. 45). Bewegliche Ebene: Gerade D_0': $x' = 0$; Gerade D_I': $x' = 0$; Gerade D_{II}': $y' = \frac{1}{\sqrt{3}} x'$; Gerade D_{III}': $y' = -\frac{1}{\sqrt{3}} x'$. Feste Ebene: Punkt $P_{0,\infty}$: $x = 0, \quad y = \infty$; Feld (u_1, u_2): $x = f_{1,2}(u_1, u_2)$, $y = \varphi_{1,2}(u_1, u_2)$; Feld (u_3, u_4): $x = f_{3,4}(u_3, u_4)$; $y = \varphi_{3,4}(u_3, u_4)$; Feld (u_5, u_6): $x = f_{5,6}(u_5, u_6)$, $y = \varphi_{5,6}(u_5, u_6)$.	$\varphi_{5,6} + \frac{1}{\sqrt{3}} f_{5,6} = \left(\varphi_{3,4} - \frac{1}{\sqrt{3}} f_{3,4}\right) + \frac{2}{\sqrt{3}} f_{1,2}$; Die Funktion $\varphi_{1,2}$ kann ganz beliebig gewählt werden. Allgemeine Form der Gleichung: $\Phi_{5,6} = \Phi_{1,2} + \Phi_{3,4}$. Nomogramm mit hexagonalem Index auf Transparentblatt (s. Seite 248).

Fortsetzung

Strukturformel des Nomogramms und die Gleichungen seiner Elemente	Allgemeine Form der dargestellten funktionalen Abhängigkeit

IV. Die bewegliche Ebene besitzt nur eine Drehung

13. Allgemeiner Fall der Bestimmung des Drehwinkels der beweglichen Ebene

$P_{0,0} \mid\!=\!\mid P'_{0,0}$; $P_{1,2} \mid\!-\!\mid C'_3$; $P_{4,5} \leftarrow\!\mid C'_6$; $P_{0,0}$ und $P'_{0,0}$ konstante Punkte (s. Fig. 46). Bewegliche Ebene: Punkt $P'_{0,0}$: $x' = 0, \quad y' = 0;$ Schar u_3: $F_3(x', y', u_3) = 0;$ „ u_6: $\Phi(x', y', u_6) = 0.$ Feste Ebene: Punkt $P_{0,0}$: $x = 0, \quad y = 0;$ Feld (u_1, u_2): $x = f_{1,2}(u_1, u_2),$ $y = \varphi_{1,2}(u_1, u_2);$ Feld (u_4, u_5): $x = f_{4,5}(u_4, u_5),$ $y = \varphi_{4,5}(u_4, u_5).$	$\Phi(M, N, u_6) = 0,$ $M = f_{4,5} \cos\alpha + \varphi_{4,5} \sin\alpha,$ $N = \varphi_{4,5} \cos\alpha - f_{4,5} \sin\alpha.$ Die Größe bestimmt sich aus der Gleichung $F_3(P, Q, u_3) = 0,$ mit $P = f_{1,2} \cos\alpha + \varphi_{1,2} \sin\alpha,$ $Q = \varphi_{1,2} \cos\alpha - f_{1,2} \sin\alpha.$

14. Der Drehwinkel der beweglichen Ebene wird durch die Parallelität der Geraden zweier Bündel bestimmt

$P_{0,0} \mid\!=\!\mid P'_{0,0}$; $P_{\infty,1} \mid\!-\!\mid D'_2$; $P_{3,4} \leftarrow\!\mid C'_5$ $P_{0,0}$ und $P'_{0,0}$ konstante Punkte; $P_{\infty,1}$ unendlich ferner Punkt einer der Geraden des Bündels u_1; D'_2 eine der Geraden des Bündels mit dem Parameter μ_2. Bewegliche Ebene: Punkt $P'_{0,0}$: $x' = 0, \quad y' = 0;$ Geradenbündel u_2: $y' = f_2(u_2)\, x';$ Schar u_5: $\Phi(x', y', u_5) = 0.$ Feste Ebene: Punkt $P_{0,0}$: $x = 0, \quad y = 0;$ Geradenbündel u_1: $y = f_1(u_1)\, x;$ Feld (u_3, u_4): $x = f_{3,4}(u_3, u_4),$ $y = \varphi_{3,4}(u_3, u_4).$	$\Phi(M, N, u_5) = 0,$ mit $M = f_{3,4} \cos\alpha + \varphi_{3,4} \sin\alpha,$ $N = \varphi_{3,4} \cos\alpha - f_{3,4} \sin\alpha,$ $\alpha = \operatorname{arctg} f_1 - \operatorname{arctg} f_2$ (s. Seite 235).

Fortsetzung

Strukturformel des Nomogramms und die Gleichungen seiner Elemente	Allgemeine Form der dargestellten funktionalen Abhängigkeit
V. Die bewegliche Ebene besitzt nur eine fortschreitende Bewegung	
15. Allgemeinfall	
$D_0 \mid=\mid D'_0$; $P_{1,2} \mid-\mid C'_3$; $P_{4,5} \leftarrow\mid C'_6$; D_0 und D'_0 feste gerade Linien (s. Fig. 47) Bewegliche Ebene: Gerade D'_0: $y' = 0$; Schar u'_3: $F_3(x', y', u_3) = 0$; „ u_6: $\Phi(x', y', u_6) = 0$. Feste Ebene: Linie D_0: $y = 0$; Feld (u_1, u_2): $x = f_{1,2}(u_1, u_2)$, $y = \varphi_{1,2}(u_1, u_2)$; Feld (u_4, u_5): $x = f_{4,5}(u_4, u_5)$, $y = \varphi_{4,5}(u_4, u_5)$.	$\Phi(M, N, u_6) = 0$, $M = f_{4,5} + x'_0$, $N = \varphi_{4,5}$. Die Größe x'_0 bestimmt sich aus der Gleichung $F_3(f_{1,2} + x'_0;\ \varphi_{1,2};\ u_3) = 0$. Löst man $F_3(x', y', u_3) = 0$ nach x' auf: $x' = \psi(y', u_3)$, so ist $x'_0 = \psi[\varphi_{1,2}(u_1, u_2);\ u_3] - f_{1,2}(u_1, u_2)$ und $M = f_{4,5} - f_{1,2} + \psi(\varphi_{1,2}, u_3)$ (s. Seite 239).
VI. Die bewegliche Ebene besitzt keinen Freiheitsgrad	
16. Fall dreier Variablen	
$P_{0,0} \mid-\mid P'_{0,0}$; $P_{0,\mathrm{I}} \mid-\mid D'_0$; $P_{1,2} \leftarrow\mid C'_3$; $P_{0,0}$, $P'_{0,0}$ und $P_{0,\mathrm{I}}$ feste Punkte; D_0 konstante Gerade. Bewegliche Ebene: Punkt $P'_{0,0}$: $x' = 0$, $y' = 0$; Gerade D'_0: $y' = 0$; Schar u_3: $F_3(x', y', u_3) = 0$. Feste Ebene: Punkt $P_{0,0}$: $x = 0$, $y = 0$; Punkt $P_{0,\mathrm{I}}$: $x = \infty$, $y = 0$; Feld (u_1, u_2): $x = f_{1,2}(u_1, u_2)$, $y = \varphi_{1,2}(u_1, u_2)$.	$F_3(f_{1,2};\ \varphi_{1,2};\ u_3) = 0$ oder in allgemeiner Form $\Phi(u_1, u_2, u_3) = 0$. Netztafel (s. Seite 101).

Fortsetzung

Strukturformel des Nomogramms und die Gleichungen seiner Elemente	Allgemeine Form der dargestellten funktionalen Abhängigkeit
17. Fall zweier Variabler	
a) Auf zwei Skalen: $P_{0,0} \mathrel{\vDash\!\!\dashv} P'_{0,0}$; $C_1 \mathrel{\overset{\vdash\!-}{\leftarrow}\!\!|} C'_2$. Bewegliche Ebene: Punkt $P'_{0,0}$: $x' = 0$, $y' = 0$; Skala u_2: $x' = f_2(u_2)$, $y' = \varphi_2(u_2)$; $y' = \omega(x)$. Feste Ebene: Punkt $P_{0,0}$: $x = 0$, $y = 0$; Skala u_1: $x = f_1(u_1)$, $y = \varphi_1(u_1)$; $y = \omega(x)$.	$\Phi(u_1, u_2) = 0$. Doppelleiter (s. Seite 95).
b) Auf Funktionsnetz: $P_{0,0} \mathrel{\vDash\!\!\dashv} P'_{0,0}$; $P_{0,\mathrm{I}} \mathrel{\vdash\!\!\dashv} D'_0$; $P_{1,2} \mathrel{\leftarrow\!\!|} C'_{\mathrm{I}}$; $P_{0,0}$, $P'_{0,0}$, $P_{0,\mathrm{I}}$ feste Punkte; D'_0 feste Gerade; C'_{I} feste Kurve. Bewegliche Ebene: Punkt $P'_{0,0}$: $x' = 0$, $y' = 0$; Gerade D'_0: $y' = 0$; Linie C'_{I}: $F(x', y') = 0$. Feste Ebene: Punkt $P_{0,0}$: $x = 0$, $y = 0$; Punkt $P_{0,\mathrm{I}}$: $x = \infty$, $y = 0$; Feld (u_1, u_2): $x = f_{1,2}(u_1, u_2)$, $y = \varphi_{1,2}(u_1, u_2)$.	$\Phi(u_1, u_2) = 0$. Graphische Darstellung der Funktion (s. Seite 98).

Die einfachste Umformung eines Nomogramms ist die Ähnlichkeitsumformung, die darin besteht, daß man die Maßstäbe beider Achsen x und y (sowie x' und y') in gleicher Weise verändert.

Die allgemeine Art der Umformung ist eine sehr komplizierte Gestaltsänderung des Nomogramms (Änderung der Form und der Charakteristiken der graduierten Elemente), die man durch Einführung neuer Koordinaten X, Y und X', Y' an Stelle der früheren x, y und x', y' erreicht. Alte und neue Koordinaten hängen über die Beziehungen:

$$X = \Phi(x, y), \qquad Y = \Psi(x, y)$$

und

$$X' = \Phi(x', y'), \qquad Y' = \Psi(x', y')$$

zusammen, wobei die Umformung, die man auf der beweglichen Ebene ausführt, allgemein dieselbe sein muß, wie die der festen Ebene; denn sonst werden die die Strukturformel des Nomogramms bildenden Kontakte gelöst.[1])

Lauten die Gleichungen irgendeines Nomogrammelements vor der Umformung:

$$x = f_{1,2}(u_1, u_2) \quad \text{und} \quad y = \varphi_{1,2}(u_1, u_2),$$

so lauten sie nach der Umformung wie folgt:

$$X = \Phi\,[f_{1,2}(u_1, u_2), \varphi_{1,2}(u_1, u_2)], \quad Y = \Psi\,[f_{1,2}(u_1, u_2), \varphi_{1,2}(u_1, u_2)].$$

Die Umformung muß so sein, daß der Charakter der geometrischen Abhängigkeit, die ja eine Darstellung der vorgegebenen funktionalen Abhängigkeit ist, erhalten bleibt.

So darf man z. B. bei einem Stechzirkelnomogramm nicht verlangen, daß die Maßstäbe auf den Koordinaten verschieden geändert werden (Streckung oder Stauchung):

$$X = \mu_x x, \qquad Y = \mu_y y$$

und

$$X' = \mu_x x', \qquad Y' = \mu_y y'.$$

Führt man eine solche Umformung durch, dann werden zwei bezifferte Punkte zweier Nomogrammelemente, die vorher von einem bezifferten Punkte des dritten Elements gleich weit entfernt waren, jetzt schon nicht mehr dieser Bedingung genügen, d. h. das Nomogramm entspricht nach der Umformung nicht mehr derselben funktionalen Abhängigkeit zwischen den Variablen.

Diese Forderung schränkt die Möglichkeiten der Umformung von Nomogrammen wesentlich ein.

Nomogramme ohne bewegliche Elemente kann man beliebigen Umformungen unterwerfen. Alle übrigen Nomogramme kann man nur einer mehr oder weniger beschränkten Klasse von Umformungen unterwerfen.

Die allgemeinen Arten von Umformungen, die für die verschiedenen Nomogramme zugelassen sind, sind bis heute noch nicht vollkommen bestimmt. Jedoch stellt man bei den Nomogrammen, bei denen die Erhaltung der metrischen Beziehungen zwischen Elementenpaaren der beweglichen und der festen Ebene wesentlich ist, an den Charakter der Umformung Anforderungen derart, daß die Klasse der möglichen Umformungen sehr stark eingeschränkt ist.

---

[1]) Verschiedene Umformungen der beweglichen und der festen Ebene sind nur in einigen Spezialfällen der von uns oben betrachteten Nomogrammarten möglich; z. B. wenn die Gleichungen zur Bestimmung der Parameter x, y und α keine eindeutige Lösung liefern (siehe Fußnote Seite 38 und 243).

Wir nehmen an, ohne einen strengen Beweis dafür anzugeben, *daß außer den Nomogrammen mit festen Elementen noch die Fluchtlinientafeln die allgemeinste Art von Umformungen zulassen.* Man kann sie einer *gebrochenen linearen* (*projektiven*) Umformung unterwerfen, die von der Form

$$X = \frac{a_{11}x + a_{12}y + a_{13}}{a_{31}x + a_{32}y + a_{33}}, \quad Y = \frac{a_{21}x + a_{22}y + a_{23}}{a_{31}x + a_{32}y + a_{33}}$$

ist, wobei $a_{11}, a_{12}, a_{13}, \ldots$ konstante Zahlen sind, und in einigen Spezialfällen *kann man sie auch nichtprojektiven Umformungen unterwerfen.* Über diese Umformungen siehe Genaueres auf Seite 163 und 200.

Umformungen aller übrigen Nomogramme laufen gewöhnlich auf eine gegenseitige Verschiebung der einzelnen Elemente des Nomogramms und auf eine Ähnlichkeitsumformung hinaus, in einigen Fällen sind auch allgemeinere Formen affiner (siehe Seite 194) Umformungen zugelassen. Mit diesen Umformungen lassen sich aber nicht die Charakteristiken der Lösungselemente der Skalen und der Netze des Nomogramms verändern, folglich hat man auch nicht die Möglichkeit, ein Nomogramm zu konstruieren, das uns eine vorgegebene Lösungsgenauigkeit der Lösungsskala gewährleistet.

15. Der Vergleich verschiedener Nomogrammarten untereinander. Der Gebrauch eines Nomogramms mit einer beweglichen Ebene, insbesondere, wenn letztere graduierte Elemente besitzt, hat eine Reihe von Mängeln, von denen die wichtigsten die folgenden sind:

a) In dem Falle, wo man das Nomogramm in Form einer ebenen Zeichnung hergestellt hat, muß man die bewegliche Ebene gesondert aus durchsichtigem Papier herstellen, diese muß in drei Punkten auf die feste Ebene gelegt werden, was keine einfache Operation ist. So hat man z. B. in dem Falle, daß die bewegliche Ebene drei einparametrige Linienscharen enthält, die mit der festen Ebene in Lagekontakte treten, zugleich drei Punkte auf diesen Linien aufzusuchen, die mit drei beliebig vorgegebenen Punkten auf der festen Ebene zur Deckung gebracht werden können. Hat man die bewegliche Ebene so auf die feste gelegt, daß eine der Linien der Ebene π' durch den vorgegebenen Punkt der Ebene π hindurchgeht, dann muß man, wenn man die übrigen Elemente des Nomogramms zur Inzidenz bringt, ständig darauf achten, daß die Linie durch den vorgegebenen Punkt der Ebene π hindurchgeht. Gelingt es, den zweiten Lagekontakt herzustellen, dann muß man zur Herstellung des dritten Kontakts immer darauf achten, daß die zwei Linien der Ebene π' durch die zwei vorgegebenen Punkte der Ebene π hindurchgehen. Kommt noch hinzu, wie dies gewöhnlich zu sein pflegt, daß die Werte der Parameter, die die Lage der Punkte der Ebene π' bestimmen, nicht auf dem Nomogramm eingetragen sind (eingetragen durch die ihnen entsprechenden Linien und Striche auf den Skalen), so wird es praktisch unmöglich, die Ebenen gemäß den Kontakten zur Deckung zu bringen.

Von diesem Gesichtspunkte aus eignen sich für den Gebrauch am besten die Nomogramme, bei denen man die Kontakte nacheinander und unabhängig voneinander herstellt. So kann man nach Herstellung eines Kontakts diesen z. B. dadurch festhalten, daß man beide Ebenen mit einer Spitze durchsticht, um anschließend die nächsten Kontakte herzustellen.

Am zweckmäßigsten sind in dieser Hinsicht die Fluchtlinientafeln, die Stechzirkelnomogramme und die Netztafeln, weshalb sie auch die weiteste Verbreitung fanden.

Bei mechanisierten Nomogrammen kann man die Deckung der Ebene π' am einfachsten bei denen ausführen, deren bewegliche Ebene nur noch einen Freiheitsgrad — eine fortschreitende Bewegung oder eine Drehung (Abschnitt 9, Seite 45) besitzt. Die einfachsten solcher Geräte (Rechenschieber usw.) sind weit verbreitet.

b) Gewöhnlich ist es unvorteilhaft, Nomogramme mit beweglichen Elementen dort zu verwenden, wo eine große Lösungsgenauigkeit in Verbindung mit beschränkten Ausmaßen des Nomogramms verlangt wird. Dies erklärt sich daraus, daß die Deckung der beweglichen Ebene auf die feste bedeutend gröber ist, als das Hindurchlegen einer geraden Linie auf einer Fluchtlinientafel oder die Bestimmung des Arguments einer Linie der Lösungsschar auf einer Netztafel oder die Benutzung eines Stechzirkelnomogramms.

Aus diesem Grunde sind die Fluchtlinientafeln, die Stechzirkelnomogramme und die Netztafeln auch am vorteilhaftesten, was ihre Genauigkeit anbetrifft.

c) Die bis heute bekannten möglichen Umformungen von Nomogrammen mit beweglichen Elementen verändern nur die gegenseitige Lage dieser Elemente, verändern aber unwesentlich deren Charakteristik (Abschnitt 14, Seite 55), weshalb man den Lösungselementen von Nomogrammen nicht die gewünschte Gestalt geben kann. Am besten dafür geeignet sind Fluchtlinien- und Netztafeln, die eine große Anzahl von Umformungen zulassen (siehe VI. Kapitel und IX. Kapitel). Für alle übrigen Typen ist die äußere Gestalt des Nomogramms im wesentlichen durch den Charakter der nomographierten Gleichungen und die Bereiche der Variablen bestimmt. Bequeme Nomogramme kann man hier nur in einzelnen Fällen bekommen.

Deshalb sind allgemein für die Benutzung und zugleich für die Sicherung der größten Genauigkeit am geeignetsten zwei Nomogrammtypen: die Fluchtlinien- und die Netztafeln.

Berücksichtigt man, daß die Werte der Ausgangsvariablen und die mittels des Nomogramms gefundene Lösung in der Mehrzahl der Fälle nicht mit Argumenten auf dem Nomogramm befindlicher Linien zusammenfallen, dann muß man unter diesen zwei Typen, weil für den Gebrauch am bequemsten und am genauesten, die Fluchtlinientafeln ansehen, da man auf einer Skala bedeutend einfacher interpolieren kann und bei großen Berechnungen weniger ermüdet (Abschnitt 6, § 1, Seite 5), als dies bei Netztafeln der Fall ist. In der Regel ist die Ungenauigkeit von Berechnungen an Netztafeln doppelt so groß wie bei Fluchtlinientafeln.

Die weitverbreitete Ansicht, daß eine Netztafel größere Anschaulichkeit besitzt, ist nur in den einfachsten Fällen berechtigt, wenn das Funktionsnetz, auf dem die Linien der dritten Schar aufgetragen sind, gleichförmig ist, da hier einige Analogie mit dem wohlbekannten Begriff der graphischen Darstellung einer Funktion besteht. Nomogramme mit ungleichförmigen Netzen, besonders wenn sie aus Kurven oder aus einander nicht unter einem rechten Winkel schneidenden Geraden bestehen, besitzen diese Anschaulichkeit nicht. Aber in einigen Fällen wird die gewünschte Art von Nomogramm für eine gegebene Formel zwangsläufig durch seine Anwendungsbedingungen bestimmt.

III. KAPITEL

Die Rechengenauigkeit in Nomogrammen und die Verfahren, sie zu gewährleisten

§ 9. Allgemeine Charakterisierung der Anforderungen, die man an Nomogramme und ihre Genauigkeit beim Gebrauch stellt

1. Die Grundforderungen (allgemeine), die man an Nomogramme stellt. Möglich sind zwei prinzipell verschiedene Benutzungsarten eines fertiggestellten Nomogramms:

I. Man benutzt das Nomogramm als anschauliche Darstellung der funktionalen Abhängigkeit und zur Analyse dieser Abhängigkeit, um die Auswahl konstruktiver Charakteristiken dieses oder jenes Objektes zu erleichtern oder, wie es oft bei wissenschaftlichen Forschungsarbeiten vorkommt, um schnell die Größe des Einflusses dieses oder jenes Faktors auf das Endergebnis abzuschätzen. Zu dieser Art von Arbeiten kann man z. B. die Mehrzahl der ökonomisch-technischen Berechnungen zählen, bei denen es wichtig ist, daß man die ökonomische Wirkung bei verschiedenen Lagevarianten oder den verschiedenen Einfluß der einzelnen Aggregate aufeinander vergleichen kann.

In diesem Falle ist die Frage der Genauigkeit, mit der man die Lösung erhält, von zweitrangiger Bedeutung; das Nomogramm muß anschaulich den gegenseitigen Zusammenhang der Variablen, die in die vorgegebene funktionale Abhängigkeit eingehen, aufdecken.

II. Das Nomogramm soll zur Ausführung von Massenberechnungen dienen. In diesem Falle dominieren die Fragen der Genauigkeit und Bequemlichkeit, mit der man die Lösung erhält, über den Faktor der Anschaulichkeit und des Gesamteindrucks. Das Nomogramm muß so sein, daß es mit seiner Hilfe möglich ist, hinreichend zuverlässig und genau das notwendige Resultat zu bekommen.

Die Zuverlässigkeit der Ablesung auf dem Nomogramm erreicht man durch einfache Benutzung, indem man darauf achtet, daß während der Durchführung der Ablesung das Nomogramm nicht etwa mechanisch beansprucht wird (spannen) und nach Möglichkeit die einzelnen einfachen Operationen in automatisch passender Reihenfolge durchgeführt werden.

Hauptsächlich werden Nomogramme in der Industrie für Massenberechnungen verwendet.

Hinsichtlich der Tatsache, daß man einen möglichst geringen Fehler erhalten will, muß das Nomogramm folgende Grundforderungen erfüllen:

1. Die Lagekontakte sollen soweit wie möglich voneinander entfernt sein und der Abstand vom Lösungskontakt zu den Lagekontakten muß kleiner sein als die Abstände zwischen den Lagekontakten. Die beste Ausführungsform ist diejenige, bei der der Lösungskontakt immer im Innern des Dreiecks liegt, das durch die Lagekontakte bestimmt wird. Ist dies nicht der Fall, dann soll der kleinste Abstand zwischen dem Lösungskontakt und einem der Lagekontakte nicht das Anderthalbfache des größten Abstandes zwischen den Lagekontakten überschreiten, sonst kann sich eine zu große geometrische Ungenauigkeit Δ in der Lage der Lösung ergeben im Vergleich zu den Ungenauigkeiten δ_i bei der Herstellung der Lagekontakte (Fig. 48).

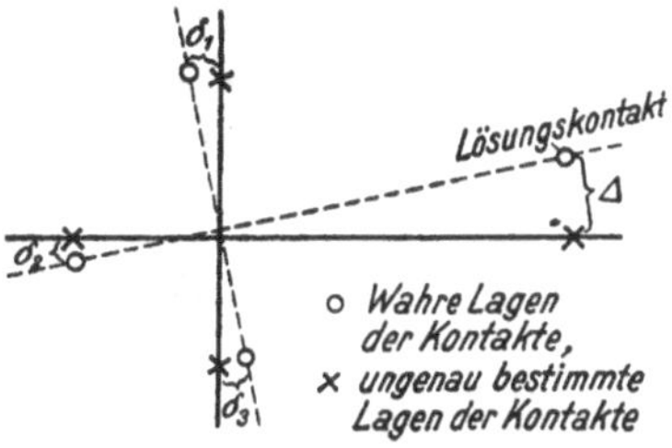

Figur 48

2. *Die Ausmaße der Lösungselemente des Nomogramms müssen es gestatten, daß man die gesuchte Größe mit vorgegebener Genauigkeit erhält: ihre Dimensionen dürfen im Vergleich zu den Dimensionen der übrigen Elemente des Nomogramms nicht klein sein.*

3. *Die Charakteristik der Lösungsskala oder des Netzes muß der vorgegebenen Genauigkeit entsprechen, mit der man die Lösung zu erhalten wünscht.*

4. *Die gegenseitige Lage der Elemente des Nomogramms auf der beweglichen und auf der festen Ebene muß so sein, daß eine hinreichend genaue Herstellung der Kontakte gewährleistet ist (man muß Schnitte unter spitzen Winkeln vermeiden).*

Der auf alle diese Nomogrammtypen anwendbare Inhalt dieser Bedingungen ist auf den Seiten 81, 82, 103 und 162 präzisiert.

Außerdem ist noch folgende Benutzungsart eines Nomogramms möglich: die Herstellung eines speziellen Gerätes (z. B. vom Typ der Schiebetafeln zur schnellen Rechnungsdurchführung nach einer gegebenen Formel. In diesem Falle werden die Anforderungen, die man an das Nomogramm stellen kann, durch die konstruktiven Möglichkeiten der Mechanisierung des Rechenprozesses bestimmt.

2. *Die Fehlerquellen beim Gebrauch eines Nomogramms.* Allgemein kann man drei Hauptfehlerquellen beim Gebrauch eines fertigen Nomogramms angeben, die voneinander unabhängige Fehler hervorrufen.

Der Gesamtfehler der nach einem Nomogramm erhaltenen Lösung schließt in sich ein:

a) Fehler bei der Herstellung (Anfertigung) des Nomogramms;

b) Ungenauigkeiten in der Bestimmung der wirklichen Lage der Punkte auf den Skalen und in den Netzen von Nomogrammen;

c) Ungenauigkeiten bei der Inzidenz der Punkte der beweglichen Ebene mit den Punkten der festen Ebene.

Bei Beachtung der in § 51 (Seite 304) kurz dargelegten Regeln zur Herstellung des Nomogramms, werden die Fehler, die aus der Ungenauigkeit bei der Konstruktion des Nomogramms entstehen, klein im Vergleich zu den Fehlern der übrigen zwei Gruppen. Ein hinreichend geübter Zeichner, der zuverlässige Instrumente besitzt, zeichnet ein Nomogramm (Graduierung der Elemente des Nomogramms, gegenseitige Lage der Elemente des Nomogramms) mit einer geometrischen Ungenauigkeit von der Größenordnung $< 0{,}1$ mm.

Die Vergrößerung der Ausmaße eines Nomogramms führt zu einer Vergrößerung der absoluten Größe des geometrischen Fehlers bei der Anfertigung des Nomogramms, da es schwierig ist, größere Abstände genau aufzutragen. Praktisch nimmt man an, daß die günstigsten Dimensionen eines Nomogramms Formate haben, deren größte Seite zwischen 200 und 450 mm lang ist.

Auf Grund des Gesagten kann man die Fehler der ersten Gruppe vernachlässigen und bei einer weiteren Betrachtung nur noch Fehler berücksichtigen, die durch die in den Abschnitten b) und c) aufgezeigten Ursachen bedingt sind.

§ 10. Die Ablesegenauigkeit der Größen auf den Elementen eines Nomogramms

3. Der graphische Fehler beim Ablesen auf der Skala. Man nimmt an, daß im Mittel das Auge eines Menschen zwei Punkte, die sich in einem Abstand nahe 0,1 mm voneinander befinden[1]), nicht mehr trennen kann. In der Praxis kann man nach Augenmaß mit einer Genauigkeit bis zu ein Zehntel der Teilungslänge einer Skala interpolieren, falls die Teilungen der Skala nicht zu groß und nicht zu klein sind: die Praxis zeigt, daß das günstigste Teilungsintervall (Schrittlänge) einer Skala 1 bis 3 mm beträgt. Die Größe des mittleren quadratischen graphischen Ablesefehlers an der Skala erhöht sich von 0,03 bis 0,1 des Teilungsintervalls in dem Maße, wie man sich der Mitte der Teilung nähert (Fig. 49).

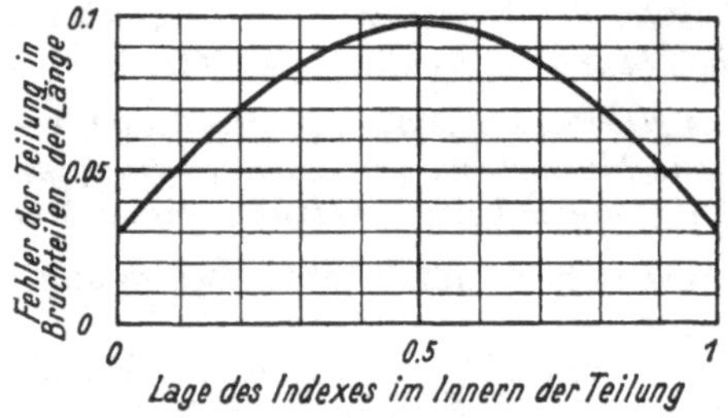

Figur 49

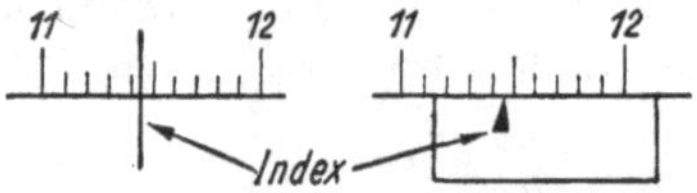

Figur 50

Solche Fehlergrößen erhält man nur dann, wenn der Index, mit dessen Hilfe man die Lage des Punktes auf der Skala markiert, sehr dünn ist (Fig. 50) und senkrecht zur Skala steht. Im Falle eines fetten, im Vergleich zu den Strichen der Skala dicken Indexes bekommt man bedeutend größere Fehler. Sie wachsen besonders stark, wenn man als Rechenindex den Rand eines die Skala schneidenden Lineals benutzt, hier kann er bis $^1/_3$ des Teilungsintervalls anwachsen.

Schneidet die Spitze (Strich) des Indexes die Skala nicht unter einem rechten Winkel, so erhöht sich der Fehler δ_1 bei der Ablesung der Größe u. Ohne einen großen Fehler zu begehen, können wir annehmen, daß er gleich

$$\delta_1 \approx \frac{\delta}{\sin \alpha}$$

[1]) Dies ist bedingt durch die mittlere Größe der Auflösbarkeit durch das Auge, die gleich 60″ bis 90″ angenommen wird. Da der Abstand beim besten Sehen im Mittel ungefähr 25 cm beträgt, kann das Auge infolgedessen zwei Punkte gerade noch dann unterscheiden, wenn sie voneinander den Abstand

$$250 \cdot \frac{(60 \div 90)\,\pi}{180 \cdot 3600} = (0{,}073 \div 0{,}110) \approx 0{,}1 \text{ mm}$$

haben.

ist, wobei δ die graphische Ungenauigkeit beim Ablesen der Größe u an der Skala in Millimetern ist bei einem Index, der orthogonal zur Skala steht und α der Winkel zwischen der Spitze des Indexes und dem Träger der Skala ist. Die Vergrößerung des Fehlers ist durch folgende Zahlen charakterisiert (Tabelle 2).

Tabelle 2

α	10°	15°	20°	30°	45°	60°	75°	90°
$\frac{\delta_1}{\delta}$	5,75	3,86	2,92	2,00	1,41	1,15	1,03	1,00
δ_1 in mm bei $\delta = 0{,}1$ mm	0,6	0,4	0,3	0,2	0,1	0,1	0,1	0,1

4. Die Ungenauigkeit bei der Bestimmung der Lage eines Punktes im Netz. Die Hauptfehlerquelle bei der Benutzung eines Netzes tritt dadurch auf, daß man auf Grund der gegebenen Werte der Variablen den Punkt in diesem Felde nach Augenmaß bestimmt. Die Interpolation ist in diesem Falle gröber, als die Interpolation auf einer Skala. Irgendwelche Daten als Ergebnis eines besonders dafür durchgeführten Experimentes hat man in diesem Falle noch nicht; jedoch kann man auf Grund der Erfahrungen bei der Benutzung von Nomogrammen den Fehler δ bei der Bestimmung der Lage einer Linie der Schar, die einem gewissen Werte des Parameters entspricht, größenordnungsmäßig zu 0,10 — 0,20

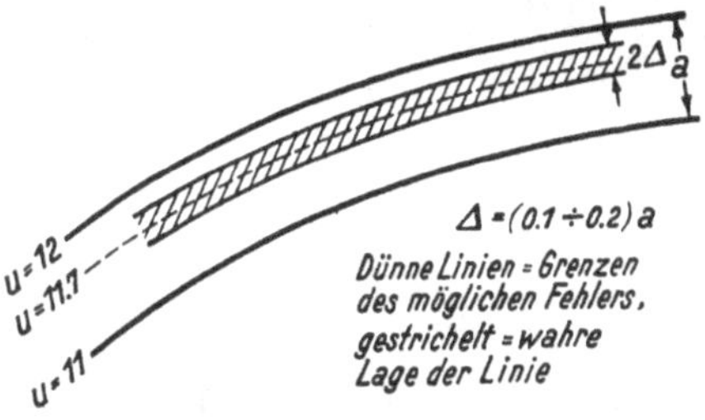

Figur 51

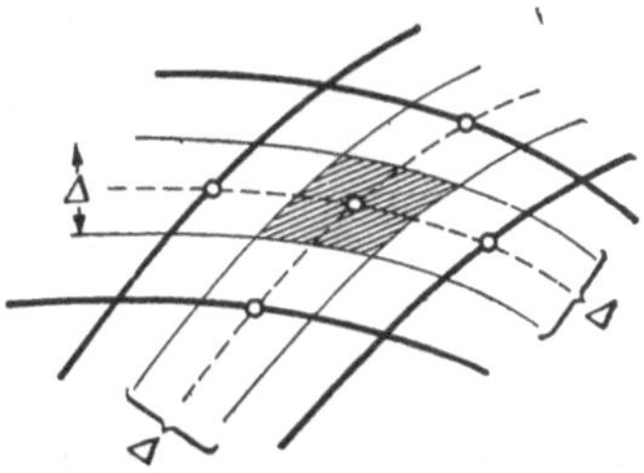

Figur 52

der Größe des Abstandes benachbarter gezeichneter Linien annehmen (Fig. 51). Die Größe des Fehlers bei der Lagebestimmung eines Punktes des Feldes, den man als Schnittpunkt zweier Linien dieser Art erhält, ist durch einen Rhombus charakterisiert (Fig. 52), dessen Diagonale vom Schnittwinkel der Linien der Schar des Feldes abhängt, die Größe Δ_1 der großen Diagonale wächst bei einer Verkleinerung der Größe des Winkels ungefähr nach dem Gesetz

$$\Delta_1 \approx \frac{\Delta}{\sin\frac{\alpha}{2}},$$

hierbei ist Δ der mögliche Fehler in Richtung der Normalen zu den Linien der Schar, α der Schnittwinkel der Linien des Feldes.

Haben die Linien einen Abstand $a = 5$ mm, so wird die Größe eines solchen Höchstfehlers gleich den in Tabelle 3 angeführten Zahlen (unter der Annahme $\Delta = 0{,}2a$).

Tabelle 3

α	20°	30°	40°	60°	80°	90°
Δ_1	5,75	3,86	2,92	2	1,56	1,41

5. Der graphische Fehler beim Ablesen der Resultate im Netz. Nimmt man an, wie dies Fig. 19 zeigt, daß die sich mit der Lösungslinie schneidenden Linien der Lösungsschar auf jener eine Skala der Lösungsvariablen herausschneiden, dann wird die Genauigkeit der Bestimmung des Wertes der gesuchten Variablen durch die Größe des graphischen Fehlers bei der Bestimmung des Lösungs-

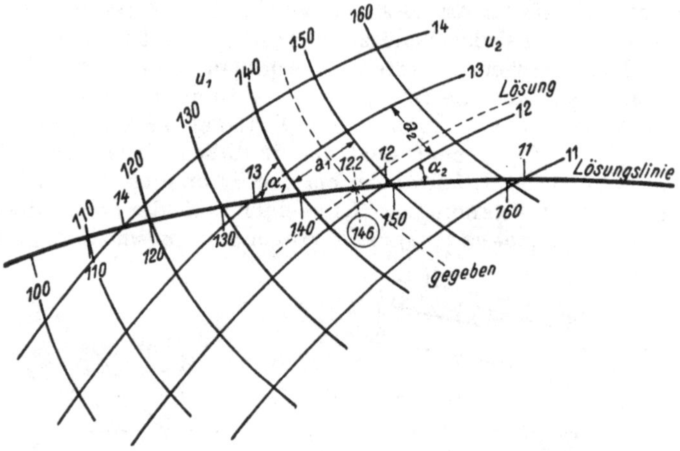

Figur 53

punktes auf dieser Skala (Fig. 53) und durch die Ablesegenauigkeit des Skalenargumentes bestimmt: bezeichnet man den Abstand zwischen den Linien der gegebenen Variablen u_1 mit a_1 und den Neigungswinkel der Linien $u_1 = \text{const}$ mit der Lösungslinie mit α_1, so wird die erste Ungenauigkeit gleich 0,1 der Länge der Teilung der erhaltenen Skala (Fehler bei der Interpolation auf der Skala, siehe Abschnitt 3, Seite 74), d. h. sie wird gleich

$$0{,}1\, a_1 \cos \alpha_1 ,$$

die zweite geometrische Ableseungenauigkeit des Resultats wird gleich

$$0{,}1\, a_2 \cos \alpha_2 ,$$

wobei a_2 der Abstand zwischen benachbarten gezeichneten Linien u_2 und α_2 der Neigungswinkel der Lösungslinie gegen die Linien der Schar $u_2 = \text{const}$ ist.

Zu diesen Größen muß man notwendig noch die Ungenauigkeit bei der Lagebestimmung der entsprechenden Striche auf den Skalen u_1 und u_2 der Lösungslinie hinzufügen, die gleich $\frac{0{,}1}{\sin\alpha_1}$ mm und $\frac{0{,}1}{\sin\alpha_2}$ mm ist.

Die Größe des Höchstfehlers in der Lage des Punktes auf der Skala wird dann

$$\Delta l = 0{,}1\, a_1 \cos\alpha_1 + \frac{0{,}1}{\sin\alpha_1} + 0{,}1\, a_2 \cos\alpha_2 + \frac{0{,}1}{\sin\alpha_2}.$$

Dann ist der größte Fehler beim Werte der Lösung u_2, die man in einem Netz bekommt (in Bruchteilen der Teilungslänge der Skala):

$$\frac{\Delta l \cdot \sin\alpha_2}{a_2} = 0{,}1 \left\{\frac{a_1}{a_2}\cos\alpha \cdot \sin\alpha_2 + \frac{\sin\alpha_2}{a_2 \sin\alpha_1} + \cos\alpha_2 \cdot \sin\alpha_2 + \frac{1}{a_2}\right\}.$$

Die so erhaltenen Fehlergrößen werden bei $a_1 = a_2 = 5$ mm gleich den in Tabelle 4 aufgeführten Zahlen (in Bruchteilen des Abstandes zwischen benachbarten Linien u_2).

Tabelle 4

α_1 \ α_2	20°	30°	45°	60°	75°	90°
20°	0,10	0,14	0,18	0,19	0,19	0,17
30°	0,10	0,13	0,16	0,17	0,17	0,15
45°	0,09	0,11	0,14	0,15	0,14	0,12
60°	0,08	0,10	0,12	0,13	0,12	0,09
75°	0,07	0,09	0,10	0,10	0,09	0,07
90°	0,06	0,07	0,08	0,08	0,06	0,04

Daher sind am unvorteilhaftesten die Fälle, bei denen die Linien der gegebenen (u_1) Variablen des Netzes sich mit der Lösungslinie unter einem spitzen Winkel schneiden oder wenn die Linien der Lösungsvariablen ($u_2 = \text{const}$) die Lösungslinie unter Winkeln schneiden, die nahe bei 45° bis 60° liegen. Die Höchstgröße des Fehlers im Endergebnis wird 0,2 des Teilungswertes zwischen zwei im Nomogramm aufgetragenen Linien der Lösungsvariablen nicht überschreiten.

Bei der Interpolation nach Augenmaß lassen wir außerdem noch einen Fehler im Endergebnis dadurch zu, daß wir den in Betracht kommenden Teilstrichabstand der Skala in gleiche Teile teilen, anstatt die Ungleichförmigkeit der Skala zu berücksichtigen. Hat jedoch das Netz die richtige Form und sind die Teilungswerte der Skala hinreichend klein, so sind die dadurch auf der Lösungslinie entstehenden Fehler klein im Vergleich zu den erhaltenen Fehlergrößen (von der Ordnung 0,01 bis 0,02 einer Teilungslänge) und können daher vernachlässigt werden.

§ 11. Durch die Konstruktion des Nomogramms bedingte Ungenauigkeiten

6. Die allgemeine Charakteristik der Ungenauigkeit, wenn man die bewegliche und die feste Ebene zur Deckung bringt. Die geometrische Ungenauigkeit bei der Benutzung des Nomogramms ist identisch mit der geometrischen Ungenauigkeit bei der Herstellung des Lösungskontaktes. Letztere setzt sich aus zwei unabhängigen Teilen zusammen: die Ungenauigkeit in der Lage der beweglichen Ebene bezüglich der festen, die durch die Genauigkeit bei der Herstellung jedes einzelnen Lagekontaktes bedingt ist, sowie der möglichen Ungenauigkeit in der Bestimmung der Elemente der Ebene (der Punkte und Linien), die nach den vorgegebenen Werten der Variablen und bei vorgegebener gegenseitiger Lage der Ebenen in den Lösungskontakt eingehen.

Die verbreitetsten Kontaktarten, denen man in der nomographischen Praxis begegnet, sind solche, bei denen ein Punkt der einen Ebene (der beweglichen oder festen) zu einer Linie der anderen Ebene des Nomogramms gehört oder bei denen zwei Punkte verschiedener Ebenen zusammenfallen (doppelter Kontakt).

Die geometrische Ungenauigkeit bei der Herstellung eines doppelten Kontakts setzt sich aus den Ungenauigkeiten in den Lagen der Punkte der beweglichen und der festen Ebene zusammen, d. h. sie ist die Summe der geometrischen Ungenauigkeiten bei der Lagebestimmung der Punkte in einem Netz oder einer Skala auf jeder der Ebenen nach den vorgegebenen Werten der Variablen. Die gegenseitige Lage der Elemente des Nomogramms spielt in diesem Falle keine Rolle. Die Genauigkeit bei der Herstellung des dritten Kontakts hängt schon in bedeutendem Maße von der Lage der Elemente auf den Ebenen ab.

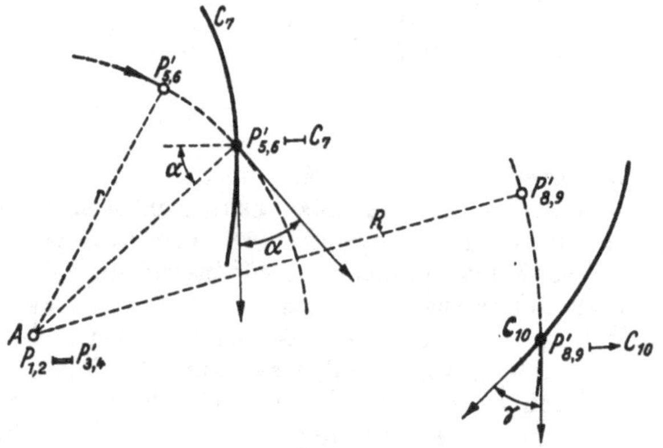

Figur 54

Lautet (Fig. 54) die Strukturformel eines Nomogramms:

$$P_{1,2} \mid\!=\!\mid P'_{3,4}, \quad C_7 \mid\!-\!\mid P'_{5,6} \quad \text{und} \quad C_{10} \leftarrow\!\mid P'_{8,9},$$

so stellt man unter der Bedingung, daß man den doppelten Kontakt im Punkte A bereits genau hergestellt hat, den letzten Lagekontakt ($C_7 \mid\!-\!\mid P'_{5,6}$) durch eine Drehung der beweglichen Ebene um den Punkt A her, und zwar dreht man sie so weit, bis der Punkt $P'_{5,6}$ der beweglichen Ebene mit einer auf der festen Ebene aufgetragenen Linie C'_7 zusammenfällt. Die Genauigkeit dieser Inzidenz wird am größten, wenn die Linie C_7 senkrecht zur Trajektorie des Punktes $P'_{5,6}$

verläuft. Bezeichnet man die Ungenauigkeit bei der Herstellung des Kontakts $C_7 \mid\!\!-\!\!\mid P'_{5,6}$ in diesem Falle mit δ_1 und in dem Falle, wo die Linie C_7 mit der Trajektorie von $P'_{5,6}$ den Winkel α bildet, mit δ'_1, so erhalten wir

$$\delta'_1 = \frac{\delta_1}{\sin\alpha}.$$

Der Fehler $\Delta\beta$ des Drehwinkels der beweglichen Ebene wird gleich

$$\Delta\beta = \frac{\delta'_1}{r} = \frac{\delta_1}{r\sin\alpha},$$

wenn r der Abstand zwischen den Punkten A und $P'_{5,6}$ ist. Dieser Fehler des Drehwinkels der Ebene ruft einen linearen Fehler Δ_1 in der Verschiebung des Punktes $P'_{8,9}$ hervor, der in den Lösungskontakt eingeht. Ist R der Abstand zwischen den Punkten A (Zentrum der Drehung) und $P'_{8,9}$, so ist

$$\Delta_1 = R\,\Delta\beta_1 = \frac{R}{r}\,\frac{\delta_1}{\sin\alpha}.$$

Der Fehler in der Lage des Punktes $P'_{5,6}$ ruft ebenfalls einen linearen Fehler in der Lage des Lösungskontaktes hervor. Wir bezeichnen den vektoriellen Fehler in der Lage des Punktes $P'_{5,6}$ mit $\overline{\delta r}$, seine Größe bewirkt eine Ungenauigkeit des Drehwinkels der beweglichen Ebene, die gleich

$$\Delta\beta_2 = \frac{\delta r}{r}\,\frac{\cos\,[\alpha - \sphericalangle\,\overline{\delta r}, \overline{r})]}{\sin\alpha}$$

ist, oder einen Fehler, der die Größe

$$|\Delta\beta_2| \leqq \frac{\delta r}{r}\,\frac{1}{|\sin\alpha|}$$

nicht übertrifft.

Der größtmögliche lineare Fehler Δ_2 in der Lage des Lösungspunktes wird dann:

$$\Delta_2 = R\Delta\beta_2 = \frac{R}{r}\,\delta r\,\frac{1}{\sin\alpha}.$$

Außerdem ruft auch die geometrische Ungenauigkeit bei der Herstellung des doppelten Kontakts $P_{1,2} \mid\!\!=\!\!\mid P'_{3,4}$ einen linearen Fehler Δ_3 in der Lage des Lösungspunktes hervor, der den Größen $\frac{R}{r}$ und $\frac{1}{\sin\alpha}$ proportional ist.

Hieraus folgt, *daß die geometrische Ungenauigkeit in der Lage des Lösungspunktes, die gleich ist der geometrischen Summe der Fehler* $\overline{\Delta}_1$, $\overline{\Delta}_2$ *und* $\overline{\Delta}_3$, *der Größe* $\frac{R}{r}$ *proportional ist und um so größer wird, je kleiner* α *wird und je mehr die Fehler* δ_2, δr *und* d_3 *anwachsen.*

Im Falle eines Nomogramms anderer Art, z. B. eines Nomogramms mit der Strukturformel

$$P_{1,2} \mid\!\!-\!\!\mid C'_3,\ P_{4,5} \mid\!\!-\!\!\mid C'_6,\ P_{7,8} \mid\!\!-\!\!\mid C'_9 \text{ und } P_{10,11} \mid\!\!\rightarrow C'_{12} \text{ (Fig. 26)}$$

oder $P_{1,2} \mid\!\!-\!\!\mid C'_{\mathrm{I}},\ P_{3,4} \mid\!\!-\!\!\mid C'_{\mathrm{II}},\ P_{5,6} \mid\!\!-\!\!\mid C'_{\mathrm{III}}$ und $P_{7,8} \leftarrow\!\mid C'_{\mathrm{IV}}$ (Fig. 29),

kann man bei der Lage der beweglichen Ebene, auf der die Lagekontakte hergestellt werden, annehmen, daß sich bei der Herstellung des dritten Kontakts der Lage die bewegliche Ebene um eine momentane Achse dreht

(Fig. 55). Daher gelten auch hier alle abgeleiteten Beziehungen zwischen den Fehlern, wenn man nur unter R und r den Abstand der Punkte M und C_2' vom momentanen Drehzentrum N der Ebene versteht. Folglich hängt die

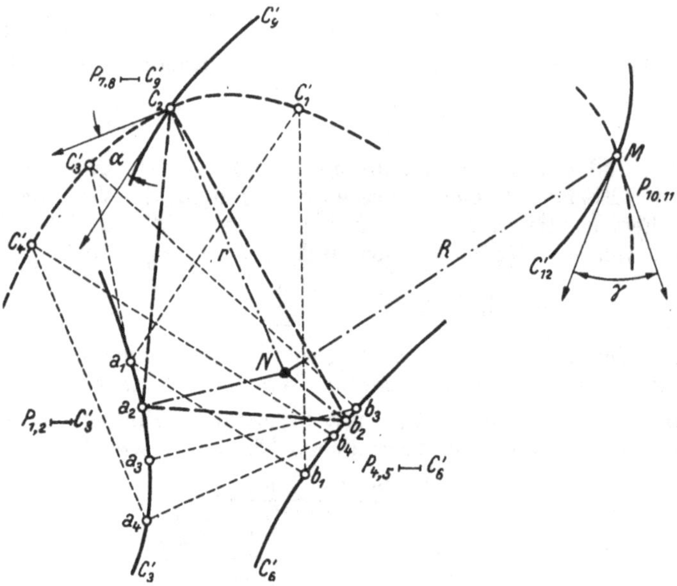

Figur 55

Genauigkeit des Nomogramms von der Lage des Zentrums N bezüglich der Lagekontakte a_2, b_2 und C_2' ab. Die Lage des momentanen Drehzentrums N bestimmt man als den Schnittpunkt der Normalen an die Kurven C_3' und C_6' in den Punkten a_2 und b_2.

Deshalb ist die geometrische Ungenauigkeit Δ in der Lage des Lösungspunktes für ein Nomogramm mit einer beweglichen Ebene ein Vektor, dessen Länge und Richtung durch die Größen und Richtungen der geometrischen Ungenauigkeiten bei der Herstellung der Lagekontakte, durch die Abstände zwischen den Kontakten und durch die Lage der Elemente des Nomogramms zu den Trajektorien der Bewegung bekannter, in diesen oder jenen Kontakt eingehender Punkte der beweglichen Ebene bestimmt. Den kleinsten Wert Δ bekommt man dann, wenn die Größen der geometrischen Ungenauigkeiten für vorgegebene Punkte am kleinsten sind, wenn der Lösungskontakt nahe am momentanen Drehzentrum der Ebene liegt und wenn die Trajektorien der Bewegung eines Punktes der beweglichen Ebene, der in den dritten Lagekontakt eingeht, mit der entsprechenden Linie der festen Ebene einen Winkel $\alpha \approx 90°$ bilden. Bei der Verkleinerung des Winkels α, ebenso wie bei der Entfernung des Lösungskontakts vom momentanen Drehzentrum der beweglichen Ebene oder bei Annäherung der Lagekontakte an dieses momentane Drehzentrum, erhöht sich die Größe Δ.

Die geometrische Ungenauigkeit Δ in der Lage des Lösungspunktes ruft ihrerseits wieder eine bestimmte Ungenauigkeit δu in der

Größe der Lösung hervor. Die Beziehung zwischen Δ und δu lautet (Fig. 56):

$$\delta u = \frac{\Delta \sin \alpha}{M s'(u')},$$

hierbei ist $\Delta = AB$ die Größe (absoluter Betrag) der geometrischen Ungenauigkeit: α — der Winkel zwischen der Richtung der geometrischen Ungenauigkeit (der Trajektorie S der Bewegung des Punktes des Lösungskontakts) und der Richtung der Linien $u = \text{const}$ der Lösungschar: $s'(u')$ — der Wert der Charakteristik (siehe Abschnitt 7, § 1, Seite 5) der „orthogonalen Skala" (siehe Abschnitt 18, § 3, Seite 19) MN der Schar $u = \text{const}$ im Punkte A dieser Skala; M ist der Durchmesser des Gebietes, das von der Schar $u = \text{const}$ eingenommen wird (siehe Abschnitt 18, § 3, Seite 19).

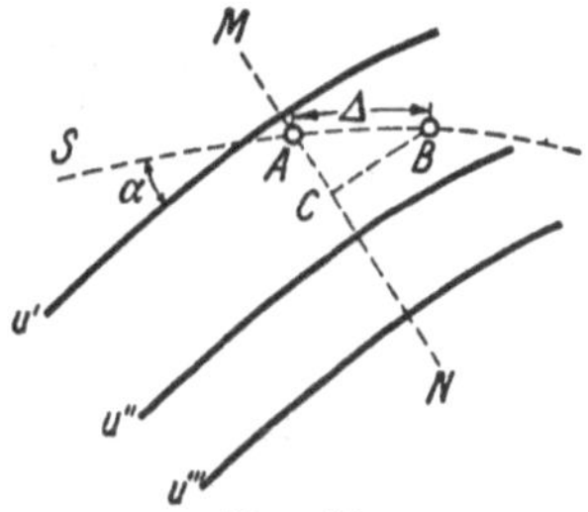

Figur 56

Hieraus folgt, daß die Ungenauigkeit δu der Lösung am kleinsten wird, wenn für die vorgegebene Charakteristik der Linienschar $u = \text{const}$:

1. die geometrische Ungenauigkeit Δ den kleinsten Wert hat;

2. der Maßstab der Zeichnung des Nomogramms (der Diameter des Gebietes) den größtmöglichen Wert hat;

3. der Winkel α zwischen der Richtung der Linien $u = \text{const}$ und der Trajektorie der Bewegung des Punktes, der in den Lösungskontakt eingeht, maximal ist.

Alle diese angeführten Überlegungen muß man bei der Wahl dieser oder jener Variante eines Nomogramms anstellen (Fig. 56).

7. *Anforderungen, die man an Fluchtlinientafeln stellt.* Die in den vorhergehenden Abschnitten 1 und 6 angestellten allgemeinen Überlegungen bezüglich der Genauigkeit beim Gebrauch der ihrer Struktur nach verschiedenen Nomogramme mit beweglichen Elementen können unmittelbar auf die Fluchtlinientafeln angewendet werden. Wegen der spezifischen Form eines solchen Nomogramms nehmen diese Forderungen eine besondere Gestalt an.

Für Nomogramme, die aus Skalen bestehen, laufen diese Forderungen auf folgende vier hinaus:

1. *Die Lösungsskala des Nomogramms soll sich nach Möglichkeit zwischen den Skalen der gegebenen Größen befinden*; befindet sich die Lösungsskala außerhalb, so soll das Verhältnis des Abstandes vom Lösungspunkt zum nächsten Punkt einer Skala der gegebenen Größe zum Abstand zwischen den Punkten der gegebenen Größen nie größer als $\frac{3}{2}$ werden.

2. *Der Schnittwinkel der Lösungsgeraden mit dem Träger der Lösungsskala darf nicht kleiner als 20° sein.*

3. *Die Länge der Lösungsskala darf nicht zu klein sein*, damit die Ungenauigkeit in der Bestimmung der Lösung nicht den zulässigen Wert überschreitet. Wie aus der Formel auf Seite 85 folgt, vermindert sich diese Ungenauigkeit bei einer Vergrößerung der Skalenlänge.

4. *Die Charakteristik der Lösungsskala muß der Art der vorgegebenen zulässigen Ungenauigkeit angemessen sein* (Abschnitt 9, § 12, Seite 83). Spitze Schnittwinkel der Skalenträger gegebener Größen mit der Lösungsgeraden vermindern beim richtigen Gebrauch des Nomogramms (§ 13, Seite 85) seine Genauigkeit keineswegs.

Befinden sich im Nomogramm Netze, so lauten diese Forderungen wie folgt:

1. Der Lösungspunkt muß sich zwischen den gegebenen Punkten befinden oder wenn er sich nicht zwischen ihnen befindet, so muß er vom nächsten gegebenen Punkte einen solchen Abstand haben, daß das Verhältnis dieses Abstandes zum Abstand zwischen den gegebenen Punkten nicht größer als $\frac{3}{2}$ wird.

2. Die Schnittwinkel der Netzlinien der gegebenen Größen dürfen nicht spitz sein (nicht kleiner als 20 bis 30°).

3. Der Schnittwinkel der Lösungsgeraden mit den Linien der gegebenen Variablen im Lösungsfelde darf nicht spitz sein.

4. Die Ausmaße des Lösungsnetzes dürfen nicht zu klein sein (siehe Seite 163).

5. Die Charakteristik der Lösungsskala oder der Lösungsschar der Linien des Feldes muß so beschaffen sein, daß sie der Art der Bewertung der zulässigen Ungenauigkeit Rechnung trägt.

Spitze Schnittwinkel zwischen den Linien des Lösungsnetzes vermindern ebensowenig wie spitze Schnittwinkel der Lösungsgeraden mit den Linien der Lösungsvariablen im Netz die Genauigkeit des Nomogramms.

Die verschiedenen Möglichkeiten, bei Nomogrammen diese Bedingungen zu erfüllen, werden eingehender im VII. und VIII. Kapitel betrachtet.

8. *Anforderungen, die man an Netztafeln stellt.* Die oben in den Abschnitten 1 und 6 angestellten allgemeinen Überlegungen für die Benutzung von Nomogrammen können für die Netztafeln folgendermaßen formuliert werden:

1. Die Linienscharen einer der gegebenen Variablen sollen zu den Linienscharen einer anderen gegebenen Variablen orthogonal sein.

2. Die Linien der Lösungsvariablen sollen nach Möglichkeit zu den Winkelhalbierenden spitzer Winkel zwischen den Linien zweier gegebenen Scharen nicht orthogonal sein.

3. „Die Breite" des Gebietes, das von den Linien der Lösungsvariablen eingenommen wird, darf nicht zu klein sein, damit die Ungenauigkeit bei der Bestimmung der Lösung in den Punkten, wo die Charakteristik der Schar den kleinsten Wert hat, die vorgegebene Ungenauigkeit nicht überschreitet.

4. Die Charakteristik der Lösungschar muß durch die vorgegebene Art der Bewertung der Ungenauigkeit bestimmt werden.

Wie man diese Bedingungen für Netztafeln gewährleistet, wird näher in § 20, VI. Kapitel betrachtet.

§ 12. Mittel zur Sicherung der notwendigen Genauigkeit eines Nomogramms

9. Die Hauptfälle, die erforderliche Genauigkeit anzugeben. Die Güte einer Skala dieses oder jenes Nomogramms beurteilt man danach, mit welcher Rechengenauigkeit man mit ihr die Lösung bestimmen kann. Die gestellten Anforderungen sind verschieden und sind durch den Charakter der zu lösenden Aufgabe bestimmt, aber in der großen Mehrzahl der Fälle der Praxis laufen sie auf die folgenden zwei Forderungen hinaus:

a) die Skala muß auf ihrer ganzen Länge bei der Bestimmung des Wertes von u eine solche Genauigkeit besitzen, daß der absolute Fehler stets kleiner als eine bestimmte vorgegebene Größe ist, oder

b) die Skala muß auf ihrer ganzen Länge einen relativen Fehler in der Bestimmung von u gewährleisten, der kleiner als eine bestimmte konstante Größe ist.

Bei kleinster Länge der Skala genügen der ersten Bedingung am besten die gleichförmigen, der zweiten am besten die logarithmischen Skalen.

10. Der Begriff der rationalen Umformung eines Nomogramms. Die oben in den Abschnitten 6 bis 8 dargelegten Anforderungen an ein Nomogramm bestimmen ihrerseits, wie man eine Umformung des Nomogramms vorzunehmen hat.

Die Parameter der Umformung des Nomogramms müssen so gewählt werden, daß die Form, die gegenseitige Lage und die Ausmaße der Elemente des Nomogramms die nötige Rechengenauigkeit bei minimalen Ausmaßen der Zeichnung gewährleisten. Durch die Wahl der Parameter der Umformung muß man erreichen,

a) daß nach der Umformung die Lösungsskalen oder die Netze solche Charakteristiken haben, wie es der Art der vorgegebenen zulässigen Ungenauigkeit entspricht;

b) daß die Elemente des Nomogramms die bestmögliche Lage haben;

c) daß man die vorgegebene Genauigkeit bei Benutzung des Nomogramms mit bekannter geometrischer Ungenauigkeit erreicht.

Das Problem der Skalenumformung besteht nun darin, durch die Umformung

$$s_1(u) = \Phi\,[s(u)],$$

(wobei $s[u]$ Länge der Skala vom Anfang bis zu dem Punkte mit dem Argument u vor der Umformung; $s_1[u]$ dieselbe nach der Umformung bedeutet) bei vorgegebener Größe der geometrischen Ungenauigkeit einen Fehler der Berechnung Δu zu erhalten, der die vorgegebene zulässige Ungenauigkeit Δu_z nicht übertrifft:

$$|\Delta u| \leqq \Delta u_z$$

bei einer durch das Papierformat begrenzten Skalenlänge.

Eine exakte Wahl einer solchen Umformung ist im allgemeinen nicht möglich; man hat also in diesem Falle die bestmögliche Annäherung an die gestellte Anforderung zu suchen, die durch eine für das gegebene Nomogramm mögliche Umformung gegeben ist. Dabei muß die gestellte Bedingung für solche Werte von u erfüllt sein, bei denen die Charakteristik den kleinsten Wert hat; dann ist der Rechenfehler kleiner als die auf der ganzen Länge der Skala zugelassene Ungenauigkeit.

Bis heute kann man diese Aufgabe nur für geradlinige Skalen durch eine pro jektive Umformung der Nomogramme lösen (siehe Abschnitte 14 und 15, § 2, Seite 15).

Die Herstellung der günstigsten gegenseitigen Lage der Elemente des Nomogramms ist eine ziemlich schwierige und bis heute noch ungelöste Aufgabe. Ein allgemeiner Weg zur Lösung ist in § 16, IV. Kapitel dargelegt, seine Anwendung auf einige spezielle Arten von Nomogrammen ist in den V., VI. und IX. Kapiteln (Seite 95, 104 und 161) gezeigt.

Es muß bemerkt werden, daß das Vorhandensein eines Lösungsnetzes im Nomogramm diese Aufgabe der Umformung noch erschwert. In diesem Falle kann man die Bestimmung der besten Form des Lösungsnetzes nicht vom Aufsuchen der besten gegenseitigen Lage aller Elemente des Nomogramms trennen. Diese beiden Aufgaben muß man hier gleichzeitig lösen.

11. Die Wahl des Maßstabes (habaryts) eines Nomogramms. Ein der Form, dem Charakter und der gegenseitigen Lage seiner Elemente nach gut geeignetes Nomogramm muß nicht immer die vorgegebene Genauigkeit gewährleisten, besonders dann nicht, wenn seine Ausmaße zu klein sind. Diese sind gewöhnlich durch die Verwendungsbedingungen des Nomogramms oder die Bedingungen der Vervielfältigung begrenzt (Format der Photoplatte, das Papierformat bei der Vervielfältigung mit typographischen Methoden usw.).

Gewöhnlich schreibt man die Länge L und Breite M des Nomogramms vor, diese bestimmen das Rechteck, in dem das Nomogramm liegt, wobei es nicht nötig ist, die Seiten dieses Rechtecks parallel zu den Koordinatenachsen zu

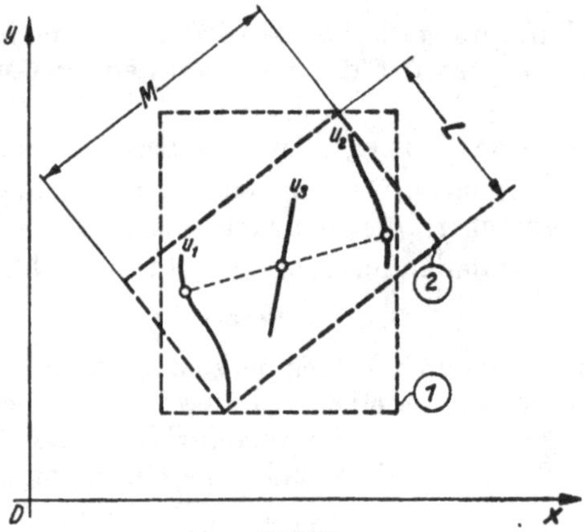

Figur 57

legen. Oft ist es hinsichtlich der Vergrößerung der Ausmaße jedes der Elemente des Nomogramms viel günstiger, seine Seiten unter einem beliebigen Winkel zu den Koordinatenachsen zu legen (Fig. 57, man vergleiche die Lagen der Rechtecke 1 und 2). Die Höhe L und die Breite M dieses Rechteckes sind dann die habarytischen Maße des Nomogramms.

Besitzt das Nomogramm als Lösungselement eine geradlinige Skala, so bestimmt sich der Maßstab μ dieser Skala aus der folgenden Beziehung:

bei einem vorgegebenen zulässigen absoluten Fehler Δu_z der Lösung

$$\mu \geqq \frac{\Delta}{[f'(u)]_{\min}} \cdot \frac{1}{\Delta u_z},$$

bei einem vorgegebenen zulässigen relativen Fehler $\delta u = k u$ der Lösung

$$\mu \geqq \left| \frac{\Delta}{k[f'(u)]_{\min} u} \right|,$$

wobei Δ die mögliche Größe der geometrischen Ungenauigkeit in Millimetern ist (gewöhnlich nimmt man $\Delta = 0{,}1 \div 0{,}2$ mm an), $[f'(u)]_{\min}$ ist der kleinste Wert der Ableitung, mit deren Hilfe wir die Skala u für die gegebenen Bereiche konstruieren.

Nimmt man die geometrische Ungenauigkeit zu 0,1 der Länge der kleinsten Teilung der Skala an und gibt man die Länge dieser Teilung an zu $1 \div 3$ mm (siehe Abschnitt 3, § 10, Seite 74), dann schreiben sich diese Formeln folgendermaßen:

bei einem vorgegebenen absoluten Fehler Δu_z der Lösung

$$\mu \geqq \left| \frac{(0{,}1 \div 0{,}3)}{[f'(u)]_{\min} \Delta u_z} \right|,$$

bei einem vorgegebenen relativen Fehler $\delta u = k u$ der Lösung

$$\mu \geqq \left| \frac{(0{,}1 \div 0{,}3)}{k\,[f'(u)]_{\min} u} \right|.$$

Kennt man den Maßstab μ der Lösungsskala, dann berechnet man erst ihre Länge H (siehe Seite 9), wonach man leicht die habarytischen Maße des Nomogramms L und M bestimmen kann.

Bei der Wahl der Habaryte L und M muß man unbedingt berücksichtigen, daß sich gemäß staatlicher Norm 3450-46 (der UdSSR. — D. H.) die Ausmaße des Papierblattes wie $1 : \sqrt{2}$ verhalten müssen. (In Deutschland sind dies die DIN A-Formate. — D. H.)

Die Notwendigkeit, das Nomogramm auf ein rechtwinkliges Blatt Papier zu bringen, berücksichtigt man gewöhnlich schon bei seiner Konstruktion, durch entsprechende Anordnung seiner Elemente. Fluchtlinientafeln gibt man ihren äußeren Umrissen entsprechend durch affine Transformation gewöhnlich eine symmetrische Form (Seite 195).

§ 13. Rationale Methoden der Nomogrammbenutzung

12. Die Verwendungsarten von Fluchtlinientafeln. Man kann folgende einfache Benutzungsarten eines Nomogramms angeben, die sich in der Praxis bewährt haben, da sie bei einem Minimum an groben Fehlern innerhalb der Berechnungen auf den Skalen eine hinreichend schnelle und sichere Benutzung gewährleisten.

Sehr zweckmäßig ist die Verwendung eines durchsichtigen Zelluloidlineals mit einem eingeritzten dünnen Strich, das so auf das Nomogramm gelegt wird, daß die Oberfläche des Lineals, die den Strich trägt, dem Papier zugewendet ist. Damit man den Strich des Lineals mit den Punkten der verschiedenen Skalen des Nomogramms in voneinander unabhängigen Operationen zum Schnitt bringen kann, ist es besser, einen Teil dieses Striches durch einen durchgehenden dünnen Visierschlitz zu ersetzen, durch den man eine Nadelspitze stecken kann, um die Punkte auf der Skala zu fixieren.

Der Gebrauch eines Nomogramms mit einem derartigen Lineal ist in Fig. 58 dargestellt. Um nach gegebenen Werten von A und B den Wert C zu bestimmen, verfahren wir folgendermaßen:

1. Wir ermitteln auf der Skala A den vorgegebenen Wert und legen ihn mit der Nadelspitze fest (Fig. 58, a), dann schieben wir das Lineal von oben über die Nadel, damit es die Ablesung der Argumente auf der Skala nicht behindert. Nachdem wir die Spitze leicht in den gefundenen Punkt gesteckt haben, halten wir sie mit der linken Hand fest.

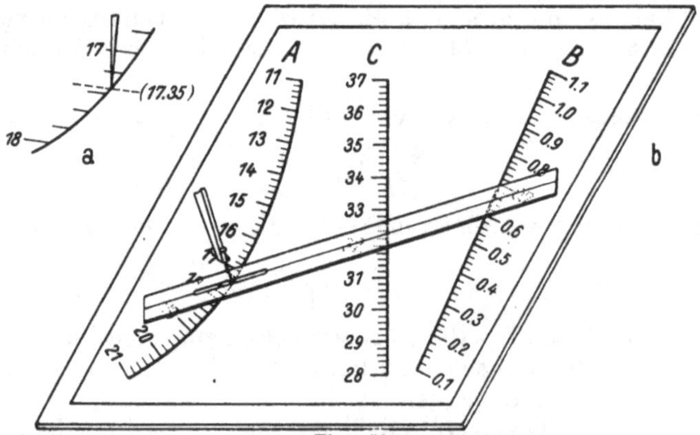

Figur 58

2. Haben wir das Lineal auf das Nomogramm aufgelegt, dann drehen wir es mit der rechten Hand um die Spitze so weit, bis das rechte Ende des Striches durch den Punkt der Skala B hindurchgeht (Fig. 58, b), der dem vorgegebenen Wert der Größe B entspricht. In dieser Lage halten wir das Lineal fest.

3. Im Schnittpunkt des Linealstriches mit der Skala C lesen wir die gesuchte Lösung C ab.

Die Verwendung eines durchsichtigen Lineals mit einem Schlitz für die Nadel eignet sich auch für unbenannte Skalen enthaltende Fluchtlinientafeln. In diesem Falle fixieren wir mit der Spitze durch den Schlitz einen Punkt auf der unbezifferten Skala und führen durch Drehung des Lineals um die Spitze die zweite Deckung der geraden Linie mit dem Nomogramm aus. Der ganze Prozeß der Lösungsbestimmung auf dem Nomogramm dauert auf diese Weise nur 5 bis 15 sec (Fig. 58, a, b).

Unbequem ist bei diesem Verfahren nur, daß es schwierig ist, ein durchsichtiges Lineal mit einem Schlitz herzustellen, das für eine beliebige Fluchtlinientafel geeignet wäre. Benutzt man einen Meßzirkel und ein gewöhnliches hölzernes Lineal mit abgeschrägtem Rand, dann tritt hier dieser Nachteil zwar nicht auf, aber der Gebrauch des Nomogramms dauert etwas länger.

Diese Benutzungsart eines Nomogramms besteht in folgendem:

1. Wir stecken die Spitze eines Stechzirkels in den Punkt der Skala A, der dem gegebenen Wert A entspricht. Ohne daß wir die Lage dieser Spitze ändern, verändern wir die Zirkelspannweite und stecken seine zweite Spitze in den vorgegebenen Punkt der Skala B (Fig. 59, a).

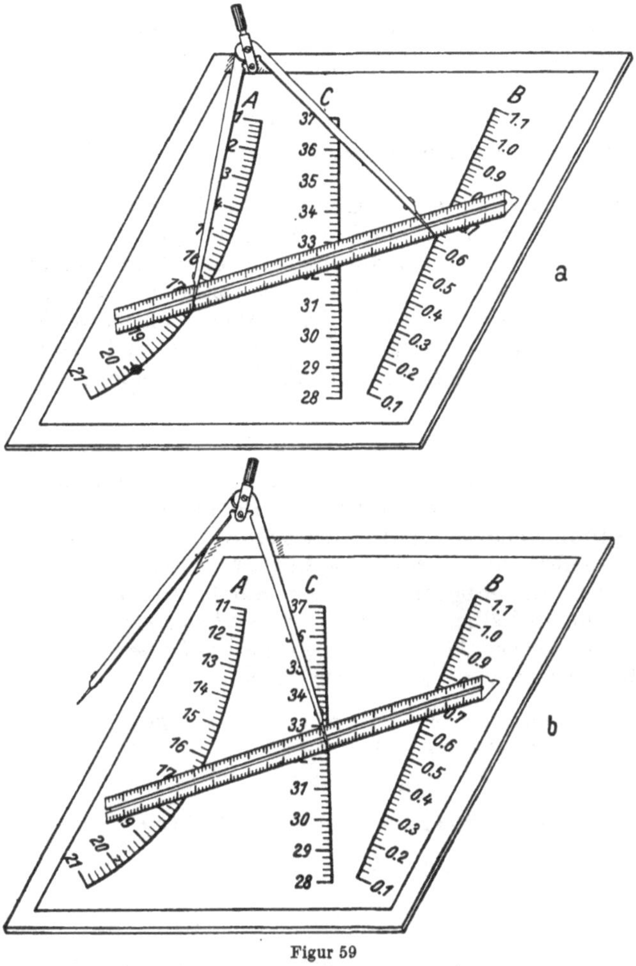

Figur 59

2. Indem wir den Zirkel mit der linken Hand in dieser Lage festhalten, legen wir an seine beiden Spitzen den schrägen Rand des Lineals, und indem wir die Lage des Lineals beibehalten, nehmen wir den Zirkel weg.

3. Eine der Zirkelspitzen stecken wir in den Schnittpunkt des schrägen Randes des Lineals mit der Skala C (Fig. 59, b) und indem wir mit der linken Hand die Zirkelspitze in dieser Lage festhalten, nehmen wir das Lineal von dem erhaltenen Punkte weg, wo wir nunmehr das Argument des mit der Zirkelspitze festgehaltenen Punktes der Skala C ablesen können.

IV. KAPITEL

Die allgemeine Reihenfolge der Operationen bei der Konstruktion von Nomogrammen

§ 14. Allgemeine Bemerkungen darüber, wie man Gleichungen auf eine nomographierbare Form bringen kann

1. Einleitende Bemerkungen. Rechenformeln, besonders für Musterberechnungen von Bauwerken und ihren Details, haben gewöhnlich eine Form, die die gesuchte Größe am zweckmäßigsten zu berechnen gestattet. Für die Zwecke der Nomographierung ist diese oft vorkommende äußere Form der Formeln jedoch nicht immer die günstigste. Weiter unten werden wir typische Fälle von Berechnungen aus der Ingenieurspraxis und Besonderheiten betrachten, die man notwendigerweise bei der Nomographierung berücksichtigen muß.

2. Die Nomographierbarkeit von Berechnungen. Um die Reihenfolge der analytischen Berechnungen zu ordnen und um die Möglichkeit zu haben, während der einzelnen Rechenschritte die Berechnung ständig kontrollieren zu können, bestimmt man meistens mittels einiger Formeln Zwischenwerte, die allerdings keine selbständige Bedeutung besitzen. Interessieren die Werte dieser Zwischenergebnisse in bezug auf die Berechnung des Objekts nicht, dann reduziert man in diesen Fällen *das vorliegende System einzelner Gleichungen durch Elimination der Zwischengrößen nach Möglichkeit auf eine Gleichung, für die man dann auch ein Nomogramm konstruieren kann.*

Zum Beispiel verwendet man zur Bestimmung der Wassergeschwindigkeit v in der Ausflußöffnung kleiner künstlicher Anlagen die Formel

$$v = C\sqrt{Ri},$$

wobei man den Koeffizienten C und den hydraulischen Radius R einzeln nach den Formeln

$$C = \frac{87}{1 + \frac{\gamma}{\sqrt{R}}}, \qquad R = \frac{\omega}{p}$$

berechnet. Hier ist γ der experimentell bestimmte Reibungskoeffizient des Flußbettes, i die Neigung des Flußbettes in Längsrichtung, ω die Fläche des Strömungsquerschnitts und p der vom Wasser benetzte Teil des Umfangs des Flußbettquerschnittes. Gewöhnlich betrachtet man mehrere Kanalquerschnitte, also Kanäle mit halbkreisförmigen, rechtwinkligen, dreieckigen und trapezoidförmigen Querschnitten, wobei jedesmal die Größen ω und p gesondert zu berechnen sind.

Im vorliegenden Falle ist es jedoch günstiger, einige Nomogramme so zu konstruieren, daß man mit ihrer Hilfe bei bekannten Werten von i und γ sowie den geometrischen Charakteristiken des Profilquerschnittes sofort die Größe der Geschwindigkeit bestimmen kann, indem man die Berechnungen nach allen drei Formeln auf einem Nomogramm vereint.

So muß z. B. eines dieser Nomogramme zur Berechnung der Wassergeschwindigkeit in einem Bett mit rechtwinkligem Querschnitt (b — Breite des Kanals und h seine Wassertiefe) in sich die Berechnungen nach folgenden Formeln enthalten:

$$\omega = hb, \qquad p = 2h + b, \qquad R = \frac{\omega}{p},$$

$$C = \frac{87}{1 + \frac{\gamma}{\sqrt{R}}}, \qquad v = C\sqrt{Ri},$$

d. h. das Nomogramm muß für die Gleichung

$$v = \frac{87\sqrt{i\frac{hb}{2h+b}}}{1 + \frac{\gamma}{\sqrt{\frac{hb}{2h+b}}}}$$

aufgestellt werden.

Ein Nomogramm für diese Formel kann z. B. in Form eines aus einer Fluchtlinientafel und einer Binarskala für h und b zusammengesetzten Nomogramms konstruiert werden.

Mit einer ganz ähnlichen Erscheinung hat man besonders dann oft zu tun, wenn eine Reihe von Zwischengrößen (physikalische Konstanten) mit Hilfe von Tabellen bestimmt werden. In diesen Fällen hat man bei der Aufstellung eines Nomogramms danach zu trachten, daß die notwendigen Zwischenberechnungen nach den Tafeln in den Komplex der Berechnungen, die durch das Nomogramm ausgeführt werden, eingeschlossen werden, so daß man die Berechnung der gesuchten Größe nach den gegebenen Werten der Ausgangsgrößen nur mit dem Nomogramm unmittelbar durchführen kann.

Als Beispiel einer derartigen Berechnung möge die Berechnung der Reibungsverluste von Dämpfen in einem Röhrenbündel in schachbrettartiger bzw. korridorartiger Lage dienen. Für letztere Röhrenanordnung lautet die Formel:

$$\Delta S_N = 2{,}5 \cdot 0{,}028 \frac{\varrho \omega^2}{d} \left(\frac{d \omega \varrho}{\eta}\right)^{-0{,}24};$$

hierbei ist ω die Geschwindigkeit der Gase, d der Durchmesser des Rohres, ϱ und η die Dichte und die Viskosität der Dämpfe, die man in Abhängigkeit von der Gastemperatur t nach besonderen Tabellen ermittelt, ΔS_N ist die Druckabnahme der Gase für eine Reihe von Röhren.

ϱ und η seien hierbei vorgegebene Funktionen der Temperatur t:

$$\varrho = \psi(t) \quad \text{und} \quad \eta = \varphi(t),$$

dann erhalten wir folgende Gleichung:

$$\Delta S_N = 2{,}5 \cdot 0{,}028 \frac{\omega^{1{,}76}}{d^{1{,}24}} u,$$

mit

$$u = \varrho^{0{,}76} \eta^{0{,}24} = [\psi(t)]^{0{,}76} [\varphi(t)]^{0{,}24}.$$

Die Größe u kann man bei der Projektierung des Nomogramms wie eine unabhängige Variable behandeln, die für u erhaltene Skala kann man mit Hilfe der Tafeln nach der Größe t mit einer Gradeinteilung versehen.

Für die sich so ergebende Formel kann man ein aus einer Fluchtlinientafel mit logarithmischen Skalen zusammengesetztes Nomogramm konstruieren.

3. Allgemeine Bemerkungen über die notwendigen Umformungen von Gleichungen. Der größte Teil der zur Nomographierung vorgelegten Formeln ist in der nach einer gesuchten Größe aufgelösten Form gegeben:

$$u_n = f(u_1, u_2, \ldots, u_{n-1}).$$

Hinsichtlich der Möglichkeit, ein Nomogramm für die gegebene Formel aufzustellen, ist es belanglos, welche der Variablen u_i gesucht ist; es kann sich jedoch eine solche Form der Gleichung als ungeeignet erweisen, und es kann weiter schwierig sein, für sie ein Nomogramm aufzustellen. Die Nomogramme der zwei Gleichungen

$$u_n = f(u_1, u_2, \ldots, u_{n-1})$$

und

$$\varphi(u_n) = f(u_1, u_2, \ldots, u_{n-1})$$

unterscheiden sich voneinander nur durch die Form der Skala u_n, die rechten Seiten beider Gleichungen sind gleich und ihre möglichen Arten sind vollkommen dieselben. Löst man die zweite Gleichung nach u_n auf, so nimmt ihre rechte Seite eine Form an, die von der rechten Seite der ersten Gleichung verschieden ist. Man muß daher nach Möglichkeit die vorgegebene Gleichung vereinfachen, in erster Linie muß man sie von Irrationalitäten und komplizierten transzendenten Ausdrücken befreien, die in einige Variablen enthalten sind.

So hat z. B. die Formel zur Bestimmung des Mittelpunktsabstandes l zweier Riemenscheiben aus der bekannten Riemenlänge L und den ebenfalls bekannten Riemenscheibendurchmessern D_1 und D_2 die komplizierte Form:

$$l = \frac{2L - \pi(D_2 + D_1) + \sqrt{[2L - \pi(D_2 + D_1)]^2 - 8(D_2 - D_1)^2}}{8},$$

nach einigen Umformungen kann man sie jedoch auf eine für die Untersuchung sehr einfache Gestalt bringen:

$$8l^2 - [4L + 2\pi(D_2 + D_1)]\, l + (D_2 - D_1)^2 = 0.$$

So lautet die Formel zur Bestimmung der Beanspruchung des Teilkreises eines konischen Zahnrades mit schrägen Zähnen (bei einem Drehmoment von 1 kg):

$$R_1 = \frac{1}{\cos\beta} \sqrt{\cos^2\beta + (\sin\beta \cdot \sin\gamma \mp \operatorname{tg}\alpha \cdot \cos\gamma)^2},$$

hierbei ist α der Eingriffswinkel, γ der Winkel, den die Erzeugende des zugrunde liegenden Kreiskegels mit der Zahnradachse bildet, β ist der Neigungswinkel der Zähne; erhebt man hier beide Seiten ins Quadrat und stellt dann die Formel wie folgt dar:

$$\sqrt{R_1^2 - 1} = \operatorname{tg}\beta \cdot \sin\gamma \mp \operatorname{tg}\alpha \cdot \cos\gamma \cdot \frac{1}{\cos\beta},$$

dann hat sich das Aussehen der Formel bedeutend vereinfacht.

Bekanntlich läßt sich eine solche Vereinfachung einer Formel nicht immer verwirklichen.

So führt man die Berechnung des Oberflächeneffekts bei Schienen mit rechtwinkligem Schnitt z. B. nach der Formel

$$\frac{\delta}{\delta_{sr}} = \frac{k_1 a}{\sqrt{2}} \sqrt{\frac{\mathfrak{K}(k_1 a) + \cos(k_1 a)}{\mathfrak{K}(k_1 a) - \cos(k_1 a)}}$$

durch. Hier muß man die gegebene Gleichung nach dem Produkt der Variablen k_1 und a auflösen:

$$k_1 a = F\left(\frac{\delta}{\delta_{sr}}\right),$$

erst dann ist es möglich, die erhaltene Gleichung durch ein Nomogramm aus drei parallelen Skalen für die Variablen k_1, a und $\frac{\delta}{\delta_{sr}}$ zu konstruieren, aber im vorliegenden Falle ist dies praktisch nicht durchführbar. Deshalb konstruiert man ein Nomogramm für die Gleichung

$$k_1 a = u,$$

betrachtet dann u als eine Funktion von $\frac{\delta}{\delta_{sr}}$ und trägt auf der Skala u mit Hilfe der vorher konstruierten graphischen Darstellung (Seite 100) die Skala $\frac{\delta}{\delta_{sr}}$ auf. Auf diese Weise erhält man ein sehr bequemes Nomogramm zur unmittelbaren Bestimmung der Werte $\frac{\delta}{\delta_{sr}}$ nach gegebenen k_1 und a.

Nachdem man die Gleichung auf die einfachste Form gebracht hat, studiert man die vorhandenen Möglichkeiten, um für die Gleichung Nomogramme verschiedener Typen konstruieren zu können. Die entsprechenden Gleichungsformen, die durch dieses oder jenes Nomogramm dargestellt werden, sind in Tafel 1 (Seite 56) angeführt; für einige spezielle Arten von Nomogrammen sind diese eingehend in den Kapiteln V, VI, VII, X und XI beschrieben.

§ 15. Die Variabilitätsgrenzen (Bereiche) der Veränderlichen

4. Allgemeine Bemerkungen über die Wahl der Bereiche. Die Bereiche der Variablen auf dem Nomogramm haben ganz wesentlichen und oft auch entscheidenden Einfluß auf die Wahl der Variante eines Nomogramms. Hierbei muß man folgendes berücksichtigen:

a) *Je enger die Bereiche der Variablen, um so einfacher läßt sich eine vorgegebene Gleichung nomographieren*: um so leichter lassen sich auch die Bedingungen erfüllen, die man an die Größe und den Charakter der Ungenauigkeit der Lösung stellt, und um so leichter ist auch die Variante des Nomogramms zu ermitteln, die die Lage ihrer Elemente am günstigsten festlegt.

Enthält z. B. ein Nomogramm für eine vorgegebene Gleichung eine gleichförmige Skala u_1, so können wir bei großen Bereichen der Variablen u_1 (z. B. von 10 bis 1000) unter keinen Umständen auf der ganzen Skala eine Genauigkeit der Berechnung von u_1 mittels der Skala auf 0,1 gewährleisten, da dies eine Eintragung von ungefähr 2000 Strichen erfordern würde. Bei verhältnismäßig beschränkten Ausmaßen des Zeichenblattes, auf dem das Nomogramm gezeichnet wird, läßt sich eine solche Genauigkeit längs der ganzen Skala naturgemäß nicht erreichen. Eine Verminderung der Bereichsgrenzen u_1 kann sofort eine ganz wesentliche Verbesserung des Nomogramms hervorrufen; ändert sich die Größe u_1 z. B. nur noch innerhalb der Größen von 10 bis 300, so erhöht sich die Genauigkeit der Skala u_1 beträchtlich.

Daher muß man die Variabilitätsgrenzen der Größen auf dem Nomogramm genügend eng wählen, aber gleichzeitig so, daß alle in der Praxis oft vorkommenden Fälle berücksichtigt werden; herausfallende, in der Praxis selten vorkommende Werte der Variablen, besonders in den oben betrachteten ähnlichen Fällen, braucht man bei der Konstruktion eines Nomogramms nicht zu berücksichtigen.

Als Beispiel einer derartigen Verminderung der Bereiche der Ausgangsvariablen betrachten wir die Formel zur Berechnung der Seite a eines Dreiecks nach bekannter Meßbasislänge l und den beiden anliegenden Winkeln α und β (Fig. 60), die besonders Verwendung bei geodätischen Aufgaben findet:

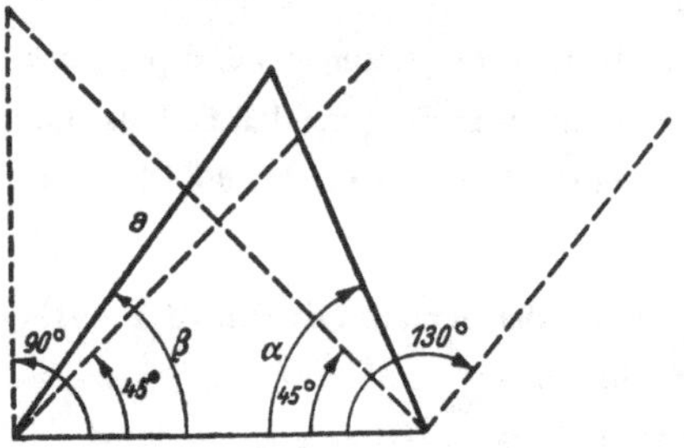

Figur 60

$$a = l \frac{\sin \alpha}{\sin(\alpha + \beta)}. \tag{4.1}$$

Die gewöhnlichen Variabilitätsgrenzen der Winkel α und β laufen von 45° bis 130°. Bei der Konstruktion kann man sich mit ungleichartigen Variabilitäten der Winkel α und β begnügen, da nämlich einer von beiden, z. B. β sich auf die Grenzen bis 90° beschränken kann, indem man von der Tatsache Gebrauch macht, daß ein Dreieck nicht gleichzeitig zwei stumpfe Winkel haben kann. Wenn man vereinbart, daß man den einen stumpfen Winkel im Dreieck mit α bezeichnet, dann läßt sich die zweite Dreieckseite berechnen.

Eine gegebene Gleichung gestattet es häufig, daß man die Grenzen einer der gegebenen Variablen u auf das Intervall von 1 bis 10 beschränken kann, nämlich so, daß man, wenn u außerhalb dieses Intervalls liegt, einfach durch Verschiebung des Kommas den Wert u auf dieses Intervall beziehen kann, wobei sich das Resultat um den entsprechenden Faktor verändert (auf diesem Prinzip beruht die Benutzung des Rechenschiebers).

Ein Beispiel für eine derartige Gleichung ist die Formel zur Bestimmung der Fläche eines Kreissegments

$$F = \frac{1}{2} r^2 \left[\frac{\varphi^\circ}{180^\circ} \pi - \sin \varphi\right],$$

wobei φ der Zentriwinkel ist, der zu dem Bogen des Segments gehört, r der Radius des Kreises und F die Fläche des Segmentes ist.

Bei beliebigen für Berechnungen erforderlichen Grenzen von r für das Nomogramm kann man annehmen $1 \leqq r \leqq 10$ und von der Eigenschaft

$$F(10^k r, \varphi) = 10^{2k} F(r, \varphi)$$

der Formel Gebrauch machen.

Ebenso können wir in der Formel (Ersatzschema in der Wechselstromtheorie)

$$\operatorname{tg} \varphi = \frac{z_1 \sin \varphi_1 + z_2 \sin \varphi_2}{z_1 \cos \varphi_1 + z_2 \cos \varphi_2}$$

die Größen z_1 und z_2 gleichzeitig um den gleichen Faktor verändern, wodurch φ nicht beeinflußt wird. Berücksichtigt man daher, daß kleine Verhältnisse von z_1 und z_2 $\left(\text{kleiner als } \frac{1}{50}\right)$ in Wirklichkeit nicht vorkommen (weil man dann nämlich immer eine der Größen vernachlässigen kann), dann kann man sich auf die Bereiche von z_1 und z_2 von 1 bis 100 beschränken.

5. Die Variabilitätsgrenzen (Bereiche) der Lösungsgröße. Sehr wesentliche Bedeutung haben die Bereiche der Lösungsgröße. Sie sind es, die hauptsächlich den Charakter der Umformung des Nomogramms bestimmen, um eine Lösungsskala zu erhalten, die eine Ablesung des Ergebnisses mit der notwendigen Genauigkeit gestattet.

In der Praxis hat man es jedoch selten mit den äußersten Werten der Lösungsgröße zu tun, die man allenfalls nach der Formel berechnen kann.

So kann in der oben betrachteten Formel (4.1) der dritte Winkel des Dreiecks, ausgehend von den praktischen Bedingungen der zulässigen Meßgenauigkeit, nicht beliebig klein werden. Dieser Winkel hat für die gewöhnlichen Messungen ein Minimum von 10° bis 15°, wodurch die Winkelsumme α und β sich auf

$$90^\circ \leqq \alpha + \beta \leqq 170^\circ$$

beschränkt.

Infolgedessen sind die Bereiche der Größe α begrenzt.

Bei der Wahl der Grenzen der Lösungsgröße, die man bei der Konstruktion eines Nomogramms angibt, muß man unbedingt alle Beziehungen berücksichtigen, die die real möglichen Kombinationen der Werte der Ausgangsvariablen bestimmen, und nur davon ausgehend hat man dann diese Grenzen festzulegen.

§ 16. Die Wahl der besten Variante eines Nomogramms für eine gegebene Gleichung

6. Die Ermittlung der möglichen Varianten des Nomogramms. I. Etappe. Die Möglichkeiten nomographischer Darstellungen von funktionalen Abhängigkeiten sind groß. Gewöhnlich kann man für jede Gleichung einige voneinander prinzipiell verschiedene Typen von Nomogrammen konstruieren. *Daher beginnt der Prozeß der Konstruktion eines Nomogramms mit der Aufstellung der Schemata aller für die gegebene Gleichung zulässigen Nomogramme, indem man von den Angaben der Tabelle 1 Gebrauch macht.*

Durch Umformung bringt man die gegebene Gleichung auf eine der kanonischen Formen, die durch die Nomogramme der verschiedenen Typen gelöst werden. Man muß unbedingt berücksichtigen, daß es eine sehr große Anzahl verschiedener Nomogrammtypen geben kann, besonders für Gleichungen verhältnismäßig einfacher Konstruktion.

So kann man für die Gleichung

$$\Delta x_C = \frac{\Delta x_B \cdot \operatorname{ctg} \alpha - \Delta y_B}{\operatorname{ctg} \alpha + \operatorname{ctg} \beta}$$

mehr als zwanzig prinzipiell verschiedene Nomogrammtypen angeben (die man nicht durch Koordinatentransformation in der Ebene ineinander überführen kann) unter ihnen: 7 aus Fluchtlinientafeln zusammengesetzte Nomogramme und 2 zusammengesetzte Netztafeln; 3 Fluchtlinientafeln mit Netzen; 3 Nomogramme mit verschiedenartigen unbenannten Elementen auf der beweglichen Ebene; 6 Nomogramme mit bezifferten Elementen auf beweglichen Ebenen. Eine solche Vielfalt voneinander prinzipiell verschiedener Nomogramme ist durch die Möglichkeit bedingt, die Variablen auf den Skalen und im Netz des Nomogramms verschieden zu kombinieren.

Daher muß man die im konkreten Falle wirklich beste Variante eines Nomogramms ermitteln, was besonders dann wichtig ist, wenn man auf der Basis des Nomogramms später ein mechanisches Rechengerät herstellen will.

7. Der Vergleich der Schemata verschiedener Varianten eines Nomogramms untereinander. II. Etappe. Jedes der festgehaltenen Schemata untersucht man auf Mängel hin, die, sei es auch bei den ausgesuchtesten möglichen Kombinationen der Variablen, die Genauigkeit der Lösung verschlechtern könnten und ebenso auf die Möglichkeiten, die sich bieten, der Lösungsskala die vorgeschriebene Charakteristik zu geben. Daher muß man die einfachsten Nomogramme jeder dieser Typen berechnen, und erst dann kann man eine endgültige Erörterung über die Genauigkeit der Lösung anstellen, die man bestenfalls erwarten kann. Ein Teil der festgehaltenen Schemata des Nomogramms scheidet nach einer solchen Untersuchung aus, die übrigbleibenden Varianten des Nomogramms müssen jetzt im Hinblick auf Einfachheit und Bequemlichkeit ihres Gebrauchs einzeln beurteilt werden. Hierbei hat man die Bedingungen zu berücksichtigen, unter denen man mit dem Nomogramm arbeitet, sowie die Qualifikation der Benutzer.

Das Schema des Nomogramms muß so sein, daß es in seiner Benutzung einfach ist und ein Minimum an Operationen zur Bestimmung der Lösung erfordert, daß es die Lösung mit der nötigen Genauigkeit liefert und seinen Verwendungsbedingungen sowie der Qualifikation seiner Benutzer angemessen ist.

8. Die Wahl des Nomogrammtyps für eine gegebene Gleichung. III. Etappe. Die weitere Arbeit an der Konstruktion des Nomogramms läuft auf eine *Umformung der ausgewählten Schemata hinaus, um Varianten zu erhalten, die den gestellten Anforderungen am besten genügen.* Danach erhält man Entwürfe einiger (gewöhnlich von ein oder zwei) Varianten des Nomogramms. Jeder Entwurf muß (wenn auch nur grob) in natürlicher Größe gezeichnet werden und muß eine genügende Anzahl gezeichneter Punkte auf den Skalen und Linien in Netzen besitzen, damit er eine hinreichend klare Vorstellung von dem späteren Nomogramm vermittelt. Der Vergleich der einzelnen so ausgeführten Entwürfe gestattet es dann, die wirklich beste Variante des Nomogramms auszuwählen.

V. KAPITEL

Nomogramme für Gleichungen mit zwei Variablen

§ 17. Doppelleitern

1. Definition. Gegeben sei irgendeine Gleichung, die nur zwei Variable u_1 und u_2 enthält:

$$F(u_1, u_2) = 0 \quad \text{oder} \quad u_2 = \Phi(u_1).$$

Konstruiert man für die Variable u_1 irgendeine Skala, dann kann man jedem Punkt dieser Skala auch einen Wert von u_2 zuordnen, der sich aus dem gegebenen Wert u_1 mittels der vorgegebenen Gleichung bestimmt.

Eine Skala, bei der jedem Punkte ein Paar ganz bestimmter Werte der beiden Variablen u_1 und u_2 zugeordnet ist, wobei einer eine Funktion des anderen ist, heißt *Doppelleiter* für die gegebene Beziehung zwischen u_1 und u_2 und ist ein Nomogramm für diese Gleichung.

2. Der Gebrauch einer Doppelleiter. Eine Doppelleiter gestattet, nach dem gegebenen Wert einer der Variablen den ihm entsprechenden Wert der anderen zu bestimmen. Gewöhnlich macht man den Träger einer Doppelleiter geradlinig, im allgemeinen kann seine Form durchaus beliebig gewählt werden (in der Praxis verwendet man auch oft Kreise oder Spiralen als Teilungsträger).

Lauten die Gleichungen der Skala u_2

$$x = f(u_2), \quad y = \varphi(u_2),$$

dann kann man die Gleichungen der Skala u_1 wie folgt schreiben:

$$x = f[\Phi(u_1)], \quad y = \varphi[\Phi(u_1)].$$

Für eine geradlinige Skala lauten die Gleichungen:

für die Skala u_2: $\quad x = 0, \quad y = \mu\varphi(u_2)$,

für die Skala u_1: $\quad x = 0, \quad y = \mu\varphi[\Phi(u_1)]$.

Die Striche auf diesen Skalen trägt man auf verschiedenen Seiten des Trägers auf: auf der einen Seite für die Variable u_1 und auf der anderen für die Variable u_2.

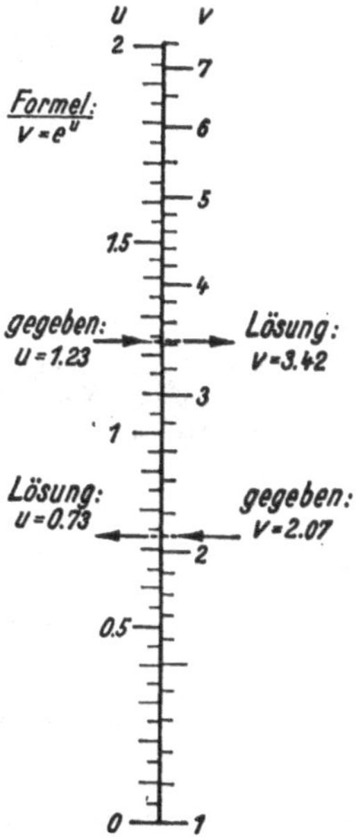

Figur 61

Auf Figur 61 ist eine Doppelleiter für die Gleichung

$$v = e^u$$

dargestellt für Werte $0 \leqq u \leqq 2$. Um eine konstante relative Ungenauigkeit bei der Bestimmung von u zu gewährleisten, hat man eine geradlinige Skala gewählt, die es gestattet, die Werte von u mit einer Genauigkeit bis zu 0,01 abzulesen. Die Gleichung dieser Skala lautet:

$$y = \mu u.$$

Auf der rechten Seite des Teilungsträgers sind die Werte von v aufgetragen, die den Werten von u entsprechen. Die Gleichung der Skala v hat die Form:

$$y = \mu \ln v \quad \text{oder} \quad y = \frac{\mu}{0{,}43429} \lg v.$$

Für die logarithmische Skala v wählt man den Maßstab 125 mm.[1]) Der Maßstab der Skala u bestimmt sich dann aus der Beziehung

$$\frac{\mu}{0{,}43429} = 125 \quad \text{mit} \quad \mu = 54{,}3 \text{ mm}.$$

Die Doppelleiter gestattet es, bei gegebenem Werte v den Wert von u zu bestimmen und umgekehrt, bei gegebenem Werte u den Wert v zu bestimmen. Ist z. B. der Wert $u = 1{,}23$ gegeben, dann suchen wir auf der linken Seite der Doppelleiter den Punkt mit dem gegebenen Argument $1{,}23 = u$; das Argument desselben Punktes, das auf der rechten Seite der Skala steht, liefert uns sofort den gesuchten Wert $v = 3{,}42$. Ist der Wert $v = 2{,}07$ gegeben, finden wir auf der linken Seite der Skala den Wert $u = 0{,}73$.

3. Die Konstruktion einer Doppelleiter. Gibt man den Funktionen $f(u_2)$ und $\varphi(u_2)$ verschiedene Formen, dann kann man die beliebigsten Argumentverteilungen auf der Doppelleiter erreichen und dadurch die Bedingungen erfüllen, die man an die Ablesegenauigkeit für die Werte u_1 oder u_2 stellt, da es jedoch unmöglich ist, zugleich beiden Skalen entweder logarithmischen oder gleichförmigen Charakter zu geben, kann man auch nicht die vorgeschriebenen Bedingungen für beide Skalen gleichzeitig erfüllen.

Der Maßstab einer geradlinigen Doppelleiter wird so gewählt, daß in ihrer ganzen Ausdehnung die vorgeschriebene Ablesegenauigkeit der Größen gesichert ist; überschreitet dabei die berechnete Länge der Doppelskala die zulässigen Papierausmaße, dann zerlegt man sie in einzelne Teile, die man nebeneinanderlegt. Dadurch läßt sich erreichen, daß man die Lösung innerhalb der vorgegebenen Bereiche mit sehr großer Genauigkeit erhält.

Wir betrachten an Hand eines Beispiels die Hauptverfahren, die man anwenden muß, um bei der Konstruktion der Doppelleitern die notwendige Genauigkeit zu sichern.

Es sei eine Doppelleiter für die Gleichung zur Bestimmung des spezifischen Gewichts γ trockener Luft in Abhängigkeit von der Temperatur t bei Normaldruck von 760 mm Hg zu konstruieren:

$$\gamma = \frac{1{,}293}{1 + \frac{1}{273} t} \quad (-60° \leqq t \leqq +100° \text{ C}),$$

und zwar so, daß die Genauigkeit von γ nicht unter 0,05% und die von t nicht unter 0,1° liegt (absoluter Fehler).

Diese beiden Forderungen lassen sich durch eine beliebige Skala für γ und t erfüllen. Dazu braucht man für die Skala nur einen solchen Maßstab zu wählen, daß für die Stellen der Skala, an denen die logarithmische (für γ) und die gleichförmige (für t) Charakteristik der Skala die kleinsten Werte haben, die mögliche geometrische Ungenauigkeit keinen größeren Fehler als den bei den Berechnungen der Werte von t und γ zugelassenen hervorruft. Solch eine Methode der Konstruktion einer Doppelleiter führt jedoch zu einer übermäßigen Vergrößerung ihrer Ausmaße. Deshalb geht man gewöhnlich folgendermaßen vor: Je nach der erforderlichen Genauigkeit einer der Größen (z. B. γ) wählt man die äußere Form der entsprechenden Skala (Charakteristik) und bestimmt dann nach den vor-

[1]) Die Skala kann man von der Quadratskala eines Rechenschiebers übertragen.

geschriebenen Höchstgrößen der zulässigen Fehler und nach der Größe der möglichen geometrischen Ungenauigkeit den Maßstab dieser Skala. Nach der berechneten Gleichung der zweiten Skala (t) bestimmt man die Stelle, an der die Charakteristik dieser Skala den kleinsten Wert hat und prüft an dieser Stelle die mögliche Größe des Fehlers bei der Berechnung dieser Größe.

Da für die Größe γ die Größe des relativen Fehlers maßgebend ist, konstruieren wir für γ eine logarithmische Skala; ihre Gleichung heißt

$$y = \mu_\gamma \lg y .$$

Die Grenzen von γ sind:

$$\gamma_{\min} = \frac{1{,}293}{1 + \frac{1}{273} \cdot 100} = 0{,}948 \quad \text{und} \quad \gamma_{\max} = \frac{1{,}293}{1 + \frac{1}{273} \cdot (-60)} = 1{,}659 .$$

Den Maßstab μ_γ bestimmen wir auf Grund der Bedingung, daß der graphische Fehler bei einer Genauigkeit von 0,2 mm der Bestimmung von γ mit 0,05% entsprechen soll.

Wir differenzieren die oben erhaltene Gleichung der Skala γ und erhalten durch Übergang zu endlichen Zunahmen

$$\Delta y = \mu_\gamma \frac{\Delta \gamma}{\gamma} \cdot 0{,}43429 \quad \text{oder} \quad 0{,}2 = \mu_\gamma \cdot 0{,}0005 \cdot 0{,}43429 ,$$

woraus folgt

$$\mu_\gamma = \frac{0{,}2}{0{,}0005 \cdot 0{,}43429} = 920 \approx 1000 \text{ mm}.$$

Die Größen des möglichen Fehlers bei der Bestimmung von t finden wir bei einem solchen Maßstab der Skala wie folgt: Wir differenzieren die Ausgangsgleichung und ersetzen die Differentiale durch endliche Zunahmen:

$$\Delta \gamma = \frac{-1{,}293}{\left(1 + \frac{1}{273} t\right)^2} \cdot \frac{\Delta t}{273} = - \frac{\gamma^2}{1{,}293 \cdot 273} \Delta t .$$

Unter Hinweis darauf, daß

$$\Delta y = \mu_\gamma \frac{\Delta \gamma}{\gamma}$$

ist, erhalten wir

$$\Delta y = - \mu_\gamma \frac{\gamma}{1{,}293 \cdot 273} \Delta t$$

und daraus

$$|\Delta t| = \frac{\Delta y \cdot 1{,}293 \cdot 273}{\mu_\gamma \gamma} .$$

Daher wird sich bei einer Änderung von γ die Größe des möglichen Fehlers bei der Bestimmung von t ändern; den größten Wert erreicht sie bei $\gamma = \gamma_{\max} = 1{,}659$. Wir bestimmen diese Größe:

$$|\Delta t| = \frac{0{,}2 \cdot 1{,}293 \cdot 273}{1000 \cdot 1{,}659} = 0{,}043^\circ .$$

Folglich wird die absolute Größe des Fehlers bei der Bestimmung von t 0,045° nicht überschreiten, d. h. der gewählte Maßstab sichert uns die erforderliche Genauigkeit bei der Bestimmung von t.

Somit bekommen wir für eine Doppelleiter die folgenden Gleichungen

$$\text{Skala } \gamma: \quad y = 1000 \lg \gamma ,$$

$$\text{Skala } t: \quad y = 1000 \lg 1{,}293 - 1000 \lg \left(1 + \frac{1}{273} t\right) .$$

Zur Konstruktion der Doppelleiter (Skala γ) benutzen wir die Skala eines (sogenannten metrischen) Präzisionsrechenschiebers mit einer Skalenlänge von 1000 mm. Die Länge der erhaltenen Skala wird dann gleich

$$L_\gamma = 1000 \lg 1{,}659 \cdot 1000 \lg 0{,}948 = 1000 \lg \frac{1{,}659}{0{,}948} = 242{,}5 \text{ mm}.$$

In Fig. 62 ist diese Doppelleiter dargestellt, und zwar hat man sie in drei Teile zerlegt, um sie auf dem Format der Zeichnung unterbringen zu können.

Tabellen lassen sich bequem durch Doppelleitern ersetzen. Bei hinreichend großem Maßstab auf einer Seite kann man Doppelleitern für bedeutend größere Bereiche einer Größe anlegen, als dies für Tabellen vom gleichen Format möglich ist; daher braucht man bei der Benutzung von Doppelleitern nicht so oft umzublättern, wie dies beim Gebrauch von Tabellen bei der Bestimmung des Funktionswertes für diesen oder jenen Argumentwert nötig ist. Außerdem ist bei Doppelleitern die lineare Interpolation bedeutend einfacher, und schließlich kann man mit Hilfe einer Doppelleiter ebenso leicht sowohl den Wert der Funktion nach vorgegebenem Argumentwert, als auch den Argumentwert bei vorgegebenem Funktionswert bestimmen (Umkehrung der Rechenrichtung).

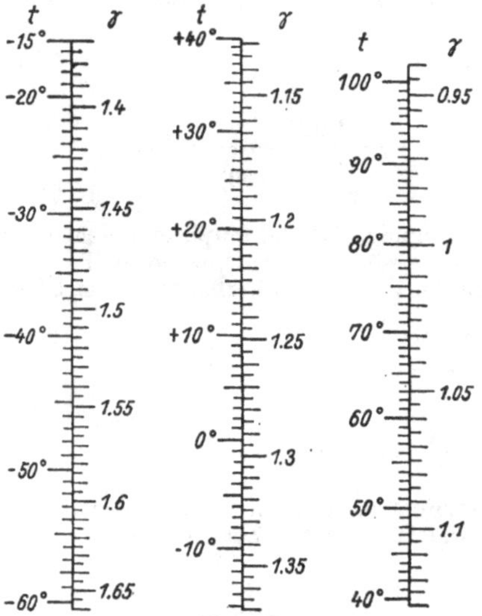

Figur 62

In Fig. 63 ist als Beispiel einer solchen Doppelleiter die Umrechnung eines im ersten Quadranten sowohl im Bogenmaß als auch in Graden gegebenen Winkels dargestellt, und zwar mit einer Genauigkeit bis zu 2'. Diese Skala ersetzt bei gleicher Genauigkeit eine Tafel, die nicht weniger als acht Seiten in Anspruch nehmen würde. Da die Beziehung zwischen der Größe des Winkels in Bogenmaß φ_{rad} und in Graden φ° durch die Gleichung

$$\varphi_{rad} = \frac{\pi}{180}\,\varphi^\circ \quad (0^\circ \leqq \varphi^\circ \leqq 90^\circ)$$

festliegt, lauten die Gleichungen der Doppelleiter (bei einem Maßstab von $\mu_{rad} = 2000$ mm):

für den Winkel im Bogenmaß: $y = 2000\,\varphi_{rad}$;

für den Winkel in Graden: $y = 34{,}9066\,\varphi^\circ$.

Um diese Skala auf dem vorgeschriebenen Format unterbringen zu können, hat man sie in zwanzig gleiche Teile derselben Länge zerlegt, die man nebeneinander anordnet.

§ 18. Die graphische Darstellung einer Funktion

4. Definition. Die Beziehung $u_2 = \Phi(u_1)$

oder $F(u_1, u_2) = 0$

kann graphisch dargestellt werden (Elementarkenntnisse von der graphischen Darstellung einer Funktion wollen wir als bekannt voraussetzen).

Die graphische Darstellung einer Funktion ist das einfachste Nomogramm; sie besteht aus einem Funktionsnetz, nämlich zwei aufeinander senkrechten gleichförmigen Geradenscharen, von denen die erste mit Werten u_1, die zweite mit Werten u_2 bezeichnet ist. Punkten, in denen sich die Linien schneiden, sind Werte u_1 und u_2 zugeordnet, die die vorgegebene Gleichung befriedigen, ihre

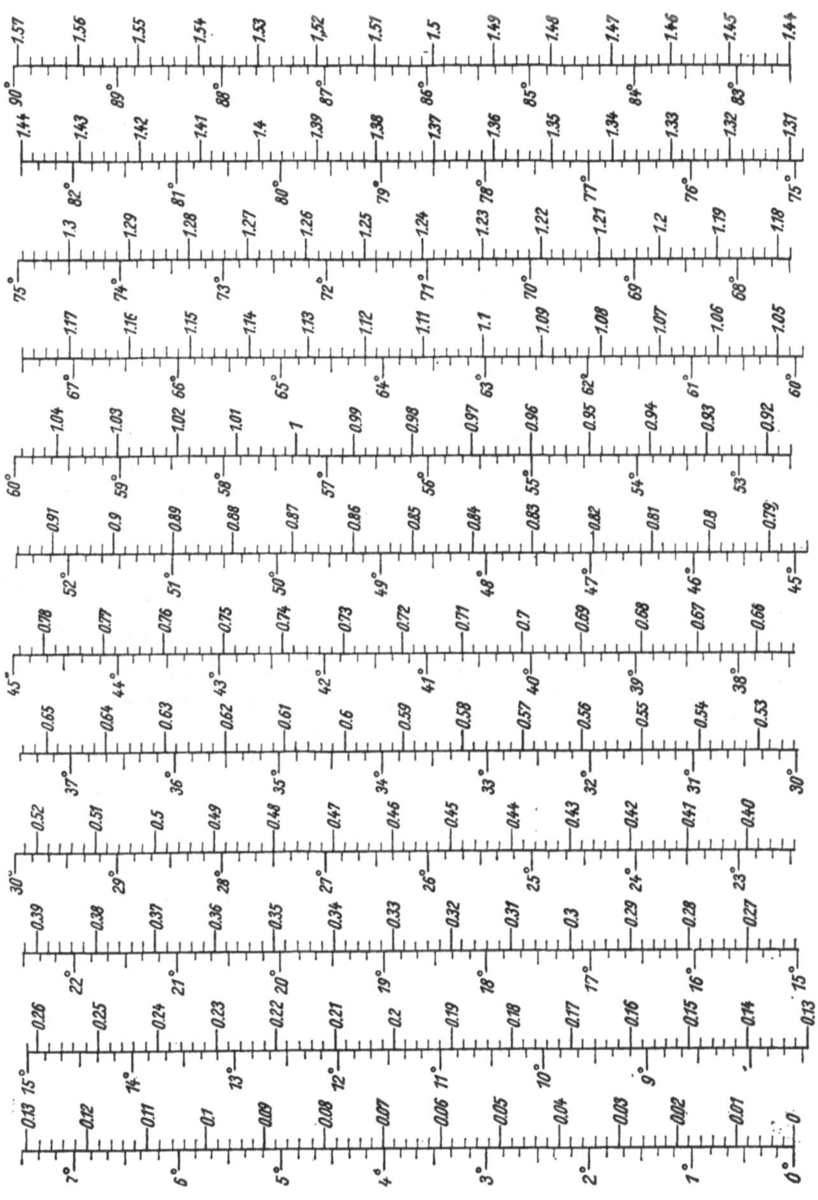

Figur 63

Verbindungslinie heißt die graphische Darstellung der gegebenen funktionalen Abhängigkeit. Um bei gegebenem Wert u_1 mit Hilfe der graphischen Darstellung den Wert u_2 zu bestimmen, hat man den Schnittpunkt der Kurve mit der vertikalen Geraden zu ermitteln, die zu diesem Werte u_1 gehört. Das Argument der horizontalen Geraden, die durch diesen Schnittpunkt geht, ist dann der gesuchte Wert u_2.

Die Linien der Schar u_1 erzeugen auf der Abszissenachse eine gleichförmige Skala u_1 und die Linien der Schar u_2 eine solche auf der Ordinatenachse. Gewöhnlich gibt man der graphischen Darstellung eine Form, bei der die Werte u_1 und u_2 in Gestalt von Skalen auf den Koordinatenachsen aufgetragen werden.

Konstruiert man die graphische Darstellung einer gegebenen Abhängigkeit auf einem Funktionsnetz (siehe Abschnitt 24, Seite 24), dann verändert sich die Form der Kurve, insbesondere wählt man gern ein solches Funktionsnetz, bei dem die graphische Darstellung der gegebenen Abhängigkeit eine gerade Linie wird (wenn u_2 innerhalb der Bereiche eine stetige und eindeutige Funktion von u_1 ist). Diese Eigenschaft der Funktionsnetze benutzt man zur Bestimmung der Koeffizienten empirischer Abhängigkeiten bekannter mathematischer Form.[1])

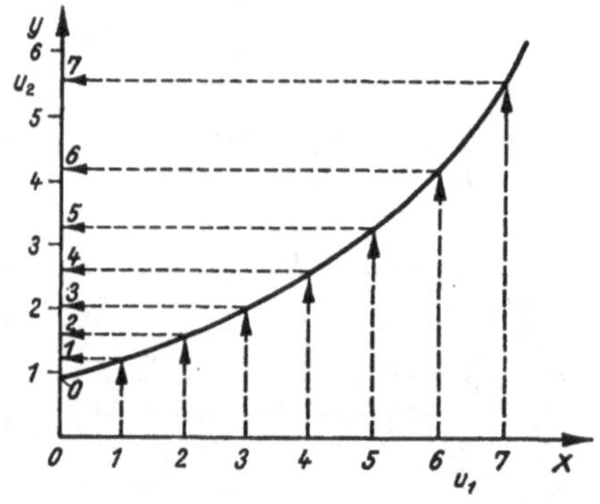

Figur 64

5. Der Zusammenhang zwischen einer Doppelleiter und der graphischen Darstellung einer Funktion. Legt man durch die Schnittpunkte der Linien $u_1 = \text{const}$ mit der graphischen Darstellung der Funktion horizontale Geraden (Fig. 64) und bezeichnet deren Schnittpunkte mit der Ordinatenachse (auf der rechten Seite der Achse) mit denselben Werten u_1, so bekommt man auf der Ordinatenachse eine ungleichförmige Skala u_1. Somit erhält man auf dieser eine Doppelleiter (u_1, u_2), wobei die Skala u_2 gleichförmig und die Skala u_1 ungleichförmig ist. Ist die graphische Darstellung auf einem Funktionsnetz konstruiert, so werden beide Skalen u_1 und u_2 der Doppelleiter ungleichförmig.

[1]) K. A. Sm. Semendjajew, Empirische Formeln, ONTI, 1937.

VI. KAPITEL.

Netztafeln für Gleichungen mit drei Variablen

§ 19. Definition und Gebrauch einer Netztafel

1. Gebrauch einer Netztafel. Eine Netztafel besteht aus drei Scharen benannter Linien. Man kann sie als Nomogramm mit einer beweglichen Ebene betrachten, wobei letztere Null Freiheitsgrade besitzt (Tabelle 1). Die feste Ebene des Nomogramms besitzt ein Netz (u_1, u_3), auf das eine Linienschar mit dem Parameter u_2 gelegt wird (Fig. 65).

Der Gebrauch der Netztafel besteht nun darin, daß man das Argument u_3 der Linie des Netzes sucht, die durch den Schnittpunkt der Linien u_1 des Netzes mit der Linie der Schar u_2 hindurchgeht, wobei die Linien u_1 bzw. u_2 als Argumente die vorgegebenen Werte der Variablen u_1 und u_2 besitzen. Das Nomogramm gestattet, den Wert einer beliebigen dieser Variablen nach vorgegebenen Werten der übrigen Variablen zu bestimmen.

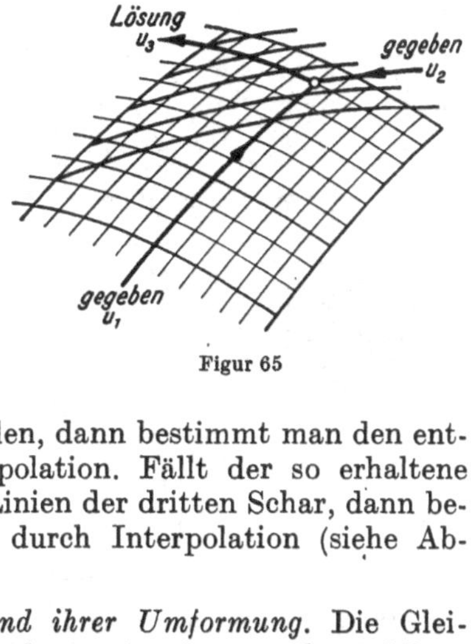

Figur 65

Sind die Werte u_1 und u_2 keine runden Zahlen, dann bestimmt man den entsprechenden Punkt des Netzes durch Interpolation. Fällt der so erhaltene Punkt des Feldes zwischen zwei gezeichnete Linien der dritten Schar, dann bestimmt man nach Augenmaß den Wert u_3 durch Interpolation (siehe Abschnitt 17, § 3, Seite 18).

2. Allgemeine Definition einer Netztafel und ihrer Umformung. Die Gleichungen jeder der Linienscharen u_1, u_2 und u_3 lauten in einem rechtwinkligen Koordinatensystem:

$$f(x, y, u_1) = 0, \quad \varphi(x, y, u_2) = 0, \quad \psi(x, y, u_3) = 0, \tag{6.1}$$

wobei Werten u_1, u_2 und u_3, die der unserm Nomogramm entsprechenden funktionalen Abhängigkeit zwischen diesen Variablen genügen, dieselben Werte x und y durch diese drei Gleichungen zugeordnet werden.

Eliminiert man die zwei Variablen x und y aus diesen Gleichungen, dann bekommt man die Form der Abhängigkeit zwischen u_1, u_2 und u_3, zu der das gegebene Nomogramm gehört. Führt man dies durch, erhält man die Gleichung

$$F(u_1, u_2, u_3) = 0. \tag{6.2}$$

Da die Form der Funktionen f, φ und ψ von uns völlig beliebig gewählt werden kann, unterliegt die Form der Funktion F keinerlei Beschränkungen.

Ist uns umgekehrt eine beliebige Gleichung (6.2) gegeben, dann können wir für diese eine Netztafel konstruieren, wobei ihre zwei Scharen, die das Netz bilden, von uns völlig beliebig gewählt werden können. Ändert man den Charakter zweier dieser Scharen, dann ändert sich auch der Charakter der dritten Schar und wir haben somit die Netztafel *umgeformt*. Diese Umformung ist durch keinerlei Bedingungen eingeschränkt.

In der Praxis ist es in den meisten Fällen nicht erforderlich, daß alle drei Linienscharen der Netztafel krummlinig sind; man richtet es gewöhnlich so ein, daß zwei Scharen aus geraden Linien bestehen.

3. Der einfachste Fall einer Netztafel. Wählt man

$$x = \mu_x u_1, \quad y = \mu_y u_2,$$

wobei μ_x und μ_y die Maßstäbe auf den Koordinatenachsen x und y sind, dann bestehen die zwei gleichförmigen Linienscharen $u_1 = \text{const}$ und $u_2 = \text{const}$ aus Geraden, die den Koordinatenachsen parallel sind. Die Gleichung der Linien der dritten Schar (mit dem Parameter u_3) hat dann die Form

$$F\left(\frac{x}{\mu_x}, \frac{y}{\mu_y}, u_3\right) = 0.$$

Dies ist der einfachste Fall einer Netztafel (Fig. 66).

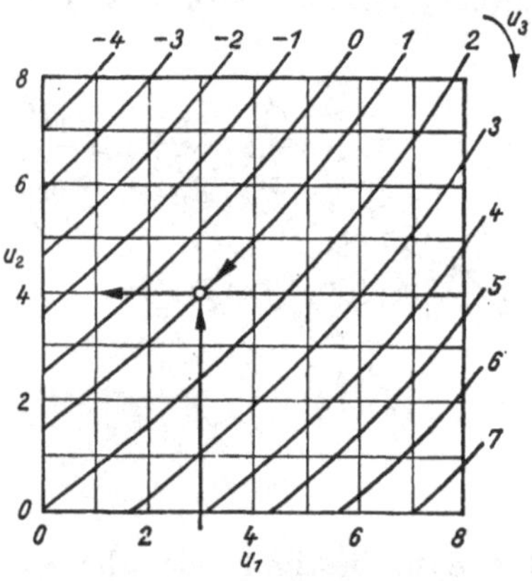

Figur 66

Die einfachsten Netztafeln zeichnet man gewöhnlich auf Millimeterpapier. Sind die Grenzen der Variablen u_1 und u_2 weit vom Nullpunkt entfernt, dann ist es zweckmäßig, durch den Koordinatenursprung Linien zu legen, die als Argumente von Null verschiedene Werte der Variablen besitzen. Daraus folgt, daß wir jetzt die Parametergleichungen der Linien u_1 und u_2 in der Form

$$x = \mu_x (u_1 - a_1), \quad y = \mu_y (u_2 - a_2)$$

schreiben müssen, wobei a_1 und a_2 beliebig zu wählende Konstanten sind. Gewöhnlich wählt man als Variable u_2 diejenige, deren Wert man nach dem Nomogramm bestimmen will.

4. Die Netztafel auf einem Funktionsnetz. Setzt man

$$x = \varphi_1 (u_1), \quad y = \varphi_2 (u_2),$$

dann erhält man eine Netztafel mit zwei ungleichförmigen Scharen gerader Linien $u_1 = \text{const}$ und $u_2 = \text{const}$, die den Koordinatenachsen parallel sind. In diesem Falle weichen die für die Gleichung (6.2) konstruierten Linienscharen $u_3 = \text{const}$ der Form nach von den Linien $u_3 = \text{const}$ im Falle der einfachsten Netztafel ab, die für dieselbe Gleichung (6.2) konstruiert wurde. Verändert man die Form der Funktionen φ_1 und φ_2, dann bekommt man ihrem äußeren Aussehen nach verschiedene Netztafeln; eine solche Funktionsänderung kann man als Sonderfall einer Netztafelumformung betrachten.

Durch Einführung ungleichförmiger Linienscharen $u_1 = \text{const}$ und $u_2 = \text{const}$ bekommt man eine Linienschar der Lösungsvariablen u_3, die sich der gleichförmigen oder logarithmischen Teilung am besten annähert. Aus diesem Grunde bevorzugt man meistens solche Umformungen, bei denen

$$\varphi_2(u_2) = \mu_y (u_2 - a_2)$$

eine gleichförmige Schar bzw.

$$\varphi_2(u_2) = \mu_y \lg \frac{u_2}{a_2}$$

eine logarithmische Schar ergibt.

§ 20. *Unzulänglichkeiten bei Netztafeln und die Verfahren, sie zu vermeiden*

5. *Hauptmängel.* Da man die Charakteristiken der Linienscharen $u_1 = \text{const}$ und $u_2 = \text{const}$ vorher wählen kann, so sind alle Mängel eines solchen Nomogramms durch die Charakteristik und die Form der dritten Linienschar $u_3 = \text{const}$ bedingt. Die wichtigsten Mängel sind die folgenden:

a) *Die Kurvenschar u_3 ist innerhalb der Bereiche von u_3 ein schmales Linienbündel* (Fig. 67a). In diesem Fall ist ein bedeutender Teil der

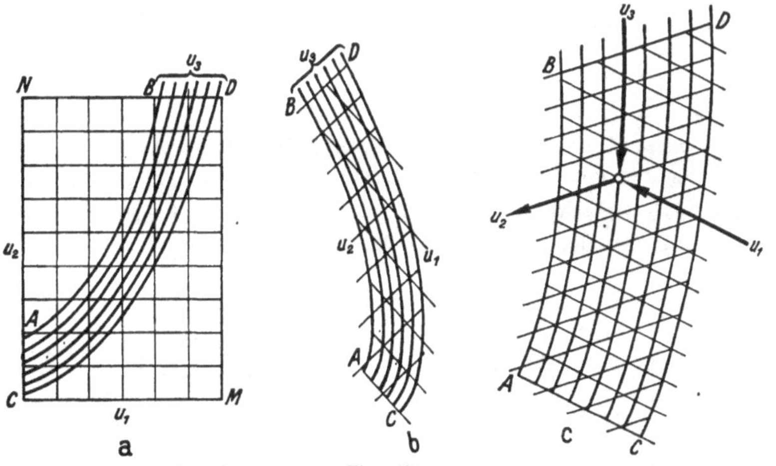

Figur 67

Nomogrammfläche (die Teile *ABN* und *CDM*) überflüssig und erschwert die Benutzung des Nomogramms, während das schmale Linienbündel keine hinreichend genaue Ablesung des Wertes der entsprechenden Variablen gestattet.

b) *Das Vorhandensein spitzer Schnittwinkel der Linien* $u_3 = \text{const}$ *mit den Linien* $u_1 = \text{const}$ (Fig. 68, *a* — die spitzen Schnittwinkel der Linie $u_1 = 6$ mit den Linien $u_3 = \text{const}$), wodurch man ihren Schnittpunkt nicht hinreichend genau bestimmen kann. Eine Interpolation für Zwischenwerte u_1 und u_3 ist an dieser Stelle des Nomogramms schwierig.

c) *Der Schnitt von Linien der Schar* $u_3 = \text{const}$ *in einem bestimmten nicht großen Gebiet* (Fig. 69a). Durch diese Unzulänglichkeit wird im Schnittgebiet eine Interpolation für nichtrunde Werte u_3 unmöglich, d. h. man kann praktisch das Nomogramm für hinreichend genaue Berechnungen nicht gebrauchen.

d) *Die Linien* $u_3 = \text{const}$ *bilden ein sich sehr schnell verengendes Kurvenbündel* (Fig. 70a), was oft dazu zwingt, den Wert der Teilung zwischen zwei gezeichneten (nicht zusammenfließenden) Linien der Schar zu ändern, wodurch sich die Interpolation bedeutend erschwert.

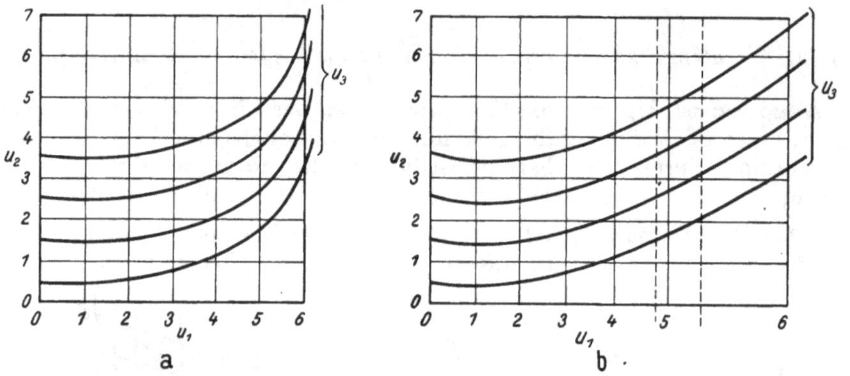

Figur 68

e) *Eine schnelle Abnahme der Charakteristik der Linienschar* $u_3 = \text{const}$, was die Benutzung des Nomogramms etwas erschwert.

In Einzelfällen findet man auch verschiedene Kombinationen dieser einzelnen Mängel auf ein und demselben Nomogramm vor.

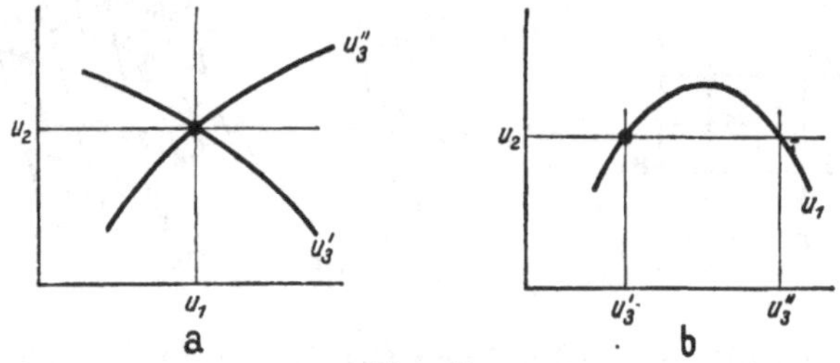

Figur 69

6. *Auf Netztafeln anwendbare Umformungen.* Zahlreiche Mängel können bis zu einem bestimmten Grade durch rationale Auswahl der Linienscharen $u_1 = \text{const}$ und $u_2 = \text{const}$ vermieden werden. Dabei hat man es in der Mehrzahl der Fälle nicht notwendig, krummlinige Scharen für diese Variablen einzuführen, wodurch sich die Herstellung eines Nomogramms bedeutend vereinfacht. Es lassen sich einige Verfahren angeben, um die oben angeführten Mängel des Nomogramms zu vermeiden.

a) Liegt ein schmales Linienbündel $u_3 = \text{const}$ vor, das durch die Kurven AB und CD begrenzt wird (Fig. 67a), dann kann man das erhaltene krummlinige Viereck $ABCD$ auch vertikal stellen, wodurch man den Maßstab der Zeichnung etwas vergrößert, das Linienbündel u_3 aber nach wie vor schmal bleibt (Fig. 67b). Um es auseinanderzuziehen, muß man den Abstand zwischen den Kurven AB und CD des Bündels vergrößern, was man dadurch erreichen kann, indem man das rechtwinklige Netz (u_1, u_2) durch ein besonders gewähltes spitzwinkliges Netz ersetzt (Fig. 67b).

b) Man kann verhindern, daß das Bündel der Kurven u_3 sich stark verengt (Fig. 70a), indem man für die Linien u_2 eine Schar von Geraden wählt, die gegen einen Punkt konvergieren (Fig. 70b).

c) Um zu vermeiden, daß sich Linien der Schar u_3 auf dem Nomogramm schneiden, genügt es, die Lage der Variablen u_1 und u_3 zu vertauschen, d. h. für die Variablen u_3 ein System von Geraden zu wählen, die der Ordinatenachse parallel sind und u_1 zum Parameter einer krummlinigen Schar zu machen. Schneiden auf dem Netz (u_1, u_2) zwei Linien der Schar u_3 für die

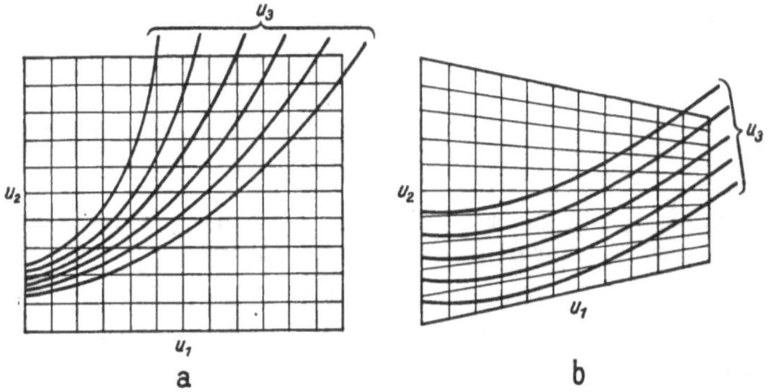

Figur 70

Werte $u_3 = u_3'$ und $u_3 = u_3''$ einander (der Schnittpunkt entspricht $u_1 = u_1'$ und $u_2 = u_2'$), dann hat auf dem Netz (u_3, u_2) die Linie, die dem Wert $u_1 = u_1'$ entspricht, ein Extremum zwischen den Punkten u_3' und u_3'' (vergleiche Fig. 69a und b).

d) Schneiden sich die Linien der Schar $u_3 = \text{const}$ mit den Linien $u_1 = \text{const}$ unter einem spitzen Winkel (Fig. 68a), dann kann man dies vermeiden, indem man für dieses Gebiet die Charakteristik der Schar u_1 verändert. Man hat nämlich die Funktion φ_1 (Abschnitt 4, Seite 102) so zu wählen, daß sich an dieser Stelle die Intervallänge zwischen zwei benachbarten Geraden $u_1 = \text{const}$ bedeutend vergrößert (Fig. 68b).

e) Die Wahl der Charakteristik der Linien $u_3 = \text{const}$ erreicht man durch entsprechende Veränderung der Charakteristiken der Scharen u_1 und u_2. In der Mehrzahl der Fälle kann man, um eine qualitativ gute Netztafel zu erhalten, sich auf diese Umformungen beschränken.

§ 21. Die Reihenfolge bei der Konstruktion und Berechnung von Netztafeln

7. Die Reihenfolge bei der Projektierung einer Netztafel. Die Konstruktion einer Netztafel führt man am besten in zwei einzelnen Etappen aus: Die erste gestattet uns mit Hilfe des einfachsten Nomogramms, die Mängel aufzudecken, die bei dem Nomogramm vorkommen können, die zweite endet mit der Wahl der vorteilhaftesten Gestalt und der Herstellung eines Nomogrammentwurfs.

Die erste Etappe zerfällt in einige einzelne Operationen:

1. Nach der gegebenen Gleichung

$$F(u_1, u_2, u_3) = 0$$

und den Bereichen der Variablen

$$a_1 \leqq u_1 \leqq b_1, \quad a_2 \leqq u_2 \leqq b_2, \quad a_3 \leqq u_3 \leqq b_3$$

berechnet man für einige ganzzahlige Werte des Parameters u_3 (von 5 bis 10) eine Tabelle der Abhängigkeit u_2 von u_1. Für die Größe u_2 muß man die Variable wählen, die in der gegebenen Aufgabe gesucht ist; es ist gleichgültig, welche von den in die Gleichung eingehenden Variablen man für u_1 und welche man für u_3 nimmt.

2. Gemäß der gewünschten Charakteristik der Schar u_2 wählt man

$$y = \mu_y u_2 \quad \text{oder} \quad y = \mu_y \lg u_2.$$

Für die Variable u_1 nimmt man je nach den vorgegebenen Bereichen eine gleichförmige oder eine logarithmische Geradenschar

$$x = \mu_x n_1 \quad \text{oder} \quad x = \mu_x \lg u_1.$$

3. Dann wählt man die Maßstäbe μ_x und μ_y auf den Koordinatenachsen (siehe Seite 9) nach den bekannten Bereichen u_1 und u_2 und den gewünschten Ausmaßen des Nomogramms.

4. Parallel zu den Koordinatenachsen legt man die Geraden u_1 und u_2, wobei mit den Koordinatenachsen diejenigen Linien dieser Scharen zusammenfallen, deren Argumente einer der ihnen entsprechenden Grenzen gleich sind.

5. Auf dem so erhaltenen Netz konstruiert man die Linien $u_3 = \text{const}$ nach der dazu berechneten Tabelle.

Die abschließende Etappe. Hat das so erhaltene Nomogramm bereits ein befriedigendes Aussehen und kann man mit ihm die nötige Genauigkeit sowie die entsprechende Bequemlichkeit bei seiner Benutzung erreichen, dann berechnet man so viel Linien für die übrigen Werte u_3, daß man ein sehr dichtes Netz dieser Linien mit Hilfe der graphischen Interpolation (Seite 304) bekommt und schließt damit die Herstellung des Nomogramms ab (§ 51, Seite 303).

Besitzt aber dieses Nomogramm irgendwelche unerwünschten Mängel (Abschnitt 5, Seite 103), dann kann man es immer noch einer entsprechenden Umformung (Abschnitt 6, Seite 104) unterziehen, um eine befriedigende Variante zu bekommen.

8. Ein Beispiel für die Konstruktion einer Netztafel. Wir konstruieren eine Netztafel zur Berechnung des spezifischen Wasserdruckes an einer Schwelle einer künstlichen Anlage

$$H_0 = H + \frac{v^2}{2g},$$

wobei v die Geschwindigkeit des Wassers ist, mit der es an der Anlage ankommt, in m/sec; H der statische Druck auf die Schwelle der Anlage in m; H_0 der spezifische Gesamtdruck in m und g gleich 9,81 m/sec² die Schwerebeschleunigung ist.

Die Bereiche sind

$$0{,}5 \leqq H \leqq 3{,}0\ \text{m}; \quad 0{,}5 \leqq v \leqq 2\ \text{m/sec}; \quad 0{,}5 \leqq H_0 \leqq 3{,}2\ \text{m}.$$

Die Genauigkeit, mit der man H_0 bestimmt, beträgt 5%.

Die erste Etappe:

1. Für u_3 wählen wir die Größe v und für u_2 die gesuchte Größe H_0 und berechnen eine Tafel für die Werte H_0:

Tabelle 5

v	$\frac{v^2}{2g}$ \ H	0,4	0,5	1	1,5	2	3
0,5	0,013	—	0,513	1,013	1,513	2,013	3,013
1	0,051	—	0,551	1,051	1,551	2,051	3,051
1,2	0,073	—	0,573	1,073	1,573	2,073	3,073
1,6	0,130	0,53	0,630	1,130	1,630	2,130	3,130
2	0,204	0,604	0,704	1,204	1,704	2,204	3,204

2. Die Lösung soll mit konstanter relativer Ungenauigkeit bestimmt werden. Wir wählen

$$y = \mu_y \lg H_0.$$

Für H nehmen wir ebenfalls eine logarithmische Geradenschar

$$x = \mu_x \lg H.$$

3. Die Ausmaße des Nomogramms seien 100 × 100 mm, dann sind die Maßstäbe auf den Koordinatenachsen

$$\mu_y = \frac{100}{\lg 3{,}2 - \lg 0{,}5} \approx 125\ \text{mm},$$

$$\mu_x = \frac{100}{\lg 3{,}0 - \lg 0{,}5} \approx 125\ \text{mm}.$$

4. Um die logarithmischen Geradenscharen zu bekommen, nehmen wir die Skala (die Quadratskala) eines Rechenschiebers, mit deren Hilfe wir zwei Paare paralleler Punktreihen (Seite 305) auftragen. Durch diese legen wir Linien, die dann das Netz bilden.

5. Mit Hilfe der Tabelle 5 konstruieren wir auf dem Netz die Linien $v = \text{const}$; die so erhaltene Variante des Nomogramms ist in Fig. 71 dargestellt.

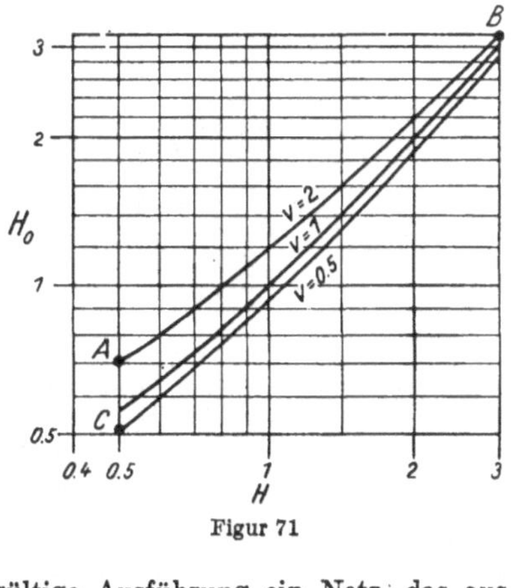

Figur 71

Die zweite Etappe. Bei dieser Form besitzt das Nomogramm für die Linien $v = \text{const}$ ein enges Bündel. Daher wählen wir für die endgültige Ausführung ein Netz, das aus parallelen Linien $H = \text{const}$ und $H_0 = \text{const}$ besteht, die sich unter einem spitzen

Winkel schneiden (siehe Seite 105). Um die Kompaktheit des Nomogramms zu gewährleisten:

a) verlangen wir, daß die Punkte A und B der Kurve $v' = 2$ (Fig. 71) auf einer Vertikalen liegen sollen.

b) Die Linien $H_0 =$ const lassen wir in horizontaler Lage unter Beibehaltung des Maßstabes der Skala H_0.

c) Die Neigung der Linien in H wählen wir so, daß die Breite des Nomogramms 70 mm beträgt, dabei behalten wir den logarithmischen Charakter der Verteilung der Linie H bei.

Auf der Geraden ED (Fig. 72) tragen wir die Teilungen mit einer logarithmischen Schablone von 125 mm Länge (Skala eines Rechenschiebers) in den Grenzen von 0,5 bis 3,2 auf. Wir legen die Punkte A und B auf dieser Geraden fest. Der Punkt A hat das Argument $H_0 = 0{,}704$, der Punkt B das Argument $H_0 = 3{,}204$. Aus Fig. 71 ist ersichtlich, daß durch den Punkt A die Linie H mit dem Argument 0,5, durch den Punkt B die Linie mit dem Argument $H = 3$ hindurchgeht. Dieselben Linien müssen durch die Punkte A und B auf Figur 72 hindurchgehen. Die Breite des Nomogramms ist durch die Breite der Schar v,

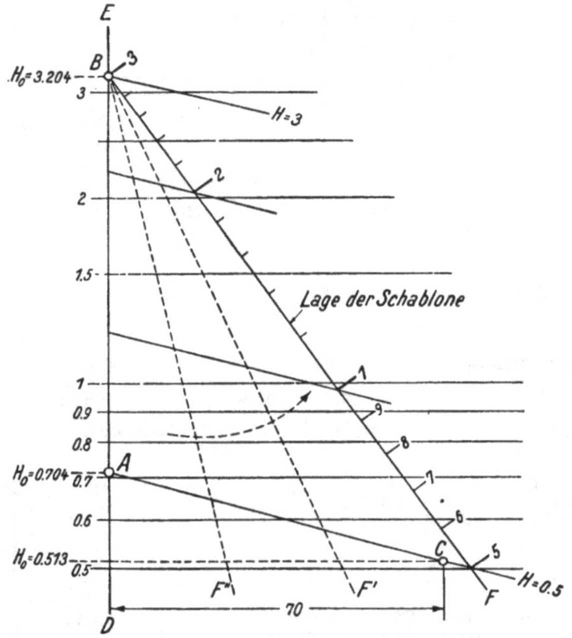

Figur 72

d. h. durch den Abstand zwischen den Punkten A und C (Fig. 71) bestimmt, da die Linien dieser Schar nach unten zu weiter auseinander liegen. Der Punkt C liegt auf der Horizontalen $H_0 = 0{,}513$. Daher legen wir in Fig. 72 auch auf die Horizontale $H_0 = 0{,}513$ im Abstand 70 mm von der Linie ED.

Die Gerade $H = 0{,}5$ muß durch die Punkte A und C gehen. Damit haben wir die Richtung der Linien der parallelen Schar H und die Lage der zwei mit den Werten $H = 0{,}5$ und $H = 3{,}0$ bezeichneten Geraden dieser Schar festgelegt. Wollen wir die Charakteristik der Linienschar H nicht verändern, dann können wir den Maßstab der logarithmischen Skala bestimmen, die man durch den Schnitt der Linien H mit einer zu ihnen orthogonalen Geraden bekommt (die z. B. vom Punkte A ausgeht). Dazu muß man, nachdem man den

Abstand zwischen den eingezeichneten Geraden $H = 0{,}5$ und $H = 3$ gemessen hat, diese Skala berechnen, sie auf der oben angegebenen Geraden einzeichnen und durch die Punkte einer Teilung die notwendige Anzahl der Linien $H = \text{const}$ legen.

Besitzt man logarithmische Schablonen auch anderer Maßstäbe (größer als 125 mm), dann kann man die Schablone so auf die Zeichnung legen, daß ihr Argument 3 mit dem Punkte B zusammenfällt und sie um diesen Punkt so weit drehen, bis das Argument 5 (0,5) der zweiten Hälfte der Schablone auf die Gerade AC fällt (Lage BF). In dieser Lage hält man die Schablone fest und legt durch ihre Teilungen die erforderliche Zahl von Linien der Schar H.

Trägt man mit Hilfe der Tabelle 5 auf dem so erhaltenen Netz die Linien $v = \text{const}$ ein und verbindet sie durch einen Kurvenzug, dann erhält man das in Fig. 73 dargestellte fertige Nomogramm.

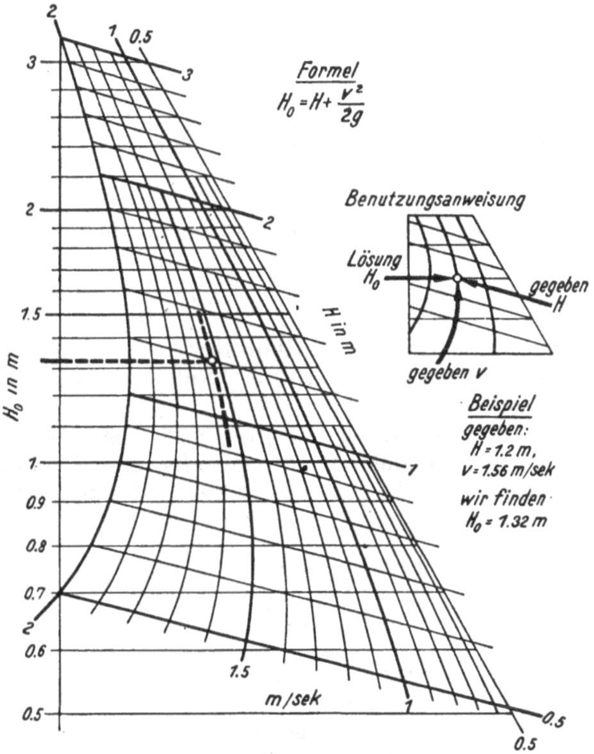

Figur 73

§ 22. *Die Umwandlung von krummen Linien einer Netztafel in Geraden; der Zusammenhang mit den Fluchtlinientafeln*

9. Das Nomogramm in rechtwinkligen Koordinaten. Die allgemeine Form einer Gleichung, die die Konstruktion einer Netztafel mit einer geradlinigen Schar u_3 auf einem Funktionsnetz zuläßt, das aus zu den Koordinatenachsen parallelen Geraden besteht, hat die Gestalt

$$f_1(u_1) \cdot f_3(u_3) + f_2(u_2) \cdot \varphi_3(u_3) + \psi_3(u_3) = 0 .$$

Bezeichnet man hier $x = f_1(u_1), \quad y = f_2(u_2)$,
dann bekommt man

$$(6.3) \qquad x f_3(u_3) + y \varphi_3(u_3) + \psi_3(u_3) = 0$$

— die Gleichung einer Geraden mit vom Parameter u_3 abhängigen Koeffizienten.

Notwendig und hinreichend dafür, daß man die vorgegebene Gleichung (6.2)

$$F(u_1, u_2, u_3) = 0$$

auf die Form (6.3) bringen kann, ist die Erfüllung der Bedingungen

$$(6.4) \qquad \frac{\partial F}{\partial u_1} : \frac{\partial F}{\partial u_2} = M(u_1) \cdot N(u_2) \cdot P(u_3),$$

d. h. das Verhältnis der partiellen Ableitungen muß sich als Produkt dreier Faktoren darstellen lassen, von den jeder nur von einer der in die Gleichung (6.2) eingehenden Variablen abhängt. Dabei muß man verschiedene Kombinationen der drei Variablen: (u_1, u_2), (u_1, u_3) oder (u_2, u_3) ausprobieren.

Der Charakter der geradlinigen Scharen u_1 und u_2 bestimmt sich dann aus den Gleichungen

$$(6.5) \qquad x = \int M(u_1)\, du_1 + C, \qquad y = \int \frac{du_2}{N(u_2)} + C',$$

wobei die unbestimmten Integrationskonstanten für unsere Aufgabe unwesentlich sind (sie verschieben nur den Nullpunkt der Skala aus dem Koordinatenursprung).

Ist insbesondere der dritte Faktor $P(u_3) = \text{const}$, so sind alle sich ergebenden Geraden (6.3) des Nomogramms einander parallel. Die Bedingung, unter der die gegebene Gleichung (6.2) die Konstruktion einer Netztafel aus drei Scharen paralleler Geraden zuläßt, kann in der Form

$$(6.6) \qquad \frac{\partial^2 \lg \left(\frac{\partial F}{\partial u_1} : \frac{\partial F}{\partial u_2} \right)}{\partial u_1\, \partial u_2} = 0$$

geschrieben werden.

Die Umformung der Netztafel, bei der krumme Linien geradlinig werden, trägt die Bezeichnung *Anamorphose.*

Ist die Bedingung (6.4) für eine gegebene Gleichung erfüllt, während die Bedingung (6.6) nicht erfüllt ist, dann läßt die Gleichung eine einzige durch die Gleichungen (6.5) bestimmte Anamorphose zu.

Ist aber die Bedingung (6.6) erfüllt, dann gibt es unendlich viele Möglichkeiten für eine Anamorphose, man kann die Gleichung (6.2) auf die Form

$$f_1(u_1) \cdot f_2(u_2) = f_3(u_3)$$

bringen, für die die Formel der Anamorphose die Form

$$x = -\frac{1}{n\,[f_1(u_1)]^n} \quad \text{und} \quad y = \frac{[f_2(u_2)]^n}{n}$$

hat, wobei n eine beliebige Zahl ist.

10. Der allgemeine Fall der Anamorphose. Die Gleichung (6.2) kann als Netztafel, die aus drei beliebigen Scharen gerader Linien besteht, dargestellt werden, wenn es möglich ist, sie als Ergebnis der Elimination von x und y aus drei bezüglich dieser Koordinaten linearen Gleichungen zu bekommen, d. h. nur dann, wenn man diese Gleichung durch ein System von Gleichungen (Abschnitt 2, Seite 101) der Form

$$x f_1(u_1) + y \varphi_1(u_1) + 1 = 0,$$

$$x f_2(u_2) + y \varphi_2(u_2) + 1 = 0$$

und

$$x f_3(u_3) + y \varphi_3(u_3) + 1 = 0$$

ersetzen kann. Das Ergebnis einer solchen Elimination kann wie folgt

$$\begin{vmatrix} f_1(u_1) & \varphi_1(u_1) & 1 \\ f_2(u_2) & \varphi_2(u_2) & 1 \\ f_3(u_3) & \varphi_3(u_3) & 1 \end{vmatrix} = 0 \quad \text{oder} \quad \frac{f_3 - f_1}{\varphi_3 - \varphi_1} = \frac{f_2 - f_1}{\varphi_2 - \varphi_1} \tag{6.7}$$

geschrieben werden.

Die allgemeine Anamorphose ist jedoch nur möglich, wenn man die Gleichung auf die Form (6.7) bringen kann oder wenn man sie durch Einführung dreier Hilfsvariabler in drei bezüglich dieser Hilfsvariablen lineare Gleichungen aufspalten kann, von denen jede als Koeffizienten Funktionen hat, die nur von einem der Parameter u_1, u_2, u_3 abhängen.

Eine hinreichend einfache praktisch anwendbare Lösung dieser Aufgabe ist bis heute noch nicht gefunden.[1])

Die Aufgabe der Anamorphose einer Netztafel fällt mit der Aufgabe zusammen, eine Bedingung zu finden, unter der die gegebene Gleichung mittels einer Fluchtlinientafel[2]) gelöst wird. Diese Tatsache kann man zur angenäherten Konstruktion von Fluchtlinientafeln verwenden (siehe Seite 208).

11. Einige Spezialfälle von Anamorphosen. In der Praxis finden zwei Arten von Netztafeln, die aus drei Geradenscharen bestehen, Verwendung:

a) Die Netztafel, die aus drei Geradenbündeln (Fig. 74) besteht. Das Nomogramm löst eine Gleichung

$$f_1(u_1) \cdot f_2(u_3) \cdot f_3(u_3) = 1.$$

[1]) Die einfachste und leider einzige in der Praxis anwendbare Lösung wurde erst in letzter Zeit von S. W. Smirnow angegeben (siehe L. 16). Aber auch hierbei sind noch große Schwierigkeiten zu überwinden, um ein endgültiges Resultat zu erhalten.

[2]) Der Umstand, daß die Gleichung (6.7) gleichzeitig die Bedingung für die Möglichkeit der Konstruktion einer geradlinigen Netztafel und die Bedingung für die Möglichkeit der Konstruktion einer Fluchtlinientafel ist, erklärt sich durch die geometrische Tatsache, die man das Dualitätsprinzip nennt. Das Dualitätsprinzip wird eingehend in den Vorlesungen für analytische und projektive Geometrie betrachtet. Historisch gesehen erhielt man die Fluchtlinientafeln aus geradlinigen Netztafeln mit Hilfe des Dualitätsprinzips.

Liegen die Schnittpunkte der Geradenbündel in den Spitzen A, B und C eines gleichseitigen Dreieckes, dann bilden die Geradenbündel auf den gegenüberliegenden Seiten des Dreiecks die projektiven Skalen

$$y_1 = \frac{a}{1 + \frac{f_1(u_1)}{m_1}}, \quad y_2 = \frac{a}{1 + \frac{f_2(u_2)}{m_2}} \quad \text{und} \quad y_3 = \frac{a}{1 + \frac{f_3(u_3)}{m_3}}$$

mit

$$m_1 \cdot m_2 \cdot m_3 = 1 .$$

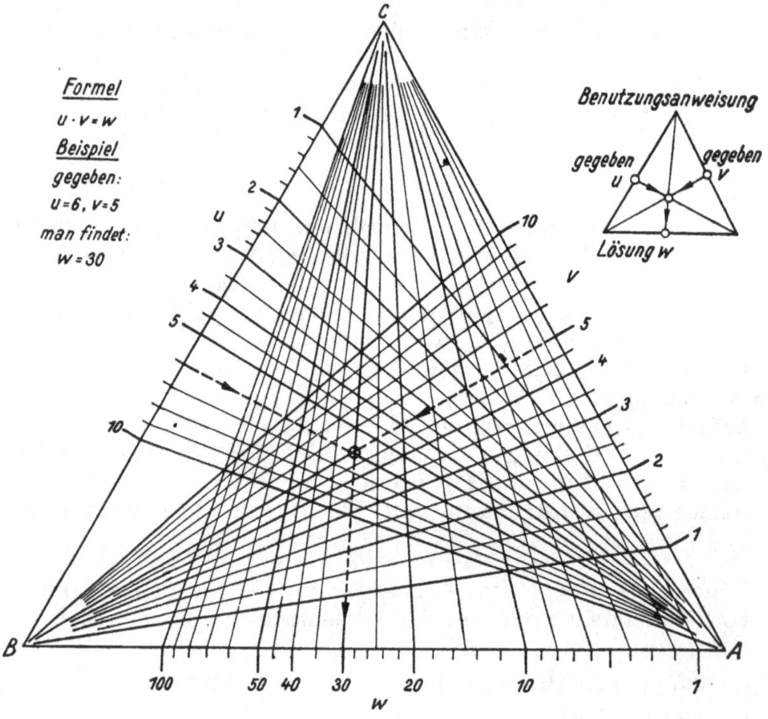

Figur 74

b) Das „Mischungsdreieck" ist eine Netztafel, die aus drei Scharen paralleler Geraden besteht, die sich unter dem Winkel von 60° schneiden (Fig. 75). Das Nomogramm löst die Gleichung

$$f_1(u_1) + f_2(u_2) + f_3(u_3) = A \quad (A = \text{const}).$$

Die Gleichungen der Skalen lauten:

$$y_1 = \mu f_1(u_1) + a, \quad y_2 = \mu f_2(u_2) + b \quad \text{und} \quad y_3 = \mu f_3(u_3) + c$$

mit

$$a + b + c = 0 .$$

Für den Fall, daß $f_i(u_i) = u_i$ ist, ist die Summe der Argumente dreier durch einen Punkt im Innern des Dreiecks gehender Linien immer gleich der Größe A. Dadurch ist das Nomogramm zur Berechnung des prozentualen Anteils eines aus drei Komponenten bestehenden Gemisches ($A = 100\%$) geeignet.

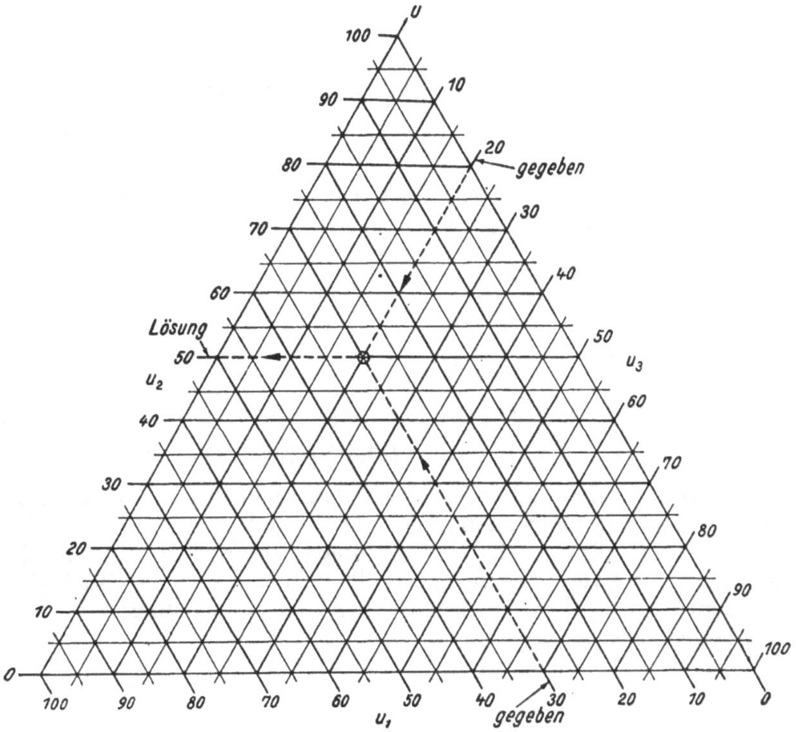

Figur 75

VII. KAPITEL

Fluchtlinientafeln (Allgemeine Theorie)

§ 23. Die Klassifikation der Nomogramme und der nomographierbaren Gleichungen

1. Die Nomographierbarkeit von Gleichungen. Allgemeine Form nomographierbarer Gleichungen. Die allgemeine Form einer Gleichung (Seite 58 und 111), die durch Fluchtlinientafel mit drei Skalen gelöst werden kann, hat die Gestalt

$$\begin{vmatrix} f_1(u_1) & \varphi_1(u_1) & 1 \\ f_2(u_2) & \varphi_2(u_2) & 1 \\ f_3(u_3) & \varphi_3(u_3) & 1 \end{vmatrix} = 0 . \tag{7.1}$$

oder in der aufgelösten Form

$$f_1\varphi_2 + f_2\varphi_3 + f_3\varphi_1 - f_1\varphi_3 - f_2\varphi_1 - f_3\varphi_2 = 0 . \tag{7.1'}$$

Der linke Teil dieser Gleichung ist die Summe von Produkten, in denen jeder Faktor nur von einer Variablen abhängt.

Führt man an Stelle der Skalen u_1, u_2 und u_3 in das Nomogramm die Netze (u_1, u_2), (u_3, u_4) und (u_5, u_6) ein, so erhält man den allgemeinsten Fall einer Fluchtlinientafel, und die nomographierbare Gleichung lautet dann in Determinantenschreibweise

$$\begin{vmatrix} f_{1,2}(u_1, u_2) & \varphi_{1,2}(u_1, u_2) & 1 \\ f_{3,4}(u_3, u_4) & \varphi_{3,4}(u_3, u_4) & 1 \\ f_{5,6}(u_5, u_6) & \varphi_{5,6}(u_5, u_6) & 1 \end{vmatrix} = 0 \tag{7.1''}$$

oder in aufgelöster Form:

$$f_{1,2}\,\varphi_{3,4} + f_{3,4}\,\varphi_{5,6} + f_{5,6}\,\varphi_{1,2} - f_{1,2}\,\varphi_{5,6} - f_{3,4}\,\varphi_{1,2} - f_{5,6}\,\varphi_{3,4} = 0 . \tag{7.1'''}$$

In diesem Fall kann jeder Faktor in jedem Produkt von zwei Variablen abhängen. Hängen insbesondere einige von ihnen nur von einem Argument ab, dann erhalten wir ein Nomogramm, das eine geringere Anzahl von Netzen enthält. So z. B. enthält das Nomogramm für die Gleichung

$$f_{1,2}\,\varphi_{3,4} + f_{3,4}\,\varphi_5 + f_5\,\varphi_{1,2} - f_{1,2}\,\varphi_5 - f_{3,4}\,\varphi_{1,2} - f_5\,\varphi_{3,4} = 0$$

nur zwei Netze (u_1, u_2) und (u_3, u_4) und eine Skala u_5; ebenso enthalten die Nomogramme für die Gleichungen

$$f_{1,2}\,\varphi_3 + f_3\,\varphi_4 + f_4\,\varphi_{1,2} - f_{1,2}\,\varphi_4 - f_3\,\varphi_{1,2} - f_4\,\varphi_3 = 0$$

und

$$f_1\,\varphi_3 + f_3\,\varphi_4 + f_4\,\varphi_{1,2} - f_1\,\varphi_4 - f_3\,\varphi_{1,2} - f_4\,\varphi_3 = 0$$

nur ein Netz (u_1, u_2) und zwei Skalen für die Variablen u_3 und u_4 usw.

Im folgenden werden wir hauptsächlich Gleichungen betrachten, deren nomographische Lösung nur Skalen, also keine Netze enthält, was einfacher ist; aber man muß beachten, daß bei einer Gleichung mit mehr als drei Variablen diese auch durch Fluchtlinientafeln mit Netzen gelöst werden kann.

Die Gleichungen der Skalen eines Nomogramms für eine vorgegebene Abhängigkeit, dargestellt in der Form (7.1), schreiben sich wie folgt (siehe Tabelle 1, Seite 58):

$$\text{Skala } u_1\colon \quad x = f_1(u_1), \quad y = \varphi_1(u_1)$$
$$\text{Skala } u_2\colon \quad x = f_2(u_2), \quad y = \varphi_2(u_2)$$
$$\text{Skala } u_3\colon \quad x = f_3(u_3), \quad y = \varphi_3(u_3).$$

Das Nomogramm besitzt drei krummlinige Skalen.

Nicht für jede Gleichung $F(u_1, u_2, u_3) = 0$

kann man eine Fluchtlinientafel konstruieren. Dies ist nur möglich für eine solche Gleichung, die man auf die Form (7.1) oder (7.1′) bringen kann. Gleichungen, die eine solche Umformung zulassen, heißen **nomographierbare Gleichungen** (siehe S. 111 und S. 116).

2. Die nomographische Ordnung einer Gleichung und die Gattung eines Nomogramms. In einem Spezialfall können in der Gleichung (7.1) einige Elemente der Determinante gleich Null oder gleich anderen Konstanten oder auch voneinander paarweise linearabhängig sein. In diesem Falle sind einige Skalen des Nomogramms — eine, zwei oder alle drei geradlinig. Für uns sind nur die Elemente der Determinante (7.1) von Bedeutung, die paarweise voneinander linear-unabhängig sind (oder nicht konstant sind).

Die nomographische Ordnung einer nomographierbaren Gleichung nennt man die Zahl aller in die Gleichung eingehenden verschiedenen Funktionen, von denen jede nur von einer Variablen abhängt, nachdem man die Gleichung auf die Form (7.1) gebracht und vereinfacht hat.

So sind die nomographierbaren Gleichungen der Form

$$x^3 + px + q = 0 \quad \text{und} \quad px^3 + qx + 1 = 0$$

Gleichungen vierter nomographischer Ordnung, da in ihren Bestand vier verschiedene Funktionen

$$f(x) = x^3, \quad \varphi(x) = x, \quad \psi(p) = p \quad \text{und} \quad \chi(q) = q$$

eingehen.

Eine Gleichung der Form

$$\begin{vmatrix} u_1^2 & u_1 & 1 \\ u_2^2 & u_2 & 1 \\ u_3 & 0 & 1 \end{vmatrix} = 0,$$

in die fünf verschiedene Funktionen verschiedener Variablen:

$$f_1(u_1) = u_1^2, \quad \varphi_1(u_1) = u_1, \quad f_2(u_2) = u_2^2, \quad \varphi_2(u_2) = u_2 \quad \text{und} \quad f_3(u_3) = u_3$$

eingehen, ist eine Gleichung dritter nomographischer Ordnung, da sie nach der Umformung und nach Kürzung durch den Faktor $u_2 - u_1 \neq 0$ die Gestalt

$$u_3 + u_1 u_2 = 0$$

annimmt, die nur drei verschiedene Funktionen der Variablen u_1, u_2 und u_3 enthält.

Die niedrigste mögliche Ordnung einer nomographischen Ordnung ist die *dritte*, da in eine Gleichung mit drei Variablen für jede Variable wenigstens eine

Funktion eingehen muß. Die höchste mögliche Ordnung ist die *sechste*, wenn in der Gleichung (7.1) alle sechs Funktionen verschieden sind.

Die Zahl der krummlinigen Skalen einer Fluchtlinientafel nennt man die Gattung des Nomogramms. Nomogramme können von *dritter* (drei krummlinige Skalen), *zweiter* (zwei krummlinige Skalen), *erster* (nur eine krummlinige Skala) und *nullter* (alle Skalen sind geradlinig) Gattung sein.

3. Die Überführung nomographierbarer Gleichungen in die Form (7.1). Bis heute existieren noch keine hinreichend einfachen, in der Praxis verwendbaren Methoden, um für eine vorgegebene Gleichung eine solche Umformung vorzunehmen[1]). Die erfolgreiche Durchführung einer solchen Umformung bedingt, daß die Mehrzahl der Gleichungen, mit denen man es in der Praxis zu tun hat, nomographierbare Gleichungen sein müssen. Meistens gelingt es sofort durch einige Umformungen, die vorgegebene Gleichung auf eine der kanonischen Formen für Gleichungen verschiedener nomographischer Ordnungen zu bringen (siehe § 24). In den Fällen, wo es schwierig ist, eine solche Umformung zu finden, kann man das Verfahren der Einführung zweier Hilfsparameter verwenden, um die gegebene Gleichung durch ein ihr äquivalentes System dreier hinsichtlich dieser Parameter linearer Gleichungen zu ersetzen (siehe Seite 111).

Das Wesen dieses Verfahrens besteht im folgenden:

1. Die gegebene Gleichung dreier Variablen

$$F(u_1, u_2, u_3) = 0$$

muß man auf die Form

$$M_{1,2} f_3(u_3) + N_{1,2} \varphi_3(u_3) + \psi(u_3) = 0$$

oder

$$M_{1,2} f_3(u_3) + N_{1,2} \varphi_3(u_3) + 1 = 0 \tag{7.2}$$

bringen, wobei $M_{1,2}$ und $N_{1,2}$ nur von u_1 und u_2 abhängen.

2. Bezeichnet man

$$\xi = M_{1,2}(u_1, u_2) \quad \text{und} \quad \eta = N_{1,2}(u_1, u_2)$$

und versucht man, aus den so erhaltenen zwei Gleichungen der Reihe nach u_1 und u_2 zu eliminieren, so bekommt man ein System zweier hinsichtlich ξ und η linearer Gleichungen:

$$f_1(u_1)\xi + \varphi_1(u_1)\eta + 1 = 0$$

und

$$f_2(u_2)\xi + \varphi_2(u_2)\eta + 1 = 0.$$

3. Dann wird die vorgegebene Gleichung durch das System der drei Gleichungen

$$\xi f_3(u_3) + \eta\varphi_3(u_3) + 1 = 0$$
$$\xi f_2(u_2) + \eta\varphi_2(u_2) + 1 = 0$$
$$\xi f_1(u_1) + \eta\varphi_1(u_1) + 1 = 0$$

ersetzt.

Das Ergebnis der Elimination der Parameter ξ und η kann man so schreiben, daß eine bestimmte Determinante verschwindet.

4. Die erhaltene Gleichung formen wir dann so um, daß die Determinante die Form (7.1) annimmt.

---

[1]) Siehe Fußnote auf Seite 111.

Beispiele: 1. Wir stellen die Gleichung

$$xyz + 2xy + 3yz + 4zx + 5x + 6y + 7z + 8 = 0$$

nach (7.1) dar.

a) Wir schreiben zunächst

$$(xy + 3y + 4x + 7)z + (2xy + 5x + 6y + 8) = 0$$

dar und setzen dann

$$\xi = xy + 3y + 4x + 7 \quad \text{und} \quad \eta = 2xy + 5x + 6y + 8.$$

b) Nach Eliminierung von x erhalten wir

$$(2y + 5)\xi - (y + 4)\eta + 3(y - 1) = 0,$$

die Elimination von y ergibt:

$$2\xi - \eta - 3(x + 2) = 0.$$

c) Die vorgegebene Gleichung ersetzen wir nun durch das System

$$\begin{aligned} &\xi z && + \eta && + 0 && = 0, \\ &\xi(2y + 5) && - \eta(y + 4) && + 3(y - 1) && = 0, \\ &\xi \cdot 2 && - \eta && - 3(x + 2) && = 0. \end{aligned}$$

Das Ergebnis der Elimination von ξ und η aus diesem System kann man in der Form

$$\begin{vmatrix} 2 & -1 & -3(x+2) \\ 2y+5 & -(y+4) & 3(y-1) \\ z & 1 & 0 \end{vmatrix} = 0$$

darstellen. Hat man in der erhaltenen Determinante die Elemente der zweiten Zeile durch $-(y + 4)$ dividiert, die erste Zeile mit -1 multipliziert, so bekommt man durch Vertauschung der zweiten und dritten Spalte

$$\begin{vmatrix} -2 & x+2 & 1 \\ -\dfrac{2y+5}{y+4} & -\dfrac{y-1}{y+4} & 1 \\ z & 0 & 1 \end{vmatrix} = 0,$$

infolgedessen lauten die Gleichungen der Nomogrammskalen:

Skala x: $\quad \xi = -2, \qquad \eta = x + 2,$

Skala y: $\quad \xi = \dfrac{3}{y+4} - 2, \qquad \eta = \dfrac{5}{y+4} - 1,$

Skala z: $\quad \xi = z, \qquad \eta = 0.$

2. Die Gleichung $\qquad \varphi = \operatorname{arc\,tg}(k_1^2 + k_2^2 + k_1 k_2)$

ist auf die Form (7.1) zu bringen.

Durch Umformung der Gleichung bekommen wir nacheinander

$$\operatorname{tg}\varphi = k_1^2 + k_2^2 + k_1 k_2 = \frac{k_1^3 - k_2^3}{k_1 - k_2}$$

oder

$$k_2^3 - k_2 \operatorname{tg}\varphi + (k_1 \operatorname{tg}\varphi - k_1^3) = 0.$$

b) Wir setzen $\qquad \xi = \operatorname{tg}\varphi \quad \text{und} \quad \eta = k_1 \operatorname{tg}\varphi - k_1^3.$

Hat man in der zweiten Gleichung $\operatorname{tg}\varphi$ durch ξ ersetzt, so bekommt man ein System dreier Gleichungen, das der vorgegebenen Gleichung äquivalent ist:

$$\begin{aligned} -\xi k_2 &+ \eta && + k_2^3 && = 0, \\ \xi &+ \eta \cdot 0 && - \operatorname{tg}\varphi && = 0, \\ -\xi k_1 &+ \eta && + k_1^3 && = 0. \end{aligned}$$

Das Ergebnis der Elimination von ξ und η ergibt:

$$\begin{vmatrix} -k_2 & 1 & k_2^3 \\ 1 & 0 & -\operatorname{tg}\varphi \\ -k_1 & 1 & k_1^3 \end{vmatrix} = 0.$$

Teilt man die Elemente jeder Zeile durch die entsprechenden Elemente der nächsten Spalte und ändert bei den Elementen der ersten Spalte das Vorzeichen, so ergibt sich:

$$\begin{vmatrix} \frac{1}{k_2^2} & \frac{1}{k_2^3} & 1 \\ \operatorname{ctg}\varphi & 0 & 1 \\ \frac{1}{k_1^2} & \frac{1}{k_1^3} & 1 \end{vmatrix} = 0.$$

Die Gleichungen der Nomogrammskalen lauten dann

$$\text{Skala } k_1: \quad x = \frac{1}{k_1^2}, \quad y = \frac{1}{k_1^3};$$

$$\text{Skala } k_2: \quad x = \frac{1}{k_2^2}, \quad y = \frac{1}{k_2^3};$$

$$\text{Skala } \varphi: \quad x = \operatorname{ctg}\varphi, \quad y = 0.$$

Bei der Durchführung dieser Umformungen muß man folgendes berücksichtigen:

1. Je nachdem, welchen Charakter die Umformung der gegebenen Gleichung hat, kann man sie auf verschiedene Weise auf die Form (7.2) bringen, was wiederum verschiedene Formen für die Ausdrücke $M_{1,2}$ und $N_{1,2}$ ergibt, unter denen auch solche vorkommen können, die durch weitere für uns nötige Umformungen nicht beeinflußt werden.

Die Ausdrücke $M_{1,2}$ und $N_{1,2}$ müssen gleichzeitig linear bezüglich jeder beliebigen Funktion einer der Variablen u_1 oder u_2 sein, d. h. sie müssen der Form genügen:

$$M_{1,2} = A_1 \varphi_2(u_2) + B_1, \quad N_{1,2} = C_1 \varphi_2(u_2) + D_1$$

oder

$$M_{1,2} = A_2 \varphi_1(u_1) + B_2, \quad N_{1,2} = C_2 \varphi_1(u_1) + D_2.$$

Ist dies nicht der Fall, dann kann man die vorgegebene Gleichung auch nicht auf die Form (7.1) bringen, und man muß notwendigerweise eine andere Umformung der Gleichung

$$F(u_1, u_2, u_3) = 0$$

zu finden suchen.

2. Für u_3 kann man jede beliebige der in die vorgegebene Gleichung eingehenden Variablen wählen. Am vorteilhaftesten ist es, wenn man für u_3 eine solche Größe nimmt, bei der die Ausdrücke $M_{1,2}$ und $N_{1,2}$ die erforderliche Form erhalten.

Wählt man z. B. in der Gleichung von Beispiel 2 für u_3 die Größe φ, so bekommt man

$$\xi = k_1 - k_2 \quad \text{und} \quad \eta = k_1^3 - k_2^3.$$

Durch Elimination von k_1 oder k_2 erhält man nichtlineare Gleichungen in ξ und η.

Die Schwierigkeit bei der Lösung der Aufgabe, eine Gleichung auf die Form (7.1) zu bringen (*die Aufgabe der allgemeinen Anamorphose*) besteht darin, daß man neben der vorgegebenen Gleichung

$$F(u_1, u_2, u_3) = 0$$

noch die Gleichung $\Phi(u_1, u_2, u_3) \cdot F(u_1, u_2, u_3) = 0$

oder ganz allgemein die Gleichung

$$\Psi[F(u_1, u_2, u_3)] = 0 \quad \text{mit} \quad \Psi(0) = 0$$

betrachten muß.

§ 24. Die kanonischen Formen nomographierbarer Gleichungen

4. Nomographierbare Gleichungen, die auf Gleichungen dritter nomographischer Ordnung führen. Die allgemeine Form einer solchen Gleichung lautet:

$$A f_1 f_2 f_3 + B_1 f_2 f_3 + B_2 f_1 f_3 + B_3 f_1 f_2 + C_1 f_1 + C_2 f_2 + C_3 f_3 + D = 0, \tag{7.3}$$

wobei A, B_1, B_2, B_3, C_1, C_2, C_3 und D konstante Zahlen, d. h. die Gleichung enthält für jede Variable u_1, u_2 und u_3 nur je eine Funktion und ist bezüglich jeder dieser Funktionen linear. Stellt man diese Gleichung in der Form dar, in der sie nach f_3 (oder f_1 oder f_2) aufgelöst ist, so ist der rechte Teil der Gleichung eine gebrochene lineare Funktion bezüglich jeder der übrigen Funktionen

$$f_3 = -\frac{B_3 f_1 f_2 + C_1 f_1 + C_2 f_2 + D}{A f_1 f_2 + B_1 f_2 + B_2 f_1 + C_3}.$$

Je nach dem Wert der *Determinante* Δ *der Gleichung*

$$\Delta = \left\{\begin{vmatrix} A & C_3 \\ B_3 & D \end{vmatrix} - \begin{vmatrix} B_2 & B_1 \\ C_1 & C_2 \end{vmatrix}\right\}^2 - 4 \begin{vmatrix} A & B_2 \\ B_3 & C_1 \end{vmatrix} \cdot \begin{vmatrix} B_1 & C_3 \\ C_2 & D \end{vmatrix}$$

kann sie in eine der drei kanonischen Formen (siehe Tabelle 6 auf Seite 210) übergeführt werden (siehe Abschnitt 3, Seite 116).

Durch transzendente Umformungen kann man die Gleichung in jede beliebige dieser Formen überführen. Wir setzen

$$\Phi_i(u_i) = \lg f_i(u_i),$$

und erhalten aus der ersten kanonischen Form ($f_1, f_2 = f_3$)

$$\Phi_3(u_3) = \Phi_1(u_1) + \Phi_2(u_2)$$

— die zweite kanonische Form. Setzen wir

$$\operatorname{tg} \Phi_i(u_i) = \Psi_i(u_i),$$

so bekommen wir aus der zweiten kanonischen Form

$$\Psi_3(u_3) = \frac{\Psi_1(u_1) + \Psi_2(u_2)}{\Psi_1(u_1)\Psi_2(u_2) - 1}$$

oder $$\Psi_1(u_1) \cdot \Psi_2(u_2) \cdot \Psi_3(u_3) = \Psi_1(u_1) + \Psi_2(u_2) + \Psi_3(u_3)$$

— die dritte kanonische Form.

Die inversen Transformationen erlauben, eine Gleichung, die sich in der dritten oder zweiten kanonischen Form ergibt, auf die zweite oder erste kanonische Form zu bringen. Hieraus folgt:

Für ein und dieselbe Gleichung dritter nomographischer Ordnung kann man acht Fluchtlinientafeln verschiedener geometrischer Struktur konstruieren: zwei Nomogramme erster Gattung, drei Nomogramme zweiter Gattung und drei Nomogramme dritter Gattung (Tabelle 6).

Tabelle 6

Bezeichnung der Form einer Gleichung dritter nomographischer Ordnung	Form der Gleichung	Lösung durch eine Fluchtlinientafel		
		nullter Gattung	zweiter Gattung	dritter Gattung
1	2	3	4	5
Erste kanonische Form; man bekommt sie aus (7.3) für $\Delta > 0$	$f_3(u_3) = \frac{f_1(u_1)}{f_2(u_2)}$	Die Träger aller drei Skalen sind Geraden, die nicht durch einen Punkt hindurchgehen. Allgemeine Form des Nomogramms (Seite 166): 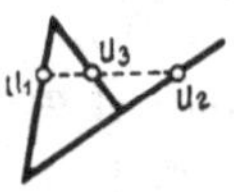	Zwei Skalen haben einen gemeinsamen Träger mit Kurve zweiter Ordnung, die dritte liegt auf einer Sekante. Allgemeine Gestalt (Seite 134): 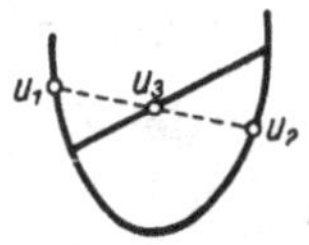	Alle drei Skalen liegen auf einem gemeinsamen Träger — einer Kurve dritter Ordnung mit einem Knotenpunkt (Seite 136): 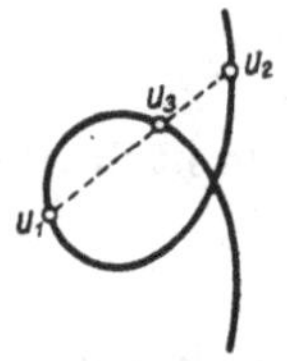
		Einfachste Gestalt des Nomogramms (zwei Skalen sind parallel, Seite 129): Zet-Nomogramm 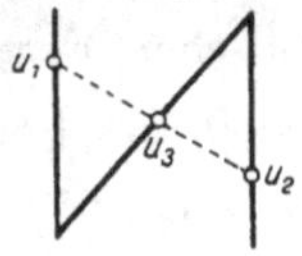	Einfachster Fall des Nomogramms (Kreis und Durchmesser) (Seite 134): 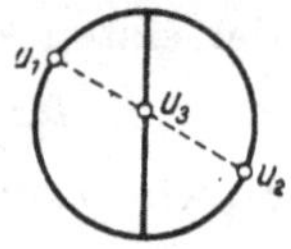	
Zweite kanonische Form; man bekommt sie aus (7.3) für $\Delta = 0$	$f_3(u_3) = f_1(u_1) + f_2(u_2)$	Träger der Skalen sind Geraden, die sich in einem Punkte schneiden. Allgemeine Form (Seite 168): 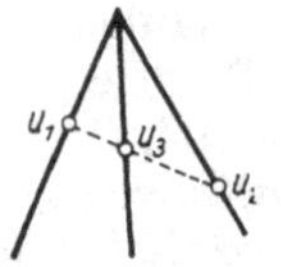	Zwei Skalen auf einem gemeinsamen Träger — einer Kurve zweiter Ordnung, die dritte auf einer Tangente an diese Kurve. Allgemeine Gestalt (Seite 140): 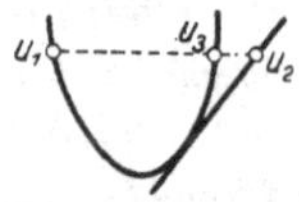	

Fortsetzung

Bezeichnung der Form einer Gleichung dritter nomographischer Ordnung	Form der Gleichung	Lösung durch eine Fluchtlinientafel		
		nullter Gattung	zweiter Gattung	dritter Gattung
1	2	3	4	5
		Einfachster Fall des Nomogramms (Parallele Geraden, Seite 137): 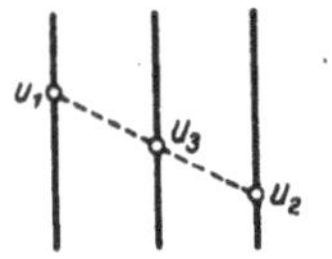	Einfachster Fall (Kreis, Seite 141): 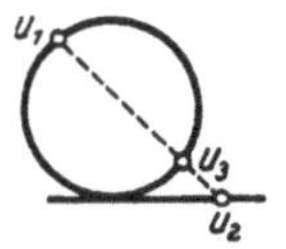	Gemeinsamer Träger ist eine Kurve dritter Ordnung mit einem Wendepunkt (Seite 142): 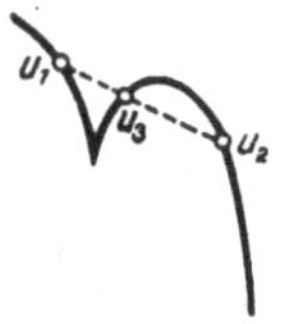
Dritte kanonische Form; man bekommt sie aus (7.3) für $\Delta < 0$	$f_3(u_3) = \frac{f_1(u_1) + f_2(u_2)}{f_1(u_1) f_2(u_2) - 1}$	Nein	Zwei Skalen auf einem gemeinsamen Träger, einer Kurve zweiter Ordnung, die dritte auf einer Geraden, die mit der Kurve keine gemeinsamen Punkte hat. Allgemeine Form: 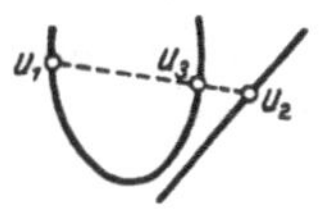	Gemeinsamer Träger aller drei Skalen ist eine Kurve dritter Ordnung mit einem isolierten Punkt (s. Seite 119)
			Einfachster Fall (Kreis, Seite 143) 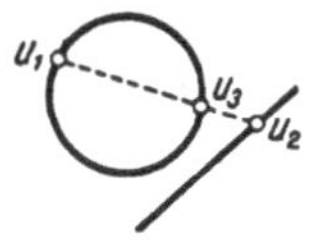	

Nomogramme dritter Gattung verwendet man verhältnismäßig selten.[1]) Am gebräuchlichsten sind Nomogramme nullter und zweiter Gattung. Nomogramme für Gleichungen dritter nomographischer Ordnung können keine Netze enthalten.

5. Nomographierbare Gleichungen, die auf Gleichungen vierter nomographischer Ordnung führen. Die allgemeine Form einer solchen Gleichung ist:

$$L_{1,2}\, f_3(u_3) + M_{1,2}\, \varphi_3(u_3) + N_{1,2}\, \psi_3(u_3) = 0, \tag{7.4}$$

wobei

$$L_{1,2} = l_0 f_1(u_1) \cdot f_2(u_2) + l_1 f_1(u_1) + l_2 f_2(u_2) + l_3,$$
$$M_{1,2} = m_0 f_1(u_1) \cdot f_2(u_2) + m_1 f_1(u_1) + m_2 f_2(u_2) + m_3,$$
$$N_{1,2} = n_0 f_1(u_1) \cdot f_2(u_2) + n_1 f_1(u_1) + n_2 f_2(u_2) + n_3$$

sind; hierbei sind l_i, m_i, u_i konstante Zahlen und f_3, φ_3 und ψ_3 beliebige Funktionen der Variablen u_3.

Ist der Rang der Matrix

$$\begin{Vmatrix} l_0 & l_1 & l_2 & l_3 \\ m_0 & m_1 & m_2 & m_3 \\ n_0 & n_1 & n_2 & n_3 \end{Vmatrix} \tag{7.5}$$

gleich eins, so zerfällt der linke Teil der Gleichung (7.4) in zwei Faktoren

$$P(u_1, u_2) \cdot Q(u_3) = 0,$$

d. h. die gegebene Gleichung liefert keinen Zusammenhang zwischen u_1, u_2 und u_3.

Ist der Rang der Matrix (7.5) gleich zwei, so ist die Gleichung (7.4) eine Gleichung dritter nomographischer Ordnung.

Ist der Rang der Matrix (7.5) gleich drei, dann kann man die Gleichung (7.4) auf eine Gleichung vierter nomographischer Ordnung bringen. In diesem Falle kann man die Gleichung (7.4) auf die folgenden zwei kanonischen Formen bringen (Tabelle 7 auf Seite 123).

Sehr oft hat man es mit Gleichungen zu tun, die auf die kanonische Form von Cauchy führen (hierher gehören alle aus drei Gliedern bestehenden Gleichungen der Form $x^m + p x^n + q = 0$); auf Gleichungen von Clark trifft man verhältnismäßig selten.

Nomogramme für Gleichungen vierter nomographischer Ordnung können ein Netz enthalten. Die allgemeine Form solcher Nomogramme für Gleichungen, die auf die Cauchysche Form führen, ist in Tabelle 8 angegeben (Seite 124).

6. Die kanonische Form einer Gleichung fünfter nomographischer Ordnung. Die Gleichungen fünfter nomographischer Ordnung besitzen eine einzige kanonische Form

$$f_3(u_3) = \frac{f_1(u_1) + f_2(u_2)}{\varphi_1(u_1) + \varphi_2(u_2)}.$$

Diese Gleichung wird durch ein Nomogramm zweiter Gattung gelöst, wobei die Skala u_3 auf einer Geraden liegt.

Im Spezialfall können die krummlinigen Träger der Skalen u_1 und u_2 zusammenfallen. Bestehen zwischen φ_1 und f_1 oder φ_2 und f_2 lineare Beziehungen, dann erhält man eine Gleichung vierter nomographischer Ordnung; hat man auch zwischen φ_1 und f_1 und zwischen φ_2 und f_2 lineare Beziehungen, dann führt die gegebene Gleichung auf eine der kanonischen Formen für die Gleichung dritter nomographischer Ordnung.

[1]) Für diese Nomogramme wurde noch keine Konstruktionsmethode ausgearbeitet.

Tabelle 7

<table>
<tr><th rowspan="2">Gleichungen vierter nomo-graphischer Ordnung</th><th rowspan="2">Form der Gleichung</th><th colspan="2">Lösung durch eine Fluchtlinientafel</th></tr>
<tr><th>erster Gattung</th><th>dritter Gattung</th></tr>
<tr><td>Kanonische Form von Cauchy</td><td>$f_1(u_1) \cdot f_3(u_3)$
$+ f_2(u_2) \cdot \varphi_3(u_3)$
$+ \psi_3(u_3) = 0$</td><td>Die Skala der Variablen u_3 ist krummlinig; die Skalen u_1 und u_2 geradlinig.
Allgemeine Gestalt (Seite 171):
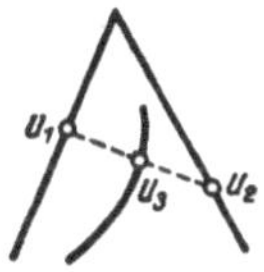
Einfachster Fall (Geraden sind parallel, Seite 145):
</td><td>Nein</td></tr>
<tr><td>Kanonische Form von Clark</td><td>$f_1(u_1) \cdot f_2(u_2)$
$\times f_3(u_3) + [f_1(u_1)$
$+ f_2(u_2)]\, \varphi_3(u_3)$
$+ \psi_3(u_3) = 0$</td><td>Nein</td><td>Die Skalen u_1 und u_2 liegen auf einem gemeinsamen Träger — einer Kurve zweiter Ordnung; die Skala u_3 ist krummlinig.
Allgemeine Gestalt:
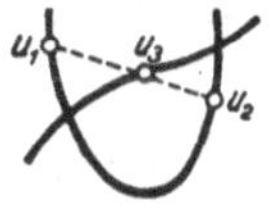
Einfachster Fall (Kreis, Seite 148):
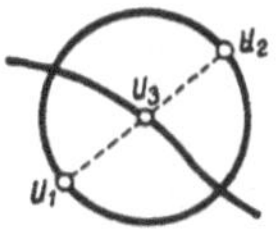</td></tr>
</table>

Tabelle 8

Form der Gleichung	Schema des Nomogramms (einfachster Fall)
$f_1(u_1) \cdot f_{3,4}(u_3, u_4) + f_2(u_2) \times \varphi_{3,4}(u_3, u_4) + \psi_{3,4}(u_3, u_4) = 0$; $f_{3,4}(u_3, u_4)$, $\varphi_{3,4}(u_3, u_4)$ und $\psi_{3,4}(u_3, u_4)$ — linear und unabhängig	Die Skalen u_1 und u_2 sind geradlinig; Netz (u_3, u_4) besteht aus zwei Scharen gekrümmter Linien (Seite 151) 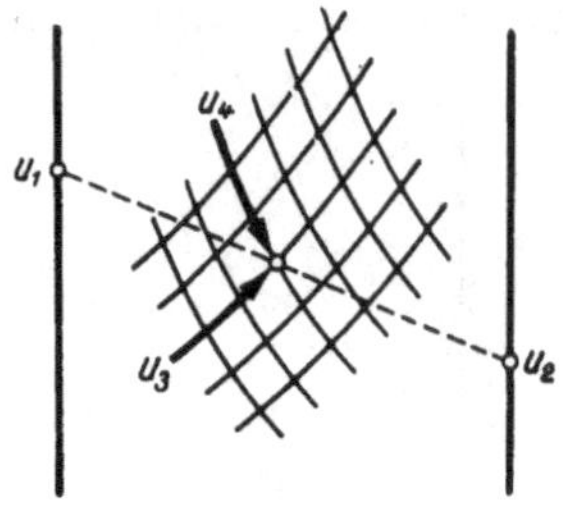 Figur 76
Dieselbe; $f_{3,4}$. $\varphi_{3,4}$ und $\psi_{3,4}$ sind linear voneinander abhängig $\psi_{3,4}(u_3, u_4) = a_1 f_{3,4} + b_1$ oder $\varphi_{3,4} = a_2 f_{3,4} + b_2 \psi_{3,4} + c_2)$	Die Skalen u_1 und u_2 sind geradlinig: a) Netz (u_3, u_4) besteht aus zwei Scharen gerader Linien, falls $\psi_{3,4}$ und $\varphi_{3,4}$ von $f_{3,4}$ linear abhängig sind. b) Das Netz (u_3, u_4) hat nur eine geradlinige Schar, wenn zwischen den Funktionen $\psi_{3,4}$, $\varphi_{3,4}$ und $f_{3,4}$ nur eine lineare Relation besteht.
$f_1(u_1) \cdot f_3(u_3) + f_2(u_2) \cdot \varphi_3(u_3) + \psi_{3,4}(u_3, u_4) = 0$	Die Linien $u_3 = \text{const}$ des Netzes sind Geraden, die den Skalen u_1 und u_2 parallel sind oder sich mit ihnen in einem Punkt schneiden.
$f_1(u_1) \cdot f_{3,4}(u_3, u_4) + f_2(u_2) \cdot \varphi_3(u_3) + \psi_3(u_3) = 0$ oder $f_1(u_1) \cdot f_3(u_3) + f_2(u_2) \cdot \varphi_{3,4}(u_3, u_4) + \psi_3(v_3) = 0$	Die Linien $u_3 = \text{const}$ des Netzes sind ein Geradenbündel mit dem Zentrum im Zählungsursprung der Skala u_1 (für die erste Gleichung) oder mit dem Zentrum im Zählungsursprung der Skala u_2 (für die zweite Gleichung).
$f_1(u_1) \cdot f_3(u_3) + f_2(u_2) + \varphi_4(u_4) = 0$ oder $f_1(u_1) + f_2(u_2) \cdot \varphi_3(u_3) + \varphi_4(u_4)\ 0$	Das Netz besteht aus zwei Geradenscharen: die Linien $u_3 = \text{const}$ sind Geraden, die den Skalen u_1 und u_2 parallel sind oder durch ihren Schnittpunkt hindurchgehen; die Linie $u_4 = \text{const}$ ist ein Geradenbündel mit dem Zentrum im Zählungsursprung einer der Skalen u_1 oder u_2 (s. Seite 152).

Tabelle 9

Form der Gleichung	Form eines Nomogramms mit Netzen
$f_3(u_3) = \dfrac{f_{1,4}(u_1, u_4) + f_{2,5}(u_2, u_5)}{\varphi_{1,4}(u_1, u_4) + \varphi_{2,5}(u_2, u_5)}$	Skala u_3 — geradlinig; jedes der Netze (u_1, u_4) und (u_2, u_5) besteht aus zwei Scharen gekrümmter Linien (S. 154) 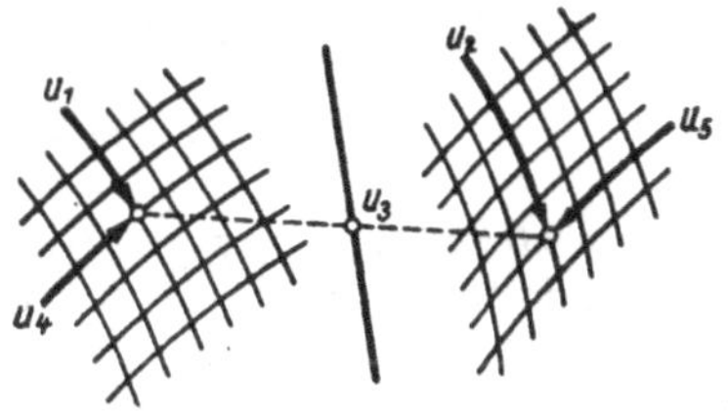 Figur 77
$f_3(u_3) = \dfrac{f_{1,4}(u_1, u_4) + f_{2,5}(u_2, u_5)}{\varphi_1(u_1) + \varphi_2(u_2)}$ oder $f_3(u_3) = \dfrac{f_1(u_1) + f_2(u_2)}{\varphi_{1,4}(u_1, u_4) + \varphi_{2,5}(u_2, u_5)}$	Die Netze bestehen aus Geraden $u_1 = \text{const}$ und $u_2 = \text{const}$, die der Skala u_3 parallel sind und gekrümmten Linien $u_4 = \text{const}$ und $u_5 = \text{const}$.
$f_3(u_3) = \dfrac{f_1(u_1) + f_2(u_2)}{\varphi_4(u_4) + \varphi_5(u_5)}$	Jedes Netz besteht aus zwei Scharen gerader Linien: das eine ($u_4 = \text{const}$ und $u_5 = \text{const}$) aus Geraden, die der Skala u_3 parallel sind, das andere ($u_1 = \text{const}$ und $u_2 = \text{const}$) aus Geradenbündel mit dem Zentrum im Zählungsursprung der Skala u_3.

Im allgemeinen Fall läßt ein Nomogramm für diese Gleichung auch ein oder zwei Netze zu. Je nach der Gestalt der in sie eingehenden Funktionen hat das Netz verschiedene Formen, die in Tabelle 9 aufgeführt sind.

7. *Die Gleichung sechster nomographischer Ordnung.* Eine Gleichung sechster nomographischer Ordnung ist im Allgemeinfall eine Gleichung, für die man eine Fluchtlinientafel konstruieren kann. Sie lautet:

$$\frac{f_1 + f_2}{\varphi_1 + \varphi_2} = \frac{f_1 + f_3}{\varphi_1 + \varphi_3}.$$

Diese Gleichung läßt sich durch ein Nomogramm dritter Gattung lösen. Bei Vorhandensein linearer Beziehungen der Form $\varphi_i = a_i f_i + b_i$ kann die Gleichung auf eine der betrachteten Typen gebracht werden (Abschnitt 4, 5 und 6).

Das entsprechende Nomogramm kann ein, zwei oder auch drei Netze enthalten.

Derartige Gleichungen trifft man in der Praxis ganz selten; die Parametergleichungen der Skalen und Netze sind für den einfachsten Fall eines Nomogramms auf Seite 115, für den allgemeinen Fall auf Seite 163 angegeben.

VIII. KAPITEL

Die einfachsten Verfahren zur Konstruktion von Fluchtlinientafeln

§ 25. Die Wahl des Nomogrammschemas

1. Die Charakterisierung der einfachsten Konstruktionsverfahren von Nomogrammen. Die in diesem Kapitel angeführten Verfahren zur Konstruktion von Nomogrammen sind in ihren Möglichkeiten sehr begrenzt und führen oft auf Nomogramme, die den an sie gestellten Anforderungen nicht genügen (siehe Abschnitt 2, § 29, Seite 161, und Abschnitt 7, § 11, Seite 81). Nomogramme guter Qualität kann man in einer Reihe von Fällen nur durch Anwendung der im Kapitel 9 beschriebenen effektiven Konstruktionsmethoden bekommen, diese aber sind sehr kompliziert, erfordern große Rechenarbeit und verlangen von den Nomographen eine gewisse Fertigkeit.

Gleichzeitig wird jede nomographierbare Gleichung durch Nomogramme mehrerer Typen gelöst (siehe § 24, Seite 122), außerdem kann man für jeden Typ im allgemeinen ∞^5 einander projektive Nomogramme konstruieren (siehe Abschnitt 3, § 29, Seite 163), die sich voneinander nur durch die Zahlenwerte der Parameter der Umformung unterscheiden. Die beste Ausführungsform eines Nomogramms, die den an sie gestellten Anforderungen möglichst nahekommt, erhält man durch ganz bestimmte Werte dieser Parameter, was wiederum durch die Besonderheiten der vorgelegten nomographierbaren Gleichung und durch den gewählten Nomogrammtyp bedingt ist. Um daher die beste Ausführungsform von Fluchtlinientafeln zu bestimmen, ist es am zweckmäßigsten, die Besonderheiten ihrer geometrischen Form in einfacher Weise zu ermitteln (den Charakter und die gegenseitige Lage der graduierten Elemente des Nomogramms), d. h. durch einfache Verfahren hinreichend anschauliche Skizzen verschiedener Nomogrammtypen für die gegebene Formel zu konstruieren.

Zunächst muß man alle möglichen Typen von Nomogrammen suchen (siehe Seite 93), für die die vorgelegte Gleichung auf die Form (7.1) führt (Seite 114), oder für die sie unmittelbar auf eine der im § 24 angegebenen kanonischen Formen nomographierbarer Gleichungen führt. Somit bestimmt man alle die Typen von Nomogrammen (siehe Tabelle 6, 7, 8 und 9, § 24, Seite 120, 123, 124 und 125), die die gegebene Gleichung lösen.

Nach Bestimmung der Nomogrammtypen legt man in einem Schema die Lage der Variablen auf den Skalen und Netzen fest und macht dann mit dem einfachsten Verfahren eine Überschlagsrechnung für die erhaltenen Schemata, damit in dem Falle, wo die erhaltenen Nomogramme unvorteilhaft werden, man sofort die Besonderheiten der gegenseitigen Lage der Elemente jedes Nomogramms sowie ihre Mängel erkennt.

Bei einiger Übung kann man auf Grund der Betrachtung dieser für die Konstruktion einfachsten Nomogramme die Variante abschätzen, die allen gestellten Anforderungen genügt.

Hat man diese Arbeit durchgeführt, dann ist es wesentlich, die im Abschnitt 2 dieses Paragraphen gemachten Bemerkungen über die gegenseitige Lage der Skalen zu berücksichtigen, welche uns gestatten, eine solche gegenseitige Lage der Skalen für die gegebenen Variablen anzugeben, die die geringsten graphischen Ungenauigkeiten bei der Nomogrammbenutzung liefert.

2. Die Bestimmung der gegenseitigen Lage der Skalen eines Nomogramms. Die Aufgabe der Nomographierung einer vorgelegten Gleichung ist dann am besten gelöst, wenn die Skala (oder das Netz) für die Lösungsgröße zwischen den Skalen für die gegebenen Variablen liegt. Um das entsprechende Nomogrammschema anzugeben, ohne mit den Formeln zu rechnen, kann man die folgenden Überlegungen benutzen:

a) Liegt die Skala u_3 zwischen den Skalen u_1 und u_2 (Fig. 78a), dann verschiebt sich bei Änderung der Richtung einer der Skalen u_1 oder u_2 die Skala u_3 in den äußeren Teil der Ebene (Fig. 78b). Lag die Skala u_3 bezüglich des Zwischenraums zwischen den Skalen u_1 und u_2 im äußeren Teil der Ebene, dann rückt sie in das Innere dieses Zwischenraums.

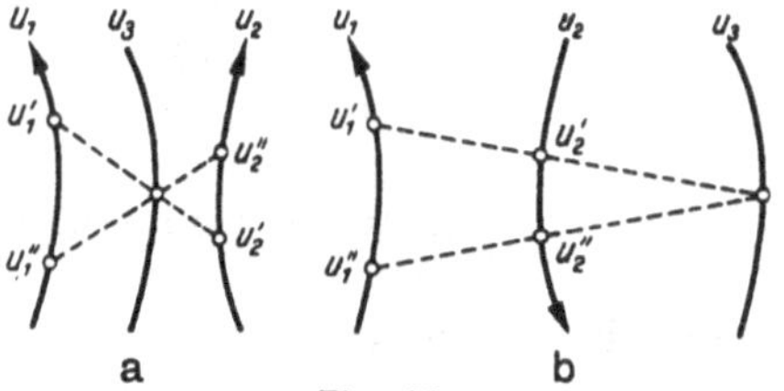

Figur 78

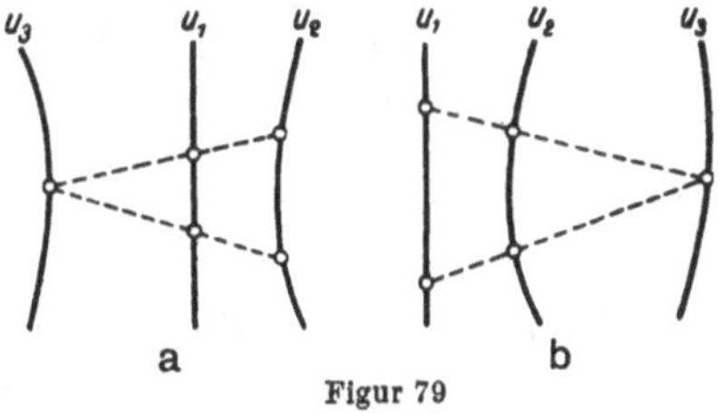

Figur 79

b) Formt man das Nomogramm so um, daß eine der Skalen u_1 oder u_2 sich im Vergleich zu der anderen Skala vergrößert, dann rückt bei hinreichend starker Dehnung dieser Skala die Skala u_1 in den Teil der Ebene, der rechts von der Skala u_2 liegt (Fig. 79).

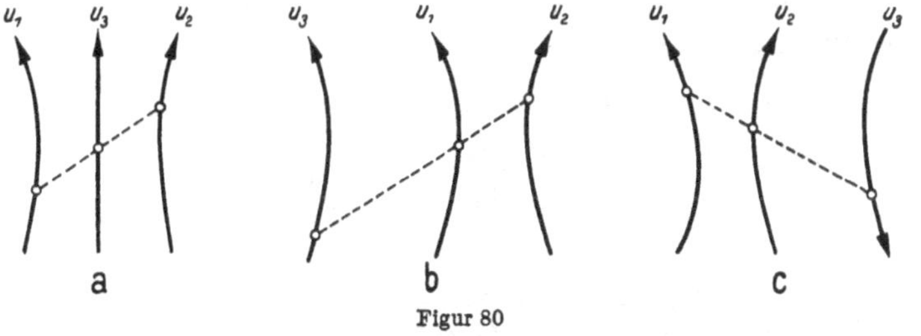

Figur 80

c) Wächst die Größe u_3 mit wachsendem u_1 und u_2 und haben die Skalen u_1 und u_2 die gleiche Richtung, dann liegt die Skala u_3 zwischen den Skalen u_1 und u_2 und hat dieselbe Richtung (Fig. 80a). Fällt die Größe u_3, während u_1

und u_2 wächst, dann besitzt die Skala u_3 die umgekehrte Richtung wie die Skalen u_1 und u_2, bleibt aber zwischen den Skalen u_1 und u_2 liegen.

Wächst die Größe u_3 mit wachsendem u_1 und fällt sie mit wachsendem u_2, dann liegen beide Skalen u_1 und u_2 auf der einen Seite, während die Skala u_3 außerhalb des Zwischenraums zwischen den Skalen u_1 und u_2 liegt (Fig. 80). Liegt u_3 links von der Skala u_1, dann hat sie die gleiche Richtung wie u_1 und u_2 (Fig. 80b), liegt sie rechts von der Skala u_2, dann hat sie die entgegengesetzte Richtung (Fig. 80c).

Diese Bemerkungen gestatten es, von vornherein die gegenseitige Lage und Skalenrichtung der gegebenen Größen so auszuwählen, daß die Lösungsgröße zwischen den Skalen der gegebenen Größen liegt.

§ 26. Verschiedene Formen der einfachsten Nomogramme

3. Bezeichnungen. In den folgenden Abschnitten werden auf den Zeichnungen und in den Formeln nachstehende Bezeichnungen verwendet:

a) Der Arbeitsteil des Skalenträgers, der zwischen den vorgegebenen Bereichen der Größe eingeschlossen ist, ist durch eine fette Linie angedeutet;

b) die Koordinaten der Skalenpunkte der Variablen u_i werden mit x_i und y_i bezeichnet; der Koordinatenursprung befindet sich am Anfang der Zählung der Skala u_1; die y-Achse fällt mit dem Träger der Skala u_1 zusammen;

c) die vorgegebenen Ausmaße des Nomogramms werden mit L und M bezeichnet;

d) der Abstand zwischen parallelen Skalen des Nomogramms wird mit B bezeichnet;

e) die Achsen einer Ellipse bezeichnet man mit D_x und D_y;

f) mit μ_i bezeichnet man den Maßstab der geradlinigen Skala der Variablen u_i;

g) Parameter, die die Charakteristik von Skalen verändern, bezeichnet man für geradlinige Skalen mit m und für die Skalen eines Kreises (einer Ellipse) mit λ;

h) mit H_i und K_i bezeichnet man die Ordinate und Abszisse des Zählungsbeginns einer projektiven geradlinigen Skala der Variablen u_i;

i) mit ϱ bezeichnet man einen Parameter, der die Verschiebung des Nullpunktes der Skala gegen einen Scheitelpunkt einer Ellipse charakterisiert.

4. Die einfachsten Nomogramme für die erste kanonische Form einer Gleichung dritter nomographischer Ordnung: $f_3(u_3) = \frac{f_1(u_1)}{f_2(u_2)}$.

Das Z-Nomogramm nullter Gattung (auch N-Tafel genannt. D. H.).

Es wird in zwei Fällen verwendet:

a) wenn f_1 oder f_2 (und f_3) von Null ausgehen oder bei der Änderung der Argumente innerhalb der vorgegebenen Grenzen die Null durchlaufen;

b) wenn das Nomogramm als eines der elementaren Nomogramme in ein zusammengesetztes Nomogramm eingeht (siehe § 42).

Die Skalen können zwei verschiedene Lagen einnehmen.

I. Fall der Lage der Skalen.

A. Das Schema des Nomogramms (Fig. 81)

Die Gleichungen der Nomogrammskalen:

Skala u_1: $x = 0$, $y = \mu_1 f_1(u_1)$,

Skala u_2: $x = B$, $y = H - \mu_2 f_2(u_2)$,

Skala u_3: $x = B - \dfrac{B}{1 + \frac{1}{m} f_3(u_3)}$,

$$y = H - \frac{H}{1 + \frac{1}{m} f_3(u_3)}$$

mit $m = \dfrac{\mu_2}{\mu_1}$.

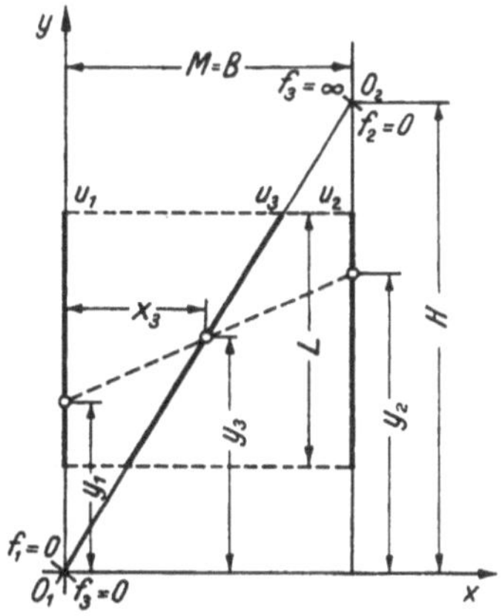

Figur 81

Zu den Punkten O_1 und O_2 gehören die Argumente:

Punkt O_1: $f_1(u_1) = 0$, $f_3(u_3) = 0$;

Punkt O_2: $f_2(u_2) = 0$, $f_3(u_3) = \infty$.

Den positiven Werten von $f_3(u_3)$ entspricht der innere Teil des Abschnittes O_1O_2, den negativen der äußere Teil dieses Abschnittes. Der unendlichferne Punkt der Geraden O_1O_2 entspricht dem Wert u_3, der sich aus der Gleichung

$$1 + \frac{\mu_1}{\mu_2} f_3(u_3) = 0$$

errechnet.

B. Die Reihenfolge bei der Berechnung des Nomogramms

1. u_3 machen wir zur gesuchten Größe und formen dementsprechend die vorgegebene Gleichung um. Wir bestimmen die Form der Funktionen $f_1(u_1)$, $f_2(u_2)$ und $f_3(u_3)$ und wählen die habarytischen Maße des Nomogramms.

2. Nach den vorgegebenen Bereichen von u_1, u_2 und u_3 (siehe Seite 3) berechnen wir die Bereiche der Funktionen f_1 und f_2:

$$A_1 \leqq f_1 \leqq B_1, \quad A_2 \leqq f_2 \leqq B_2.$$

3. Wir rechnen die Maßstäbe μ_1 und μ_2 der geradlinigen Skalen aus:

$$\mu_1 \approx \frac{L}{B_1 - A_1}, \quad \mu_2 \approx \frac{L}{B_2 - A_2}.$$

4. Wir bestimmen die Ordinate H des Zählungsanfangs der Skala u_2 aus der Bedingung, daß sich die Mitten der Skalen u_1 und u_2 auf gleicher Höhe befinden sollen

$$H \approx \frac{\mu_1 (A_1 + B_1)}{2} + \frac{\mu_2 (A_2 + B_2)}{2}.$$

5. Wir schreiben die Gleichungen der Nomogrammskalen auf und berechnen von jeder Skala die Hauptpunkte. Darauf konstruieren wir einen Entwurf des Nomogramms, der uns die Möglichkeit gibt, die Mängel des Nomogramms aufzudecken und Wege zu finden, um diese zu vermeiden.

Beispiel. Es ist ein Nomogramm für die Gleichung

$$v = \varphi \sqrt{2gz}$$

zu konstruieren, die zur Bestimmung der Ausströmungsgeschwindigkeit v von Wasser aus der Öffnung einer künstlichen Anlage nach gegebener Druckhöhe z und dem Geschwindigkeitskoeffizienten φ ($g = 9{,}81$ m/sec²) dient:

$$0{,}05 \leqq z \leqq 1{,}5\ \text{m};\quad \varphi = 0{,}85;\ 0{,}90;\ 0{,}92;\ 0{,}95;\ 0{,}965\ \text{und}\ 0{,}97;$$

$$0{,}8 \leqq v \leqq 5\ \text{m/sec.}$$

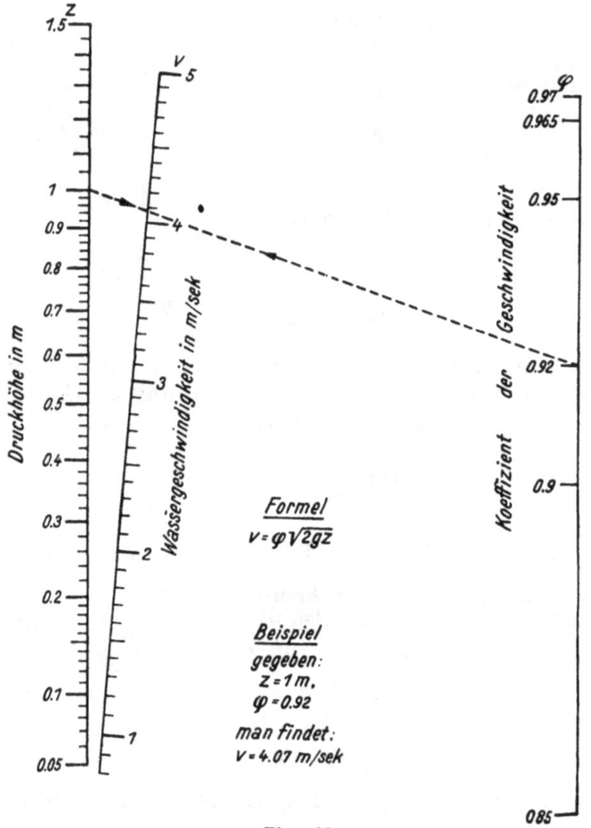

Figur 82

Gemäß der oben beschriebenen Reihenfolge bei der Konstruktion, führen wir die Rechnung folgendermaßen durch:

1. Wir wählen $u_3 = v$, $u_1 = z$, $u_2 = \varphi$, dann lautet die Gleichung:

$$\frac{v}{\sqrt{2g}} = \frac{\sqrt{z}}{\frac{1}{\varphi}},$$

d. h.

$$f_1 = \sqrt{z}, \quad f_2 = \frac{1}{\varphi} \quad \text{und} \quad f_3 = \frac{v}{\sqrt{2g}}.$$

Wir wählen $L = 150$ mm, $M = B = 100$ mm.

2. Berechnen wir die Grenzen A_1, B_1 und A_2, B_2:

$$\sqrt{0{,}05} \leqq f_1 \leqq \sqrt{1{,}5}, \qquad \frac{1}{0{,}97} \leqq f_2 \leqq \frac{1}{0{,}85}$$

oder

$$0{,}2236 \leqq f_1 \leqq 1{,}2247, \qquad 1{,}031 \leqq f_2 \leqq 1{,}175.$$

3. Berechnen wir die Maßstäbe der Skalen:

$$\mu_1 = \frac{150}{1{,}2247 - 0{,}2236} = \frac{150}{1{,}0011} \approx 150$$

und

$$\mu_2 = \frac{150}{1{,}175 - 1{,}031} = \frac{150}{0{,}141} \approx 1000.$$

4. Berechnen wir die Ordinate H des Zählungsanfangs der Skala u_2:

$$H = \frac{150\,(1{,}2247 + 0{,}2236)}{2} + \frac{1000\,(1{,}175 + 1{,}031)}{2} = 108{,}63 + 1103{,}0 = 1211{,}63$$

und wählen $\qquad H = 1200$ mm.

5. Notieren wir die Gleichungen der Skalen:

Skala z: $\quad x = 0, \qquad y = 150\sqrt{z}\,;$

Skala φ: $\quad x = 100, \qquad y = 1200 - \dfrac{1000}{\varphi}\,;$

Skala v: $\quad x = 100 - \dfrac{100}{1 + \dfrac{150}{1000}\dfrac{v}{\sqrt{2g}}} = 100 - \dfrac{100}{1 + \dfrac{v}{28{,}633}}, \qquad y = 1200 - \dfrac{1200}{1 + \dfrac{v}{28{,}633}}$

und berechnen sowie konstruieren einen Entwurf des Nomogramms.

Der Entwurf fiel zufriedenstellend aus; das Nomogramm ist in Fig. 82 dargestellt.

II. Fall der Lage der Skalen. Es ist angebracht, wenn die gesuchte Größe u_2 eine gleichförmige Skala ergeben soll.

A. Schema des Nomogramms (Fig. 83)

Die Gleichungen der Nomogrammskalen lauten:

Skala u_1: $\quad x = 0, \quad y = \mu_1 f_1(u_1)$,

Skala u_2: $\quad x = B, \quad y = H + \mu_2 f_2(u_2)$

Skala u_3: $\quad x = B - \dfrac{B}{1 - \dfrac{1}{m} f_3(u_3)}$,

$$y = H - \frac{H}{1 - \frac{1}{m} f_3(u_3)},$$

$$m = \frac{\mu_2}{\mu_1}.$$

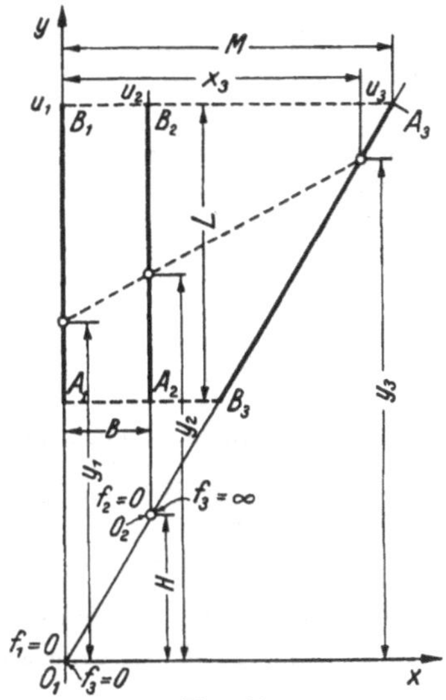

Figur 83

Dabei ist für die vorgeschriebenen Bereiche von u_3 $f_3(u_3) > m$.

Das betrachtete Nomogramm bekommt man aus Fig. 81, wenn man die Gleichung $f_3 = \dfrac{f_1}{f_2}$ mit (-1) multipliziert: $-f_3 = \dfrac{f_1}{-f_2}$ und dementsprechend die Gleichungen der Skalen verändert.

Bemerkung. Liegen die Werte von $f_3(u_3)$ nahe bei Null, so ist es günstiger, die Skala u_3 auf die Gerade O_1O_2 zwischen O_1 und $-\infty$ zu legen (im Gebiete negativer y, Fig. 83). In diesem Falle muß man $H < 0$ annehmen (der Punkt O_2 auf Fig. 83 rückt dann unter die x-Achse und die Skala u_3 liegt auf der Verlängerung der Geraden O_1O_2 links von der Skala u_1). In den angeführten Gleichungen muß man H durch $-H$ ersetzen und m so wählen, daß für die vorgeschriebenen Bereiche von u_3 gilt:

$$f_3(u_3) < m.$$

B. Die Reihenfolge bei der Berechnung des Nomogramms

1. Wir machen u_2 zur gesuchten Variablen und formen dementsprechend die gegebene Gleichung um und bestimmen die Form der Funktionen f_1, f_2 und f_3. Sodann schreiben wir die Ausmaße L und M des Nomogramms vor.

2. Berechnen wir die Bereiche von f_1 und f_2:

$$A_1 \leqq f_1 \leqq B_1, \quad A_2 \leqq f_2 \leqq B_2.$$

3. Bestimmen wir den Maßstab der Skala u_2:

$$\mu_2 \approx \frac{L}{B_2 - A_2}.$$

4. Bestimmen wir den Maßstab μ_1 und H aus den Bedingungen, daß die oberen und unteren Enden der Skalen f_1 und f_2 auf gleicher Höhe liegen, wodurch wir die folgenden Gleichungen erhalten

$$\mu_1 B_1 = H - \frac{H}{1 - \frac{A_3}{m}} \quad \text{und} \quad \mu_1 A_1 = H - \frac{H}{1 - \frac{B_3}{m}},$$

mit

$$m = \frac{\mu_2}{\mu_1}.$$

5. Die Größe B (den Abstand zwischen den parallelen Skalen) erhalten wir aus der Bedingung, daß die Breite des Nomogramms gleich einer vorgeschriebenen Größe M wird.

6. Notieren wir die Gleichungen der Nomogrammskalen, führen die nötigen Berechnungen durch und zeichnen einen Entwurf. Mit Hilfe dieser Skizze entscheiden wir, ob Umformungen und Veränderungen der Nomogrammform nötig sind.

Beispiel. Es ist ein Nomogramm zur Bestimmung des reduzierten Ausstrahlungskoeffizienten C_m zweier Körper kleiner Ausdehnung bei gegebenem Ausstrahlungskoeffizienten C_1 und C_2 der beiden Körper zu konstruieren (C_0 ist der Ausstrahlungskoeffizient des absolutschwarzen Körpers)

$$C_m = \frac{C_1 C_2}{C_0},$$

mit $C_0 = 4{,}96$; $0 \leqq C_1 \leqq 4{,}96$; $1 \leqq C_2 \leqq 4{,}96$; $0 \leqq C_m \leqq 4{,}96$.

Die Größe C_m soll mit einer absoluten Ungenauigkeit ermittelt werden, die 0,02 nicht übertrifft.

1. Wir setzen $u_2 = C_m$, $u_1 = C_2$, $u_3 = C_1$. Dann wird

$$\frac{C_0}{C_1} = \frac{C_2}{C_m},$$

$$f_1 = C_2, \quad f_2 = C_m, \quad f_3 = \frac{C_0}{C_1} = \frac{4{,}96}{C_1}.$$

Wählen wir für C_m eine gleichförmige Skala, so bekommen wir aus der Bedingung $0{,}1\ \text{mm} = \mu_1 \cdot 0{,}02$ $\mu_1 = 5$ mm. Die Länge der Skala ist 25 mm; wir wählen $L = 50$ mm und $M = 30$ mm.

2. Die Grenzen für f_1 und f_2 braucht man nicht zu berechnen; für f_3 erhalten wir

$$1 \leqq f_3 \leqq \infty.$$

3. Maßstab der Skala u_2: $\mu_2 = \dfrac{50}{4{,}96 - 0} \approx 10\,\text{mm}.$

4. Aus der Bedingung, daß die Randpunkte der Skalen auf gleicher Höhe liegen, finden wir

$$\mu_1 = H - \frac{H}{1 - \dfrac{\infty}{m}} = H$$

und

$$\mu_1 \cdot 4{,}96 = H - \frac{H}{1 - \dfrac{1}{m}} = \frac{H}{1 - m},$$

woraus sich ergibt, wenn wir $m = \dfrac{\mu_2}{\mu_1} = \dfrac{10}{\mu_1}$ setzen,

$$\mu_1 = H \quad \text{und} \quad 4{,}96\,H = \frac{H^2}{H - 10}.$$

Hieraus erhalten wir

$$\mu_1 = 12{,}5; \qquad H = 12{,}5\,\text{mm} \qquad \text{und} \qquad m = \frac{10}{12{,}5} = 0{,}8.$$

5. Die Breite des Nomogramms ist gleich der Abszisse des Punktes der Skala u_3 mit dem Argument $f_3 = A_3$:

$$B + \frac{B}{\dfrac{A_3}{0{,}8} - 1} = 30,$$

woraus

$$B = 30\,\frac{\dfrac{1}{0{,}8} - 1}{\dfrac{1}{0{,}8}} = 6\,\text{mm}.$$

6. Die Gleichungen der Skalen:

Skala C_2: $x = 0, \quad y = 12{,}5\,C_2;$

Skala C_m: $x = 6, \quad y = 12{,}5 + 10\,C_m;$

Skala C_1: $x = 6 + \dfrac{6}{\dfrac{4{,}96}{0{,}8}\,\dfrac{1}{C_1} - 1},$

$$y = 12{,}5 + \frac{12{,}5}{\dfrac{4{,}96}{0{,}8}\,\dfrac{1}{C_1} - 1}.$$

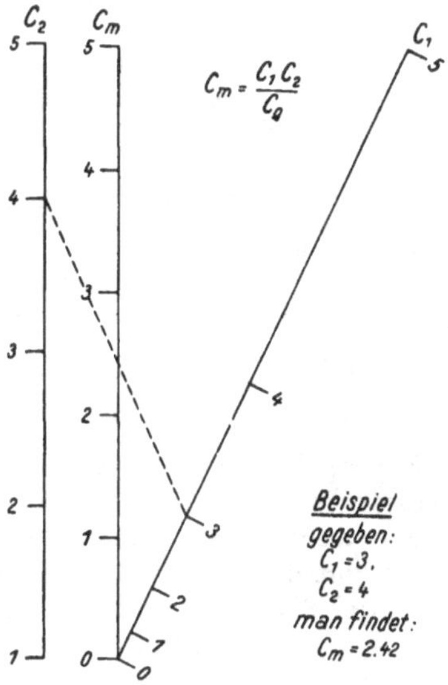

Figur 84

Die sich daraus ergebende Nomogrammskizze ist in Fig. 84 dargestellt.

Das Nomogramm zweiter Gattung auf einem Kreis (Ellipse) und einer Sekante.

Dieses Nomogramm ist sehr bequem zu handhaben und besitzt nicht die Mängel, die dem Z-Nomogramm anhaften.

A. Schema des Nomogramms

Die Gleichungen der Nomogrammskalen lauten (Fig. 85):

Skala u_1: $x = \frac{D_x}{1 + [\lambda_1 f_1(u_1) + \varrho]^2}$, $y = \frac{D_y\,[\lambda_1 f_1(u_1) + \varrho]}{1 + [\lambda_1 f_1(u_1) + \varrho]^2}$,

Skala u_2: $x = \frac{D_x}{1 + \left[\lambda_2 \frac{1}{f_2(u_2)} - \varrho\right]^2}$, $y = \frac{-D_y\left[\lambda_2 \frac{1}{f_2(u_2)} - \varrho\right]}{1 + \left[\lambda_2 \frac{1}{f_2(u_2)} - \varrho\right]^2}$,

Skala u_3: $x = \frac{K}{1 + \frac{1}{m} f_3(u_3)}$, $y = \frac{H}{1 + \frac{1}{m} f_3(u_3)}$.

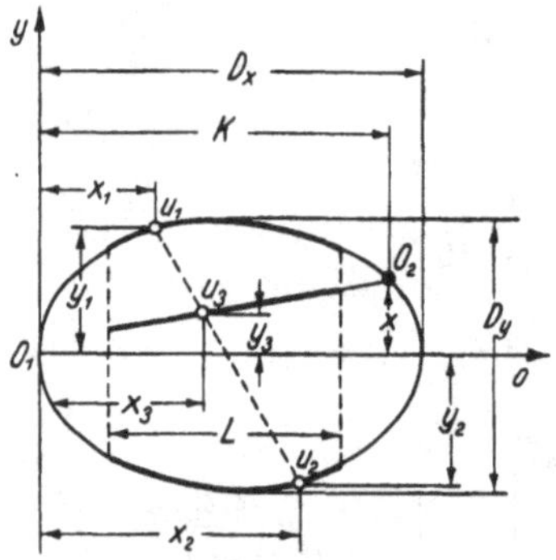

Figur 85

In diesen Formeln bestehen zwischen den Parametern λ_1, λ_2, ϱ, m, K und H die Beziehungen:

$$m = \frac{1 + \varrho^2}{\lambda_1 \lambda_2},$$

$$K = \frac{D_x}{1 + \varrho^2},$$

$$H = \frac{D_y \varrho}{1 + \varrho^2}.$$

Genaueres über die Bestimmung und die geometrische Bedeutung der Größen λ_1, λ_2 und ϱ siehe Abschnitt 14 (Seite 157).

B. Die Reihenfolge der Nomogrammberechnung

1. Wir wählen die Größe u_3 als Lösungsvariable, bringen die vorgegebene Gleichung auf die entsprechende Form, bestimmen die Funktionen f_1, f_2 und f_3 und geben die Ausmaße des Nomogramms mit L und M an.

2. Bestimmen wir die Bereiche der Funktionen f_1, f_2 und f_3:

$$A_1 \leqq f_1 \leqq B_1, \quad A_2 \leqq f_2 \leqq B_2 \quad \text{und} \quad A_3 \leqq f_3 \leqq B_3.$$

3. Ausgehend von den günstigsten Bedingungen der Lage der Skalen und ihrer erforderlichen Charakteristiken, bestimmen wir die Parameter λ_1, λ_2 und ϱ (siehe Abschnitt 14, § 28, Seite 157) oder, indem wir den Charakter der Lösungsskala vorgeben, die Parameter m (Seite 13, 15, 16), λ_1 und λ_2. Ist die gegenseitige Lage der Skalen von ausschlaggebender Bedeutung, dann muß man ϱ vorgeben und λ_i und m bestimmen.

4. Wir berechnen den vierten der Parameter λ_1, λ_2, ϱ und m aus drei bereits gewählten nach der Formel:

$$m = \frac{1 + \varrho^2}{\lambda_1 \lambda_2}.$$

5. Ausgehend von den vorgeschriebenen Habaryten des Nomogramms bestimmen wir die Achsen D_x und D_y der Ellipse:

$$L \approx D_x \left\{ \frac{1}{1 + (\lambda_1 A_1 + \varrho)^2} - \frac{1}{1 + (\lambda_1 B_1 + \varrho)^2} \right\}.$$

Gewöhnlich ist $M = D_y$. Nach Ermittlung D_x und D_y bestimmen wir K und H.

6. Schließlich notieren wir die Gleichungen der Nomogrammskalen, führen die Berechnung der Skalenpunkte aus und zeichnen das Nomogramm.

Beispiel. Es ist ein Nomogramm zur Bestimmung des reduzierten Ausstrahlungskoeffizienten C_m zu bestimmen (siehe Beispiel auf Seite 132).

1. Die gesuchte Größe ist C_m. Wir schreiben die Gleichung folgendermaßen um:

$$C_m C_0 = C_1 C_2 = \frac{C_1}{\frac{1}{C_2}}.$$

Folglich ist $\quad f_1 = C_1, \quad f_2 = \frac{1}{C_2} \quad$ und $\quad f_3 = 4{,}96\, C_m$.

Wir wählen die Ausmaße des Nomogramms zu: $L = 150$ mm und $M = 100$.

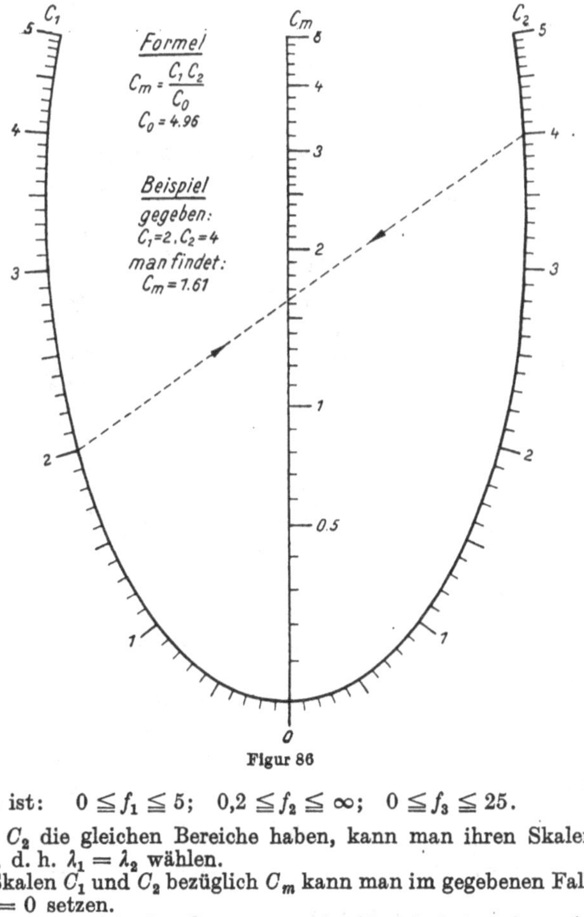

Figur 86

2. Angenähert ist: $\quad 0 \leqq f_1 \leqq 5; \quad 0{,}2 \leqq f_2 \leqq \infty; \quad 0 \leqq f_3 \leqq 25.$

3. Da C_1 und C_2 die gleichen Bereiche haben, kann man ihren Skalen den gleichen Charakter geben, d. h. $\lambda_1 = \lambda_2$ wählen.

Die Lage der Skalen C_1 und C_2 bezüglich C_m kann man im gegebenen Falle symmetrisch machen, d. h. $\varrho = 0$ setzen.

Am geeignetsten ist ein λ in den Grenzen von 0,2 bis 0,3; bei größeren λ bekommen die Charakteristiken der Skalen C_1 und C_2 für große C_1 und C_2 kleine Werte.

4. Ist $\lambda_1 = \lambda_2 = 0{,}2$, so wird $m = 25$; die logarithmische Charakteristik der Skala C_m für große C_m sehr klein.

Bei $\lambda_1 = \lambda_2 = 0{,}3$ bekommen wir ein $m = \frac{100}{9}$; dann nähert sich zwischen 1 und 5 die Skala C_m einer logarithmischen sehr stark, deshalb wählen wir $\lambda_1 = \lambda_2 = 0{,}3$.

5. Die Höhe des Nomogramms L wird gleich der Differenz der Abszissen der Skalenrandpunkte C_1 (oder C_2), was die Gleichung

$$150 = \frac{D_x}{1 + (0{,}3 \cdot 0)^2} - \frac{D_x}{1 + (0{,}3 \cdot 5)^2} = \frac{9\,D_x}{13}$$

ergibt, woraus $D_x \approx 200$ mm; $D_y = 100$ mm wird.

6. Die Gleichungen der Skalen werden:

$$\text{Skala } C_1: \quad x = \frac{200}{1 + (0{,}3\,C_1)^2}, \qquad y = \frac{30\,C_1}{1 + (0{,}3\,C_1)^2};$$

$$\text{Skala } C_2: \quad x = \frac{200}{1 + (0{,}3\,C_2)^2}, \qquad y = \frac{-30\,C_2}{1 + (0{,}3\,C_2)^2};$$

$$\text{Skala } C_m: \quad x = \frac{200}{1 + 0{,}09\,C_m}, \qquad y = 0.$$

Das danach konstruierte Nomogramm ist in Fig. 86 dargestellt.

Das Nomogramm dritter Gattung.

Die Skalengleichungen haben im einfachsten Fall die Form:

$$\text{Skala } u_1: \quad x = \frac{m_1 f_1(u_1)}{1 + [m_1 f_1(u_1)]^3}, \qquad y = \frac{[m_1 f_1(u_1)]^2}{1 + [m_1 f_1(u_1)]^3};$$

$$\text{Skala } u_2: \quad x = \frac{m_2 f_2(u_2)}{1 + [m_2 f_2(u_2)]^3}, \qquad y = \frac{[m_2 f_2(u_2)]^2}{1 + [m_2 f_2(u_2)]^3};$$

$$\text{Skala } u_3: \quad x = \frac{m_3 f_3(u_3)}{1 + [m_3 f_3(u_3)]^3}, \qquad y = \frac{[m_3 f_3(u_3)]^2}{1 + [m_3 f_3(u_3)]^3},$$

mit $m_3 = \frac{m_1}{m_2}$.

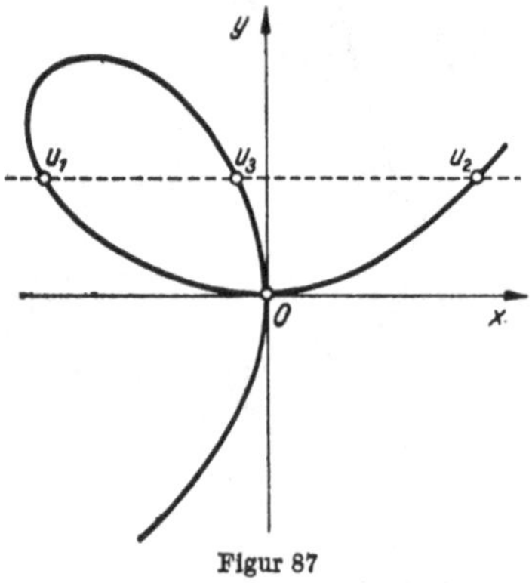

Figur 87

Ein Schema des Nomogramms ist in Fig. 87 dargestellt. Die für alle drei Skalen gemeinsame Gleichung des Trägers lautet:

$$x\,y = x^3 - y^3,$$

d. h. es ergibt sich eine Kurve dritten Grades — ein „cartesisches Blatt".

5. Die einfachsten Nomogramme für die zweite kanonische Form einer Gleichung dritter nomographischer Ordnung:

$$f_3(u)_3 = f_1(u_1) + f_2(u_2).$$

Ein Nomogramm nullter Gattung mit parallelen Skalen

Es wird sehr oft für Gleichungen der ersten kanonischen Form

$$f_3(u_3) \cdot f_2(u_2) = f_1(u_1)$$

verwendet.

Durch Logarithmieren bringt man sie auf die gewünschte Form (Seite 119). In diesen Fällen ergibt sich für die Lösungsskala unmittelbar eine logarithmische Skala. Näheres darüber siehe § 43.

A. Schema des Nomogramms (Fig. 88)

Die Gleichungen der Skalen lauten:

Skala u_1: $x = 0, \quad y = \mu_1 f_1(u_1)$;

Skala u_2: $x = B, \quad y = \mu_2 f_2(u_2) + H$;

Skala u_3: $x = B', \quad y = \mu_3 f_3(u_3) + H'$,

mit $\mu_3 = \frac{\mu_1 \mu_2}{\mu_1 + \mu_2}, \quad B' = B \frac{\mu_1}{\mu_1 + \mu_2}$.

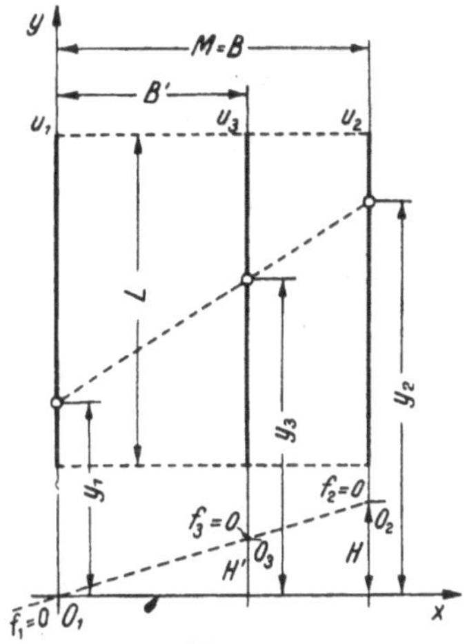

Figur 88

B. Die Reihenfolge der Nomogrammberechnungen

1. Wir wählen u_3 als gesuchte Größe, bestimmen dementsprechend die Form der Funktionen f_1, f_2 und f_3, bringen die vorgegebene Gleichung auf die Form $f_3 = f_1 + f_2$ und wählen das Format des Nomogramms: L und M.

2. Berechnen wir die Bereiche der Funktionen f_1, f_2 und f_3:

$$A_1 \leqq f_1 \leqq B_1, \quad A_2 \leqq f_2 \leqq B_2 \quad \text{und} \quad A_3 \leqq f_3 \leqq B_3.$$

3. Berechnen wir die Maßstäbe μ_1 und μ_2 der Skalen u_1 und u_2:

$$\mu_1 \approx \frac{L}{B_1 - A_1}, \quad \mu_2 \approx \frac{L}{B_2 - A_2}.$$

4. Wir berechnen den Maßstab μ_3 der mittleren Skala und den Abstand B' von ihr bis zur y-Achse:

$$\mu_3 = \frac{\mu_1 \mu_2}{\mu_1 + \mu_2}, \quad B' = B \frac{\mu_1}{\mu_1 + \mu_2}.$$

5. Durch Vorgabe zweier Wertepaare u_1 und u_2 berechnen wir die entsprechenden Werte u_3. Dies gibt die Möglichkeit, die Lage der Skala u_3 auf dem Träger sehr genau und einfach festzustellen.

6. Schreiben wir die Gleichungen der Skalen in der Form

$$y_i = \mu_i f_i(u_i),$$

indem wir annehmen, daß y_i vom Ursprung der entsprechenden Skala aus abgetragen wird und führen die notwendigen Berechnungen der Skalen aus.

7. Zeichnen wir die Skalen u_1 und u_2 gemäß ihren Richtungen bezüglich der Richtung der y-Achse und unter Berücksichtigung, daß die Mitten von der x-Achse den gleichen Abstand haben sollen.

8. Im Abstand B' von der y-Achse bringen wir den Träger der Skala u_3 an. Mit Hilfe, berechneter Beispiele bestimmen wir die Lage der zwei Punkte (Argumente) u_3 auf dem Träger. Indem wir mit dem einen von ihnen beginnen, tragen wir die Skala u_3 ein, wobei das zweite Beispiel zur Kontrolle der Richtigkeit der Konstruktion dient. [Methode des Beispiels. — D. H.]

Beispiel. Es ist ein Nomogramm zur Bestimmung des Volumens eines Wasser-Alkoholgemisches zu konstruieren:

$$v = \frac{q_W}{\delta_W} + \frac{q_{Ae}}{\delta_{Ae}},$$

dabei sind q_W und q_{Ae} die Gewichte des Wassers und des Alkohols ($0 \leqq q_W \leqq 1000$ kg, $0 \leqq q_{Ae} \leqq 2000$ kg); δ_W und δ_{Ae} die spezifischen Gewichte des Wassers und des Alkohols ($\delta_W = 1000$ kg/m^3; $\delta_{Ae} = 790$ kg/m^3), v das Mischungsvolumen ($0 \leqq v \leqq 3{,}5$ m^3).

Die Rechenfehler bei Benutzung des Nomogramms dürfen 0,05 m^3 nicht überschreiten. Wir führen die Berechnung des Nomogramms aus:

1. Zunächst setzen wir $u_3 = v$, $u_1 = q_W$ und $u_2 = q_{Ae}$.

Dann ist $f_1(u_1) = 0{,}001\, q_W$; $f_2(u_2) = \frac{1}{790} q_{Ae}$ und $f_3(u_3) = v$.

Ausgehend von der vorgeschriebenen Rechengenauigkeit, kann man die Länge $L = 75$ mm und die Breite $B = 50$ mm annehmen.

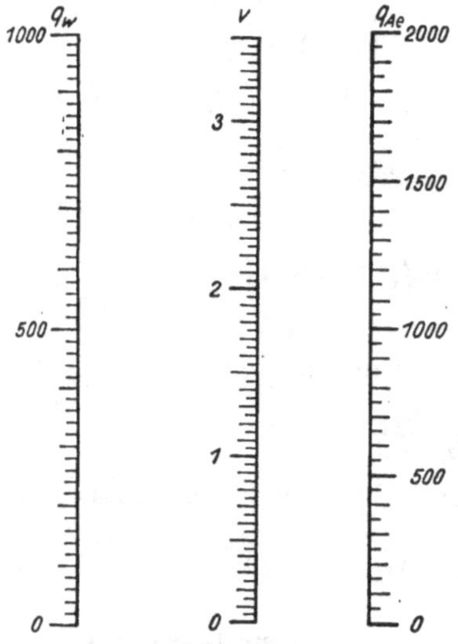

Figur 89

2. Berechnen wir die Variabilitätsgrenzen der Funktionen f_1, f_2 und f_3:

$$A_1 = A_2 = A_3 = 0;$$
$$B_1 = 0{,}001 \cdot 1000 = 1;$$
$$B_2 = \frac{2000}{790} = 2{,}535;$$

3. Bestimmen wir die Maßstäbe der Skalen u_1 und u_2:

$$\mu_1 = \frac{75}{1-0} = 75;$$
$$\mu_2 = \frac{75}{2{,}535 - 0} \approx 30.$$

4. Nach den gefundenen Maßstäben der äußeren Skalen bestimmen wir jetzt μ_3 und B':

$$\mu_3 = \frac{75 \cdot 30}{75 + 30} = 21{,}429 \text{ mm};$$
$$B' = 30\, \frac{75}{75 + 30} = 21{,}43 \text{ mm}.$$

5. Als Beispiele wählen wir:

a) $q_W = 0$, $q_{Ae} = 0$, $v = 0$;

b) $q_W = 1000$, $q_{Ae} = 1580$, $v = 3$.

6. Die Gleichungen der Skalen lauten:

Skala q_W:	$x = 0$,	$y = 0{,}075\, q_W$;
Skala q_{Ae}:	$x = 30$,	$y = 0{,}037974\, q_{Ae}$;
Skala v:	$x = 21{,}429$,	$y = 21{,}43\, v$.

Die Skalen sind gleichförmig; ihre Berechnung ist nicht nötig.

7. Die Skalen haben die Richtung der y-Achse, da alle f_i positiv sind. Wir zeichnen die Skalen q_W und q_{Ae}, indem wir ihre unteren Enden auf die x-Achse legen.

8. Bringen wir den Skalenträger v an und zeichnen seine Teilstriche, indem wir mit dem Schnittpunkt des Trägers mit der x-Achse beginnen.

Das fertig gezeichnete Nomogramm ist in Fig. 89 dargestellt.

Ein Nomogramm nullter Gattung auf drei in einen Punkt zusammenlaufenden Skalen (einfachster Fall) für die Gleichung

$$\frac{1}{f_3(u_3)} = \frac{1}{f_1(u_1)} + \frac{1}{f_2(u_2)}.$$

Besonders häufig verwendet man dieses Nomogramm in den Fällen

$$f_3(u_3) = u_3, \quad f_1(u_1) = u_1 \quad \text{und} \quad f_2(u_2) = u_2,$$

wobei man gleichförmige Skalen erhält.

A. Schema des Nomogramms

Die Gleichungen der Skalen lauten (Fig. 90):

Skala u_1: $x = \mu_1 \operatorname{ctg} \gamma_1 f_1(u_1)$, $y = \mu_1 f_1(u_1)$;

Skala u_2: $x = \mu_2 \operatorname{ctg} \gamma_2 f_2(u_2)$, $y = \mu_2 f_2(u_2)$;

Skala u_3: $x = \mu_3 \operatorname{ctg} \gamma_3 f_3(u_3)$, $y = \mu_3 f_3(u_3)$;

mit $\mu_3 = \mu_1 + \mu_2$

und $(\mu_1 + \mu_2) \operatorname{tg} \gamma_3 = \mu_2 \operatorname{tg} \gamma_2 - \mu_1 \operatorname{tg} \gamma_1$.

Bemerkung. Die Winkel γ_i bestimmen die Lage der mittleren Skala u_3.

Gewöhnlich benutzt man zu diesem Zweck die sogenannten Beispiele (siehe Anordnung der Berechnung Abschnitt 4); die Winkel γ_i braucht man nicht unbedingt zu berechnen.

Zum Eintragen der Gradeinteilung der Skalen u_1, u_2 und u_3 kann man die Größen x_i jedoch nicht verwenden, sondern man muß die Skalen mit Hilfe der Ausdrücke für y_i konstruieren (siehe Abschnitt 5).

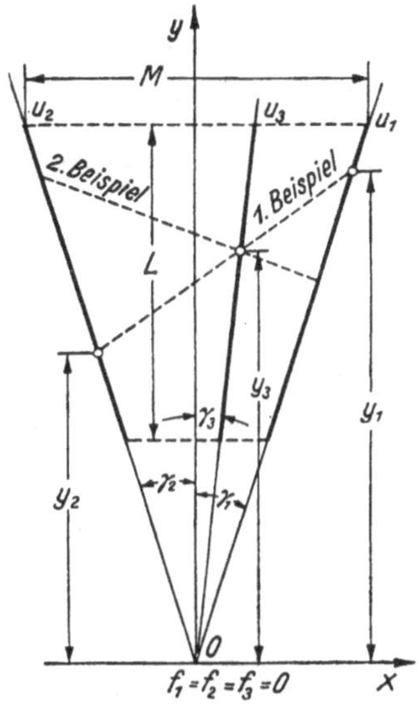

Figur 90

C. Die Anordnung der Berechnung des Nomogramms

Die Berechnung des Nomogramms führt man in der folgenden Reihenfolge aus:

1. Die gesuchte Größe bezeichnen wir mit u_3 und bestimmen die Form der Funktionen f_1, f_2 und f_3. Wir geben die Ausmaße L und M des Nomogramms vor.

2. Berechnen wir die Grenzen von f_1 und f_2:

$$A_1 \leqq f_1 \leqq B_1, \quad A_2 \leqq f_2 \leqq B_2.$$

3. Berechnen wir die Maßstäbe der Skalen

$$\mu_1 \approx \frac{L}{B_1 - A_1}, \quad \mu_2 \approx \frac{L}{B_2 - A_2}, \quad \mu_3 = \mu_1 + \mu_2.$$

4. Rechnen wir zwei Beispiele zur Bestimmung der Lage der mittleren Skala aus, die denselben Wert u_3 ergeben. (Methode des Beispiels. — D. H.)

5. Notieren wir die Gleichungen der Skalen:

Skala u_1: $y = \mu_1 f_1(u_1)$

Skala u_2: $y = \mu_2 f_2(u_2)$;

Skala u_3: $y = \mu_3 f_3(u_3)$.

6. Berechnen wir die Skalen u_1, u_2 und u_3. Dazu konstruieren wir ein gleichschenkliges Dreieck mit Seiten, die den größten Wert y für u_1 und u_2 ergeben und dessen Basis gleich M (Fig. 90) ist.[1]) Auf den Schenkeln tragen wir die Skalen u_1 und u_2 auf, dabei legen wir den Zählungsbeginn der Skalen in die Spitze des Winkels (in den Punkt 0).

7. Legen wir zwei Geraden durch die Punkte auf den Skalen u_1 und u_2 mit Argumenten, die gleich den in den Beispielen gewählten Werten u_1 und u_2 sind. Durch die Spitze 0 (Fig. 90) und den Schnittpunkt der Linien der Beispiele legen wir den Träger der Skala u_3. Auf ihm tragen wir die Skala u_3 ein, indem wir den Ursprung der Skala mit dem Punkt 0 zusammenfallen lassen. Der Schnittpunkt der Verbindungslinien der Beispiele muß als Argument den diesen Beispielen entsprechenden Wert u_3 haben.

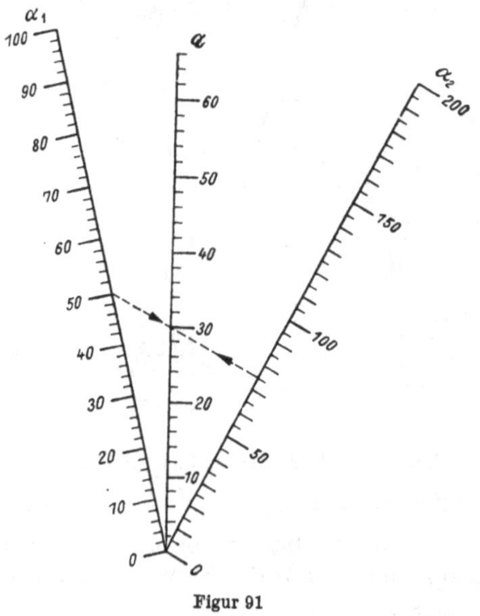

Figur 91

Beispiel. Es ist ein Nomogramm zur Bestimmung des reduzierten Wärmeleitungskoeffizienten α einer zweischichtigen Wärmeisolation

$$\frac{1}{\alpha} = \frac{1}{\alpha_1} + \frac{1}{\alpha_2}$$

zu konstruieren, mit α_1 und α_2 als Wärmeleitungskoeffizienten jeder Schicht:

$$0 \leqq \alpha_1 \leqq 100; \quad 0 \leqq \alpha_2 \leqq 200$$
$$\text{und} \quad 0 \leqq \alpha \leqq 67.$$

Die Größe α soll mit einem absoluten Fehler bestimmt werden, der 0,1 nicht überschreitet.

Wir führen die Berechnung des Nomogramms wie folgt aus:

1. Wir bezeichnen zunächst

$$f_1(u_1) = \alpha_1, \quad f_2(u_2) = \alpha_2$$
$$\text{und} \quad f_3(u_3) = \alpha$$

und bestimmen dann die Ausmaße des Nomogramms; bei doppelt so großer Zeichnung wählen wir:

$$L = 150 \text{ mm} \quad \text{und} \quad M = 100 \text{ mm}.$$

2. Die Begrenzungen von f_1 und f_2 fallen mit den Grenzen von α_1 und α_2 zusammen.

3. Die Maßstäbe der Skalen errechnen sich zu

$$\mu_1 = \frac{150}{100-0} = 1{,}5\,(\text{mm}), \quad \mu_2 = \frac{150}{200-0} = 0{,}75\,(\text{mm}), \quad \mu_3 = 1{,}5 + 0{,}75 = 2{,}25\,(\text{mm}).$$

4. Als passendes Beispiel wählen wir:

$$\alpha = 30, \quad \alpha_1 = 100 \quad \text{und} \quad 50.$$

Beispiel 1: $\alpha_1 = 100, \quad \alpha_2 = 42{,}86 \quad \text{und} \quad \alpha = 30;$

Beispiel 2: $\alpha_1 = 50, \quad \alpha_2 = 75 \quad \text{und} \quad \alpha = 30.$

---

[1]) Die Basis des Dreieckes braucht man nur zur Konstruktion des Winkels zwischen den Skalen u_1 und u_2.

5. Wir notieren die Gleichungen der Skalen:

$$\text{Skala } \alpha_1: \quad y = 1{,}5\alpha_1;$$
$$\text{Skala } \alpha_2: \quad y = 0{,}75\alpha_2;$$
$$\text{Skala } \alpha: \quad y = 2{,}25\alpha.$$

6. Da alle Skalen gleichförmig sind, ist ihre Berechnung nicht nötig. Wir legen sodann die Seiten des Dreieckes fest: die Schenkel sind gleich $1{,}5 \cdot 100 = 150$ (mm) $(0{,}75 \cdot 200 = 150)$; die Basis ist gleich $M = 100$ mm. Wir konstruieren die Skalen α_1 und α_2.

7. Wir bringen die Geraden entsprechend den berechneten Beispielen an; die erste durch die Punkte mit den Argumenten $\alpha_1 = 100$ und $\alpha_2 = 42{,}86$, die zweite durch die Punkte mit den Argumenten $\alpha_1 = 50$ und $\alpha_2 = 75$. Der Schnitt dieser Geraden bestimmt den Skalenpunkt α mit dem Argument 30. Durch diesen Punkt und den Schnittpunkt der Skalen α_1 und α_2 legen wir den Träger der Skala α.

Das fertige Nomogramm zeigt Fig. 91.

Ein Nomogramm zweiter Gattung auf einer Ellipse und Tangente

Dieses Nomogramm hat im Vergleich zu den Nomogrammen mit parallelen Skalen wenig Vorzüge, auch ist das Verfahren seiner Konstruktion bedeutend komplizierter, daher macht man verhältnismäßig selten von ihm Gebrauch. Es hat allerdings den Vorzug, daß die Lage der Skalen auf den vorher gewählten Trägern, die durch die Lage der Tangente und die Form der Ellipse bestimmt werden, zwangläufig ist (die im wesentlichen durch die Parameter D_x und D_y bestimmt wird), wodurch man zwar drei Parameter ϱ_1, ϱ_2 und λ für weitere Umformung freibehält, aber verhältnismäßig selten davon Gebrauch machen wird.

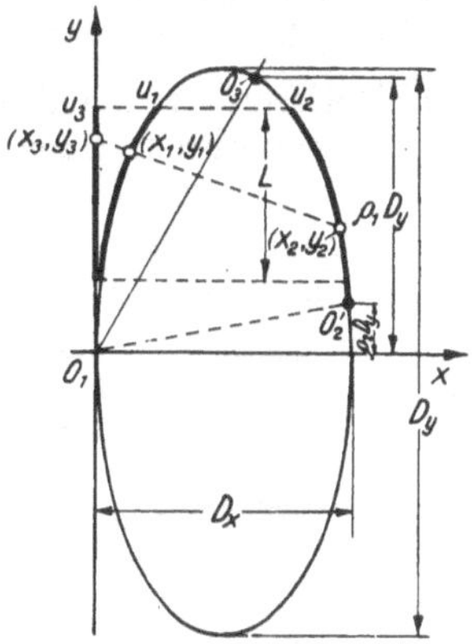

Figur 92

A. Das Schema des Nomogramms

Die Gleichungen der Nomogrammskalen lauten in diesem Falle (Fig. 92):

$$\text{Skala } u_1: \quad x = \frac{D_x}{1 + [\lambda f_1(u_1) + \varrho_1]^2}, \qquad y = \frac{D_y\,[\lambda f_1(u_1) + \varrho_1]}{1 + [\lambda f_1(u_1) + \varrho_1]^2};$$

$$\text{Skala } u_2: \quad x = \frac{D_x}{1 + [\lambda f_2(u_2) + \varrho_2]^2}, \qquad y = \frac{D_y\,[\lambda f_2(u_2) + \varrho_2]}{1 + [\lambda f_2(u_2) + \varrho_2]^2};$$

$$\text{Skala } u_3: \quad x = 0, \qquad y = \frac{H}{1 + \frac{1}{m} f_3(u_3)}$$

mit

$$m = \frac{\varrho_1 + \varrho_2}{\lambda}, \quad H = \frac{D_y}{\varrho_1 + \varrho_2}.$$

B. Die Reihenfolge bei der Nomogrammberechnung

1. Wir nehmen die Größe u_3 als Lösungsgröße, wodurch wir die entsprechende Skala zwischen die übrigen Skalen legen. Wir bestimmen die Form der Funktionen f_1, f_2 und f_3.

2. Wir berechnen die Grenzen der Funktionen

$$A_1 \leqq f_1 \leqq B_1, \quad A_2 \leqq f_2 \leqq B_2 \quad \text{und} \quad A_3 \leqq f_3 \leqq B_3.$$

3. Wählen wir den Parameter λ so, daß die Skala u_1 die gewünschte Form erhält (siehe Seite 157).

4. Wählen wir die Parameter m und H der projektiven Skala u_3 so, daß diese Skala die vorgeschriebene Länge und die gewünschte Charakteristik der Argumentverteilung bekommt (siehe Seite 13, 15 und 16).

5. Aus den Bedingungen, daß der untere Rand (bei $f_2 = A_2$) und der obere Rand (bei $f_2 = B_2$) der Skala u_2 mit den oberen und unteren Randpunkten der Skala u_3 auf gleicher Höhe liegen sollen, bestimmen wir die Größe ϱ_2:

$$\frac{H}{1+\frac{B_3}{m}} = \frac{D_y\,[\lambda A_2 + \varrho_2]}{1+[\lambda A_2+\varrho_2]^2} \quad \text{und} \quad \frac{H}{1+\frac{A_3}{m}} = \frac{D_y\,[\lambda B_2 + \varrho_2]}{1+[\lambda B_2+\varrho_2]^2}\,.$$

Dann ist

$$\varrho_1 = m\lambda - \varrho_2.$$

6. Auf Grund des zur Verfügung stehenden Platzes für das Nomogramm (seine Habaryten) bestimmen wir D_y und D_x.

7. Notieren wir die Gleichungen der Skalen, führen die notwendigen Rechnungen aus und fertigen eine Nomogrammskizze an.

Das Nomogramm dritter Gattung

Die Skalengleichungen lauten:

$$\text{Skala } u_1\colon \quad x = m f_1(u_1) + n_1, \qquad y = [m f_1(u_1) + n_1]^3;$$

$$\text{Skala } u_2\colon \quad x = m f_2(u_2) + n_2, \qquad y = [m f_2(u_2) + n_2]^3;$$

$$\text{Skala } u_3\colon \quad x = -\,[m f_3(u_3) + n_3], \quad y = -\,[m f_3(u_3) + n_3]^3,$$

mit

$$n_1 + n_2 = n_3.$$

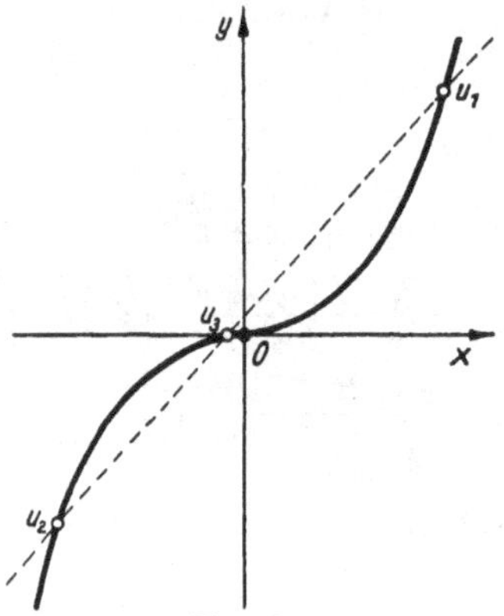

Figur 93

Ein Schema des Nomogramms ist in Fig. 93 dargestellt. Die Gleichung des allen drei Skalen gemeinsamen Trägers wird dann zu

$$y = x^3,$$

eine „kubische" Parabel.

Unterwirft man die Kurve einer projektiven Umformung, so kann man den unendlichfernen Umkehrpunkt der Kurve in jeden beliebigen Punkt der Ebene überführen.

6. Die Nomogramme der dritten kanonischen Form einer Gleichung dritter nomographischer Ordnung:

$$f_1(u_1) + f_2(u_2) + f_3(u_3) = f_1(u_1) \cdot f_2(u_2) \cdot f_3(u_3).$$

Ein Nomogramm zweiter Gattung auf einer Ellipse

A. Schema des Nomogramms

Die Gleichungen der Skalen (Fig. 94):

$$\text{Skala } u_1: \quad x = \frac{D_x}{1 + [\lambda f_1(u_1) + \varrho]^2}, \qquad y = \frac{D_y\,[\lambda f_1(u_1) + \varrho]}{1 + [\lambda f_1(u_1) + \varrho]^2};$$

$$\text{Skala } u_2: \quad x = \frac{D_x}{1 + [\lambda f_2(u_2) + \varrho]^2}, \qquad y = \frac{D_y\,[\lambda f_2(u_2) + \varrho]}{1 + [\lambda f_2(u_2) + \varrho]^2};$$

$$\text{Skala } u_3: \quad x = \frac{K}{1 + \frac{1}{m} f_3(u_3)} + R, \qquad y = \frac{H}{1 + \frac{1}{m} f_3(u_3)} + S,$$

mit

$$R = \frac{D_x}{1 + \varrho^2 - \lambda^2}, \qquad S = \frac{D_y \varrho}{1 + \varrho^2 - \lambda^2};$$

$$K = \frac{-D_x}{1 + \varrho^2 - \lambda^2}, \qquad H = \frac{D_y\,(1 - \lambda^2 - \varrho^2)}{2\varrho\,(1 + \varrho^2 - \lambda^2)}, \qquad m = \frac{2\lambda\varrho}{1 + \varrho^2 - \lambda^2}.$$

Der Punkt 0_1 hat die Argumente

$$f_1(u_1) = \infty, \quad f_2(u_2) = \infty;$$

der Punkt 0_2 die Argumente

$$f_1(u_1) = 0, \quad f_2(u_2) = 0;$$

der Punkt 0_3 das Argument

$$f_3(u_3) = 0$$

und der Punkt 0_4 das Argument

$$f_3(u_3) = \infty.$$

Die Gerade $0_3 0_2$ berührt die Ellipse. Der Punkt 0_3 liegt auf der Ordinate; seine Ordinate ist gleich

$$H + S = \frac{1}{2\varrho} D_y.$$

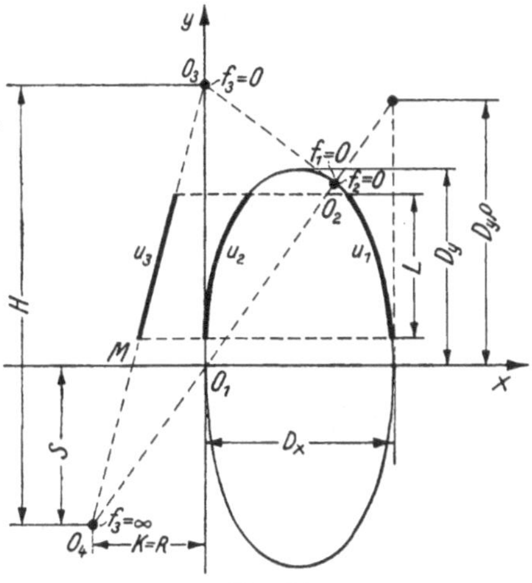

Figur 94

B. Die Reihenfolge der Nomogrammberechnung

1. Wir bringen die vorgegebene Gleichung auf die kanonische Form und machen u_2 zur gesuchten Größe. Wir bestimmen die Form der Funktionen $f_1(u_1)$, $f_2(u_2)$ und $f_3(u_3)$.

2. Berechnen wir die Grenzen der Funktionen f_1, f_2 und f_3:

$$A_1 \leqq f_1 \leqq B_1, \quad A_2 \leqq f_2 \leqq B_2 \quad \text{und} \quad A_3 \leqq f_3 \leqq B_3.$$

3. Gemäß der vorgeschriebenen Genauigkeit, mit der u_2 bestimmt werden soll, ermitteln wir die Größe λ.

4. Aus den Bedingungen, denen die Lage der Skalen genügen soll, bestimmen wir ϱ und bestimmen nach den vorgeschriebenen Habaryten des Nomogramms D_x und D_y.

5. Notieren wir die Gleichungen und berechnen die Nomogrammskalen.

Beispiel. Es ist ein Nomogramm für die Gleichung

$$\operatorname{tg} \varphi = \frac{k_1 - k_2}{k_1 k_2 + 1}$$

zu konstruieren, dabei ist

$$0 \leqq k_1 \leqq -1, \quad 90^\circ \leqq \varphi \leqq 180^\circ, \quad 0 \leqq k_2 \leqq 1.$$

1. Indem wir den Nenner beseitigen, erhalten wir

$$(-\operatorname{tg} \varphi) \cdot k_1 \cdot (-k_2) = k_1 + (-k_2) + (-\operatorname{tg} \varphi).$$

Folglich ist

$$f_1 = -k_2, \quad f_2 = -\operatorname{tg} \varphi, \quad f_3 = k_1.$$

2. Die Grenzen der Funktionen f_1, f_2 und f_3 werden:

$$0 \leqq f_1 \leqq -1, \quad 0 \leqq f_2 \leqq \infty, \quad 0 \leqq f_3 \leqq -1.$$

3. Für eine erste Skizze des Nomogramms wählen wir $\lambda = 1$.

4. Wir wählen $\varrho = 1$; wie man leicht aus den Gleichungen der Skalen an Hand der bekannten Variabilitätsgrenzen von f_1, f_2 und f_3 herleitet, nimmt die Skala φ ein Viertel der Ellipse, die Skala k_2 ein zweites Viertel ein. Die Skala k_1 erhält die Höhe $\frac{D_y}{2}$. Die Breite des Nomogramms wird gleich $2D_x$. Nimmt man $L = 125$ mm und $M = 90$ mm an, erhält man

$$D_y = 250 \text{ mm} \quad \text{und} \quad D_x = 45 \text{ mm}.$$

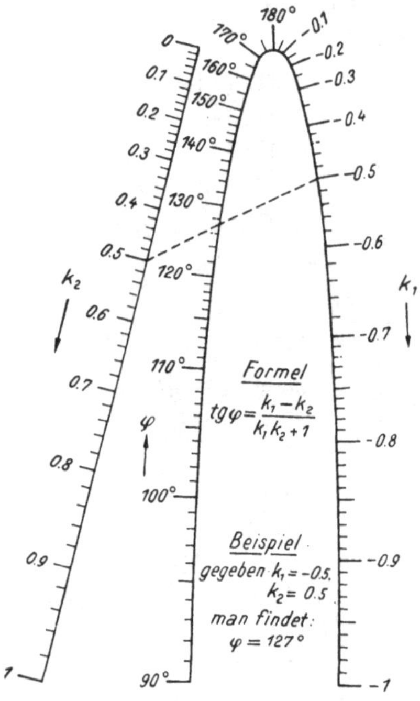

Figur 95

5. Die Gleichungen:

der Skala φ: $\quad x = \frac{45}{1 + (1 - \operatorname{tg}\varphi)^2}, \qquad y = \frac{250\,(1 - \operatorname{tg}\varphi)}{1 + (1 - \operatorname{tg}\varphi)^2};$

der Skala k_2: $\quad x = \frac{45}{1 + (1 - k_2)^2}, \qquad y = \frac{250\,(1 - k_2)}{1 + (1 - k_2)^2};$

der Skala k_1: $\quad x = 45 - \frac{45}{1 + \frac{1}{2} k_1}, \qquad y = 250 - \frac{1}{2} \frac{250}{1 + \frac{1}{2} k_1}.$

Das fertige Nomogramm ist in Fig. 95 dargestellt.

Das Nomogramm dritter Gattung

Die Gleichungen der Skalen haben die Form:

Skala u_1: $\quad x = f_1^2(u_1), \qquad y = \frac{f_1^2(u_1) + 1}{f_1(u_1)};$

Skala u_2: $\quad x = f_2^2(u_2), \qquad y = \frac{f_2^2(u_2) + 1}{f_2(u_2)};$

Skala u_3: $\quad x = f_3^2(u_3), \qquad y = \frac{f_3^2(u_3) + 1}{f_3(u_3)}.$

Ein Schema des Nomogramms ist in Fig. 96 dargestellt. Die für alle drei Skalenträger gemeinsame Gleichung lautet:

$$y^2 x = (x + 1)^2,$$

sie ist eine unikursale Kurve dritter Ordnung mit isoliertem Punkt; der obere Teil der Kurve entspricht $f_i > 0$, der untere den Werten $f_i < 0$.

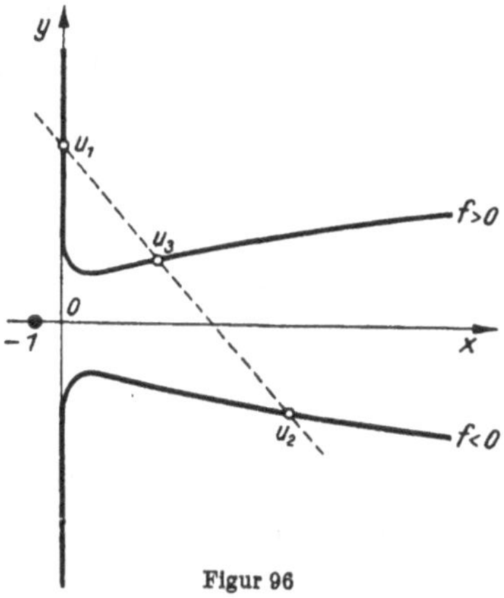

Figur 96

7. Die Nomogramme der kanonischen Form von Cauchy für eine Gleichung vierter nomographischer Ordnung:

$$f_1(u_1) \cdot f_3(u_3) + f_2(u_2) \cdot \varphi_3(u_3) + \psi_3(u_3) = 0.$$

Nomogramm erster Gattung mit parallelen Skalen

A. Schema eines Nomogramms

Die Gleichungen der Nomogrammskalen lauten (Fig. 97):

die Skala u_1:

$$x = 0, \qquad y = \mu_1 f_1(u_1);$$

die Skala u_2:

$$x = B, \qquad y = \mu_2 f_2(u_2);$$

die Skala u_3:

$$x = \frac{B}{1 + \frac{\mu_2}{\mu_1} \frac{f_3(u_3)}{\varphi_3(u_3)}}, \qquad y = \frac{H - \mu_2 \frac{\psi_3(u_3)}{\varphi_3(u_3)}}{1 + \frac{\mu_2}{\mu_1} \frac{f_3(u_3)}{\varphi_3(u_3)}}.$$

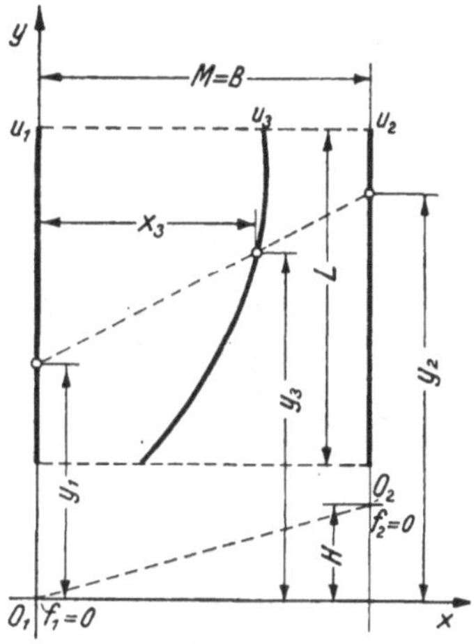

Figur 97

Die Richtung der y-Achse fällt mit der Richtung der Skala $f_1(u_1)$ zusammen; der Koordinatenursprung liegt im Zählungsanfang der Skala $f_1(u_1)$.

Damit die Skala u_3 zwischen die Skalen u_1 und u_2 zu liegen kommt, muß man f_3 und φ_3 so wählen, daß ihr Verhältnis stets positiv ist.

Ist $\frac{f_3(u_3)}{\varphi_3(u_3)} < 0$, so liegt die Skala u_3 außerhalb des Intervalls, das durch die parallelen Skalen begrenzt wird; beim Werte u_3, der der Gleichung

$$1 + \frac{\mu_2}{\mu_1} \frac{f_3(u_3)}{\varphi_3(u_3)} = 0$$

genügt, bricht die Skala ab.

B. Die Reihenfolge der Nomogrammberechnung

1. Wir bringen die vorgelegte Gleichung auf die kanonische Form und bestimmen die Gestalt der Funktionen $f_1(u_1)$, $f_2(u_2)$, $f_3(u_3)$, $\varphi_3(u_3)$ und $\psi_3(u_3)$.

2. Berechnen wir die Grenzen der Funktionen f_1 und f_2:

$$A_1 \leqq f_1(u_1) \leqq B_1 \quad \text{und} \quad A_2 \leqq f_2(u_2(u_2) \leqq B_2$$

und schreiben die Ausmaße L und M des Nomogramms vor.

3. Bestimmen wir die Maßstäbe der Skalen u_1 und u_2:

$$\mu_1 \approx \frac{L}{B_1 - A_1}, \quad \mu_2 \approx \frac{L}{B_2 - A_2}.$$

4. Ermitteln wir die Größe H aus der Bedingung, daß die Mitten der Skalen u_1 und u_2 auf gleicher Höhe liegen sollen:

$$H = \mu_1 \frac{A_1 + B_1}{2} - \mu_2 \frac{A_2 + B_2}{2}.$$

5. Notieren der Skalengleichungen.

6. Berechnen wir die Skalen des Nomogramms und zeichnen es.

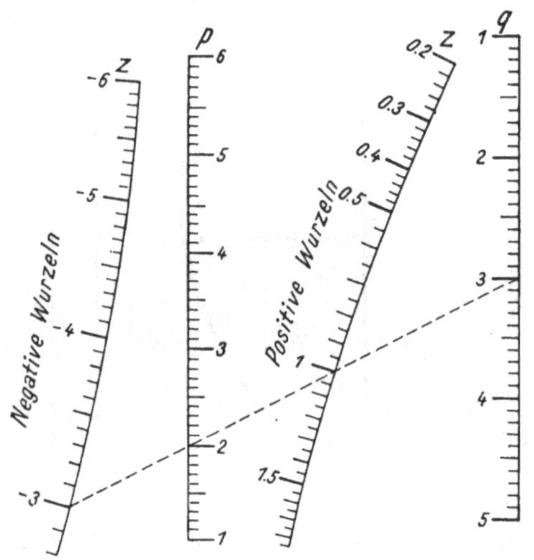

Figur 98

Beispiel. Es ist ein Nomogramm zur Lösung der quadratischen Gleichung

$$z^2 + pz - q = 0$$

zu konstruieren. Dabei ist

$$1 \leqq p \leqq 6, \quad 1 \leqq q \leqq 5;$$

$$0{,}2 \leqq z \leqq 1{,}9 \text{ positive Wurzeln,}$$

$$-6 \leqq z \leqq -2{,}8 \text{ negative Wurzeln.}$$

1. Wir schreiben die Gleichung folgendermaßen um ($u_1 = p$, $\mu_2 = q$, $\mu_3 = z$):

$$pz + (-q) + z^2 = 0$$

und wählen

$$f_1 = p, \quad f_2 = -q, \quad f_3 = z,$$

$$\varphi_3 = 1, \quad \psi_3 = z^2.$$

2. Die Bereiche der Funktionen f_1 und f_2 werden:

$$1 \leqq f_1(u_1) \leqq 6, \qquad -5 \leqq f_2(u_2) \leqq -1.$$

Wir wählen $L = 100$ mm, $M = 70$ mm.

3. Bestimmen wir die Maßstäbe der geradlinigen Skalen

$$\mu_1 = \frac{100}{6-1} = 20\,(\text{mm}), \quad \mu_2 = \frac{100}{-1+5} = 25\,(\text{mm}).$$

4. Berechnen wir die Größe H:

$$H = 20\,\frac{1+6}{2} - 25\,\frac{-5-1}{2} = 70 + 75 = 145\,(\text{mm}).$$

5. Notieren wir die Gleichungen der Skalen:

Skala p: $x = 0, \quad y = 20p;$

Skala q: $x = 100, \quad y = 145 - 25q;$

Skala z: $x = \frac{70}{1 + 1{,}25\,z}, \quad y = \frac{145 - 25z^2}{1 + 1{,}25z}.$

6. Das Nomogramm ist in Fig. 98 dargestellt. Für negative Werte von z liegt die Skala außerhalb der parallelen Skalen. Sie bricht bei $z = -0{,}8$ ab, dabei liegt bei $z < -0{,}8$ die Skala links von der Skala p und für $z > -0{,}8$ liegt die Skala rechts von der Skala q.

Nomogramm erster Gattung mit sich überschneidenden Skalen

Das Nomogramm ist besonders einfach zu konstruieren, wenn die Gleichung die Form

$$\frac{f_3(u_3)}{f_1(u_1)} + \frac{\varphi_3(u_3)}{f_2(u_2)} + \psi_3(u_3) = 0$$

hat.

Man verwendet es gewöhnlich dann, wenn $f_1(u_1) = u_1$ ist und $f_2(u_2) = u_2$, wenn die Skalen u_1 oder u_2 gleichförmig sein sollen.

A. Das Schema des Nomogramms

Die Gleichungen der Skalen lauten (Fig. 99):

Skala u_1:

$$x = \mu_1 f(u_1), \qquad y = 0;$$

Skala u_2:

$$x = 0, \qquad y = \mu_2 f_2(u_2);$$

Skala u_3:

$$x = -\mu_1 \frac{f_3(u_3)}{\psi_3(u_3)}, \qquad y = -\mu_2 \frac{\varphi_3(u_3)}{\psi_3(u_3)}.$$

Bemerkung. An Stelle rechtwinkliger Koordinaten kann man bei denselben Skalengleichungen auch schiefwinklige Koordinaten verwenden; das Nomogramm nimmt dann eine geschlossenere Form an.

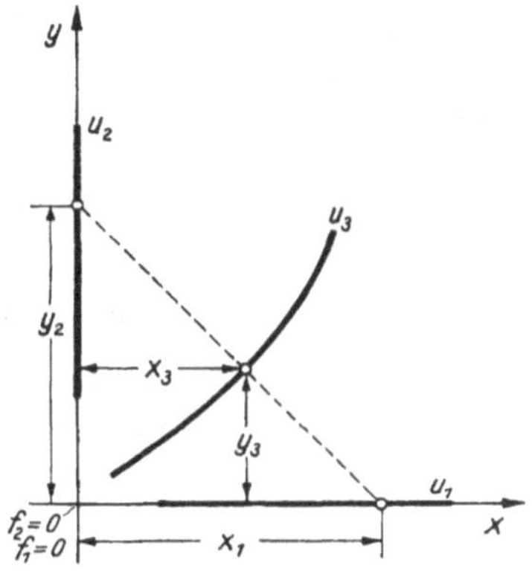

Figur 99

B. Die Reihenfolge der Einzelrechnungen

1. Wir bringen die vorgelegte Gleichung auf die Form

$$\frac{f_3(u_3)}{f_1(u_1)} + \frac{\varphi_3(u_3)}{f_2(u_2)} + \psi_3(u_3) = 0.$$

2. Nach den für u_1 und u_2 vorgeschriebenen Grenzen bestimmen wir die Bereiche von $f_1(u_1)$ und $f_2(u_2)$:

$$A_1 \leqq f_1(u_1) \leqq B_1; \quad A_2 \leqq f_2(u_2(u_2) \leqq B_2.$$

3. Wir berechnen die Maßstäbe der Skalen u_1 und u_2:

$$\mu_1 \approx \frac{L}{B_1 - A_1}, \quad \mu_2 = \frac{L}{B_2 - A_2}.$$

4. Wir stellen die Gleichungen der Skalen zusammen und berechnen das Nomogramm.

8. Ein Nomogramm der kanonischen Form von Clark für eine Gleichung vierter nomographischer Ordnung:

$$f_1(u_1) \cdot f_2(u_2) \cdot f_3(u_3) + [f_1(u_1) + f_2(u_2)]\, \varphi_3(u_3) + \psi_3(u_3) = 0.$$

A. Schema des Nomogramms

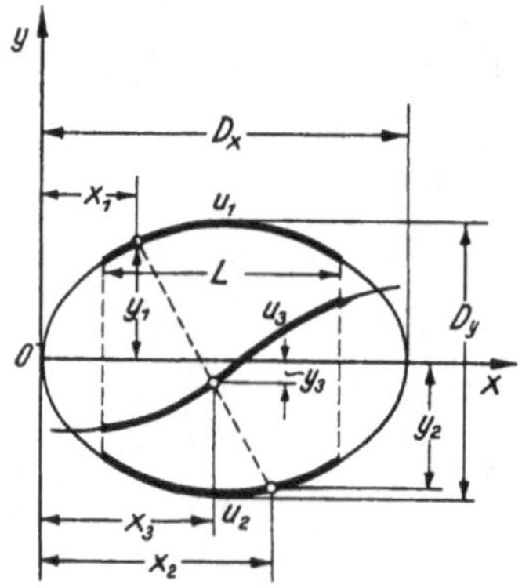

Figur 100

Die Gleichungen der Nomogrammskalen lauten (Fig. 100):

Skala u_1:

$$x = \frac{D_x}{1 + [\lambda f_1(u_1) + \varrho]^2}, \quad y = \frac{D_y\,[\lambda f_1(u_1) + \varrho]}{1 + [\lambda f_1(u_1) + \varrho]^2};$$

Skala u_2:

$$x = \frac{D_x}{1 + [\lambda f_2(u_2) + \varrho]^2}, \quad y = \frac{D_y\,[\lambda f_2(u_2) + \varrho]}{1 + [\lambda f_2(u_2) + \varrho)^2};$$

Skala u_3:

$$x = \frac{D_x\, f_3(u_3)}{(1 + \varrho^2)\, f_3(u_3) + \lambda^2 \varphi_3(u_3) - 2\lambda\varrho\varphi_3(u_3)},$$

$$y = \frac{D_y\,[-\lambda\varphi_3(u_3) + \varrho f_3(u_3)]}{(1 + \varrho^2)\, f_3(u_3) + \lambda^2 \varphi_3(u_3) - 2\lambda\varrho\varphi_3(u_3)}.$$

B. Reihenfolge der Einzelrechnungen

1. Die vorgegebene Gleichung bringen wir zunächst auf obige kanonische Form und ermitteln die Form der Funktionen f_i, φ_3 und ψ_3. Dann schreiben wir die Ausmaße des Nomogramms L und M vor.

2. Wir berechnen die Grenzen der Funktionen f_1 und f_2:

$$A_1 \leqq f_1 \leqq B_1, \quad A_2 \leqq f_2 \leqq B_2.$$

3. Je nachdem, wie die Skalenenden an dieser oder jener Stelle des Kreises liegen und je nach der Charakteristik der Argumentverteilung auf der Skala wählen wir λ und ϱ (siehe Abschnitt 14, Seite 157).

4. Ausgehend von den vorgeschriebenen Maßen des Nomogramms bestimmen wir die Achsen der Ellipse D_x und D_y.

5. Wir notieren die Gleichungen der Nomogrammskalen.

Beispiel. Es ist ein Nomogramm zur Bestimmung des Kreuzkopfweges, eines Kurbelmechanismus zu konstruieren:

$$\sigma = \frac{1 - \cos\omega}{2} + \frac{r}{2}\left(1 - \sqrt{1 - \frac{\sin^2\omega}{r^2}}\right),$$

mit $0 \leqq \omega \leqq 360°$; $2{,}5 \leqq r \leqq 20$ und $0 \leqq \sigma \leqq 1$.

1. Wir bringen die vorgelegte Gleichung auf die Form:

$$-r\cos\omega-(1-2\sigma)(\cos\omega-r)+\frac{1+(1-2\sigma)^2}{2}=0;$$

setzen wir dann $u_1=\omega$, $u_2=r$, $u_3=\sigma$, so erhalten wir

$$f_3=1,\quad \varphi_3=-(1-2\sigma),\quad \psi_3=\frac{1+(1-2\sigma)^2}{2},\quad f_1=\cos\omega\quad\text{und}\quad f_2=-r.$$

Die Ausmaße des Nomogramms wählen wir zu $L=M=100$ mm.

2. Dann haben wir die Bereiche der Funktionen f_1 und f_2 zu fixieren:

$$-1\leqq f_1\leqq 1\quad\text{und}\quad -20\leqq f_2\leqq -2{,}5.$$

3. Für die erste Skizze wählen wir $\varrho=0$ und $\lambda=1$.

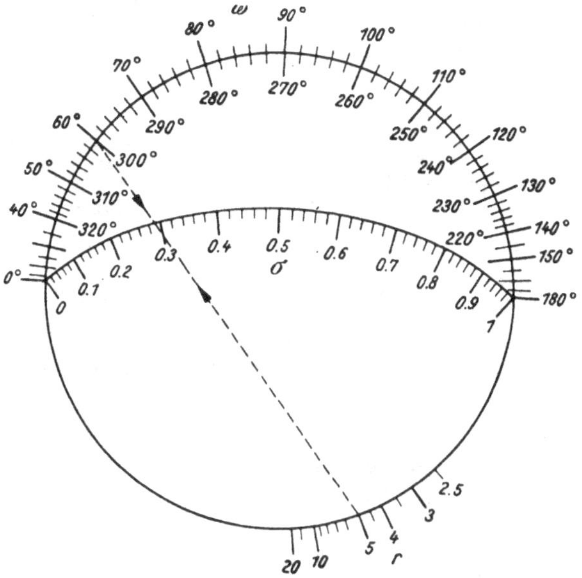

Figur 101

4. Bei den gewählten Werten von λ und ϱ nimmt die Skala ω die Hälfte des Kreises ein. Wir wählen $D_x=D_y=100$ mm.

5. Die Gleichungen der Skalen:

Skala ω: $$x=\frac{100}{1+\cos^2\omega},\qquad y=\frac{100\cos\omega}{1+\cos^2\omega};$$

Skala r: $$x=\frac{100}{1+r^2},\qquad y=-\frac{100r}{1+r^2};$$

Skala σ: $$x=\frac{200}{3+(1-2\sigma)^2},\qquad y=\frac{200(1-2\sigma)}{3+(1-2\sigma)^2}.$$

Das erhaltene Nomogramm ist in Fig. 101 dargestellt.

9. Die einfachsten Nomogramme einer Gleichung fünfter nomographischer Ordnung: $f_3(u_3) = \frac{f_1(u_1) + f_2(u_2)}{\varphi_1(u_1) + \varphi_2(u_2)}$. Die allgemeine Form des Nomogramms ist in Fig. 102 dargestellt. Die Gleichungen seiner Skalen lauten im einfachsten Falle:

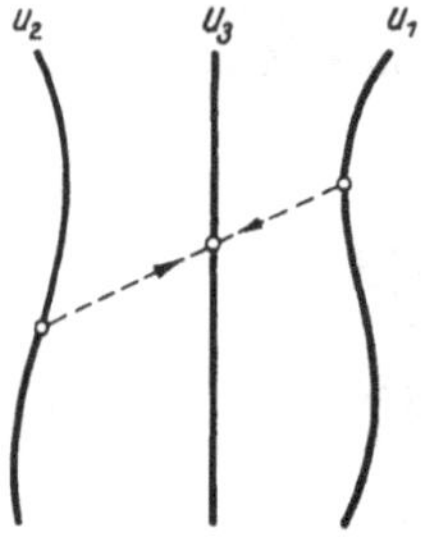

Figur 102

$$\text{Skala } u_1: \quad x = -\mu_x \frac{1}{\varphi_1(u_1)}, \qquad y = \mu_y \frac{f_1(u_1)}{\varphi_1(u_1)};$$

$$\text{Skala } u_2: \quad x = \mu_x \frac{1}{\varphi_2(u_2)}, \qquad y = \mu_y \frac{f_2(u_2)}{\varphi_2(u_2)};$$

$$\text{Skala } u_3: \quad x = 0, \qquad y = \mu_y f_3(u_3).$$

Die Maßstäbe μ_x und μ_y können beliebig gewählt werden. Das nach diesen Formeln konstruierte Nomogramm befriedigt jedoch selten die Anforderungen der Praxis: man muß das Nomogramm fast immer einer projektiven Umformung unterwerfen (siehe Abschnitt 7, § 30, Seite 174).

10. Die einfachsten Nomogramme einer Gleichung sechster nomographischer Ordnung $\frac{f_3(u_3) - f_1(u_1)}{\varphi_3(u_3) - \varphi_1(u_1)} = \frac{f_2(u_2) - f_1(u_1)}{\varphi_2(u_2) - \varphi_1(u_1)}$, die durch ein Nomogramm mit drei krummlinigen Skalen gelöst wird.

Im einfachsten Falle lauten die Gleichungen der Skalen:

$$\text{Skala } u_1: \quad x = \mu_x f_1(u_1), \qquad y = \mu_y \varphi_1(u_1);$$

$$\text{Skala } u_2: \quad x = \mu_x f_2(u_2), \qquad y = \mu_y \varphi_2(u_2);$$

$$\text{Skala } u_3: \quad x = \mu_x f_3(u_3), \qquad y = \mu_y \varphi_3(u_3),$$

wobei die Maßstäbe μ_x und μ_y auf den Koordinatenachsen beliebig gewählt werden können.

§ 27. *Gleichungen, die mehr als drei Variable enthalten und in deren Nomogrammen Netze auftreten*

11. Allgemeine Bemerkungen. Gleichungen, die auf Gleichungen *vierter* nomographischer Ordnung führen, können nur *ein* Netz enthalten. Gleichungen, die auf die Form von Gleichungen *fünfter* nomographischer Ordnung führen, können dagegen *ein oder zwei* Netze enthalten.

Gleichungen, die auf die Form von Gleichungen *sechster* nomographischer Ordnung führen, können *zwei oder drei* Netze enthalten.

Für die Gleichungen, die auf die Form von Gleichungen *dritter* nomographischer Ordnung führen, sind Nomogramme mit Netzen *nicht möglich.*

Die Reihenfolge der Konstruktion und Berechnung der einfachsten Nomogramme mit Netzen unterscheidet sich prinzipell nicht von der Reihenfolge der Berechnung von Fluchtlinientafeln für die entsprechenden Gleichungen mit drei Variablen.[1]) Die Besonderheiten der Konstruktion der Nomogramme wollen wir an Beispielen betrachten.

[1]) Für einige Gleichungen, die durch Nomogramme mit einem Netz gelöst werden, sind auch zusammengesetzte Nomogramme möglich.

12. Beispiele für Nomogramme mit einem Netz für Gleichungen, die sich auf eine der kanonischen Form von Cauchy analoge Form bringen lassen.

I. Es ist ein Nomogramm zur Bestimmung der Fläche eines gleichschenkligen Trapezes zu konstruieren

$$S = bh + h^2 \operatorname{ctg} \varphi,$$

wobei b die Länge der kleineren Grundlinie ($0 \leqq b \leqq 10$); h die Höhe des Trapezes ($0 \leqq h \leqq 10$); φ der Winkel zwischen einem Schenkel und der unteren Grundlinie des Trapezes ($45° \leqq \varphi \leqq 90°$) ist; S ist die Fläche des Trapezes ($0 \leqq S \leqq 200$).

1. Wir bringen die Gleichung auf die Form

$$S - bh - h^2 \operatorname{ctg} \varphi = 0$$

und setzen

$$f_1 = S, \quad f_2 = b, \quad f_{3,4} = 1, \quad \varphi_{3,4} = -h \quad \text{und} \quad \psi_{3,4} = -h^2 \operatorname{ctg} \varphi,$$

womit erreicht wird, daß die Lösungsskala S zwischen dem Netz (h, φ) und der Skala b liegt. Die Habaryte (Ausmaße) des Nomogramms wählen wir zu $L = 150$ mm und $M = 100$ mm.

2. Wir bestimmen die Maßstäbe der Skalen

$$\mu_1 = \frac{150}{200 - 0} = 0{,}75 \text{ mm}, \qquad \mu_2 = \frac{150}{10 - 0} = 15 \text{ mm}.$$

3. Bestimmen wir die Größe H. Da die Skalen S und b beide mit Null beginnen und nach derselben Seite gerichtet sind, nehmen wir $H = 0$.

4. Ermitteln wir den Abstand B zwischen den parallelen Skalen. Für das Netz haben wir

$$x = \frac{B}{1 - \frac{15}{0{,}75} \frac{1}{h}} < 0.$$

Infolgedessen ist die Nomogrammbreite gleich dem Abstand zwischen der Linie $h = 10$ des Netzes und der Skala b, d. h.

$$M = B - \frac{B}{1 - \frac{15}{0{,}75} \cdot \frac{1}{10}} = 100,$$

woraus folgt $B = 50$ mm.

5. Die Gleichungen der Skalen:

Skala S:	$x = 0,$	$y = 0{,}75\,S;$
Skala b:	$x = 50,$	$y = 15b;$
Feld (h, φ):	$x = \dfrac{50}{1 - \frac{20}{h}},$	$y = \dfrac{-15h \operatorname{ctg} \varphi}{1 - \frac{20}{h}}.$

Das Nomogramm ist in Fig. 103 dargestellt.

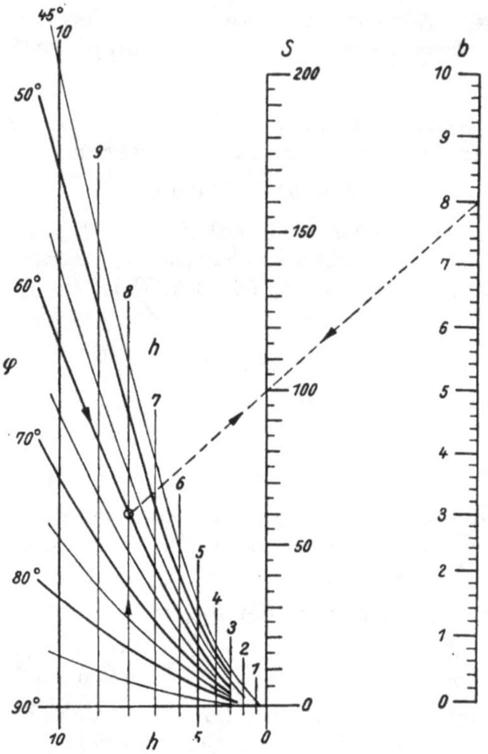

Figur 103

II. Man konstruiere ein Nomogramm zur Berechnung des *CO*-Gehalts in Rauchgasen nach der Formel

$$CO = \frac{21 - \beta\, RO_2 - (RO_2 + O_2)}{0{,}605 + \beta}\,.$$

Hierbei ist RO_2 die Menge CO_2 und SO_2 in % des Gesamtvolumens trockener Gase [$5 \leqq RO_2 \leqq 21$(%)]; β ist die chemische Charakteristik des Heizanteils der wirksamen Brennstoffmasse ($0{,}03 \leqq \beta \leqq 0{,}36$) O_2 ist der Sauerstoffgehalt der Rauchgase in Prozent [$11 \leqq RO_2 + O_2 \leqq 21$(%)]; CO ist der Kohlenmonoxydgehalt der Rauchgase in Prozent [$0 \leqq CO \leqq 6$(%)].

1. Wir bringen die Gleichung auf die Form $f_1 \cdot f_{3,4} + f_2 \cdot \varphi_{3,4} + \psi_{3,4} = 0$:

$$CO = \frac{21 - (0{,}605 + \beta)\, RO_2 + 0{,}605\, RO_2 - (RO_2 + O_2)}{0{,}605 + \beta}$$

$$= \frac{21 + 0{,}605\, RO_2 - (RO_2 + O_2)}{0{,}605 + \beta} - RO_2$$

oder $$\frac{1}{0{,}605 + \beta}\,[21 + 0{,}605\, RO_2 - (RO_2 + O_2)] - CO - RO_2 = 0.$$

Folglich

$$f_1 = \frac{1}{0{,}605 + \beta}, \quad f_2 = -\,\mathrm{CO}, \quad f_3 = 21 + 0{,}605\,\mathrm{RO_2} - (\mathrm{RO_2} + \mathrm{O_2}),$$
$$\varphi_3 = 1 \quad \text{und} \quad \psi_3 = -\,\mathrm{RO_2}.$$

Die habarytischen Maße des Nomogramms sind $L = 150$ mm, $M = 100$ mm.

2. Wir bestimmen die Grenzen von f_1 und f_2:

$$\frac{1}{0{,}605 + 0{,}36} \leqq f_1 \leqq \frac{1}{0{,}605 + 0{,}03} \text{ oder } 1{,}036 \leqq f_1 \leqq 1{,}575; \quad -6 \leqq f_2 \leqq 0 \text{ und}$$

3. die Maßstäbe der Skalen:

$$\mu_1 = \frac{150}{1{,}575 - 1{,}036} \approx 250, \quad \mu_2 = \frac{150}{6} = 25.$$

4. Die Ordinate der Null der Skala CO, die der y-Achse entgegengerichtet ist, berechnet man zu

$$H = 250\,\frac{1{,}036 + 1{,}575}{2} - 25\,\frac{0 - 6}{2} \approx 400.$$

5. Da das Netz zwischen den parallelen Skalen des Nomogramms liegt, ist $B = M = 100$ mm.

6. Die Gleichungen der Skalen des Nomogramms sind:

Skala β: $x = 0$, $y = \dfrac{250}{0{,}605 + \beta}$;

Skala CO: $x = 100$, $y = 400 - 25\,\mathrm{CO}$;

Netz $(\mathrm{RO_2} + \mathrm{O_2}, \mathrm{RO_2})$:

$$x = \frac{100}{1 + 0{,}1\,[21 + 0{,}605\,\mathrm{RO_2} - (\mathrm{RO_2} + \mathrm{O_2})]},$$
$$y = \frac{400 + 25\,\mathrm{RO_2}}{1 + 0{,}1\,[21 + 0{,}605\,\mathrm{RO_2} - (\mathrm{RO_2} + \mathrm{O_2})]}.$$

Durch Elimination von $(\mathrm{RO_2} + \mathrm{O_2})$ aus den Parametergleichungen des Netzes erhalten wir die Gleichung der Linienscharen $\mathrm{RO_2} = \mathrm{const}$

$$y = [4{,}00 + 0{,}25\,\mathrm{RO_2}]\,x;$$

$y = 0$ bei $x = 0$. Folglich sind die Linien $\mathrm{RO_2} = \mathrm{const}$ ein Geradenbündel mit dem Zentrum im Koordinatenursprung.

Wir wollen die Gleichung der Linienschar $\mathrm{RO_2} + \mathrm{O_2} = \mathrm{const}$ bestimmen. Aus der ersten Gleichung des Netzes bekommen wir

$$\mathrm{RO_2} = \frac{1}{0{,}605}\left[10\left(\frac{100}{x} - 1\right) - 21 + (\mathrm{RO_2} + \mathrm{O_2})\right];$$

setzen wir diesen Ausdruck an Stelle von $\mathrm{RO_2}$ in die zweite Gleichung, so finden wir

$$y = \left[4{,}00 + \frac{0{,}250}{0{,}605}\,(\mathrm{RO_2} + \mathrm{O_2}) - \frac{0{,}250 \cdot 31}{0{,}605}\right] x + \frac{0{,}605}{250}.$$

Folglich sind die Linien $\mathrm{RO_2} + \mathrm{O_2}$ ein Geradenbündel mit dem Zentrum im Punkte $x = 0$, $y = \dfrac{250}{0{,}605} = 413$.

Das fertige Nomogramm zeigt Fig. 104.

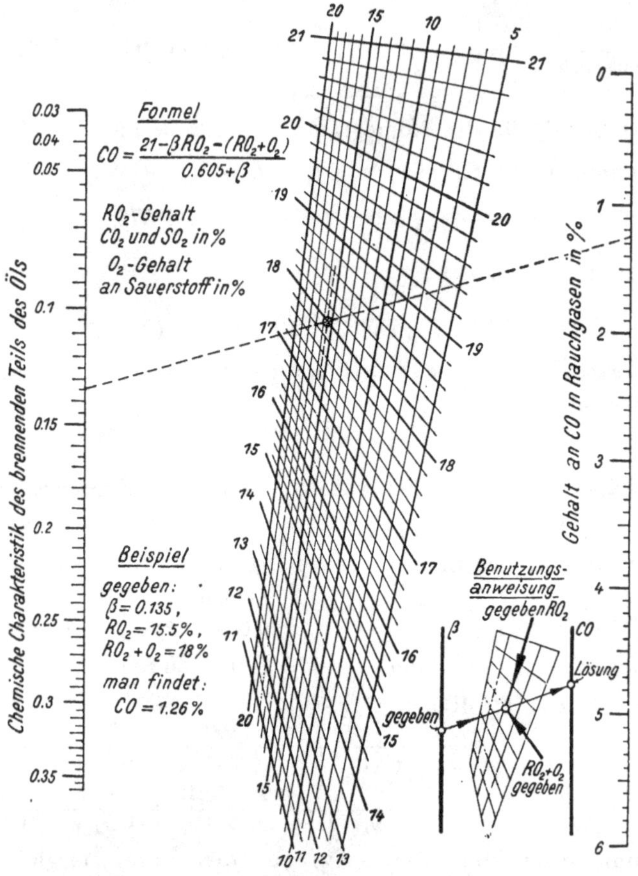

Figur 104

13. Ein Beispiel für ein Nomogramm mit zwei Netzen für eine Gleichung, die auf eine der kanonischen Form einer Gleichung fünfter nomographischer Ordnung analoge Form führt.

III. Man konstruiere ein Nomogramm zur Bestimmung der Phasenverschiebung bei Parallelschaltung zweier Impedanzen

$$\operatorname{tg} \varphi = \frac{\dfrac{R_1}{R_1^2 + X_1^2} + \dfrac{R_2}{R_2^2 + X_2^2}}{\dfrac{X_1}{R_1^2 + X_1^2} + \dfrac{X_2}{R_2^2 + X_2^2}},$$

$$0 \leqq \varphi \leqq 90°; \quad 1 \leqq R_1 \leqq 110\,(\Omega); \quad 1 \leqq X_1 \leqq 110\,(\Omega);$$

$$1 \leqq R_2 \leqq 110\,(\Omega) \text{ und } 1 \leqq X_2 \leqq 110\,(\Omega).$$

Wir wählen $L = 150$ mm, $M = 220$ mm.

1. Umformung der Gleichung in die kanonische Form. Die gegebene Formel hat die Gestalt der kanonischen Form einer Gleichung fünfter nomographischer Ordnung, in deren zugehöriges Nomogramm zwei Netze (X_1, R_1) und (X_2, R_2) eingehen. Bei $f_3 = \operatorname{tg} \varphi$ läuft die Skala φ jedoch ins Unendliche. Um dies zu vermeiden, bringen wir die Gleichung auf die folgende Form:

$$\frac{1}{1+\operatorname{tg}\varphi} = \frac{\dfrac{R_1}{R_1^2+X_1^2} + \dfrac{R_2}{R_2^2+X_2^2}}{\dfrac{R_1+X_1}{R_1^2+X_1^2} + \dfrac{R_2+X_2}{R_2^2+X_2^2}},$$

jetzt hat die ganze Skala φ nur eine endliche Ausdehnung.

Hierbei sei

$$f_{1,2} = \frac{R_1}{R_1^2+X_1^2}, \quad \varphi_{1,2} = \frac{R_1+X_1}{R_1^2+X_1^2}; \quad f_{3,4} = \frac{R_2}{R_2^2+X_2^2}, \quad \varphi_{3,4} = \frac{R_2+X_2}{R_2^2+X_2^2}$$

und

$$f_5 = \frac{1}{1+\operatorname{tg}\varphi}.$$

2. Infolgedessen (siehe Seite 150) werden die Gleichungen der Skala und der Nomogrammfelder ($\mu_y = H$):

Skala φ: $\quad x = 0, \quad y = \dfrac{H}{1+\operatorname{tg}\varphi}$;

Feld (R_1, X_1): $\quad x = -\mu_1 \dfrac{R_1^2+X_1^2}{R_1+X_1}, \quad y = H \dfrac{R_1}{R_1+X_1}$;

Feld (R_2, X_2): $\quad x = \mu_1 \dfrac{R_2^2+X_2^2}{R_2+X_2}, \quad y = H \dfrac{R_2}{R_2+X_2}$.

Da die Parametergleichungen der Netze analog sind und sich nur durch das Vorzeichen von x unterscheiden, werden die Linien der beiden Felder bei gleichen Parameterwerten R_1 und R_2 (oder X_1 und X_2) symmetrisch zu der Skala φ liegen.

3. Ausgehend von der vorgeschriebenen Nomogrammhöhe bestimmen wir die Größe H:

$$150 = \frac{H}{1+\operatorname{tg} 0^\circ} - \frac{H}{1+\operatorname{tg} 90^\circ} = H.$$

4. Die Größe μ_1 wählen wir auf Grund der Bedingung, daß die Nomogrammbreite gleich 220 mm ist; wählen wir daher die Abszisse des Schnittpunktes der Netzlinien $R_2 = 110$ und $X_2 = 110$ (für den größtmöglichen Wert von x) gleich der halben Nomogrammbreite, d. h. 110 mm, so ergibt sich die Gleichung

$$110 = \mu_1 \frac{110^2+110^2}{110+110}$$

und hieraus $\mu_1 = 1$.

5. Die Gleichungen der Skala und der Nomogrammfelder werden:

Skala φ: $\quad x = 0, \quad y = \dfrac{150}{1+\operatorname{tg}\varphi}$;

Feld (R_1, X_1): $\quad x = -\dfrac{R_1^2+X_1^2}{R_1+X_1}, \quad y = \dfrac{150\, R_1}{R_1+X_1}$;

Feld (R_2, X_2): $\quad x = \dfrac{R_2^2+X_2^2}{R_2+X_2}, \quad y = \dfrac{150\, R_2}{R_2+X_2}$.

Das fertige Nomogramm ist in Fig. 105 dargestellt.

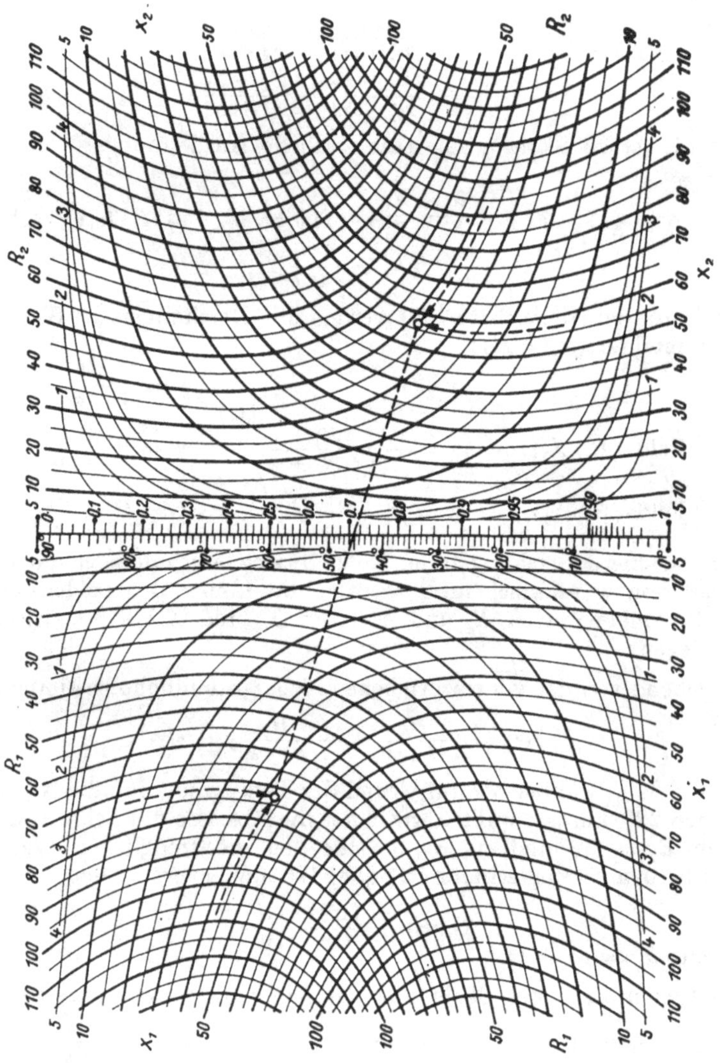

Figur 105

§ 28. Graphische Verfahren zur Bestimmung der Parameter von Nomogrammen

14. Die Wahl der Parameter λ und ϱ für Skalen auf einem Kreis oder auf einer Ellipse. Nomogramme von Clerk sowie solche zweiter Gattung für Gleichungen dritter nomographischer Ordnung besitzen dann Kreisbogen bzw. elliptische Skalen, wenn ihre Gleichungen (siehe S. 133, 141 und 148)

$$x = \frac{D_x}{1 + [\lambda f(u) + \varrho]^2}, \qquad y = \frac{D_y [\lambda f(u) + \varrho]}{1 + [\lambda f(u) + \varrho]^2} \tag{8.1}$$

vier beliebig wählbare Größen: λ, ϱ, D_x und D_y enthalten. Die Achsen der Ellipse (D_x und D_y) bestimmt man unter Berücksichtigung der vorgegebenen Ausmaße des Nomogramms. Die Wahl der Größen λ und ϱ geschieht unter Berücksichtigung der Bedingung, dem Nomogramm und seinen Skalen die beste Form zu geben.

Am einfachsten kann die Wahl dieser Werte mit folgendem graphischen Verfahren durchgeführt werden, wobei man zur Vereinfachung die Auswahl der Parameter λ und ϱ mit einer Kreisskala beginnen muß, um anschließend die erhaltenen Resultate für die Ellipse nachzuprüfen.

Wir ziehen einen Kreis (Fig. 106) von beliebigem Durchmesser D und tragen am Ende des horizontalen Durchmessers O_1O_2 auf der Senkrechten O_2M mit Hilfe der Funktion $f(u)$ die Skala u auf, wählen ihren Ursprung in dem beliebigen Punkt O'' der Geraden O_2M und wählen den Maßstab gleich μ. Die Punkte dieser Skala projizieren wir aus dem Punkte O_1 auf den Kreis, wobei wir den Projektionen dieselben Argumente u zuschreiben, die die ihnen entsprechenden Punkte der Skala O'' besitzen. Dann bekommen wir auf dem Kreis eine Skala u, wobei dem Punkte O' des Kreises das Argument u entspricht, für welches $f(u) = O$ ist und jedem beliebigen zwischenliegenden Punkte des Kreises A' der Wert u entspricht, der zu dem Punkte A'' der geradlinigen Skala gehört; dem Punkte O_1 auf dem Kreise entspricht das Argument u, für welches $f(u) = \infty$ ist.

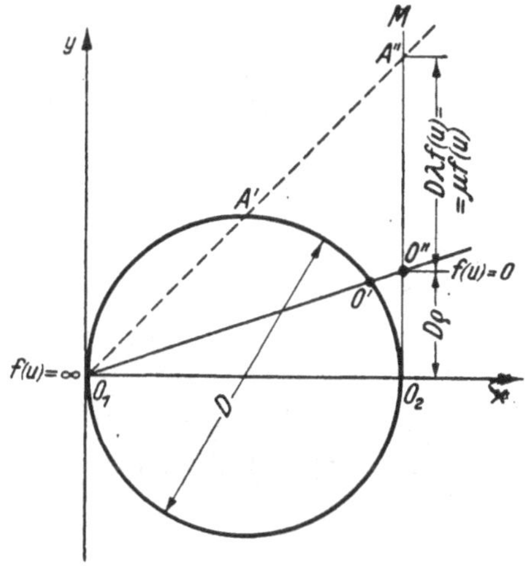

Figur 106

Ändert man den Maßstab μ der geradlinigen Skala O_2M, so bekommt man der Charakteristik nach verschiedene Skalen auf dem Kreise, ändert man die Länge des Abschnittes O_2O'', dann ergeben sich verschiedene Lagen des Punktes O' auf dem Kreise. Durch Probieren kann man die gewünschte Charakteristik der Skala u erhalten.

Die so erhaltene Skala auf dem Kreise entspricht einer nach den Gleichungen (8.1) konstruierten Skala. Dabei haben die Werte λ und ϱ eine einfache geometrische Bedeutung: λ ist der Maßstab der geradlinigen Skala $f(u)$, ausgedrückt in Bruchteilen des Kreisdurchmessers; ϱ ist der Abstand des Zählungsbeginns O'' der geradlinigen Skala vom Punkte O_2, ebenfalls bezogen auf den Durchmesser, d. h.

$$\varrho = \frac{O_2O''}{O_1O_2} \quad \text{und} \quad \lambda = \frac{\mu}{O_1O_2}\,.$$

Eine Änderung von ϱ beeinflußt ebenfalls die Lage der Teilungen auf der Skala. Daher muß man zunächst die gegenseitige Lage der Skalen des Nomogramms vorschreiben und dann die passende Verteilung der Teilungen auf der Skala bestimmen (Parameter λ).

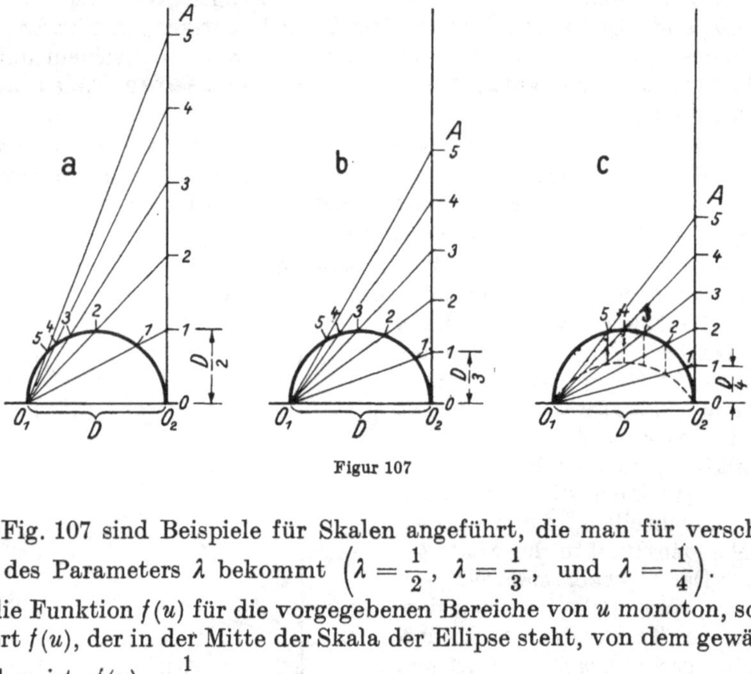

Figur 107

Auf Fig. 107 sind Beispiele für Skalen angeführt, die man für verschiedene Werte des Parameters λ bekommt $\left(\lambda = \frac{1}{2},\ \lambda = \frac{1}{3},\ \text{und}\ \lambda = \frac{1}{4}\right)$.

Ist die Funktion $f(u)$ für die vorgegebenen Bereiche von u monoton, so hängt der Wert $f(u)$, der in der Mitte der Skala der Ellipse steht, von dem gewählten λ ab und es ist $f(u) = \frac{1}{\lambda}$.

Verlangt man, daß die Enden der Skala u die gleichen Ordinaten haben, so muß man

$$\lambda = \frac{1}{\sqrt{A\,B}}$$

setzen, wobei A und B die Bereiche der Funktion $f(u)$ sind, wenn sich u innerhalb der vorgegebenen Grenzen bewegt.

15. Die Anwendung graphischer Verfahren zur Verbesserung der Form eines Nomogramms. Die hier beschriebenen Verfahren beruhen auf dem graphischen Verfahren zur Änderung der Maßstäbe geradliniger Skalen und der Abstände zwischen ihnen. Das Wesen dieser Verfahren erläutert man am besten an Hand eines Beispiels, bei dem die Nomogrammform: ein Netz mit zwei geradlinigen Skalen, verbessert wird.

Der übliche Mangel dieser Nomogramme ist, daß man das Netz als ein schmales Linienbündel bekommt (Fig. 108). Wählt man zwei Punkte A und B dieses Feldes, so verändern wir auf graphischem Wege die in die Gleichungen der Skalen eingehenden Parameter, um das geeignetste Nomogramm zu erhalten. Wir verbinden die Punkte A und B des Feldes mit zwei beliebigen Punkten C und D (mit den Argumenten u_1' und u_1'') der Skala u_1. Die Verbindungsgeraden (Fig. 109) schneiden die Skala u_2 in den Punkten E', E'' und F', F''. Dann verkleinern wir den Maßstab der Skala u_1; dabei nähern sich die Punkte mit den Argumenten u_1' und u_1'' einander. Dies seien die Punkte C_1 und D_1. Um den Abstand zwischen den entsprechenden Punkten A_1 und B_1 des neuen Netzes zu finden, das sich durch die Maßstabsänderung der Skala u_1 ergibt, verbinden wir C_1 und D_1 mit denselben Punkten E', F' und E'', F''. Als Schnittpunkt der Geraden C_1E' und D_1E'' erhalten wir einen Punkt B_1 des Feldes und als Schnittpunkt der Geraden C_1F' und D_1F'' einen Punkt A_1. Auf diese Weise erkennen wir, wie sich die Breite des Netzes bei einer Änderung des Maßstabes μ_1 verändert.

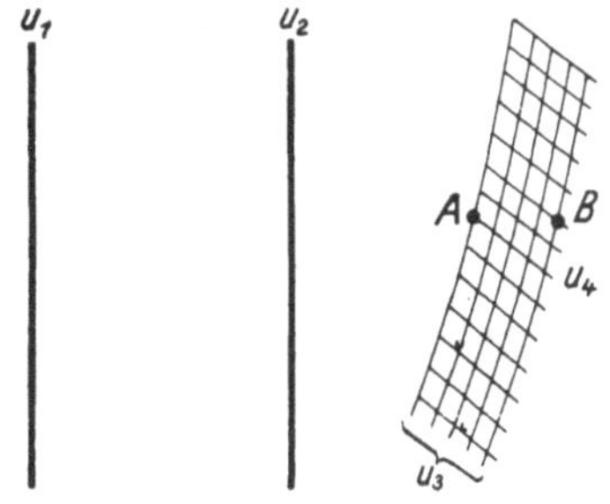

Figur 108

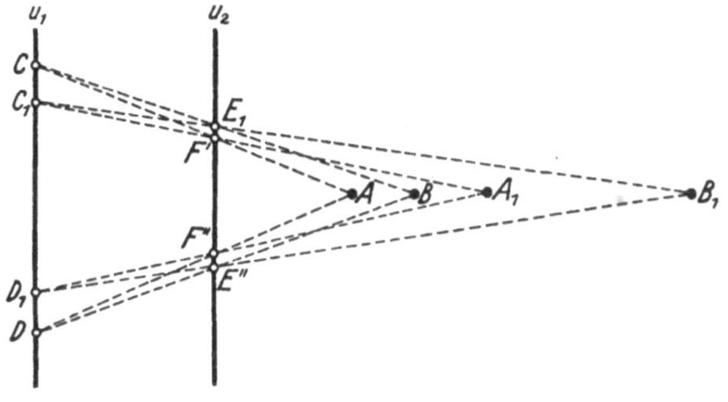

Figur 109

Die Änderung des Abstandes B zwischen den Skalen u_1 und u_2 verkleinert die Breite des erhaltenen Nomogramms in gewünschter Weise. Ändert man daher gleichzeitig μ_1 und B, so kann man in gegebenem Falle ein Nomogramm erwarten, das die Lösung mit der nötigen Genauigkeit liefert, wobei die Wahl der Werte μ_1 und B auf rein graphischem Wege durchgeführt werden kann, wenn bereits irgendeine Skizze des Nomogrammschemas vorliegt.

Man muß berücksichtigen, daß eine Maßstabsänderung nicht nur die Breite des Netzes, sondern auch seine Länge vergrößert. Um daher diesem Mangel abzuhelfen, muß man die Skala u_1 längst ihres Trägers verschieben (den Parameter H verändern).

Durch Verwendung solcher graphischer Verfahren kann man teilweise eine hinreichend geeignete Form des Nomogramms ermitteln. In Fig. 110 ist die Anwendung dieser Verfahren zur Verbesserung eines Nomogramms mit einem Netz und zwei parallelen Skalen gezeigt, das die Gestalt eines ziemlich schmalen Linienbündels $u_3 = \text{const}$ besitzt. Die Reihenfolge der Nomogrammumformungen ist in der Figur durch römische Ziffern angedeutet.

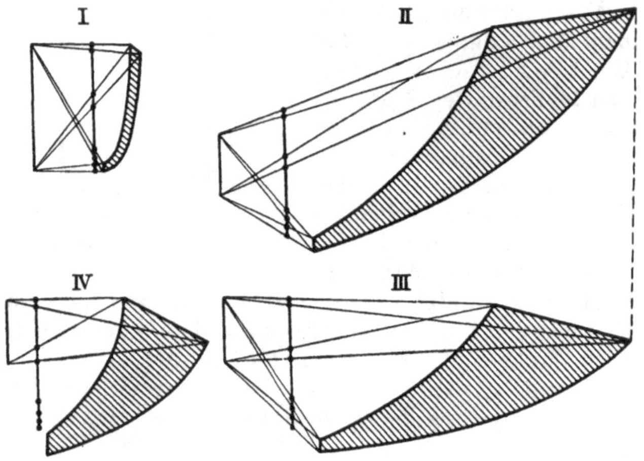

Figur 110

IX. KAPITEL

Erfolgreiche Methoden zur Konstruktion von Nomogrammen

29. *Die Wahl der Variante eines Nomogrammes. Die Umformung von Nomogrammen*

1. Die Beurteilung der wesentlichsten Methoden. Die in Kapitel VIII betrachteten einfachsten Verfahren von Nomogrammkonstruktionen sind gänzlich unvollkommen (siehe Abschnitt 1, § 25, Seite 126): Die Klasse der Umformungen eines Nomogramms, die man durch Änderung der in die Skalengleichungen eingehenden Parameter erhält, ist sehr begrenzt. Daher entstanden andere, kompliziertere, aber damit auch leistungsfähigere Verfahren zur Konstruktion von Nomogrammen, die wesentliche Änderungen der Charakteristik sowie die gegenseitige Lage der Elemente des Nomogramms zulassen. Wie sich schon in Abschnitt 1, § 25 zeigte, besteht die Schwierigkeit der Aufgabe darin, daß man die Kombination der Werte von fünf Parametern in den Formeln der projektiven Umformung suchen muß (siehe Abschnitt 3, Seite 163), um die günstigste Variante des Nomogramms zu erhalten.

Eines dieser Verfahren (es wurde von I. N. Denissjuk angegeben, siehe [L. 17]) besteht darin, daß man Spezialformen der einfachsten Nomogramme der allgemeinen projektiven Umformung unterwirft. Dann bleiben in den sich ergebenden Parametergleichungen der Skalen dank der speziellen Wahl der Koordinatenachsen nur diejenigen Parameter übrig, die wesentlich Form und gegenseitige Lage der Nomogrammelemente beeinflussen. Dieses Verfahren ist zweckmäßig bei der Konstruktion von Nomogrammen nullter Gattung, da man hier die Möglichkeit hat, den Charakter und die gegenseitige Lage der Nomogrammskalen zu beurteilen, im Falle des Vorhandenseins von Netzen und krummlinigen Skalen gestattet es jedoch keine Beurteilung der Charakteristiken des Netzes oder der krummlinigen Skala, sondern erfordert für alle vorgegebenen Zahlenwerte der Parameter die notwendige Berechnung und Zeichnung einer Skizze der sich daraus ergebenden Nomogrammform. Macht man daher von einer solchen Methode bei der Konstruktion von Nomogrammen Gebrauch, dann kann man nie sicher sein, ob die erhaltene Variante des Nomogramms auch wirklich die beste ist.

Ein zweites Verfahren — die Konstruktion von Nomogrammen mit Hilfe spezieller Netze (sie wurde von M.W. Pentkowski angegeben, siehe [L. 10]) — ist am vollkommensten (siehe §§ 31 und 32 des vorliegenden Kapitels), denn es gestattet die wirklich beste Variante des Nomogramms anschaulich zu bestimmen. Seine Anwendung ist jedoch an das Vorhandensein spezieller Netze gebunden.

2. Mängel, die bei Fluchtlinientafeln auftreten. Schon die einfachsten Nomogramme können eine Reihe wesentlicher Mängel besitzen, die es unmöglich machen, die Lösung mit der notwendigen Genauigkeit zu erhalten oder die in ihrer Handhabung nicht genügend bequem sind. Die in Abschnitt 7, § 11 (Seite 81) aufgezählten Mängel können bei Anwendung auf konkrete Nomogramme daher kurz folgendermaßen charakterisiert werden:

1. Spitzer Schnittwinkel der Lösungsgeraden mit der Lösungsskala (Fig. 111). Der Schnittwinkel darf nicht kleiner als 20° sein.

In Spezialfällen der Lage von Skalen kann dieser Mangel bei allen Nomogrammen auftreten. Er ist ein meistens auftretender Mangel bei der N-Tafel, besonders dann, wenn die Grenzen der Variablen u_1 und u_2 so liegen, daß beide Skalen in der Nähe ihrer Schnittpunkte mit der geneigten Skala beginnen.

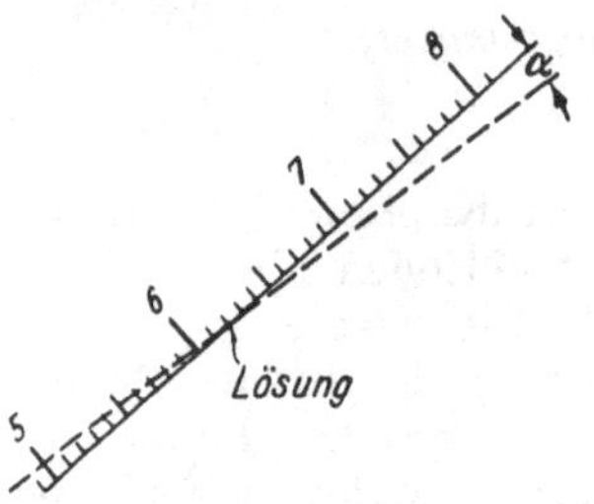

Figur 111

Bei Nomogrammen zweiter Gattung (auf Kreisen) kann man solche ($\alpha < 20°$) Schnittwinkel der Lösungsgeraden mit der geradlinigen Lösungsskala bekommen bei sehr weit auseinanderliegenden Bereichen der Funktionen, so daß die Skalen auf dem Kreise fast bei Null beginnen und „fast bis ∞" gehen.

2. Weit entfernte Lösungsskala (Fig. 112). Das Verhältnis $\frac{b}{a}$ darf $\frac{3}{2}$ nicht überschreiten.

Dies tritt bei allen Nomogrammtypen auf, wenn man die Lösungsskala nicht zwischen die Skalen der gegebenen Größen, sondern außerhalb von ihnen legt (N-Tafel, Nomogramm mit parallelen Skalen und andere).

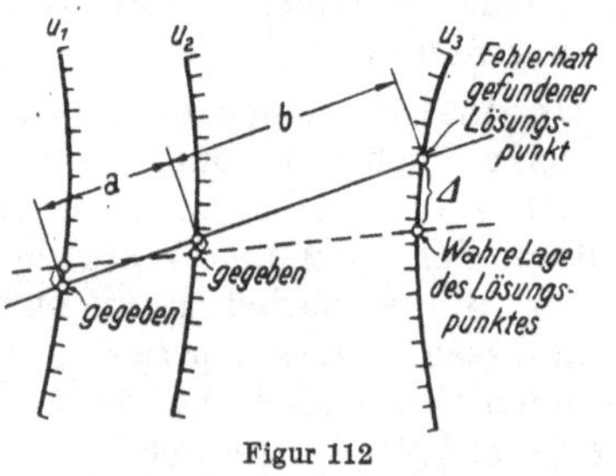

Figur 112

Bei Nomogrammen zweiter Gattung (auf dem Kreise) tritt dieser Mangel in den Fällen auf, wo die Lösungsskala u_3 auf einer der Kreisbögen liegt und man die Lösung u_3 bei gegebenen Werten u_1 und u_2 bestimmen muß, die in der Nähe des Schnittpunktes dieser Skalen liegen.

3. Sehr kleine Länge der Lösungsskala im Vergleich zu den anderen Skalen, wodurch die nötige Ablesegenauigkeit nicht gewährleistet ist (Fig. 113).

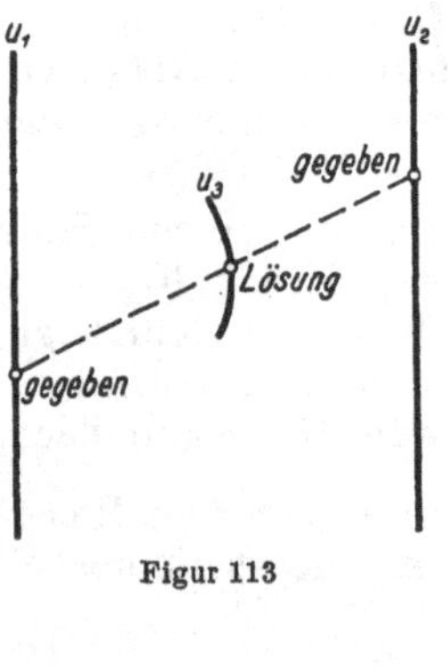

Figur 113

Bei der N-Tafel tritt dieser Mangel bei der Ablesung auf, wenn sich die Lösungsgerade mit der Lösungsskala unter einem spitzen Winkel schneidet. Bei Nomogrammen mit parallelen Skalen ergibt sich dieser Mangel dann, wenn die Lösungsskala zwischen den Skalen der gegebenen Größen liegt.

Verändert man die Reihenfolge der Lage der Größen auf den Skalen, indem man die Lösungsgröße auf eine der Randskalen legt, dann rückt die Lösungsskala gewöhnlich weit von den Skalen der gegebenen Größen ab.

4. Die erhaltene Lösungsskala hat eine Charakteristik derart, daß die vorgegebene Genauigkeit des Ergebnisses bei der zulässigen Skalenlänge nicht gewährleistet ist.

In den einfachsten Fällen der Nomogrammkonstruktion werden die Skalencharakteristiken durch die vorgegebene Gleichung bestimmt; die Änderung der Parameter, die in die Skalengleichungen der Nomogramme einfachster Fälle eingehen, führt in diesem Falle zu keiner wesentlichen Änderung der Charakteristik der Lösungsskala (ausgenommen sind die Parameter λ, ϱ und m in den Gleichungen der Skalen von Nomogrammen zweiter Gattung).

5. Für Nomogramme mit Netzen (die Gleichungen vierter, fünfter und sechster nomographischer Ordnung) können die aufgezeichneten Mängel dann auftreten, wenn die Lösungsgröße auf einer der Skalen des Nomogramms liegt. Außerdem können bei diesen Nomogrammen Mängel auftreten, die durch Eigenschaften der zum Nomogramm gehörenden Netze bedingt sind.

Dazu gehören:

a) Das Vorhandensein spitzer Schnittwinkel der Linien des Netzes;

b) ein schmales Linienbündel einer der Scharen des Feldes;

c) spitzer Schnittwinkel (unter kleinem Winkel) der Lösungsgeraden mit den Linien des Feldes für die gegebene Variable, wenn man die Lösungsgröße als Argument einer Linie der zweiten Schar des Netzes bestimmt (Fig. 114).

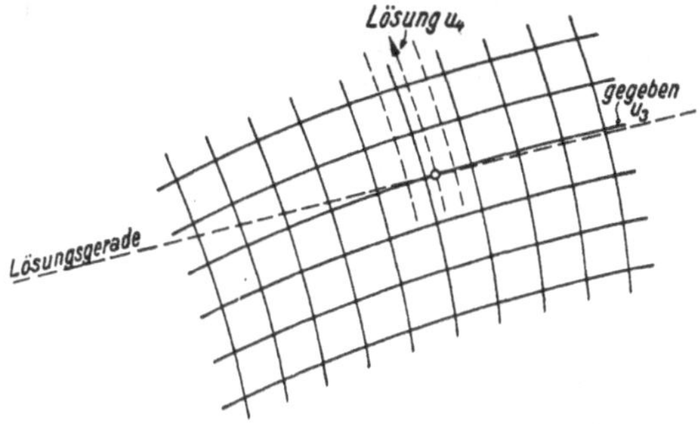

Figur 114

3. Die projektive Umformung von Nomogrammen. Eine projektive Umformung der Ebene (siehe Seite 70) ist analytisch durch die Gleichungen

$$X = \frac{a_{11}x + a_{12}y + a_{13}}{a_{31}x + a_{32}y + a_{33}}, \quad Y = \frac{a_{21}x + a_{22}y + a_{23}}{a_{31}x + a_{32}y + a_{33}}$$

gegeben, wobei x, y die Koordinaten des Punktes der Ebene vor und X, Y nach ihrer Umformung sind.

Lauten die Parametergleichungen der Skalen des Nomogramms vor der Umformung:

$$x = f_1(u_1), \quad y = \varphi_1(u_1),$$
$$x = f_2(u_2), \quad y = \varphi_2(u_2),$$
$$x = f_3(u_3), \quad y = \varphi_3(u_3),$$

so nehmen sie nach der Umformung die Form:

$$X = \frac{a_{11}f_i(u_i) + a_{12}\varphi_i(u_i) + a_{13}}{a_{31}f_i(u_i) + a_{32}\varphi_i(u_i) + a_{33}}, \qquad Y = \frac{a_{21}f_i(u_i) + a_{22}\varphi_i(u_i) + a_{23}}{a_{31}f_i(u_i) + a_{32}\varphi_i(u_i) + a_{33}}$$

an, wobei $i = 1$, 2 oder 3.

Mit Hilfe dieser Gleichungen kann man die Skalen berechnen und das Nomogramm konstruieren. Die Aufgabe der Umformung des Nomogramms läuft also darauf hinaus, die Koeffizienten a_{jk} so zu bestimmen, daß das verformte Nomogramm den gestellten Anforderungen genügt.

Die allgemeine Methode der Bestimmung der Werte dieser Koeffizienten besteht darin, daß man vier charakteristische Punkte auf der ursprünglichen Ebene (Koordinaten x, y) wählt und die Form des verformten Nomogramms vorgibt. Dann bestimmt man die Koordinaten der charakteristischen Punkte des Nomogramms auf der umgeformten Ebene und bekommt so vier Paare von Bedingungen, denen die Koeffizienten der Umformung genügen müssen.

Beispiel. Das Nomogramm der einfachsten Form habe eine sehr ungünstig gelegene Skala u_3 (Fig. 115a). Wir versuchen eine solche Umformung zu ermitteln, bei der die Lage der Skala u_1 fast unverändert bleibt, während sie die Form der Skala u_3 bedeutend verändert. Dazu skizzieren wir das Nomogramm angenähert so, wie es in Fig. 115b gezeigt ist.

Wir legen auf der Ebene x, y vier Punkte A, B, C und O fest, die in die Punkte A', B', C' und O' der Ebene X, Y übergehen sollen. Bestimmt man die Koordinaten dieser Punkte, so bekommt man für die Bestimmung der Koeffizienten der Umformung die folgenden vier Bedingungen:

Der Punkt O (0, 0) geht in den Punkt O' (0, 0) über;
der Punkt A (0; 50) geht in den Punkt A' (0; 50) über;
der Punkt B (200; 50) geht in den Punkt B' (35; 50) über;
der Punkt C (20; 0) geht in den Punkt C' (35; 0) über.

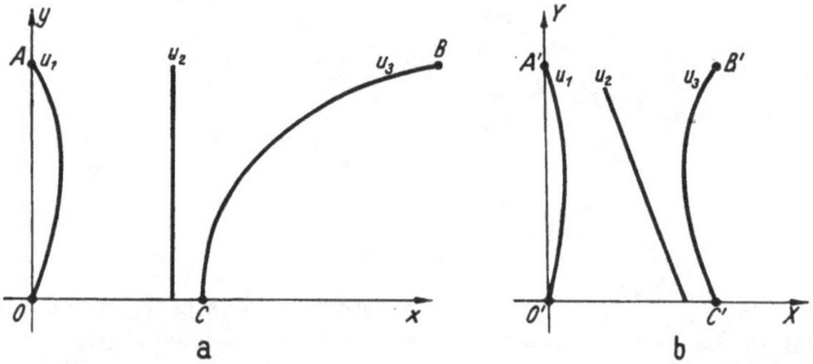

Figur 115

Die Koordinaten jedes dieser Punktepaare müssen den Transformationsgleichungen genügen, was für die Bestimmung der Koeffizienten die folgenden acht Gleichungen liefert.

Für die Punkte O und O':

$$0 = \frac{a_{11}\cdot 0 + a_{12}\cdot 0 + a_{13}}{a_{31}\cdot 0 + a_{32}\cdot 0 + a_{33}}, \qquad 0 = \frac{a_{21}\cdot 0 + a_{22}\cdot 0 + a_{23}}{a_{31}\cdot 0 + a_{32}\cdot 0 + a_{33}};$$

für die Punkte A und A':

$$0 = \frac{a_{11}\cdot 0 + a_{12}\cdot 50 + a_{13}}{a_{31}\cdot 0 + a_{32}\cdot 50 + a_{33}}, \qquad 50 = \frac{a_{21}\cdot 0 + a_{22}\cdot 50 + a_{23}}{a_{31}\cdot 0 + a_{32}\cdot 50 + a_{33}};$$

für die Punkte B und B':

$$35 = \frac{a_{11} \cdot 200 + a_{12} \cdot 50 + a_{13}}{a_{31} \cdot 200 + a_{32} \cdot 50 + a_{33}}, \qquad 50 = \frac{a_{21} \cdot 200 + a_{22} \cdot 50 + a_{23}}{a_{31} \cdot 200 + a_{32} \cdot 50 + a_{33}};$$

für die Punkte C und C':

$$35 = \frac{a_{11} \cdot 20 + a_{12} \cdot 0 + a_{13}}{a_{31} \cdot 20 + a_{32} \cdot 0 + a_{33}}, \qquad 0 = \frac{a_{21} \cdot 20 + a_{22} \cdot 0 + a_{23}}{a_{31} \cdot 20 + a_{32} \cdot 0 + a_{33}}.$$

Löst man diese Gleichungen, indem man $a_{33} = 1$ setzt, was man in gegebenem Falle machen kann[1]), so bekommt man:

$$\begin{array}{lll} a_{11} = 1{,}75, & a_{12} = 0, & a_{13} = 0, \\ a_{21} = 0, & a_{22} = 10, & a_{23} = 0{,}18, \\ a_{31} = 0, & a_{32} = 0{,}18, & a_{33} = 1, \end{array}$$

und infolgedessen wird die projektive Umformung, die das in Fig. 115a dargestellte Nomogramm in das in Fig. 115b dargestellte überführt, durch die Formeln:

$$X = \frac{1{,}75x}{0{,}18y + 1}, \qquad Y = \frac{10y}{0{,}18y + 1}$$

bestimmt. Ersetzt man in den erhaltenen Formeln x und y durch ihre Ausdrücke in u_1, u_2, u_3, so bekommt man die Parametergleichungen der Skalen des neuen Nomogramms.

Die aufgezeigte Methode der Umformung ist ganz allgemein, aber sie hat den Nachteil, daß wir ohne Berechnung nicht erkennen, wie die Punkte der Skalen des umgeformten Nomogramms zueinander liegen werden.

Die Verschiebung der Punkte des Nomogramms, die von ihren vorgegebenen Punkten entfernt werden, bleibt unbestimmt; einige von ihnen können nach der Umformung ins Unendliche rücken, die Skalen oder Netze können nach der Umformung Unstetigkeitsstellen bekommen usw.

Daher verwendet man die allgemeine Methode der Umformung eines Nomogramms heute fast nicht.

Die projektive Umformung der Ebene ist eine umkehrbar eindeutige Umformung der Ebene, d. h. jedem Punkte der Ebene vor der Umformung entspricht genau ein Punkt nach der Umformung. Ihre Haupteigenschaft besteht darin, daß bei der projektiven Umformung der Ebene die Ordnung auf einer algebraischen Kurve invariant bleibt (eine Kurve zweiter Ordnung, zum Beispiel ein Kreis, kann nur in eine beliebige andere Kurve zweiter Ordnung übergehen: eine Ellipse, Hyperbel oder Parabel). Eine beliebige gerade Linie der Ebene geht aber bei der Umformung wieder in eine gerade Linie über. Das ist für die Ablesungsgerade von Bedeutung, da sie als Ableseindex ja keine Verformung erfahren darf. [Eine Verkürzung oder Verlängerung ist in diesem Falle keine Abweichung von der Ablesevorschrift. — (D. H.)] Durch entsprechende Wahl der Parameter kann man jede beliebige vorgegebene Gerade zur unendlichfernen Geraden machen. Diese Eigenschaft der Umformung macht sie besonders wertvoll für die Umformung von Fluchtlinientafeln.

Eine Umformung der Ebene, die diese aufgezeigten Eigenschaften besitzt, ist eindeutig bestimmt.

---

[1]) Die rechten Seiten der Transformationsgleichungen der Koordinaten der Ebene enthalten neun Koeffizienten a_{ij}, dividiert man jedoch Zähler und Nenner dieser Brüche durch einen dieser Koeffizienten, der ungleich Null ist, was man immer machen kann, dann bekommen wir in diesen Formeln nur acht Parameter der Umformung. Ist die Umformung derart, daß der Koordinatenursprung nicht in den unendlichfernen Punkt der Ebene rückt, dann kann man Zähler und Nenner beider Brüche der obigen Gleichungen durch a_{33} dividieren (oder in den Transformationsgleichungen $a_{33} = 1$ setzen).

§ 30. *Nomogramme mit geradlinigen Skalen im allgemeinen Fall (Methode von Denissjuk)*

4. *Der allgemeine Fall eines Nomogramms nullter Gattung für die Gleichung*

$$f_3(u_3) = \frac{f_1(u_1)}{f_2(u_2)}.$$

Das betrachtete Nomogramm befriedigt ziemlich selten, darum bedient man sich seiner hauptsächlich nur dann, wenn es als ein Element in ein zusammengesetztes Nomogramm eingeht (siehe Kapitel XII). In allen übrigen Fällen liefert ein Nomogramm zweiter Gattung gewöhnlich bessere Ergebnisse.

A. Das Schema des Nomogramms

Die Gleichungen der Skalen des Nomogramms lauten (Fig. 116):

Skala u_1: $x = \dfrac{K_1}{1 + \frac{1}{m_1} f_1(u_1)}$, $y = \dfrac{H_1}{1 + \frac{1}{m_1} f_1(u_1)}$;

Skala u_2: $x = \dfrac{K_2}{1 + \frac{1}{m_2} f_2(u_2)}$, $y = \dfrac{H_2}{1 + \frac{1}{m_2} f_2(u_2)}$;

Skala u_3: $x = K_2 \mp \dfrac{K_3}{1 - \frac{1}{m_3} f_3(u_3)}$, $y = H_2 \pm \dfrac{H_3}{1 - \frac{1}{m_3} f_3(u_3)}$,

mit $m_3 = \dfrac{m_1}{m_2}$, $K_3 = K_2 - K_1$, $H_3 = H_1 - H_2$.

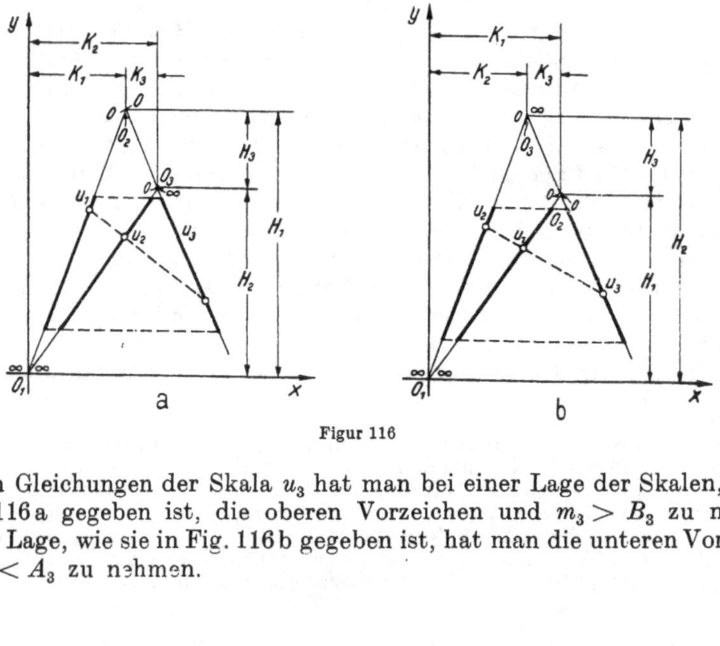

Figur 116

In den Gleichungen der Skala u_3 hat man bei einer Lage der Skalen, wie sie in Fig. 116a gegeben ist, die oberen Vorzeichen und $m_3 > B_3$ zu nehmen; bei einer Lage, wie sie in Fig. 116b gegeben ist, hat man die unteren Vorzeichen und $m_3 < A_3$ zu nehmen.

B. Die Reihenfolge der Berechnung des Nomogramms

Die Größen H_1, H_2, H_3, K_1, K_2 und K_3 haben einen bestimmten geometrischen Sinn (siehe Fig. 116). Die Parameter m_1, m_2 und m_3 bestimmen den Charakter der Anordnung der Teilungen auf den Skalen u_1, u_2 und u_3.

Da sich die Skala u_3 außerhalb des Abschnittes O_2O_3 befindet, ist ihre Lage recht ungünstig. Die Wahl der Parameter der Umformung muß daher mit m_3 beginnen.

Vorher muß man die Werte m_1, m_2 und m_3 bestimmen, die die besten Skalencharakteristiken liefern.

Die Größen H_i und K_i bestimmt man aus den Bedingungen der günstigsten gegenseitigen Lage der Skalen und an Hand der vorgegebenen Ausmaße des Nomogramms.

Beispiel. Man konstruiere ein Nomogramm für die Gleichung

$$\operatorname{tg} \psi = k \operatorname{tg} \varphi,$$

$$0 \leqq \varphi \leqq 90^\circ, \quad 0 \leqq \psi \leqq 90^\circ, \quad 0{,}5 \leqq k \leqq 1{,}4.$$

Dabei ist es wichtig, für k auf dem Skalenteil von 0,8 bis 1,4 die größte Genauigkeit zu erhalten; $L = 150$ mm, $M = 100$ mm.

1. Wir legen die Form der Funktionen f_1, f_2 und f_3 fest. Da φ und ψ in den äußeren Teil der projektiven Skala zu legen (ihrer vorgegebenen Bereiche wegen) unmöglich ist, wählen wir $u_3 = k$, $u_1 = \psi$ und $u_2 = \varphi$. Dann ist $f_1 = \operatorname{tg} \psi$, $f_3 = k$ und $f_2 = \operatorname{tg} \varphi$. Die Skalen φ und ψ haben in ihrem Schnittpunkt die Argumente 90° (der Punkt O_1, Fig. 117).

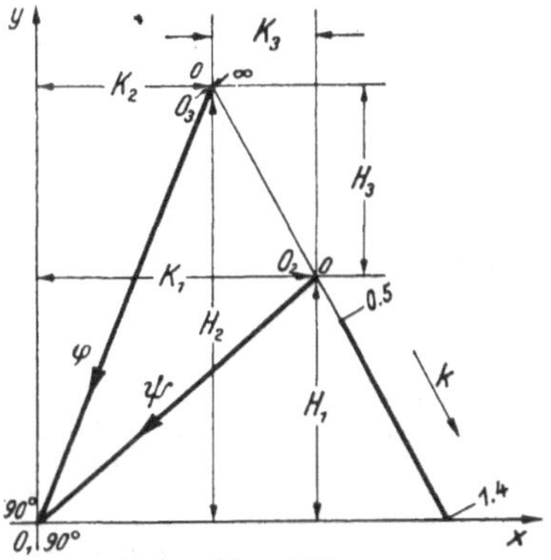

Figur 117

2. Die Wahl der Werte m_i. Da es wünschenswert ist, für φ und ψ gleichförmige Skalen zu bekommen, muß man (Seite 16) $m_1 = m_2 = 1$ setzen. Dann aber ist $m_3 = \frac{m_1}{m_2} = 1$, und infolgedessen hat die Skala k beim Werte $k = 1$ eine Unstetigkeit $\left[\text{der Nenner ist gleich } 1 - \frac{1}{m_3} f_3(u_3)\right]$. Um dies zu vermeiden, muß man $m_3 < 0{,}5$ oder $m_3 > 1{,}4$ setzen. Ist $m_3 < 0{,}5$, so ist die Skala zusammenlaufend; dadurch entfällt die Möglichkeit, ihr die gewünschte Form zu geben. Daher hat man $m_3 > 1{,}4$ zu wählen. Auf graphischem Wege (Seite 14) ermitteln wir, daß man die besten Resultate für $m_3 = 2$ bekommt. Dann verändern wir m_1 und m_2, indem wir beide so wählen, daß sie nicht zu sehr von 1 abweichen; wir nehmen $m_2 = 0{,}8$ und $m_1 = 1{,}6$.

3. Die Bestimmung von H_1, H_2 und H_3. Die Größe φ nimmt die ganze Länge O_1O_3 der Skala ein; daher ist $H_2 = 150$ mm.

Legen wir die Argumente 1,4 der Skala k und 90° der Skala ψ auf gleiche Höhe (auf der x-Achse), so bekommen wir die Bedingung:

$$H_2 - \frac{H_3}{1 - \frac{1{,}4}{2}} = 0,$$

woraus

$$H_3 = 0{,}3\,H_2 = 45 \text{ mm}$$

und

$$H_1 = H_2 - H_3 = 105 \text{ mm}$$

folgt.

4. Die Bestimmung von K_1, K_2 und K_3. Die Breite des Nomogramms wird gleich der Abszisse des Punktes $k = 1{,}4$. Folglich ist

$$\frac{K_3}{1 - \frac{1{,}4}{2}} + K_2 = 100.$$

Um dem Nomogramm eine symmetrische Gestalt zu geben, wählen wir $K_2 = \frac{M}{2} = 50$ mm. Dann ist $K_3 = 15$ mm und $K_1 = K_2 + K_3 = 65$ mm.

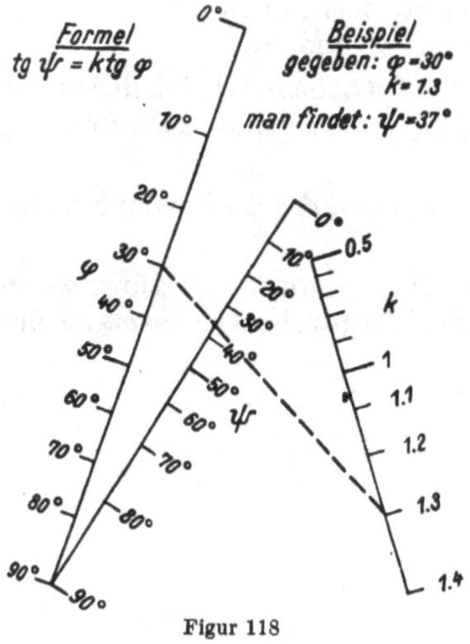

Figur 118

5. Die Berechnung des Nomogramms. Die Gleichungen der Skalen lauten:

Skala ψ:

$$x = \frac{65}{1 + \frac{1}{1{,}6}\operatorname{tg}\psi}, \qquad y = \frac{105}{1 + \frac{1}{1{,}6}\operatorname{tg}\psi};$$

Skala φ:

$$x = \frac{50}{1 + \frac{1}{0{,}8}\operatorname{tg}\varphi}, \qquad y = \frac{150}{1 + \frac{1}{0{,}8}\operatorname{tg}\varphi};$$

Skala k:

$$x = 50 + \frac{15}{1 - 0{,}5k}, \qquad y = 150 - \frac{45}{1 - 0{,}5k}.$$

Das fertige Nomogramm zeigt Fig. 118.

5. *Der allgemeine Fall eines Nomogramms nullter Gattung mit drei geradlinigen Skalen, die sich in einem Punkte schneiden, für die Gleichung*

$$f_3(u_3) = f_1(u_1) + f_2(u_2).$$

A. Das Schema des Nomogramms

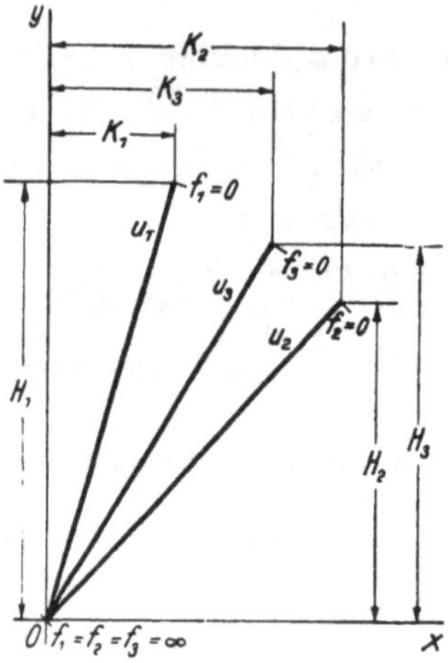

Figur 119

Die Gleichungen der Skalen des Nomogramms lauten (Fig. 119):

Skala u_1:

$$x = \frac{K_1}{1 + \frac{1}{m_1} f_1(u_1)}, \qquad y = \frac{H_1}{1 + \frac{1}{m_1} f_1(u_1)};$$

Skala u_2:

$$x = \frac{K_2}{1 + \frac{1}{m_2} f_2(u_2)}, \qquad y = \frac{H_2}{1 + \frac{1}{m_2} f_2(u_2)};$$

Skala u_3:

$$x = \frac{K_3}{1 + \frac{1}{m_3} f_3(u_3)}, \qquad y = \frac{H_3}{1 + \frac{1}{m_3} f_3(u_3)}.$$

Mit $m_3 = m_1 + m_2$,

$$m_3 K_3 = m_1 K_1 + m_2 K_2, \quad m_3 H_3 = m_1 H_1 + m_2 H_2.$$

B. Die Reihenfolge der Berechnung des Nomogramms

1. Wir bringen die Gleichung auf die Form $f_3 = f_1 + f_2$, wobei u_3 die Lösungsgröße ist, und legen die Gestalt der Funktionen f_1, f_2

und f_3 fest und geben dann die Ausmaße L und M des Nomogramms vor.

2. Wir berechnen die Bereiche der Funktionen f_1, f_2 und f_3:

$$A_1 \leqq f_1(u_1) \leqq B_1, \quad A_2 \leqq f_2(u_2) \leqq B_2 \quad \text{und} \quad A_3 \leqq f_3(u_3) \leqq B_3.$$

3. Wir wählen den Wert von m_3, indem wir von der gewünschten Charakteristik der Lösungsskala ausgehen.

4. Wir berechnen m_1 und m_2 aus der Bedingung, daß die Skalen f_1 und f_2 die gleiche Länge haben sollen (unter der Bedingung $m_3 = m_1 + m_2$):

$$m_1 = \frac{m_3 + \dfrac{A_2B_1 - A_1B_2}{B_1 - A_1}}{1 + \dfrac{B_2 - A_2}{B_1 - A_1}} \quad \text{und} \quad m_2 = \frac{m_3 \dfrac{B_2 - A_2}{B_1 - A_1} - \dfrac{A_2B_1 - A_1B_2}{B_1 - A_1}}{1 + \dfrac{B_2 - A_2}{B_1 - A_1}}.$$

5. Wir berechnen H_2 und H_1 aus der Bedingung, daß die Höhe des Nomogramms vorgegeben ist und die untersten Punkte der Skalen f_1 und f_2 auf gleicher Höhe liegen sollen:

$$H_2 = L : \left(\frac{1}{1 + \dfrac{1}{m_2} A_2} - \frac{1}{1 + \dfrac{1}{m_2} B_2} \right) \quad \text{und} \quad H_1 = H_2 \frac{1 + \dfrac{1}{m_1} A_1}{1 + \dfrac{1}{m_2} A_2}.$$

6. Wir berechnen $\qquad H_3 = \dfrac{m_1 H_1 + m_2 H_2}{m_3}.$

7. Aus der Bedingung, daß das Nomogramm eine symmetrische Gestalt haben soll, und aus der Annahme, daß die Abszisse des höchsten Punktes der Skala u_1 dem Absolutwert nach gleich der Abszisse des obersten Punktes der Skala u_2 wird, aber das entgegengesetzte Vorzeichen hat, finden wir

$$K_1 = -\frac{M}{2}\left(1 + \frac{A_1}{m_1}\right) \quad \text{und} \quad K_2 = \frac{M}{2}\left(1 + \frac{A_2}{m_2}\right).$$

8. Wir berechnen $\qquad K_3 = \dfrac{m_1 K_1 + m_2 K_2}{m_3}.$

9. Wir notieren die Gleichungen der Skalen, berechnen und zeichnen das Nomogramm.

Beispiel. Es ist ein Nomogramm zur Bestimmung der Oberfläche eines Kugelsegmentes

$$S = \pi (a^2 + h^2)$$

zu konstruieren, wobei a der Grundkreisradius des Segmentes $3 \leqq a \leqq 15$ (m); h die Höhe des Segmentes $2 \leqq h \leqq 10$ (m); $40 \leqq S \leqq 100$ (m²) ist.

1. Wir setzen $u_3 = S$ und bekommen $f_1 = a^2$, $f_2 = h^2$, $f_3 = \dfrac{1}{\pi} S$. Die Maße des Nomogrammes sind

$$L = 150 \text{ mm} \quad \text{und} \quad M = 100 \text{ mm}.$$

2. Die Bereiche der Funktionen f_1, f_2 und f_3 sind:

$$9 \leqq f_1 \leqq 225; \quad 4 \leqq f_2 \leqq 100, \quad 12{,}5 \leqq f_3 \leqq 32.$$

3. Für die Skala S, der wir logarithmische Gestalt geben wollen (siehe Seite 17), finden wir:

$$m_3 = 70.$$

4. Wir berechnen:

$$\frac{A_2B_1 - A_1B_2}{B_1 - A_1} = \frac{4 \cdot 225 - 9 \cdot 100}{225 - 9} = 0; \quad \frac{B_2 - A_2}{B_1 - A_1} = \frac{100 - 4}{225 - 9} = \frac{4}{9},$$

folglich ist $m_1 = \dfrac{70 + 0}{1 + \frac{4}{9}} = 48{,}461$ und $m_2 = \dfrac{70 \cdot \frac{4}{9} - 0}{1 + \frac{4}{9}} = 21{,}539.$

Die erhaltenen Werte m_1 und m_2 kann man aufrunden, aber nur so, daß ihre Summe gleich m_3 bleibt. Wir wählen $m_1 = 45$, $m_2 = 25$.

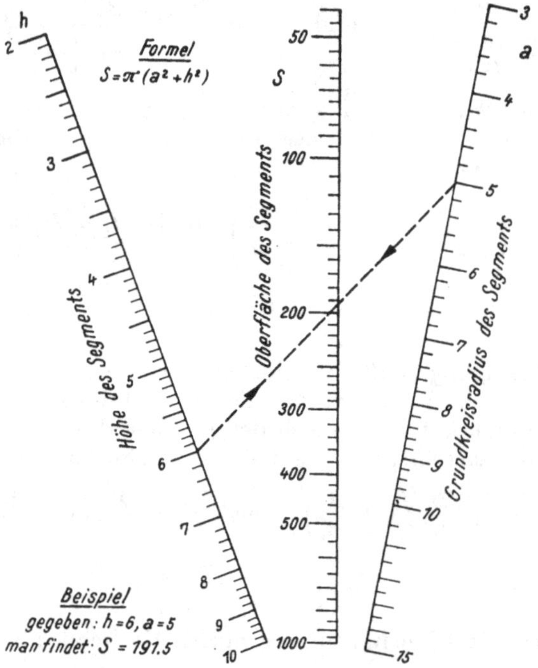

Figur 120

5. Wir berechnen H_2 und H_1:

$$H_2 = 150 : \left(\frac{1}{1 + \frac{4}{25}} - \frac{1}{1 + \frac{100}{25}}\right) \approx 225 \text{ (mm)};$$

$$H_1 = 225 \cdot \frac{1 + \frac{9}{45}}{1 + \frac{4}{25}} \approx 230 \text{ (mm)}.$$

6. Bestimmen wir H_3:

$$H_3 = \frac{45 \cdot 230 + 25 \cdot 225}{70} = 228{,}2 \text{ mm}.$$

7. Berechnen wir:

$$K_1 = -\frac{100}{2}\left(1 + \frac{9}{45}\right) = -60 \text{ mm};$$

$$K_2 = \frac{100}{2}\left(1 + \frac{4}{25}\right) \approx 60 \text{ mm}.$$

8. Finden wir:

$$K_3 = \frac{-45 \cdot 60 + 25 \cdot 60}{70} = \frac{-60 \cdot 20}{70} = -17{,}1 \text{ mm}.$$

9. Die Gleichungen der Skalen sind dann:

Skala a: $\quad x = \dfrac{-60}{1 + \dfrac{a^2}{45}}, \qquad y = \dfrac{230}{1 + \dfrac{a^2}{45}};$

Skala h: $\quad x = \dfrac{60}{1 + \dfrac{h^2}{25}}, \qquad y = \dfrac{225}{1 + \dfrac{h^2}{25}};$

Skala S: $\quad x = \dfrac{-17{,}1}{1 + \dfrac{S}{70\pi}}, \qquad y = \dfrac{228{,}2}{1 + \dfrac{S}{70\pi}}.$

Das fertige Nomogramm ist in Fig. 120 dargestellt.

6. Der allgemeine Fall eines Nomogramms erster Gattung für eine Gleichung der kanonischen Form von Cauchy $f_1(u_1)\, f_3(u_3) + f_2(u_2) \cdot \varphi_3(u_3) + \psi_3(u_3) = 0.$

A. Das Schema des Nomogramms

Die Gleichungen der Skalen des Nomogramms lauten (Fig. 121):

Skala u_1:

$$x = \frac{K_1}{1 + \frac{1}{m_1} f_1(u_1)}, \qquad y = \frac{H_1}{1 + \frac{1}{m_1} f_1(u_1)};$$

Skala u_2:

$$x = \frac{K_2}{1 + \frac{1}{m_2} f_2(u_2)}, \qquad y = \frac{H_2}{1 + \frac{1}{m_2} f_2(u_2)};$$

Skala u_3:

$$x = \frac{m_1 K_1 f_3(u_3) + m_2 K_2 \varphi_3(u_3)}{m_1 f_3(u_3) + m_2 \varphi_3(u_3) + \psi_3(u_3)},$$

$$y = \frac{m_1 H_1 f_3(u_3) + m_2 H_2 \varphi_3(u_3)}{m_1 f_3(u_3) + m_2 \varphi_3(u_3) + \psi_3(u_3)}.$$

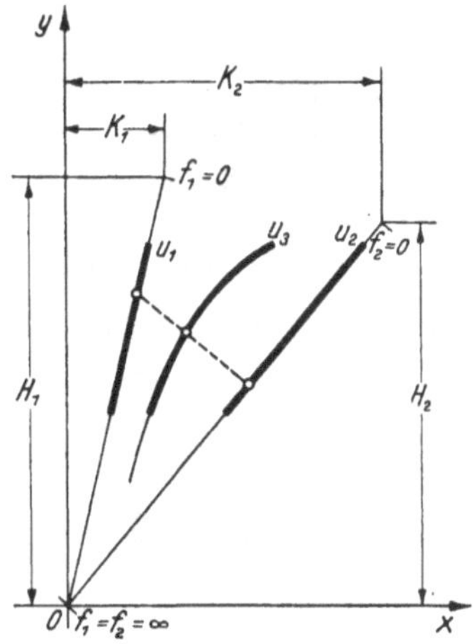

Figur 121

B. Die Reihenfolge der Konstruktion des Nomogramms

1. Wir legen die Skalen so, daß die Lösungsskala in die Mitte der Skalen der gegebenen Größen fällt und bestimmen die Richtungen der geradlinigen Skalen mit Hilfe einer Skizze einfachster Art oder nach den auf Seite 126 dargelegten Regeln.

2. Befindet sich die Lösungsgröße auf einer geradlinigen Skala, so wählen wir deren Parameter (siehe Seite 13, 14 und 15). Dies sei m_2.

Befindet sich die Lösungsgröße auf einer krummlinigen Skala, so wählen wir den Parameter m_1, indem wir von der Skizze des einfachsten Nomogramms ausgehen.

3. Aus der Bedingung, daß die Randskalen auf gleicher Höhe liegen sollen, sowie der vorgegebenen Höhe des Nomogramms bestimmen wir die Parameter m_2, H_1 und H_2.

4. Aus der Bedingung, daß das Nomogramm symmetrische Form bekommen soll (vertikale Symmetrieachse) bestimmen wir die Parameter K_1 und K_2.

5. Wir notieren die Gleichungen der Skalen, berechnen das Nomogramm und zeichnen seine Skizze.

Beispiel. Es ist ein Nomogramm zur Bestimmung der Kompressionstufe h_1 einer Strömung zu bestimmen, die sich im unteren Abschnitt eines Fallstrahles befindet:

$$q = \varphi h_1 \sqrt{2g(H_0 + p - h_1)},$$

wobei q der Wasserstrom pro Sekunde über einen Meter Widerstandsweg ist. $1 \leqq q \leqq 7 \left(\frac{m^3}{\text{m/sec}}\right)$; $\varphi = 0{,}85$ ist der Geschwindigkeitskoeffizient, h_1 ist die geringste Tiefe am Fallort: $0{,}1 \leqq h_1 \leqq 0{,}8$ (m); H_0 ist die Druckhöhe des Wassers; $1 \leqq H_0 \leqq 9$ (m); p ist die Fallhöhe des Wassers: $0 \leqq p \leqq 1{,}8$ (m) und $g = 9{,}81$ m/sec².

1. Wir bezeichnen $q' = q : \varphi$ und $H_0 + p = P$ und bekommen folgende Gleichung

$$q'^2 \frac{1}{2g} - Ph_1^2 + h_1^3 = 0.$$

Wir legen die Skala h_1 in die Mitte zwischen die Skalen q' und P. Dann haben die Skalen q' und P entgegengesetzte Richtung:

$$f_1 = q'^2, \quad f_2 = -P, \quad f_3 = \frac{1}{2g}, \quad \varphi_3 = -h_1^2 \quad \text{und} \quad \psi_3 = h_1^3.$$

2. Wir wählen (siehe Seite 14) $m_1 = 3q_m'^2 = \frac{3 \cdot 4^2}{0{,}85^2} = \frac{48}{0{,}72}$.

3. Wählen wir $L = 150$ mm, so finden wir H_1:

$$150 = \frac{H_1}{1 + \frac{0{,}72}{48} \cdot \frac{1^2}{0{,}85^2}} - \frac{H_1}{1 + \frac{0{,}72}{48} \cdot \frac{7^2}{0{,}85^2}} = H_1 \left(\frac{1}{1{,}02080} - \frac{1}{2{,}031}\right),$$

und hieraus $H_1 \approx 300$ mm.

Die Parameter m_2 und H_2 bestimmen wir aus der Bedingung, daß die Randpunkte der Skalen q' und P auf gleicher Höhe liegen sollen, was die folgenden zwei Gleichungen ergibt:

$$\frac{300}{1{,}02080} = \frac{H_2}{1 - \frac{9 + 1{,}8}{m_2}} \quad \text{und} \quad \frac{300}{2{,}031} = \frac{H_2}{1 - \frac{1}{m_2}},$$

woraus folgt $m_2 \approx 18$, $H_2 \approx 125$ mm.

4. Aus der Bedingung $M = 100$ mm und daraus, daß die Abszissen der am weitesten voneinander entfernten Punkte der Randskalen dem Absolutbetrag nach gleich sein sollen

$$\left(q' = \frac{1}{\sqrt{0{,}85}} \quad \text{und} \quad P = 10{,}8\right)$$

bekommen wir zwei Gleichungen:

$$\frac{K_1}{1,02080} = -\frac{K_2}{1-\frac{10,8}{18}} \quad \text{und} \quad \frac{K_1}{1,02080} - \frac{K_2}{1-\frac{10,8}{18}} = 100,$$

woraus $K_1 \approx 50$ mm und $K_2 = -20$ mm wird.

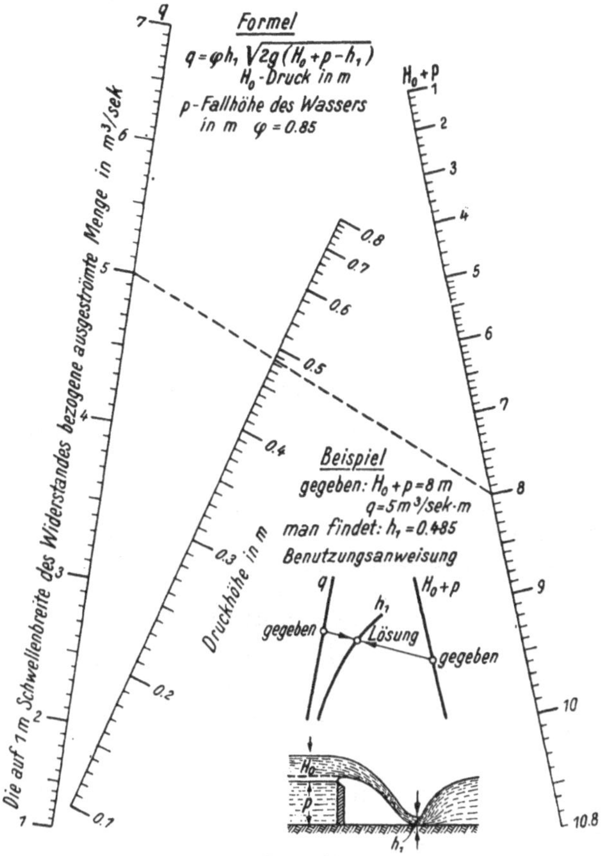

Figur 122

5. Die Gleichungen der Nomogrammskalen lauten:

Skala q: $$x = \frac{50}{1+\frac{q^2}{48}}, \qquad y = \frac{300}{1+\frac{q^2}{48}};$$

Skala P: $$x = \frac{-20}{1-\frac{H_0+p}{18}}, \qquad y = \frac{125}{1-\frac{H_0+p}{18}};$$

Skala h_1: $$x = \frac{159,56 - 360h_1^2}{2,659 + 18h_1^2 - h_1^3}, \qquad y = \frac{797,80 + 2250h_1^2}{2,659 + 18h_1^2 - h_1^3}.$$

Das fertige Nomogramm ist in Fig. 122 dargestellt.

7. Der allgemeine Fall eines Nomogramms zweiter Gattung für eine Gleichung fünfter nomographischer Ordnung $f_3(u_3) = \dfrac{f_1(u_1) + f_2(u_2)}{\varphi_1(u_1) + \varphi_2(u_2)}$

A. Das Schema des Nomogramms

Die Gleichungen der Nomogrammskalen lauten (Fig. 123):

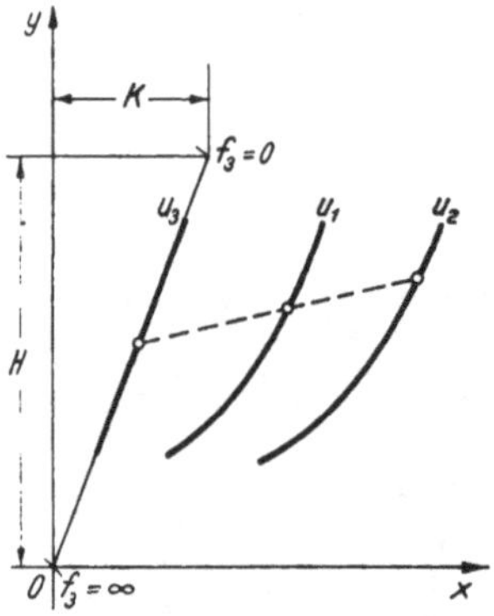

Figur 123

Skala u_1:

$$x = \frac{K\varphi_1(u_1) + n_1}{\dfrac{f_1(u_1)}{m} + \varphi_1(u_1) + n_3}, \quad y = \frac{H\varphi_1(u_1) + n_2}{\dfrac{f_1(u_1)}{m} + \varphi_1(u_1) + n_3};$$

Skala u_2:

$$x = \frac{K\varphi_2(u_2) - n_1}{\dfrac{f_2(u_2)}{m} + \varphi_2(u_2) - n_3}, \quad y = \frac{H\varphi_2(u_2) - n_2}{\dfrac{f_2(u_2)}{m} + \varphi_2(u_2) - n_3};$$

Skala u_3:

$$x = \frac{K}{1 + \dfrac{1}{m} f_3(u_3)}, \qquad y = \frac{H}{1 + \dfrac{1}{m} f_3(u_3)},$$

dabei muß die Bedingung

$$Kn_2 - Hn_1 \neq 0$$

erfüllt sein.

Bemerkung. Sind die Funktionen f_1, f_2 und φ_1, φ_2 paarweise gleich, hängen aber von verschiedenen Variablen ab, so liegen beide Skalen u_1 und u_2 auf einem gemeinsamen krummlinigen Träger.

B. Reihenfolge der Berechnung des Nomogramms

1. Wir bringen die vorgelegte Gleichung auf den hier betrachteten kanonischen Typ und bestimmen die Gestalt der Funktionen f_1, f_2, φ_1, φ_2 und f_3

2. Nach dem vorgeschriebenen Charakter der Lösungsskala bestimmen wir m.

3. Nach der vorgegebenen Höhe L des Nomogramms bestimmen wir H aus der Gleichung

$$H \approx L : \left(\frac{1}{1 + \dfrac{A_1}{m}} - \frac{1}{1 + \dfrac{B_1}{m}}\right).$$

4. Aus den Bedingungen, daß die oberen und unteren Randpunkte der Skalen u_2 und u_3 auf gleicher Höhe liegen sollen, bestimmen wir die Parameter n_2 und n_3:

$$\frac{H}{1 + \dfrac{B_1}{m}} = \frac{H\varphi_2(a_2) - n_2}{\dfrac{1}{m} f_2(a_2) + \varphi_2(a_2) - n_3}$$

und

$$\frac{H}{1 + \dfrac{B}{m_1}} = \frac{H\varphi_2(b_2) - n_2}{\dfrac{1}{m} f_2(b_2) + \varphi_2(b_2) - n_3}.$$

5. Damit das Nomogramm eine symmetrische Gestalt und eine vorgeschriebene Breite bekommt, bestimmen wir die Parameter n_1 und K.

6. Wir notieren die Gleichungen der Nomogrammskalen, berechnen diese und zeichnen einen Entwurf.

Beispiel. Man konstruiere ein Nomogramm zur Bestimmung der Drucktiefe h_1 einer Strömung bei vorgegebener spezifischer Divergenz q (bezogen auf eine Längeneinheit) und der Tiefe h_2 der Strömung nach dem Auftreffen:

$$h_1 = \frac{1}{2} h_2 \left(\sqrt{1 + \frac{8 q^2}{g h_2^3}} - 1 \right),$$

$0{,}02 \leqq h_1 \leqq 1{,}5$ m; $0{,}3 \leqq h_2 \leqq 3$ m; $1 \leqq q \leqq 5$ m³/sec · m; $g = 9{,}81$ m/sec².

1. Die vorgegebene Gleichung formen wir um:

$$\frac{2q^2}{g} = \frac{h_2^2 - h_1^2}{-\frac{1}{h_2} + \frac{1}{h_1}}.$$

Folglich ist $f_3 = \frac{2q^2}{g}$, $f_1 = h_2^2$, $f_2 = -h_1^2$, $\varphi_1 = -\frac{1}{h_2}$; $\varphi_2 = \frac{1}{h_1}$.

2. Wir wählen (Seite 14): $m = 3\left(\sqrt{\frac{2}{g}}\, q_m\right)^2 \approx 5$.

3. Wir berechnen H nach der vorgegebenen Höhe ($L = 150$ mm) des Nomogramms:

$$H = 150 : \left(\frac{1}{1 + \frac{2}{5g} \cdot 5^2} - \frac{1}{1 + \frac{2}{5g} \cdot 1^2} \right),$$

woraus $H = 150 : 0{,}466 \approx 322 \approx 300$ (mm) wird.

4. Aus der Bedingung, daß die Randpunkte der Skala h_2 und q auf gleicher Höhe liegen sollen, bestimmen wir die Parameter n_2 und n_3 (die Randpunkte der Skala h_2 entsprechen den Werten $h_2 \approx 1{,}4$ und 3 m):

$$\frac{300}{1 + \frac{2}{5g} \cdot 1^2} = \frac{300 \cdot \frac{1}{3} - n_2}{\frac{1}{5} \cdot 3^2 + \frac{1}{3} - n_3} \quad \text{und} \quad \frac{300}{1 + \frac{2}{5g} \cdot 5^2} = \frac{300 \cdot \frac{1}{1{,}4} - n_2}{\frac{1}{5} \cdot 1{,}4^2 + \frac{1}{1{,}4} - n_3},$$

woraus folgt $n_2 = -210$, $n_3 = -0{,}762$.

5. Aus der Bedingung der symmetrischen Lage der Punkte $q = 1$ und $h_3 = 3$ des Nomogramms bezüglich der y-Achse und nach seiner vorgegebenen Breite $M = 1000$ mm finden wir:

$$K = -52{,}1 \approx -52 \text{ (mm)} \quad \text{und} \quad n_1 \approx 18.$$

6. Die Gleichungen der Nomogrammskalen lauten:

Skala q: $x = \dfrac{-52}{1 + \frac{2}{5g} q^2}$, $y = \dfrac{300}{1 + \frac{2}{5g} q^2}$;

die Skalen h_1 und h_2: $x = \dfrac{18h + 52}{0{,}2h^3 - 0{,}762h - 1}$, $y = \dfrac{300 + 210h}{0{,}2h^3 - 0{,}762h - 1}$.

Das fertige Nomogramm zeigt Fig. 124.

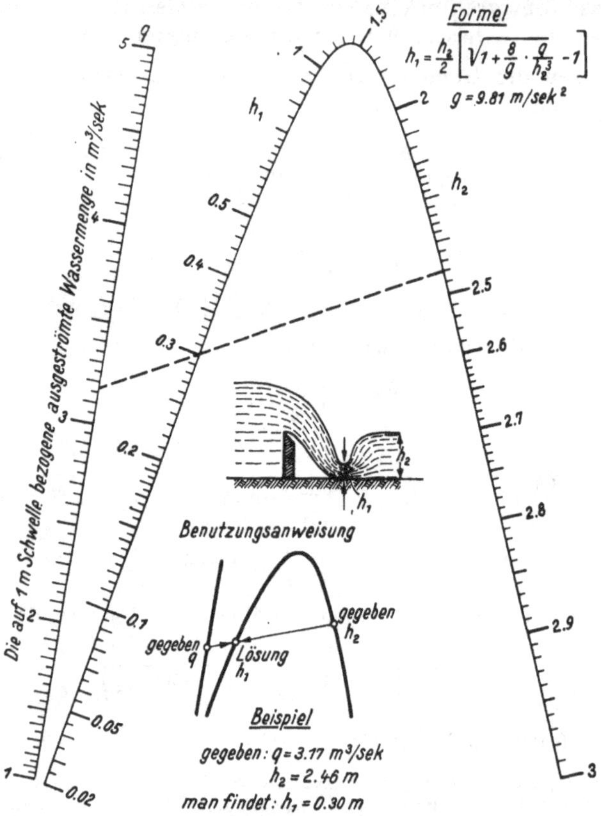

Figur 124

§ 31. *Die Konstruktion von Nomogrammen mit Hilfe von Netzen*

8. *Die projektive Umformung von Nomogrammen mit Hilfe von Netzen.* Die Untersuchung des allgemeinen Falles (Abschnitt 3, Seite 163) einer projektiven Umformung der Ebene zeigt, daß gewisse Punkte und Geraden der Ebene bei der Umformung in sich selbst übergehen (festbleiben), während die übrigen Geraden und Punkte sich auf der Ebene verschieben. Diese in sich selbst übergehenden Elemente der Ebene tragen die Bezeichnung *feste (invariante) Elemente der Umformung.*

Je nach der gegenseitigen Lage der Elemente zerfällt die allgemeine objektive Umformung der Ebene in sechs Umformungstypen:

Typ A. Es bleiben drei nicht auf einer Geraden liegende eigentliche Punkte der Ebene fest und infolgedessen auch die drei durch sie hindurchgehenden Geraden (Fig. 125a).

Typ B. Fest bleibt ein eigentlicher und zwei uneigentliche Punkte, die eine durch sie hindurchgehende feste Gerade MN bestimmen (Fig. 125b).

Typ C. Zwei Punkte MN des ersten Falles (Fig. 125b) fallen in einen (Fig. 125c) zusammen und fest bleiben zwei Punkte $M(N)$ und P und zwei Geraden: Die eine PM geht durch diese zwei Punkte und die andere durch den Punkt, der sich beim Zusammenfallen von M und N ergab.

Typ D. Alle drei Punkte des ersten Falles fallen in einen festen Punkt zusammen, durch den eine feste Gerade geht (Fig. 125d).

Typ E. Fest bleiben die Strahlen eines Bündels und eine sie schneidende Gerade (Fig. 125e), wobei ein beliebiger Punkt auf ihr festbleibt (dieser Fall der Umformung heißt *eine Homologie mit einem außerhalb der Homologieachse liegenden Zentrum*).

Typ F. Fest bleiben die Strahlen eines Bündels und alle Punkte einer der Geraden (Fig. 125f) — *Homologie mit einem auf der Homologieachse liegenden Zentrum.*

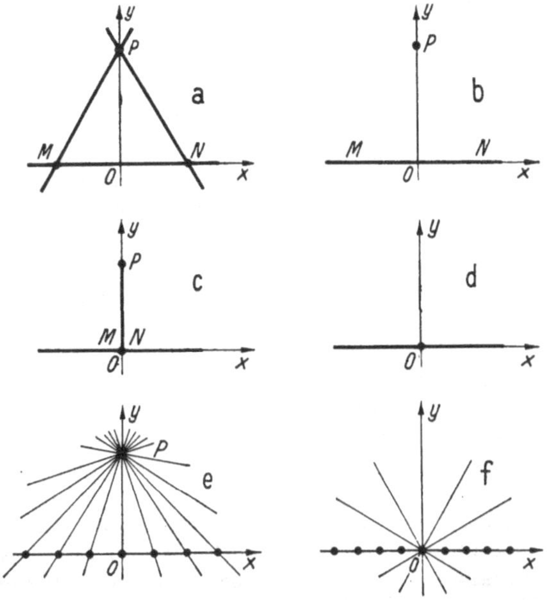

Figur 125

Entsprechend diesen Typen von Umformungen kann man für die Durchführung dieser oder jener Umformung der Ebene Netze einführen. Dabei sind die Typen E und F Spezialfälle allgemeinerer Umformungen: Der Typ E ist ein Spezialfall der Umformungen A, B oder C; der Typ F ist ein Spezialfall der Umformung C. Die Umformungen der Typen E und F sind vollkommen durch Vorgabe des Wertes eines einzigen Parameters bestimmt. Daher werden wir im folgenden die allgemeineren Fälle von Umformungen betrachten, die auf einen der ersten vier angegebenen Typen hinauslaufen (A, B, C oder D). Dabei zeigt es sich, daß die Umformungen der Typen A und B beide nur von zwei freien Parametern abhängen, die Umformung von Typ C von drei Parametern und die Umformung von Typ D von fünf Parametern abhängt.

Wir bemerken ferner, daß die festen Elemente der Ebene nicht unbedingt in endlichen Abständen voneinander liegen müssen, aber in diesen Fällen der Umformung der Ebene erhält man bei gleichen Veränderungen der Parameter „schwächere" Umformungen: Bei gleichen Änderungen der Parameter der Umformung ist die Änderung der Nomogrammform bedeutend geringer. Daher werden wir solche Umformungen der Ebene nicht betrachten, sondern uns nur auf solche Fälle projektiver Umformungen beschränken, bei denen die invarianten Elemente konstante Abstände voneinander haben.

Wählen wir die Lage der festen Elemente bezüglich der Koordinatenachsen x und y so, wie das in Figur 127 gezeigt ist und nimmt man an, daß die Abstände vom Koordinatenursprung bis zu den Punkten M, N und P (für den Fall, daß diese Punkte alle verschieden sind und nicht mit dem Koordinatenursprung zusammenfallen) gleich der Einheit sind, dann erhält man aus den allgemeinen Transformationsformeln (Seite 163) für die aufgezählten Umformungstypen, die in Tabelle 10 angeführten Formeln (Seite 179).

Die Umformungen der Ebene, die eine Änderung des Parameters C in der Umformung C oder eine Änderung von D, E und C im Falle D hervorrufen, sind Spezialfälle der affinen Umformung der Ebene (siehe Seite 194) und sind für unsere Aufgabe — der Umformung von Nomogrammen nicht wesentlich, da man mit ihrer Hilfe die Charakteristiken geradliniger Skalen und Linienscharen nicht stark verändern kann. Die Durchführung (sofern notwendig) einer affinen Umformung stellt keine wesentliche Erschwerung im folgenden dar.

Daher wählen wir in den sich ergebenden Formeln die Werte der Parameter, deren Änderungen diese oder jene Art der affinen Umformung hervorrufen, gleich einer bestimmten Konstanten, nämlich: in den Transformationsformeln der Umformung $C\, c = 1$ und der Umformung $D\, d = c = 1$ und $e = 0$. Dann enthalten diese Transformationsformeln nur noch solche Parameter, deren Änderung eine wesentliche Veränderung der Ebene hervorruft. Von diesen Parametern hat man in jeder der betrachteten Umformungen zwei.

Bei $a = b = 0$ ergibt sich aus den Transformationsformeln $x = x'$ und $y = y'$. Gibt man a und b irgendwelche anderen Werte, so erhält jeder Punkt der Ebene mit Ausnahme zweier Punkte der Umformung irgendeine neue Lage.

An Stelle von x und y führen wir neue krummlinige Koordinaten ξ und η ein und für die Parameter a und b die neuen Parameter der Umformung α und β, derart, daß die Koordinaten ξ', η' jedes beliebigen Punktes der Ebene nach der Umformung mit den Koordinaten ξ, η desselben Punktes vor der Umformung durch die Beziehungen $\xi' = \xi + \alpha$, $\eta' = \eta + \beta$ verknüpft sind und die Werte α und β für alle Punkte der Ebene gleich sind (über die Verfahren der Einführung krummliniger Koordinaten ξ und η und der Parameter α und β, siehe Abschnitt 10, Seite 188). Eine Umformung der Ebene, bei der die krummlinigen Koordinaten der Punkte sich nach einem solchen Gesetz ändern, bedeutet geometrisch eine Verschiebung aller Punkte um eine Größe α längst der Koordinatenlinien $\eta = \text{const}$ und um eine Größe β längs der Koordinatenlinien $\xi = \text{const}$.

Dieses speziell gewählte Koordinatennetz, das aus den Linien $\xi = \text{const}$ und $\eta = \text{const}$ besteht, nennen wir *Netz zur projektiven Umformung von Nomogrammen*. Das Netz liefert ein anschauliches Bild der projektiven Umformung der Ebene gegebenen Typs, wenn man die Koordinatenlinien so in die Figur

Tabelle 10

Typ der Umformung	Formeln für die Umformung	Charakter der Umformung, die durch Änderung jeder der Parameter hervorgerufen wurde
A (s. Fig. 125, *a*)	$x' = \frac{x - a\,(y - 1)}{a\,x + b\,y + 1}$, $y' = \frac{(b + 1)\,y}{a\,x + b\,y + 1}$	Eine Änderung jeder der Parameter *a* und *b* ruft eine projektive Umformung der Ebene hervor, die die unendlichfernen Elemente der Ebene in unendlichen Abstand rückt
B (s. Fig. 125, *b*)	$x' = \frac{x + a\,(y + 1)}{a\,x + b\,y + 1}$, $y' = \frac{(b + 1)\,y}{a\,x + b\,y + 1}$	Dasselbe wie oben
C (s. Fig. 125, *c*)	$x' = \frac{c\,x}{a\,x + b\,y + 1}$, $y' = \frac{(b + 1)\,y}{a\,x + b\,y + 1}$	Die Änderung jeder der Parameter *a* und *b* ruft eine projektive Umformung der Ebene hervor, die die unendlichfernen Elemente der Ebene in unendlichen Abstand rückt. Eine Änderung von *c* bewirkt Stauchung oder Streckung längs der *x*-Achse
D (s. Fig. 125, *d*)	$x' = \frac{d\,(x + e\,y)}{a\,x + b\,y + 1}$, $y' = \frac{c\,y}{a\,x + b\,y + 1}$	Eine Änderung der Parameter *a* und *b* verändert die Lage der unendlichfernen Elemente. Eine Änderung der Parameter *c* und *d* führt zur Änderung der Maßstäbe auf den Koordinatenachsen. Eine Änderung von *e* bewirkt Verschiebung der Punkte der Ebene längs der *x*-Achse (s. Seite 135)
E (s. Fig. 125, *e*)	$x' = \frac{x}{b\,y + 1}$, $y' = \frac{(1 + b)\,y}{b\,y + 1}$	Spezielle Gestalt der Umformung *A* oder *B* bei $a = 0$
F (s. Fig. 125, *f*)	$x' = \frac{x}{b\,y + 1}$, $y' = \frac{y}{b\,y + 1}$	Spezielle Gestalt der Umformung *D* bei $d = c = 1$, $e = a = 0$

einträgt, daß die Abstände zwischen den Linien gleichen Änderungen von ξ oder η entsprechen. Dann bekommen wir ein Netz, daß aus krummlinigen Vierecken „Quadraten" besteht, und mit dessen Hilfe man die Verschiebungen der Punkte der Ebene bei einer Änderung des Wertes jeder der Koordinaten ξ und η um irgendeine Zahl (α oder β) beobachten kann.

Figur 126

Verschiedene Typen von Netzen sind entsprechend den verschiedenen Umformungstypen (siehe Figur 125) dargestellt: auf Figur 126 und 127 für die Umformung vom Typ A (für diesen Typ der Umformung war es möglich, die Koordinaten ξ und η durch zwei verschiedene Verfahren einzuführen, was zwei verschiedene Netze für diesen Typ der Umformung der Ebene ergab); in Figur 128 für die Umformung vom Typ B; in Figur 129 für die Umformung vom Typ C; in Figur 130 für die projektive Umformung einer Ebene vom Typ D.

Figur 127

Die Anwendung von Netzen zur projektiven Umformung von Nomogrammen beruht auf folgendem:

1. Bei der Umformung eines Nomogramms kann man immer drei bestimmten Punkten eine feste Lage geben. So kann man zum Beispiel den Ursprung oder das Ende einer der Skalen und den Ursprung der anderen Skala fixieren, dann geht die Umformung des Nomogramms so vor sich, daß die gegenseitige Lage dieser drei Punkte des Nomogramms sich nicht ändert.

Figur 128

2. Die gewählten Punkte des Nomogramms kann man mit diesen oder jenen festen Elementen der Ebene zur Inzidenz bringen, wodurch es unmöglich wird, daß einzelne Punkte des Nomogramms bei großen Werten der Umformungsparameter außerhalb der Grenzen des Netzes liegen.

3. Haben wir die notwendigen Werte der Parameter α und β bestimmt, dann verschieben wir auf dem Netz jeden Punkt der Ebene in einen Punkt der als Koordinaten, die um α und β veränderten Werte der ursprünglichen Koordinaten besitzt. Die Größe der Änderung der Koordinaten ξ und η kann man direkt an den „Quadraten" des Netzes ablesen. Die nach einer solchen Verschiebung erhaltene Figur ist dann das umgeformte Nomogramm.

4. Müssen wir das Nomogramm so umformen, daß es eine bestimmte äußere Gestalt annimmt, dann verschieben wir seine Punkte auf dem Netz, jeden um

ein und dieselbe Zahl von Quadraten, die einer gleichen Änderung der Koordinatenpunkte entspricht, bis wir die gewünschte Form des Nomogramms erreicht haben; die Werte α und β der Parameter der Umformung sind gleich der Differenz der Werte der neuen und alten krummlinigen Koordinaten irgendeines verschobenen Punktes des Nomogramms.

Figur 129

Die Verfahren der Umformung von Nomogrammen auf jedem dieser Netze werden in den folgenden Abschnitten 9 und 10 betrachtet. Besonders eingehend (Abschnitt 9) werden wir die Umformung von Typ A (auf einem Netz mit einem festen Dreieck) betrachten. Ganz analog führt man die Umformungen von Nomogrammen auch auf anderen Netzen aus, aus diesem Grunde enthält Abschnitt 10 nur einige ergänzende Hinweise.

9. Die Umformung von Nomogrammen auf einem Netz mit einem festen Dreieck. Die Koordinatenlinien des Netzes (Figur 127) stellen zwei Geradenbündel dar:

Eines mit dem Zentrum im Punkte N — die Linien $\xi = \text{const}$, das zweite — mit dem Zentrum im Punkte M — die Linien $\eta = \text{const}$.

Figur 130

Die festen Geraden MN, PM und PN der Umformung, die durch die festen Punkte P, M und N führen, bilden ein Dreieck und zerteilen die Ebene in vier

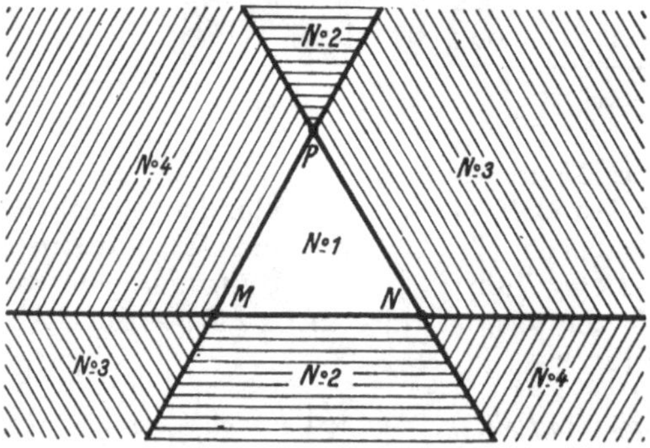

Figur 131

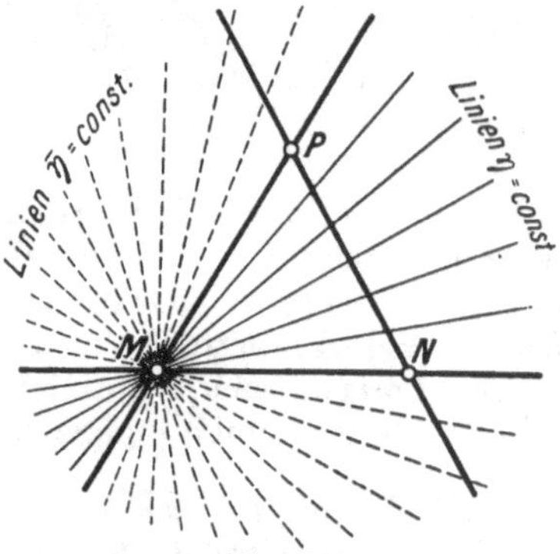

Figur 132

gesonderte Teile, die in Figur 131 mit den Ziffern 1, 2, 3 und 4 bezeichnet sind. Bei einer Änderung der Parameter α und β verschieben sich die Punkte der Ebene immer nur in ein und demselben Teil der Ebene: Entweder in Nr. 1 oder Nr. 2 oder Nr. 3 oder Nr. 4. In jedem dieser Teile der Ebene wiederholen sich die Werte dieser Koordinaten. Zur Unterscheidung wollen wir die Koordinatenlinien $\xi = \text{const}$ oder $\eta = \text{const}$, die das Dreieck Nr. 1 schneiden, einfach mit ξ und η bezeichnen (Fig. 132, die verstärkten Geraden). Schneiden die Koordinatenlinien $\xi = \text{const}$ oder $\eta = \text{const}$ das Dreieck nicht (Fig. 132, punktierte Geraden), dann wollen wir die entsprechenden Werte der Koordinaten oben durch einen Querstrich kennzeichnen: $\bar{\xi}$ oder $\bar{\eta}$. Für verschiedene Teile der Ebene bekommen wir die folgenden Kombinationen dieser Bezeichnungen (Tabelle 11):

Tabelle 11

Flächenteil			
Nr. 1	Nr. 2	Nr. 3	Nr. 4
$\xi,\ \eta$	$\bar{\xi},\ \bar{\eta}$	$\bar{\xi},\ \eta$	$\xi,\ \bar{\eta}$

Legt man auf das Netz die Achsen eines rechtwinkligen Koordinatensystems (x, y), wobei die Spitzen des festen Dreieckes in den Punkten $M\ (-H, O)$, $N\ (H, O)$ und $P\ (O, L)$ liegen, so werden die Gleichungen der Linien des Netzes in cartesischen Koordinaten

$$\frac{x}{H} + \frac{y}{L}\,(1 \pm 2 \cdot 10^{-\xi}) - 1 = 0$$

für das Bündel der Geraden $\xi = \text{const}$ und

$$\frac{x}{H} - \frac{y}{L}\,(1 \pm 2 \cdot 10^{-\eta}) + 1 = 0$$

für das Bündel der Geraden $\eta = \text{const}$.

In diesen Gleichungen entspricht das Minuszeichen den Bezeichnungen $\bar{\xi}$ und $\bar{\eta}$.

Die Seiten des Dreieckes haben in den Koordinaten des Netzes die Gleichungen:

Seite MP: $\eta = \infty$,

Seite NP: $\xi = \infty$,

Seite MN: $\xi = -\infty$ oder $\eta = -\infty$.

Die unendlichfernen Punkte

der Seite MP: $\bar{\xi} = 0$, $\eta = \infty$;

der Seite NP: $\xi = \infty$, $\bar{\eta} = 0$,

der Seite MN: $\bar{\xi} = 0$, $\bar{\eta} = 0$.

Die Gleichung der unendlichfernen Geraden der Ebene ist

$$\overline{\xi} - \overline{\eta} = 0 .$$

Das in Figur 127 dargestellte Netz ist sehr zweckmäßig zur Umformung von Nomogrammen erster Gattung (mit einer krummlinigen Skala oder mit einem Netz) zu benutzen.

Legt man das Nomogramm für eine Gleichung von Cauchy

$$f_1(u_1) \cdot f_3(u_3) + f_2(u_2) \cdot \varphi_3(u_3) + \psi_3(u_3) = 0 ,$$

so auf das Netz, daß die Skala u_1 auf der Geraden MP liegt, wobei zum Punkte P das Argument $f_1 = \infty$ und zum Punkte M das Argument $A_1 = [f_1(u_1)]_{\min}$ der Skala gehört, und die Skala u_2 so auf die Gerade NP, daß zum Punkte N das Argument $A_2 = [f_2(u_2)]_{\min}$ gehört (im Punkte P wird das Argument $f_2 = \infty$), so nehmen die Gleichungen der Skalen in den Koordinaten (ξ, η) die Form an[1]:

Skala u_1: $\xi_0 = \lg |f_1(u_1) - A_1|$, $\eta_0 = \infty$;

Skala u_2: $\xi_0 = \infty$, $\eta_0 = \lg |f_2(u_2) - A_2|$;

Skala u_3: $\xi_0 = \lg \left| \frac{\psi_3 + A_1 f_3 + A_2 \varphi_3}{-f_3} \right|$, $\eta_0 = \lg \left| \frac{\psi_3 + A_1 f_3 + A_2 \varphi_3}{-\varphi_3} \right|$.

Die kleinen Nullen an den Bezeichnungen der Koordinaten bedeuten, daß die erhaltenen Werte der Koordinaten sich auf die ursprüngliche (Ausgangs-) Lage des Nomogramms auf dem Netz beziehen.

Sind dabei in den Gleichungen der Skalen die Ausdrücke, die unter dem Modulzeichen stehen, positiv, so muß man die entsprechenden Punkte auf dem Netz im Innern des Dreieckes MPN wählen. Sind diese Ausdrücke negativ, so muß man die Punkte auf dem Netz außerhalb des Dreiecks MPN wählen —, in diesem Falle sind die Koordinaten mit $\overline{\xi}_0$ und $\overline{\eta}_0$ zu bezeichnen.

Will man die Skala u_3 (das Netz) des Nomogramms in den äußeren Teil des Dreiecks übertragen, so hat man bei einer der Funktionen f_1 oder f_2 das Vorzeichen zu ändern, ebenso muß man entsprechend das Vorzeichen bei f_3 oder φ_3 ändern und in der Gleichung der entsprechenden geradlinigen Skala an Stelle der unteren Grenze A_i den Wert der oberen Grenze B_i der entsprechenden Funktion einsetzen. Eine solche Umformung der Ebene, die den inneren Teil des Dreieckes in den äußeren Teil und umgekehrt überführt, nennen wir eine „Spiegelung“. Falls erforderlich, kann man den Teil der Ebene Nr. 1 (Fig. 131) in jeden beliebigen Teil: Nr. 2, Nr. 3 oder Nr. 4 der Ebene überführen oder umgekehrt, jeden beliebigen hinsichtlich des Dreieckes Nr. 1 äußeren Teil auf den Teil der Ebene im Innern dieses Dreieckes abbilden.

Die Reihenfolge der Berechnung des Nomogramms kann folgendermaßen geschehen:

1. Nach der vorgegebenen Gleichung bestimmen wir die Form der Funktionen f_i, φ_3 und ψ_3, indem wir von der Bedingung ausgehen, daß die Skala der Lösungsgröße zwischen den Skalen der gegebenen Größen liegen soll, und bestimmen die Richtungen der Nomogrammskalen.

---

[1]) Bei einer solchen Wahl der Gleichungen liegen die unteren Punkte der Skalen u_1 und u_2 auf der Geraden MN.

2. Bestimmen wir die Bereiche der Funktionen f_1 und f_2

$$A_1 \leqq f_1 \leqq B_1, \quad A_2 \leqq f_2 \leqq B_2.$$

Ausgehend von der gewählten Lage der Skalen bestimmen wir dann die Werte der Argumente in den Punkten M und N des Netzes.

3. Stellen wir die Gleichungen der Skalen der ursprünglichen Variante des Nomogramms in den Koordinaten des Netzes auf und berechnen die notwendige Anzahl von Punkten der Nomogrammelemente.

4. Die so erhaltenen Punkte[1]) des Nomogramms tragen wir mit Hilfe der Koordinatenlinien des Netzes auf und bestimmen Form und Charakter des erhaltenen Nomogramms.

Liegen die erhaltenen Werte ξ_0 und η_0 so, daß sich die Skalenenden zu nahe an den Punkten M oder N (die Skalen sind zu kurz) oder am Punkte B (die Skalen sind zu sehr auseinandergezogen) befinden, dann ändern wir die Koordinatenwerte ξ_0 oder η_0 der Punkte der Nomogrammelemente um ein und dieselbe Zahl α_0 oder β_0 so ab, daß diese die geeignetste Lage einnehmen.

5. Ein Nomogrammelement, das eine ungünstige Lage hat, verschieben wir so auf dem Netz, daß

a) das Netz oder die krummlinige Skala die gewünschte Form annimmt;

b) die Nomogrammelemente im folgenden mit Hilfe einer affinen Umformung eine im Format geschlossene Lage einnehmen können.

In dem Falle, daß die Lösungsgröße auf einer der geradlinigen Skalen liegt, bestimmt man den Parameter m der besten Umformung dieser Skala gemäß § 2 (Seite 14, 15 und 16) und berechnet dann den Parameter α oder β nach der Formel

$$\alpha \text{ oder } \beta = -\lg \mid m_i + A_i \mid$$

mit A_i-Wert der unteren Grenze der Funktion $f_i(u_i)$ $(i = 1$ oder $2)$.

6. Wir bestimmen die Parameterwerte α und β, die der nötigen Veränderung der Koordinaten der Nomogrammpunkte entsprechen, führen ihre Berechnung durch und tragen auf den Koordinatenlinien des Netzes diejenigen Punkte ein, die man als Ergebnis der Umformung der Variante des Nomogramms bekommt.

7. Ist eine weitere Umformung nicht erforderlich, dann schreiben wir zur Berechnung der Nomogrammpunkte in cartesischen Koordinaten die Skalengleichungen des Nomogramms wie folgt:

Skala u_1: $$x = \frac{K_1}{1 + \frac{1}{m_1} f_1(u_1)}, \qquad y = \frac{H_1}{1 + \frac{1}{m_1} f_1(u_1)};$$

Skala u_2: $$x = \frac{K_2}{1 + \frac{1}{m_2} f_2(u_2)}, \qquad y = \frac{H_2}{1 + \frac{1}{m_2} f_2(u_2)};$$

Skala u_3: $$x = \frac{m_1 K_1 f_3(u_3) + m_2 K_2 \varphi_3(u_3)}{m_1 f_3(u_3) + m_2 \varphi_3(u_3) - \psi_3(u_3)}, \quad y = \frac{m_1 H_1 f_3(u_3) + m_2 H_2 \varphi_3(u_3)}{m_1 f_3(u_3) + m_2 \varphi_3(u_3) - \psi_3(u_3)},$$

[1]) Um das Netz zu schonen, führt man am besten alle Konstruktionen auf einer Pause aus, die man auf das Netz legt.

mit

$$m_1 = 10^{-\alpha} - A_1,\ m_2 = 10^{-\beta} - A_2 \text{ und } H_1 : H_2 = (1 - 10^{\beta} A_2) : (1 - 10^{\alpha} A_1).$$

8. Ausgehend von den vorgegebenen Ausmaßen des Nomogramms und der geeignetsten gegenseitigen Lage der Skalen u_1, u_2 und u_3 bestimmen wir H_1, H_2, K_1 und K_2, berechnen die Skalen und konstruieren das Nomogramm.

Bei der Bestimmung der Werte H_1 und H_2 geht man von der Zusatzbedingung aus, daß die Länge der Skala gleich der vorgegebenen Höhe L des Nomogramms wird.

Bei der Bestimmung von K_1 und K_2 geht man dagegen von der vorgegebenen Breite des Nomogramms und von der Bedingung aus, daß das Nomogramm eine symmetrische Gestalt bekommen soll (siehe Abschnitt 6, § 30, Seite 171).

Konstruktionsbeispiel eines Nomogramms mit Hilfe eines Netzes siehe Abschnitt 12 (Seite 195).

Eine Umformung der Ebene, bei der sich die Größen H_1, H_2, K_1 und K_2 nicht ändern und das Verhältnis $H_1 : H_2$ invariant bleibt, verändert die unendlichfernen Elemente der Ebene nicht und ist einer der Fälle einer affinen Umformung der Ebene (siehe Abschnitt 11, Seite 194).

10. Umformungen, die sich mit Hilfe anderer Netze ausführen lassen. In Figur 126 bis 130 sind Netze zur Umformung von Nomogrammen verschiedener Typen dargestellt. Die Netze der Figuren 126 und 128 können mit Erfolg sowohl zur Umformung von Nomogrammen nach Clark verwendet werden als auch zur Umformung von Nomogrammen zweiter Gattung für Gleichungen fünfter nomographischer Ordnung. Die sich ergebenden Gleichungen der Skalen für verschiedene Nomogrammtypen sind unten angeführt; dort finden sich auch die Gleichungen der Skalen eines Nomogramms in cartesischen Koordinaten für die endgültige Ausführung (bei Wahl der Werte α und β) des Nomogramms. Die allgemeine Reihenfolge zur Konstruktion des Nomogramms fällt mit der Reihenfolge zusammen, wie sie auf Seite 186 für Nomogramme der Cauchyschen Gleichung angegeben wurde.

Nach den Umformungen auf dem Netz müssen die Nomogramme noch einer affinen Umformung unterworfen werden (siehe Abschnitt 11, Seite 194), mit deren Hilfe eine geschlossene Lage der Nomogrammelemente im vorgegebenen Format erreicht werden soll.

I. Das Netz für den Typ *B* (Fig. 128)

Dieses Netz kann man sehr gut zur Konstruktion folgender Nomogramme verwenden:

a) *Der dritten kanonischen Form für eine Gleichung dritter nomographischer Ordnung* (Seite 142).

Die Skalengleichungen, in Netzkoordinaten ausgedrückt, lauten (ursprüngliche Variante):

die Skalen u_1 und u_2: $\xi_0 = \lg \sqrt{1 + \frac{1}{f_i^2}}$, $\eta_0 = \operatorname{arc\,ctg} f_i$ $(\xi = -\lg \sin \eta_0)$;

die Skala u_3: $\xi_0 = \infty$, $\eta_0 = \operatorname{arc\,ctg} f_3$.

Die Skalengleichungen in rechtwinkligen Koordinaten (für die endgültige Variante des Nomogramms) haben nach Wahl von α und β die Form:

die Skalen u_1 und u_2: $$x = L\,\frac{f_i^2 \sin\beta - f_i \cos\beta}{f_i^2 \cos\beta + f_i \sin\beta - 10^\alpha (1 + f_i^2)},$$
$$y = H\,\frac{-(1 + f_i^2)\cdot 10^\alpha}{f_i^2 \cos\beta + f_i \sin\beta - 10^\alpha (1 + f_i^2)};$$

die Skala u_3: $$x = L\,\frac{f_3 \operatorname{tg}\beta - 1}{f_3 - \operatorname{tg}\beta}, \qquad y = 0.$$

b) *Der Gleichung von Clark* (Seite 148).

Die Skalengleichungen in Netzkoordinaten ausgedrückt, lauten (ursprüngliche Variante):

die Skalen u_1 und u_2: $$\xi_0 = \lg\sqrt{1 + \frac{1}{f_i^2}}, \quad \eta_0 = \operatorname{arc\,ctg} f_i \quad (\xi_0 = -\lg\sin\eta_0);$$

die Skala u_3: $$\xi_0 = \lg\left|\frac{f_3 - \psi_3}{\sqrt{\varphi_3^2 + \psi_3^2}}\right|, \quad \eta_0 = \operatorname{arc\,ctg}\left(-\frac{\psi_3}{\varphi_3}\right).$$

Die Skalengleichungen in rechtwinkligen Koordinaten (für die endgültige Variante des Nomogramms) nach Wahl von α und β werden:

die Skalen u_1 und u_2: $$x = L\,\frac{f_i^2 \sin\beta - f_i \cos\beta}{f_i^2 \cos\beta + f_i \sin\beta - 10^\alpha (1 + f_i^2)},$$
$$y = H\,\frac{(1 + f_i^2)\cdot 10^\alpha}{f_i^2 \cos\beta + f_i \sin\beta - 10^\alpha (1 + f_i^2)};$$

die Skala u_3: $$x = L\,\frac{\psi_3 \sin\beta - \varphi_3 \cos\beta}{\psi_3 \cos\beta + \varphi_3 \sin\beta + 10^\alpha (\varphi_3 + \psi_3)},$$
$$y = H\,\frac{(f_3 - \psi_3)\cdot 10^\alpha}{\psi_3 \cos\beta + \varphi_3 \sin\beta + 10^\alpha (\varphi_3 + \psi_3)}.$$

c) *Der Gleichung von Cauchy* (Seite 145).

Die Gleichungen der Skalen in den Koordinaten des Netzes werden (ursprüngliche Variante):

Skala u_1: $\xi_0 = \infty$, $\quad \eta_0 = \operatorname{arc\,ctg}\frac{1}{f_1}$;

Skala u_2: $\xi_0 = -\lg f_2$, $\quad \eta_0 = 90°$;

Skala u_3: $\xi_0 = \lg\left|\frac{\varphi_3}{\sqrt{\psi_3^2 + (\varphi_3 - f_3)^2}}\right|$, $\quad \eta_0 = \operatorname{arc\,ctg}\left(-\frac{f_3}{\psi_3}\right)$.

Die Skalengleichungen in rechtwinkligen Koordinaten ausgedrückt (für die endgültige Variante des Nomogramms) nach Wahl von α und β lauten:

Skala u_1: $$x = L\,\frac{f_1 \cos\beta + \sin\beta}{\cos\beta - f_1 \sin\beta}, \qquad y = 0;$$

Skala u_2: $$x = L\,\frac{f_2 \cos\beta}{10^\alpha - f_2 \sin\beta}, \qquad y = H\,\frac{10^\alpha}{10^\alpha - f_2 \sin\beta};$$

Skala u_3: $$x = L\,\frac{f_3 \sin\beta - \psi_3 \cos\beta}{\psi_3 \sin\beta + f_3 \cos\beta + 10^\alpha \varphi_3}, \qquad y = H\,\frac{\varphi_3 \cdot 10^\alpha}{\psi_3 \sin\beta + f_3 \cos\beta + 10^\alpha \varphi_3}.$$

d) *Der Gleichung fünfter nomographischer Ordnung* (Seite 150).

Die Skalengleichungen in Netzkoordinaten lauten (ursprüngliche Variante):

$$\text{Skala } u_1\colon \quad \xi_0 = \lg\left|\frac{1}{\sqrt{f_1^2 + (\varphi_1 - 1)^2}}\right|, \qquad \eta_0 = \operatorname{arc\,ctg}\frac{\varphi_1 - 1}{f_1};$$

$$\text{Skala } u_2\colon \quad \xi_0 = \lg\left|\frac{\varphi_2 - 1}{\sqrt{f_2^2 + (\varphi_2 + 1)^2}}\right|, \qquad \eta_0 = \operatorname{arc\,ctg}\frac{\varphi_2 + 1}{f_2};$$

$$\text{Skala } u_3\colon \quad \xi_0 = \infty, \qquad \eta_0 = \operatorname{arc\,ctg}\frac{1}{f_3}.$$

Die Skalengleichungen in rechtwinkligen Koordinaten ausgedrückt (für die endgültige Variante des Nomogramms) nach Wahl von α und β lauten:

$$\text{Skala } u_1\colon \quad x = L\,\frac{f_1\cos\beta + (\varphi_1 - 1)\sin\beta}{-f_1\sin\beta + (\varphi_1 - 1)\cos\beta + 10^\alpha},$$

$$y = H\,\frac{10^\alpha}{-f_1\sin\beta + (\varphi_1 - 1)\cos\beta + 10^\alpha};$$

$$\text{Skala } u_2\colon \quad x = L\,\frac{f_2\cos\beta + (\varphi_2 + 1)\sin\beta}{-f_2\sin\beta + (\varphi_2 + 1)\cos\beta - 10^\alpha},$$

$$y = H\,\frac{-10^\alpha}{-f_2\sin\beta + (\varphi_2 + 1)\cos\beta - 10^\alpha};$$

$$\text{Skala } u_3\colon \quad x = L\,\frac{f_3\cos\beta + \sin\beta}{-f_3\sin\beta + \cos\beta}, \qquad y = 0.$$

II. Netz des Typs C (Fig. 129)

Dieses Netz ist sehr geeignet für Konstruktionen der folgenden Nomogramme:

a) *Des Nomogramms nullter Gattung der ersten kanonischen Form einer Gleichung dritter nomographischer Ordnung* (Seite 129).

Die Skalengleichungen in Netzkoordinaten ausgedrückt, lauten (ursprüngliche Variante):

$$\text{Skala } u_1\colon \quad \xi_0 = -\infty, \qquad \eta_0 = \frac{1}{f_1};$$

$$\text{Skala } u_2\colon \quad \xi_0 = +\infty, \qquad \eta_0 = \frac{f_2}{1 + f_2};$$

$$\text{Skala } u_3\colon \quad \xi_0 = \lg(-f_3), \qquad \eta_0 = 0.$$

Die Skalengleichungen in rechtwinkligen Koordinaten ausgedrückt (für die endgültige Variante des Nomogramms) nach Wahl von α und β werden:

$$\text{Skala } u_1\colon \quad x = L\,\frac{f_1}{\beta f_1 + 1}, \qquad y = 0;$$

$$\text{Skala } u_2\colon \quad x = 0, \qquad y = H\,\frac{10^\alpha}{10^\alpha + f_2};$$

$$\text{Skala } u_3\colon \quad x = L\,\frac{1}{\beta - 10^\alpha f_3}, \qquad y = H\,\frac{-10^\alpha}{\beta - 10^\alpha f_3}.$$

b) *Des Nomogramms nullter Gattung der zweiten kanonischen Form einer Gleichung dritter nomographischer Ordnung* (Seite 136).

Die Skalengleichungen in Netzkoordinaten ausgedrückt, lauten (ursprüngliche Variante):

$$\text{Skala } u_1: \quad \xi_0 = \lg \left|\frac{2\,m f_1}{1 + m f_1}\right|, \quad \eta_0 = 2\,;$$

$$\text{Skala } u_2: \quad \xi_0 = \lg \left|\frac{-2\,m f_2}{1 + m f_2}\right|, \quad \eta_0 = -2\,;$$

$$\text{Skala } u_3: \quad \xi_0 = 0, \qquad \eta_0 = 0 \left(y_0 = H - \frac{H}{1 + \frac{m}{2}\,f_3}\right).$$

Die Skalengleichungen in rechtwinkligen Koordinaten ausgedrückt (für die endgültige Variante des Nomogramms) nach Wahl von α und β werden:

$$\text{Skala } u_1: \quad x = L\,\frac{-1}{-\beta + 2 f_1 \cdot 10^\alpha + 2}, \qquad y = H\,\frac{2 f_1 \cdot 10^\alpha}{-\beta + 2 f_1 \cdot 10^\alpha + 2}\,;$$

$$\text{Skala } u_2: \quad x = L\,\frac{1}{\beta + 2 f_2 \cdot 10^\alpha + 2}, \qquad y = H\,\frac{2 f_2 \cdot 10^\alpha}{\beta + 2 f_2 \cdot 10^\alpha + 2}\,;$$

$$\text{Skala } u_3: \quad x = 0, \qquad y = H - \frac{H}{1 + \frac{m}{2}\,f_3}\,.$$

c) *Des Nomogramms erster Gattung für eine Gleichung von Cauchy* (Seite 145).

Die Gleichungen der Skalen in den Koordinaten des Netzes haben die Gestalt (ursprüngliche Variante):

$$\text{Skala } u_1: \quad \xi_0 = \lg\,|-2 f_1|, \qquad \eta_0 = -2\,;$$

$$\text{Skala } u_2: \quad \xi_0 = \lg\,|2 f_2|, \qquad \eta_0 = 2\,;$$

$$\text{Skala } u_3: \quad \xi_0 = \lg \left|\frac{2\,\psi_3}{f_3 - \psi_3}\right|, \quad \eta_0 = 2\,\frac{\varphi_3 + f_3}{\varphi_3 - f_3}\,.$$

Die Skalengleichungen in rechtwinkligen Koordinaten ausgedrückt (für die endgültige Variante des Nomogramms) nach Wahl von α und β lauten:

$$\text{Skala } u_1: \quad x = L\,\frac{-1}{-\beta + 2 f_1 \cdot 10^\alpha + 2}, \qquad y = H\,\frac{2 f_1 \cdot 10^\alpha}{-\beta + 2 f_1 \cdot 10^\alpha + 2}\,;$$

$$\text{Skala } u_2: \quad x = L\,\frac{1}{\beta + 2 f_2 \cdot 10^\alpha + 2}, \qquad y = H\,\frac{2 f_2 \cdot 10^\alpha}{\beta + 2 f_2 \cdot 10^\alpha + 2}\,;$$

$$\text{Skala } u_3: \quad x = L\,\frac{\varphi_3 - f_3}{(2 + \beta)\,\varphi_3 + (2 - \beta)\,f_3 - 2 \cdot 10^\alpha\,\psi_3}\,,$$

$$y = H\,\frac{-2\,\psi_3 \cdot 10^\alpha}{(2 + \beta)\,\varphi_3 + (2 - \beta)\,f_3 - 2 \cdot 10^\alpha\,\psi_3}\,.$$

d) *Der Gleichung fünfter nomographischer Ordnung* (Seite 150).

Die Skalengleichungen in Netzkoordinaten lauten (ursprüngliche Variante):

$$\text{Skala } u_1\text{:} \quad \xi_0 = -\lg|f_1|, \qquad \eta_0 = \frac{\varphi_1 - 1}{f_1};$$

$$\text{Skala } u_2\text{:} \quad \xi_0 = -\lg|-f_1|, \qquad \eta_0 = \frac{\varphi_2 + 1}{f_2};$$

$$\text{Skala } u_3\text{:} \quad \xi_0 = -\infty, \qquad \eta_0 = \frac{1}{f_3}.$$

Die Skalengleichungen in rechtwinkligen Koordinaten (für die endgültige Variante des Nomogramms) nach Wahl von α und β werden zu:

$$\text{Skala } u_1\text{:} \quad x = L\,\frac{f_1}{f_1\beta + (10^\alpha - 1) + \varphi_1}, \qquad y = H\,\frac{10^\alpha}{f_1\beta + (10^\alpha - 1) + \varphi_1};$$

$$\text{Skala } u_2\text{:} \quad x = L\,\frac{f_2}{f_2\beta - (10^\alpha - 1) + \varphi_2}, \qquad y = H\,\frac{-10^\alpha}{f_2\beta - (10^\alpha - 1) + \varphi_2};$$

$$\text{Skala } u_3\text{:} \quad x = L\,\frac{f_1}{f_1\beta + 1}, \qquad y = 0.$$

Die auf den Seiten 188 bis 192 angeführten Formeln für die ursprünglichen Lagen der Nomogramme bestimmen eine gewisse spezielle Lage bezüglich der invarianten Elemente des Netzes voraus, nämlich: Eine der geradlinigen Nomogrammskalen soll mit dieser oder jener invarianten Geraden des Netzes zur Deckung kommen.

In einigen Fällen ist eine solche ursprüngliche Lage nicht geeignet, dem Nomogramm die günstigste Form zu geben. So kann es z. B. für Nomogramme mit Netzen, die Kurvenscharen zweiter Ordnung enthalten, sich als günstig erweisen, irgendeine Kurve des Feldes mit einer der Linien $\xi = \text{const}$ des Netzes für die Umformung der Typen A, B oder D zur Deckung zu bringen (siehe Figur 126, 128, 130). Genauso ist es für Netze, die aus geradlinigen Scharen bestehen, günstig, Linien des Feldes mit irgendwelchen Linien $\xi = \text{const}$ und $\eta = \text{const}$ der Netze zur Deckung (Inzidenz) zu bringen. Dies kann man durch entsprechende Wahl der Anfangskoordinaten ξ_0 und η_0 in Abhängigkeit von den Variablen u_i erreichen, wofür in der unten angeführten Tabelle 12 die Ausdrücke ξ_0 und η_0 der ursprünglichen Werte der Netzkoordinaten durch die cartesischen Koordinaten der Ebene angegeben sind. Man muß in diesen Ausdrücken x und y durch ihre Ausdrücke aus den Parametergleichungen der Skalen der ursprünglichen einfachsten (siehe VIII. Kapitel) Variante des Nomogramms ersetzen (die Größen μ_i, λ_i und m_i hat man gleich 1, die Größen ϱ_i, a und H gleich 0 zu setzen).

In Tabelle 12 sind die Ausdrücke für die Koordinaten der Punkte der Nomogrammebene nach der Umformung angeführt. Dadurch bekommt man nach der Bestimmung der Parameterwerte der Umformung α und β die Gleichungen aus den Parametergleichungen der Skalen der ursprünglichen einfachsten der Elemente des umgeformten Nomogramms in cartesischen Koordinaten. Setzt man hier die gefundenen Werte α und β und die Ausdrücke für x und y aus den Parametergleichungen der Skalen der ursprünglichen einfachsten Variante ein, so bekommt man die Parametergleichungen der Skalen des umgeformten Nomogramms.

Tabelle 12

Typ des Netzes	Die Ausdrücke für die Koordinaten des Netzes ξ_0 und η_0 durch die rechtwinkligen Koordinaten x und y, den Ausgangsvarianten des Nomogramms	Die Ausdrücke der Koordinaten eines Punktes des unverformten Nomogramms x_1 und y_1 durch die ursprünglichen Koordinaten x und y und die Parameter α und β der Umformung
1	2	3
Typ A — geradlinig (siehe Fig. 126)	$\xi_0 = \lg\left\|\frac{1}{2}\left(\frac{1-x}{y} - 1\right)\right\|$, $\eta_0 = \lg\left\|\frac{1}{2}\left(\frac{1+x}{y} - 1\right)\right\|$	$x_1 = L\,\frac{x(10^\alpha + 10^\beta) - (y-1)(10^\beta - 10^\alpha)}{x(10^\beta - 10^\alpha) - y(10^\beta + 10^\alpha) + 2}$, $y_1 = H\,\frac{2y}{x(10^\beta - 10^\alpha) - y(10^\beta + 10^\alpha) + 2}$
Typ A — mit krummliniger Schar (siehe Fig. 127)	$\xi_0 = \lg\left\|\frac{y}{\sqrt{(1-y)^2 - x^2}}\right\|$, $\eta_0 = \operatorname{arc\,th} \frac{1-y}{x}$	$x_1 = L\,\frac{x \operatorname{ch}\beta + (1-y)\operatorname{sh}\beta}{x \operatorname{sh}\beta + (1-y)\operatorname{ch}\beta + y\cdot 10^\alpha}$, $y_1 = H\,\frac{y\cdot 10^\alpha}{x\operatorname{sh}\beta + (1-y)\operatorname{ch}\beta + y\cdot 10^\alpha}$
Typ B (siehe Fig. 128)	$\xi_0 = \lg\left\|\frac{y}{\sqrt{x^2 + (1-y)^2}}\right\|$, $\eta_0 = \operatorname{arc\,ctg} \frac{1-y}{x}$	$x_1 = L\,\frac{x\cdot\cos\beta + (1-y)\sin\beta}{-x\sin\beta + (1-y)\cos\beta + 10^\alpha y}$, $y_1 = H\,\frac{y\cdot 10^\alpha}{-x\sin\beta + (1-y)\cos\beta + 10^\alpha y}$
Typ C (siehe Fig. 129)	$\xi_0 = \lg\left\|\frac{x}{y}\right\|$, $\eta_0 = \operatorname{arc\,ctg}\frac{1-y}{x}$	$x_1 = L\,\frac{x}{\beta x + y(10^\alpha - 1) + 1}$, $y_1 = H\,\frac{y\cdot 10^\alpha}{\beta x + y(10^\alpha - 1) + 1}$
Typ D (siehe Fig. 130)	$\xi_0 = \frac{y - x^2}{y^2}$, $\eta_0 = \frac{x}{y}$	$x_1 = L\,\frac{x + \beta y}{2\beta x + (\alpha + \beta^2)y + 1}$, $y_1 = H\,\frac{y}{2\beta x + (\alpha + \beta^2)y + 1}$

Die in Fig. 126 bis 130 angeführten Netze haben informatorischen Charakter und können nicht unmittelbar zur Konstruktion von Nomogrammen benutzt werden. Hat man jedoch keine Netze zur Verfügung, dann können letztere berechnet und neu konstruiert werden, wobei der Wert der Quadratseite von der Größenordnung 0,1 sein muß. Zur Konstruktion des Netzes kann man die in Spalte zwei der Tabelle 12 angegebenen Gleichungen verwenden.

In den in Tabelle 12 angeführten Gleichungen sollen x und y folgendermaßen ausgedrückt sein: y in Bruchteilen von L (des Abstandes vom invarianten Punkt bis zur invarianten Geraden $\xi = \infty$; x in Bruchteilen von H (der Hälfte des Abstandes zwischen zwei invarianten Punkten auf der invarianten Geraden). Diese Bemerkung gilt auch für die in der dritten Spalte aufgeführten Gleichungen. Die Größen x_1 und y_1 erhält man dann in Millimetern.

Am geeignetsten zur Konstruktion von Netzen sind die Maßstäbe $L = 200$ mm und $H = 250$ mm.

11. Affine Abbildungen. Affine Abbildungen sind Spezialfälle der projektiven Abbildung, bei denen die unendlichferne Gerade der Ebene fest bleibt.

Der analytische Ausdruck einer solchen Umformung lautet:

$$\begin{aligned} X &= a_{11} x + a_{12} y + a_{13} \\ Y &= a_{21} x + a_{22} y + a_{23} \end{aligned} \qquad \begin{vmatrix} a_{11} & a_{12} \\ a_{21} & a_{22} \end{vmatrix} \neq 0,$$

wobei x, y die Koordinaten eines Punktes der Ebene vor der Umformung, X, Y die Koordinaten eines Punktes der Ebene nach der Umformung und a_{ij} die sechs Parameter der Umformung sind.

Bei der Umformung von Nomogrammen wollen wir die Parameter a_{13} und a_{23} gleich Null annehmen, da ihre Veränderung nur eine Verschiebung des Nomogramms auf der Ebene bewirkt.

Die uns interessierenden Spezialfälle der Umformung der Ebene, deren aufeinanderfolgende Anwendung uns den allgemeinsten Fall einer affinen Abbildung liefert, sind in Tabelle 13 aufgeführt. Indem man eine nach der anderen anwendet, erreicht man eine wesentliche Verbesserung der Form des erhaltenen Nomogramms.

Bei der Bestimmung der Größen der Parameter der affinen Umformung benötigt man keine sehr große Genauigkeit, ihre Werte bestimmt man unmittelbar an der Figur des Nomogramms.

12. Ein Beispiel zur Konstruktion eines Nomogramms auf einem Netz. Es ist ein Nomogramm zur Bestimmung des Volumens eines Kugelsegmentes

$$V = \frac{1}{6} \pi (3 r^2 + h^2) h$$

zu konstruieren, mit

$$5{,}5 \leqq h \leqq 10{,}0; \qquad 10{,}0 \leqq r \leqq 15{,}5; \qquad 900 \leqq V \leqq 4000,$$

wobei man für V eine logarithmische Skala verlangt (für V ist der zulässige konstante relative Fehler angegeben).

Die vorgegebene Formel ist eine Cauchysche Gleichung vierter nomographischer Ordnung. Zur Sicherung einer möglichst großen Rechengenauigkeit ist es am besten, wenn die Skala V zwischen den Skalen h und r liegt; alle Skalen des Nomogramms haben bei einer solchen Lage (siehe Abschnitt 2, § 25, Seite 127) die gleiche Richtung.

Tabelle 13

Bezeichnung der Umformung der Ebene	Die Formeln für die Umformung	Ergebnis der Umformung eines Quadrates mit achsenparallelen Seiten ist auf der Figur punktiert angedeutet
1	2	3
Stauchung (Streckung) längs der Abszissenachse (Veränderung des Maßstabes μ_x)	$x' = \lambda x$, $y' = y$	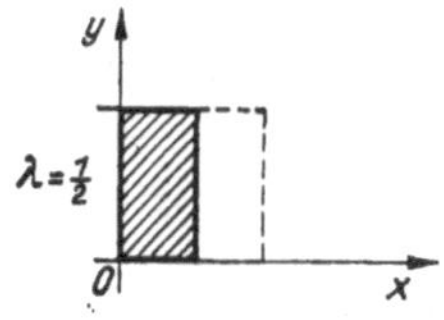
Stauchung (Streckung) längs der Ordinatenachse (Änderung des Maßstabes μ_y)	$x' = x$, $y' = \lambda y$	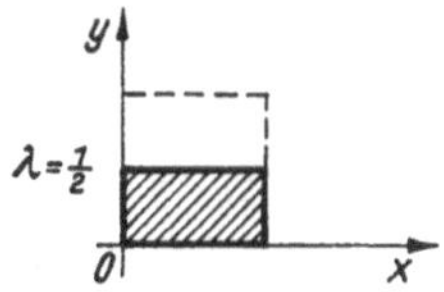
Schub längs der x-Achse	$x' = x + y \operatorname{ctg} \varphi$, $y' = y$	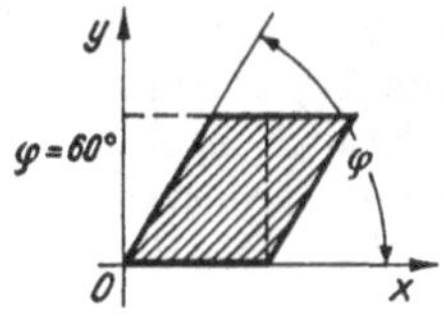
Schub längs der y-Achse	$x' = x$, $y' = y + x \operatorname{tg} \varphi$	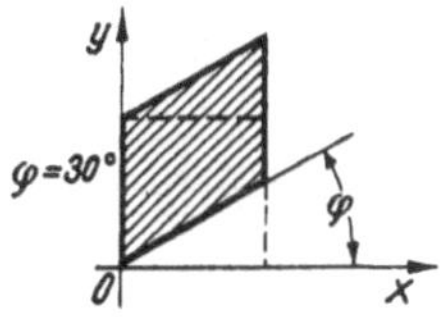
Stauchung (Streckung) in beliebiger Richtung, die mit der Abszissenachse den Winkel φ einschließt	$x' = \lambda (y \sin \varphi - x \cos \varphi)$ $y' = y \cos \varphi - x \sin \varphi$	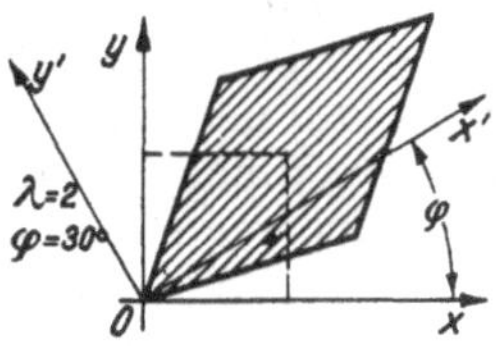

Zur Nomogrammkonstruktion benutzen wir ein Netz vom Typ A mit geraden Linien $\xi = \text{const}$ und $\eta = \text{const}$. Da wir eine Skala V wünschen, die einer logarithmischen (zusammenlaufenden) sehr nahe kommt, legen wir sie auf die Seite NP des festen Dreiecks des Netzes (Fig. 126) und geben ihr die Richtung vom Punkte N zum Punkte P. Die Skala r des Nomogramms legen wir auf die Seite MP des Netzes (ihre Richtung stimmt mit der Richtung von M zu P überein). Die Skala h liegt dann im Innern des Dreiecks MNP, rechts von der Skala V (im Teil Nr. 3 der Ebene, Fig. 131). Die unteren Grenzen der Skala liegen auf der Geraden MN.

Wir bestimmen die Skalengleichungen in den Koordinaten des Netzes. Es gilt (siehe Seite 145):

$$f_1 = 3r^2, \quad f_2 = \frac{6}{\pi} V, \quad f_3 = h, \quad \varphi_3 = -1 \quad \text{und} \quad \psi_3 = h^3.$$

Folglich ist $$A_1 = 3 \cdot 10^2 = 300, \quad A_2 = \frac{6}{\pi} 900.$$

Die Skalengleichungen in den Koordinaten des Netzes werden dann (siehe Seite 186):

$$\text{Skala } r: \quad \xi_0 = \lg |3r^2 - 300|, \qquad \eta_0 = \infty;$$

$$\text{Skala } V: \quad \xi_0 = \infty, \qquad \eta_0 = \lg \left| \frac{6}{\pi} V - \frac{6}{\pi} 900 \right|;$$

$$\text{Skala } h: \quad \xi_0 = \lg \left| \frac{\frac{1}{\pi} 5400 - 300h - h^3}{h} \right|, \qquad \eta_0 = \lg \left| h^3 + 300h - \frac{1}{\pi} 5400 \right|.$$

Wir berechnen die Koordinaten einiger Punkte der Nomogrammskalen (Tabelle 14, Ausgangsvariante).

Die Koordinaten ξ der Punkte der Skala h gehören den Werten des äußeren Teiles des Dreieckes an.

Den Wert des Parameters β, für den die Skala V einer logarithmischen am nächsten kommt, bestimmt man nach den in Abschnitt 15, § 2 (Seite 17) dargelegten Regeln; wir erhalten (Seite 197):

$$\lambda = \sqrt{\frac{f_2'(b) \cdot b}{f_2'(a) \cdot a}} - 1 = \sqrt{\frac{4000}{900}} - 1 = 1{,}108,$$

$$m_2 = \frac{B_2 - (\lambda + 1) A_2}{\lambda} = \frac{\frac{6}{\pi} \cdot 4000 - (1{,}108 + 1) \frac{6}{\pi} 900}{1{,}108} = 3632,$$

$$\beta = -\lg (m_2 + A_2) = -\lg (3632 + 1792) = -\lg 5424 = -3{,}7.$$

Beim Gebrauch eines Netzes werden wir alle Werte η der Ausgangsvariante um 3,7 vermindern. Die Ausgangsvariante des Nomogramms besitzt, wie dies aus Tabelle 14 ersichtlich ist, noch den Nachteil, daß die Koordinatenwerte ξ der meisten Punkte der Skalen r und h zu groß sind. Dadurch wird die Skizze des Nomogramms unübersichtlich (bei großen ξ liegen die Punkte der Skala r nahe am Punkte P und die Punkte der Skala h nahe an der Seite NP des invarianten Dreieckes). Daher vermindern wir den Wert von ξ um die Größe 2,0; $\alpha = -2{,}0$. Die neuen Koordinaten der Punkte sind in Tabelle 14 unter der Rubrik: I. Variante angeführt.

Tabelle 14

Ausgangsvarianten des Nomogramms								
V	$\xi = \xi_0$	$\eta = \eta_0$	r	$\xi = \xi_0$	$\eta = \eta_0$	h	$\bar{\xi} = \bar{\xi}_0$	$\eta = \eta_0$
900	∞	— ∞	10,0	— ∞	∞	5,5	1,31	2,05
1000	∞	2,28	12,0	2,12	∞	6,0	1,71	2,49
2000	∞	3,32	14,0	2,46	∞	7,0	2,02	2,87
3000	∞	3,60	15,0	2,62	∞	8,0	2,18	3,08
4000	∞	3,77	—	—	—	9,0	2,28	3,23
—	—	—	—	—	—	10,0	2,36	3,36
I Variante: $\alpha = -2{,}0$; $\beta = -3{,}7$								
V	ξ	η	r	ξ	η	h	$\bar{\xi}$	η
900	∞	— ∞	10,0	— ∞	∞	5,5	— 0,69	— 1,65
1000	∞	— 1,42	12,0	0,2	∞	6,0	— 0,29	— 1,21
2000	∞	— 0,38	14,0	0,46	∞	7,0	0,02	— 0,83
3000	∞	— 0,10	15,0	0,62	∞	8,0	0,18	— 0,62
4000	∞	0,07	—	—	—	9,0	0,28	0,47
—	—	—	—	—	—	10,0	0,36	0,32
II Variante: $\alpha = -2{,}50$; $\beta = -3{,}7$								
V	ξ	η	r	ξ	η	h	$\bar{\xi}$	η
900	∞	— ∞	10,0	— ∞	∞	5,5	— 1,19	— 1,65
1000	∞	— 1,42	12,0	— 0,30	∞	6,0	— 0,79	— 1,21
2000	∞	— 0,38	14,0	— 0,04	∞	7,0	— 0,48	— 0,83
3000	∞	— 0,10	15,5	0,12	∞	8,0	— 0,32	— 0,62
4000	∞	0,07	—	—	—	9,0	— 0,22	— 0,47
—	—	—	—	—	—	10,0	— 0,14	— 0,34

Die erste Variante ist in Fig. 133 dargestellt. Es bedarf noch weiterer Verbesserungen. Ihre Hauptmängel sind: der zu große Unterschied der Skalenlängen und die Nähe der Skala *h* an der Lösungsskala *V*. Eine Verbesserung

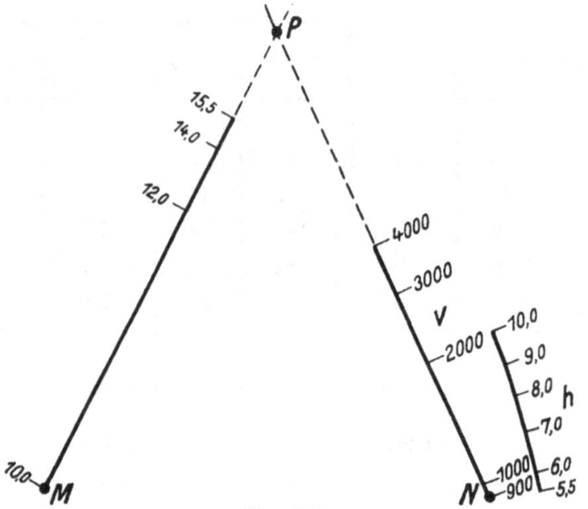

Figur 133

kann man dadurch erreichen, daß man die Punkte der Skala *r* nach unten auf der Geraden *MP* verschiebt. Dies bedarf nur einer Änderung des Parameters α. Dabei bleibt die Skala *V*, die auf der Seite *NP* des Dreieckes liegt, unverändert.

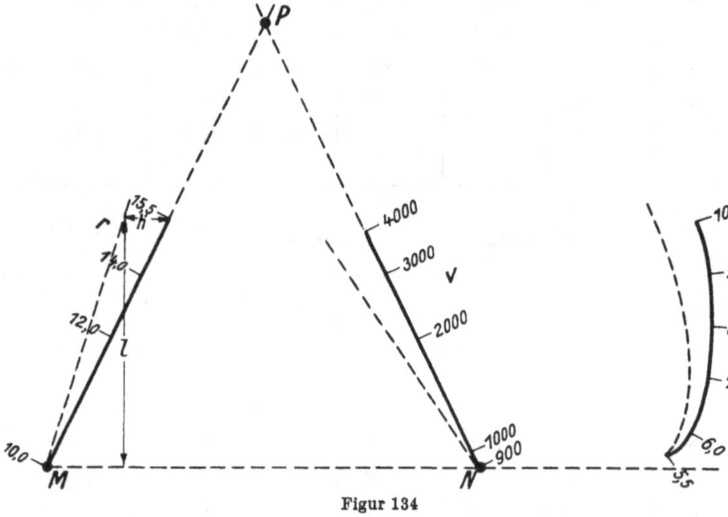

Figur 134

Die Skala *h* wird sich in ihren Ausmaßen vergrößern (das obere Ende rückt nach oben), während sie sich gleichzeitig von der Skala *V* entfernt. Indem wir die oberen Enden der Skalen *h* und *B* auf gleiche Höhe legen, erhalten wir $\alpha = -2{,}5$.

Eine Skizze des erhaltenen Nomogramms ist in Fig. 134 angegeben. Die berechneten Werte der Koordinaten ξ und η von Punkten der Skalen sind in Tabelle 14 unter der Rubrik: II. Variante aufgeführt.

Bei dieser Variante wollen wir auch bleiben, da eine weitere Änderung des Parameters α das Nomogramm nur verschlechtern würde, während eine Änderung von β eine Verschlechterung der Qualität der Skala V nach sich ziehen würde. Nach den gefundenen Werten von α und β bestimmen wir die Parameter m_1, m_2 und das Verhältnis $H_1 : H_2$ des Nomogramms (Seite 188):

$$m_1 = 10^{-\alpha} - A_1 = 316 - 300 = 16,$$

$$m_2 = 10^{-\beta} - A_2 = 5424 - 1720 = 3704$$

und $$H_1 : H_2 = (1 - 10^{\beta} A_2) : (1 - 10^{\alpha} A_1) = 15, \quad A_1 = 15 H_2.$$

Die Gleichungen der Nomogrammskalen werden:

Skala r: $$x = \frac{K_1}{1 + 0{,}1875\, r^2}, \qquad y = \frac{15 H_2}{1 + 0{,}1875\, r^2};$$

Skala V: $$x = \frac{K_2}{1 + 0{,}000270 \cdot \frac{6}{\pi} V}, \qquad y = \frac{H_2}{1 + 0{,}000270 \cdot \frac{6}{\pi} V};$$

Skala h: $$x = \frac{16 K_1 h - 3704 K_2}{16 h - 3704 - h^3}, \qquad y = \frac{240 H_2 h - 3704 H_2}{16 h - 3704 - h^3}.$$

Die Größe H_2 bestimmen wir aus der Bedingung, daß die Länge der Skala V gleich einem vorgegebenen Werte wird (wir nehmen ihre Länge gleich 250 mm).

Dies liefert zur Bestimmung von H_2 (Seite 172) die Gleichung:

$$\frac{H_2}{1 + 0{,}000270 \cdot \frac{6}{\pi} 900} - \frac{H_2}{1 + 0{,}000270 \cdot \frac{6}{\pi} 4000} = 250,$$

woraus hervorgeht

$$H_2 \approx 400 \text{ mm} \quad \text{und} \quad H_1 = 15 H_2 = 6000 \text{ mm}.$$

Die Größen K_1 und K_2 ermitteln wir aus der Bedingung, daß der Abstand zwischen den Punkten der Skalen h und r, die die größten Abszissen haben, gleich der vorgeschriebenen Breite des Nomogramms werden soll ($M = 180$ mm). Diese Bedingung liefert eine Gleichung zur Bestimmung von K_1 und K_2, wegen der erwünschten Geschlossenheit des Nomogramms ist es jedoch günstig (Fig. 134), zunächst eine Schubtransformation längs der x-Achse auszuführen und diese so zu wählen, daß die Punkte der Skala h mit den Argumenten 5,5 und 9 auf ein und derselben Vertikalen liegen (der Schub ist in Fig. 134 punktiert angedeutet).

Diese Bedingung liefert die zweite Gleichung zur Bestimmung von K_1 und K_2:

$$\frac{16 K_1 \cdot 5{,}5 - 3704 K_2}{16 \cdot 5{,}5 - 3704 - 5{,}5^3} = \frac{16 \cdot 9 K_1 - 3704 K_2}{16 \cdot 9 - 3704 - 9^3}$$

und $$\frac{16 K_1 \cdot 7 - 3704 K_2}{16 \cdot 7 - 3704 - 343} - \frac{K_1}{1 + 0{,}1875 \cdot 9^2} = 180.$$

Hieraus erhalten wir

$$K_1 \approx 3500\,\text{mm} \text{ und } K_2 \approx 300\,\text{mm}.$$

Wir berechnen und konstruieren das Nomogramm. Es ist in Fig. 135 dargestellt.

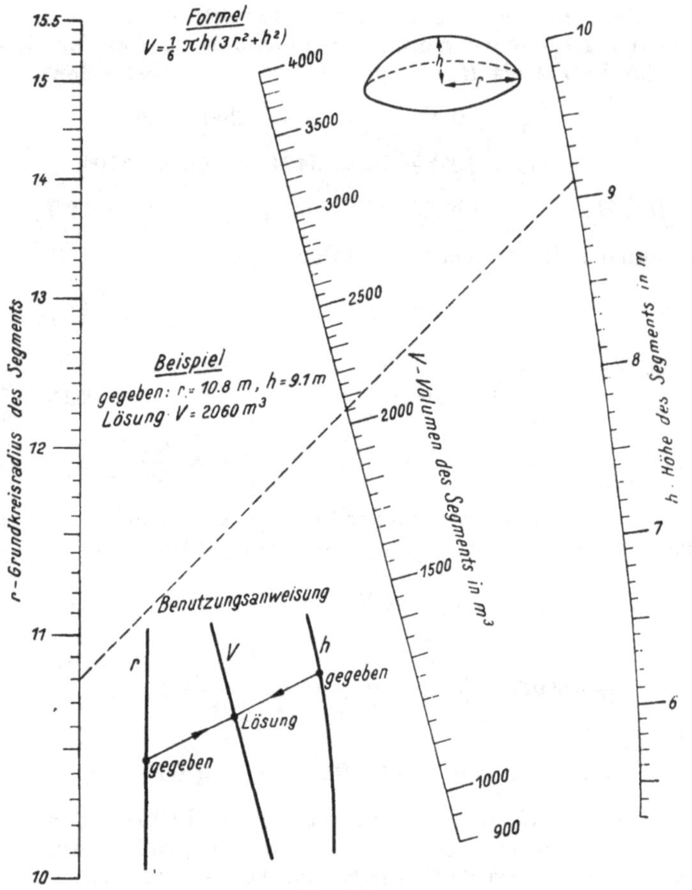

Figur 135

§ 32. *Die Konstruktion von Nomogrammen zweiter Gattung für Gleichungen dritter nomographischer Ordnung auf Skeletten.*

13. Die Umformung von Nomogrammen zweiter Gattung auf einer Ellipse. Da man die Träger der Skalen bei der Projektierung von Nomogrammen zweiter Gattung (auf einer Ellipse) für Gleichungen der ersten und zweiten kanonischen Formen für Gleichungen dritter nomographischer Ordnung als fest annehmen kann, so kann man die Umformung dieser Nomogramme als eine Verschiebung der Argumente der Punkte dieser Skalen längs ihrer Träger betrachten; solche

Umformungen führt man am zweckmäßigsten mit Hilfe von Skeletten dieser Nomogramme aus.

Das Prinzip der Konstruktion von Skeletten besteht in folgendem. Wir betrachten eine Gleichung, die auf die zweite kanonische Form

$$f_3(u_3) = f_1(u_1) + f_2(u_2)$$

führt. Wir bezeichnen

$$\xi_0 = f_1(u_1), \quad \eta_0 = f_2(u_2) \quad \text{und} \quad \zeta_0 = f_3(u_3).$$

Dann nimmt die Gleichung die Form an

$$\zeta_0 = \xi_0 + \eta_0. \tag{9.1}$$

Wir fügen zu der rechten und linken Seite der Gleichung (9.1) $\gamma = \alpha + \beta$ hinzu und multiplizieren beide Seiten der Gleichung mit λ:

$$\lambda\,(\zeta_0 + \gamma) = \lambda\,(\xi_0 + \alpha) + \lambda\,(\eta_0 + \beta)$$

und bezeichnen

$$\zeta = \lambda\,(\zeta_0 + \gamma), \quad \xi = \lambda\,(\xi_0 + \alpha), \quad \eta = \lambda\,(\eta_0 + \beta), \tag{9.2}$$

womit wir erhalten

$$\zeta = \xi + \eta. \tag{9.3}$$

Die Beziehungen (9.2) kann man als eine Umformung der Variablen ξ_0, η_0 und ζ_0 betrachten, die Gleichung (9.1) in Gleichung (9.3) überführt.

Die Gleichungen (9.1) und (9.3) werden durch ein und dasselbe Nomogramm dargestellt, wir nennen dies: *Skelett* des Nomogramms zweiter Gattung auf einer Ellipse und einem Durchmesser (Fig. 136).

Benutzt man die Beziehungen zwischen f_1, f_2, f_3 und ξ_0, η_0, ζ_0, dann kann man auf diesem Skelett das Nomogramm für die gegebene Gleichung

$$f_3 = f_1 + f_2$$

konstruieren. Für jeden Wert u_1 finden wir den ihm entsprechenden Wert ξ_0, dem Punkte des Skeletts mit diesem Argument schreiben wir diesen Wert u_1 zu. Auf diese Weise konstruieren wir die Skala der Variablen u_1. Ganz analog konstruieren wir die Skala der Variablen u_2 auf der Skala η_0 und die Skala u_3 auf der Skala ζ_0 und erhalten dann das Nomogramm für die gegebene Gleichung.

Wählt man irgendwelche Werte der Parameter α, β, γ und λ $(\alpha + \beta = \gamma)$, setzt f_1, f_2, f_3 in die Formeln (9.2) an Stelle von ξ_0, η_0 und ζ_0 ein und führt die nötigen Berechnungen aus, dann kann man auf dem Skelett ganz analog ein zweites Nomogramm für die vorgelegte Gleichung

$$f_3 = f_1 + f_2$$

konstruieren, welches man als Resultat der Umformung des ersten betrachten kann. Analytisch bestimmt sich diese Umformung aus den Formeln (9.2), geometrisch besteht sie in einer Verschiebung der Punkte der Skalen des ersten Nomogramms entsprechend um α, β und γ auf den Skalen des Skeletts

(Umformung bei $\lambda = 1$) und einer darauffolgenden Übertragung der erhaltenen Punkte in die Punkte der Skalen des Skeletts, die den Parametern $\lambda\xi$, $\lambda\eta$ und $\lambda\zeta$ entsprechen (die Argumentwerte der Skalen des Skeletts multiplizieren sich mit ein und derselben Zahl).

Da jede beliebige Gleichung dritter nomographischer Ordnung auf die zweite kanonische Form gebracht werden kann, so kann man das in Fig. 136 dargestellte Skelett zur Konstruktion von Nomogrammen für jede beliebige Gleichung dritter nomographischer Ordnung verwenden.

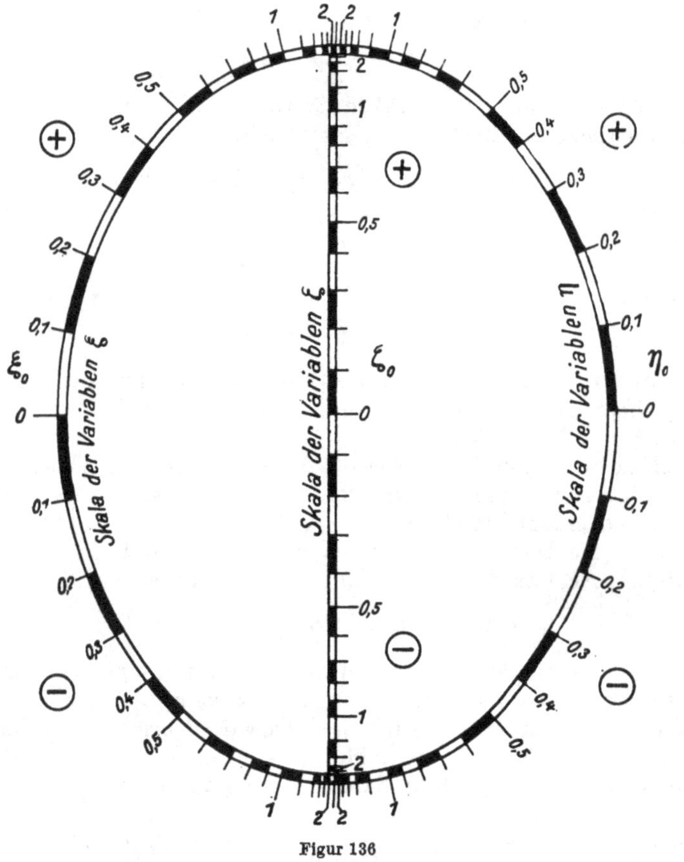

Figur 136

Die dargestellte Skelettform ist nicht die einzig mögliche. Sie entspricht einem Nomogramm zweiter Gattung auf einer Ellipse und einer Sekante. Für Nomogramme anderer Typen lassen sich Skelettkonstruktionen anderer Form durchführen.

Die Verwendung von Skeletten erleichtert bedeutend das Verfahren, die beste Darstellungsform eines Nomogramms auf einer Ellipse zu wählen und macht alle Umformungen von Nomogrammen sehr anschaulich (siehe Abschnitt 14).

Die Berechnung der Werte ξ_0, η_0 und ζ_0 der Ausgangsvariante des Nomogramms auf einer Ellipse und ihrem Durchmesser führt man für Gleichungen der ersten kanonischen Form durch nach den Formeln

$$\xi_0 = \lg f_1(u_1), \quad \eta_0 = -\lg f_2(u_2) \quad \text{und} \quad \zeta_0 = \lg f_3(u_3);$$

für die zweite kanonische Form

$$\xi_0 = f_1(u_1), \quad \eta_0 = f_2(u_2) \quad \text{und} \quad \zeta_0 = f_3(u_3).$$

Nach der Wahl der Parameter λ, α, β und γ geschieht der Übergang von den Werten ξ, η und ζ zu rechtwinkligen Koordinaten nach den Formeln:

$$\text{Skala } \xi: \qquad x = -\frac{D_x \cdot 10^{-\xi}}{1 + 10^{-2\xi}}, \qquad y = \frac{D_y}{1 + 10^{-2\xi}};$$

$$\text{Skala } \eta: \qquad x = \frac{D_x \cdot 10^{-\eta}}{1 + 10^{-2\eta}}, \qquad y = \frac{D_y}{1 + 10^{-2\eta}};$$

$$\text{Skala } \zeta: \qquad x = 0, \qquad y = \frac{D_y}{1 + 10^{-\zeta}}.$$

Hat man in diesen Formeln die Ausdrücke ξ, η und ζ durch f_1, f_2, f_3 ersetzt und die Werte λ, α, β und γ ausgewählt, so bestimmt man D_x und D_y, wobei man von den habarytischen Maßen des Nomogramms ausgeht.

Die betrachteten Umformungen von Nomogrammen dritter Ordnung mit Hilfe der Parameter λ, α, β und γ sind die Resultate einiger *nichtprojektiver* Umformungen der Ebene. Eine Änderung der Parameter α, β und γ verschiebt die Punkte jeder Skala um eine entsprechende Zahl von Teilungen auf der entsprechenden Skala des Skeletts. Eine Änderung von λ zieht eine Streckung aller Skalen von der Mitte aus nach beiden Enden hin nach sich.

14. Ein Beispiel für die Konstruktion eines Nomogramms auf einem Skelett. Es ist ein Nomogramm für die Laméscho Formel zur Bestimmung der Wanddicke einer Röhre bei bekannter zulässiger Höchstspannung R des Materials der Röhre und gegebenem Druck p im Innern der Röhre zu konstruieren. Nach der Laméschen Formel berechnet sich das Verhältnis m der Wanddicke zum Radius der Röhre nach

$$m = \sqrt{\frac{R+p}{R-p}} + 1$$

mit $400 \leqq R \leqq 2000\ (\text{kg/cm}^2)$; $40 \leqq p \leqq 200\ (\text{kg/cm}^2)$; $0{,}04 \leqq m \leqq 0{,}3$.

Dabei ist von größtem Interesse der Bereich von m:

$$0{,}05 \leqq m \leqq 0{,}2.$$

Wir bringen die vorgegebene Gleichung auf die Form:

$$\frac{1}{R} \cdot p = \frac{(1+m)^2 - 1}{(1+m)^2 + 1}.$$

Da m mit wachsendem p wächst und mit wachsendem R fällt, so muß man bei der Konstruktion des Nomogramms den Skalen R und p verschiedene Richtungen geben, und dann liegt die Skala m zwischen ihnen.

Die so erhaltene Gleichung ist von dritter nomographischer Ordnung (Seite 119):

$$f_1 = \frac{1}{R}, \quad f_2 = p \quad \text{und} \quad f_3 = \frac{(1+m)^2 - 1}{(1+m)^2 + 1},$$

und die Gleichungen der Skalen in den Koordinaten des Skeletts, eines Nomogramms auf einer Ellipse und einem seiner Durchmesser (Seite 111) lauten (Seite 203):

$$\text{Skala } R: \quad \xi = \xi_0 = -\lg R,$$

$$\text{Skala } p: \quad \eta = \eta_0 = \lg p,$$

$$\text{Skala } m: \quad \zeta = \zeta_0 = \lg \frac{(1+m)^2 - 1}{(1+m)^2 + 1}.$$

Die Koordinatenwerte der Skalen dieser Ausgangsvariante sind in Tabelle 15 unter der Rubrik „Ausgangsvariante" angeführt; die Variante des Nomogramms, die man erhält, ist noch ungeeignet.

Tabelle 15

Skala der Veränderlichen				Skala der Veränderlichen				Skala der Veränderlichen			
	Koordinate ξ				Koordinate η				Koordinate ζ		
R	Ausgangs-variante	erste Variante	zweite Variante	p	Ausgangs-variante	erste Variante	zweite Variante	m	Ausgangs-variante	erste Variante	zweite Variante
400	− 2,6	0,4	1,2	40	1,60	− 0,4	− 1,20	0,04	− 1,41	− 0,41	− 1,23
500	− 2,69	0,31	0,93	60	1,78	− 0,22	− 0,66	0,06	− 1,25	− 0,25	− 0,75
1000	− 3,00	0	0	80	1,90	− 0,10	− 0,30	0,08	− 1,11	− 0,11	− 0,33
1500	− 3,18	− 0,18	− 0,54	100	2,00	0	0	0,1	− 1,02	− 0,02	− 0,06
2000	− 3,30	− 0,30	− 0,90	200	2,30	0,30	0,90	0,15	− 0,86	0,14	0,42
—	—	$\alpha = 3$	$\lambda = 3$	—	—	$\beta = -2$	$\lambda = 3$	0,20	− 0,74	0,26	0,78
—	—	—	—	—	—	—	—	0,30	− 0,59	0,41	1,23
—	—	—	—	—	—	—	—	—	—	$\gamma = 1$	$\lambda = 3$

Damit die Skala der Lösungsvariablen m in eine günstige Lage kommt, verschieben wir den Punkt mit dem Argument $m = 0{,}1$ (Mitte der Skala) in den Punkt $\zeta = 0$, wobei wir $\gamma \approx 1$ wählen. Haben wir die Koordinaten der Punkte der Skala m berechnet und sie auf dem Skelett konstruiert, überzeugen wir uns davon, ob die Skala annehmbar ist.

Den Skalenanfang R und das Skalenende p legen wir auf gleiche Höhe, dazu wählen wir die Werte der Parameter α und β, die schon durch die Beziehung (Seite 201):

$$\alpha + \beta = 1 \; (= \gamma)$$

zusammenhängen.

Die Werte der Koordinaten ξ und η müssen wegen der obigen Bedingung für die Punkte $R = 400$ und $p = 200$ gleich werden. Dies ergibt:

$$-2,6 + \alpha = 2,30 + \beta$$

und hieraus $$\alpha - \beta = 4,90 .$$

Indem wir die zwei so erhaltenen Gleichungen lösen, bekommen wir (nachdem wir abgerundet haben):

$$\alpha = 3,0 \quad \text{und} \quad \beta = -2,0 .$$

Nach den gefundenen Werten der Parameter berechnen wir die neuen Werte der Koordinaten ξ und η der Skalenpunkte der Variablen R und p und konstruieren diese Skalen. Die Werte der Koordinaten sind in Tabelle 15 unter der Rubrik ,,erste Variante" aufgeführt. Die Skizze des Nomogramms, die man mit

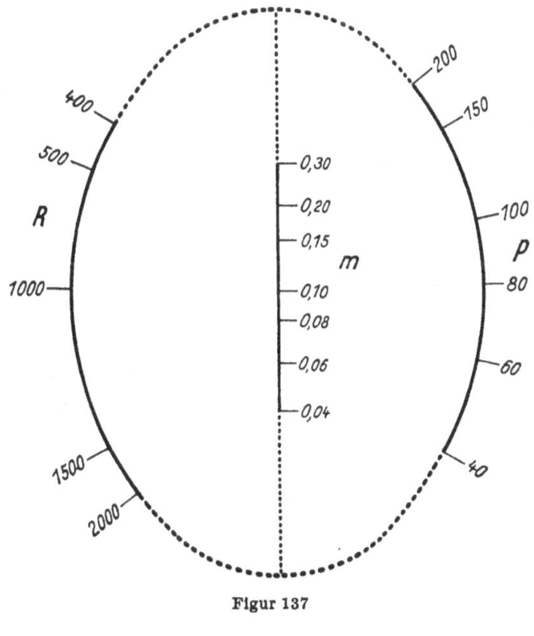

Figur 137

Hilfe des Skeletts bekommt, ist in Fig. 137 angegeben; das Nomogramm, das man nun bekommt, ist vollkommen zufriedenstellend: die Skala m hat eine Form, die einer logarithmischen sehr nahe kommt.

Das fertige Nomogramm ist in Fig. 138 dargestellt.

Um im Teil (0,05 bis 0,2) der Skala m die Genauigkeit zu erhöhen, ziehen wir sie in der Umgebung des Punktes $m = 0,1$ auseinander, der die Mitte des entsprechenden Intervalls ist. Dazu wählen wir $\lambda = 3$. Wie man mit Hilfe des Skeletts leicht sieht, führt ein größerer Wert λ zu einer Verkleinerung des oberen Teils der Skala m und zu einer ziemlichen Annäherung der Enden der Skalen p und R an den Träger der Skala m. Wir berechnen die Werte der neuen Koordinaten der Skalenpunkte der Variablen R, m und p.

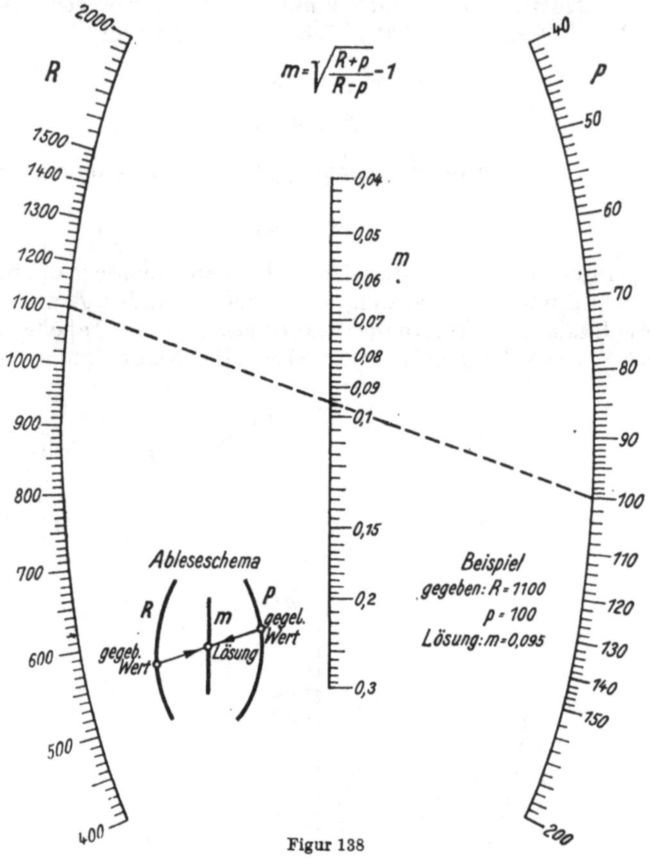

Figur 138

Die Gleichungen der Skalen dieses Nomogramms in rechtwinkligen Koordinaten (Seite 203) lauten:

Skala R $(\xi = -3 \lg R + 9)$:

$$x = \frac{-80\left(\frac{1}{R}\cdot 1000\right)^3}{1+\left(\frac{1}{R}\cdot 1000\right)^6}, \qquad y = \frac{220}{1+\left(\frac{1}{R}\cdot 1000\right)^6};$$

Skala p $(\eta = 3 \lg p - 6)$:

$$x = \frac{80\,(p\cdot 0{,}01)^3}{1+(p\cdot 0{,}01)^6}, \qquad y = \frac{220}{1+(p\cdot 0{,}01)^6};$$

Skala m $\left(\zeta = 3 \lg \frac{(1+m)^2-1}{(1+m)^2+1} + 3\right)$:

$$x = 0, \qquad y = \frac{220}{1+\left[\frac{(1+m)^2-1}{(1+m)^2+1}\cdot 10\right]^3}.$$

In Fig. 139 ist die endgültige Form des Nomogramms gegeben; es genügt vollständig allen gestellten Anforderungen.

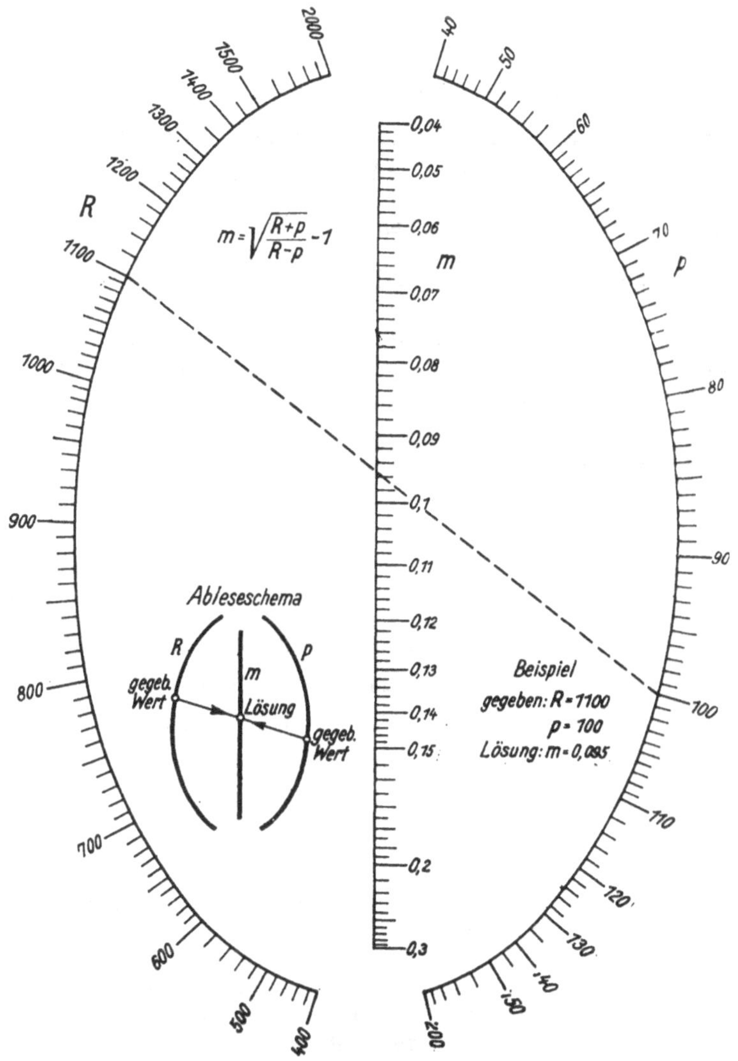

Figur 139

X. KAPITEL

Verfahren zur angenäherten Konstruktion von Fluchtlinientafeln für nicht nomographierbare Gleichungen

§ 33. Graphische Methoden zur angenäherten Konstruktion von Nomogrammen

1. Iterationsmethode. In einigen Fällen kann man durch aufeinanderfolgende graphische Approximationen eine Fluchtlinientafel für eine Gleichung bekommen, die sich sonst nicht auf eine nomographierbare Form bringen läßt. Das Wesen dieser Methode besteht in folgendem: Für die vorgelegte Gleichung

$$F\ (u_1, u_2, u_3) = 0$$

und die Bereiche der in sie eingehenden Größen berechnen wir eine Tabelle von Werten u_3 in Abhängigkeit von u_1 und u_2:

u_2 / u_1	u_2'	u_2''	u_2'''	
u_1'				
u_1''		Werte u_3		
u_1'''				

Dann konstruieren wir gemäß den Bemerkungen in Abschnitt 2 § 25 (Seite 127) geradlinige parallele Skalen u_1 und u_3, wobei wir ihre Richtung so wählen, daß die Skala u_2 zwischen ihnen liegt. Die Punkte auf den Skalen u_1 und u_3 mit Argumenten, die ein und demselben Werte u_2 entsprechen, verbinden wir durch Geraden (Werte von u_3, die in einer der Spalten der Tabelle liegen), deren Schnittpunkte ein bestimmtes Gebiet auf der Zeichnung einnehmen. Die erste Näherung für das Nomogramm bekommen wir, indem wir als Punkte der Skala u_2 die „Zentren"[1]) der Gebiete der Geradenschnittpunkte wählen. Eine weitere Verbesserung des Nomogramms erreichen wir, indem wir die Skala u_1 variieren: wir verbinden Punkte auf der Skala u_3 und der vorhandenen Skala u_2 mit Argumenten, die zum selben Wert u_1 gehören, durch Geraden.

[1]) Gewöhnlich wählt man als solches „Zentrum" den Schwerpunkt des erhaltenen Schnittpunktgebietes (der Fläche, die durch die Randgeraden begrenzt wird, die Verbindungslinien zwischen den Punkten auf den Skalen u_1 und u_2 sind).

Für jede Spalte u_1 der Tabelle (Seite 208) erhalten wir, genau wie bei der ersten Approximation, ein bestimmtes Schnittpunktgebiet. Die Gesamtheit der „Zentren" liefert uns eine neue Skala u_1.

Indem wir die so erhaltenen Skalen u_1 und u_2 in der oben beschriebenen Weise zur Formveränderung der Skala u_3 benutzen, erhalten wir die dritte Näherung des Nomogramms.

Diesen Umformungsprozeß des Nomogramms setzen wir so lange fort, bis das letzterhaltene Näherungsnomogramm die Lösung mit der nötigen Genauigkeit liefert.

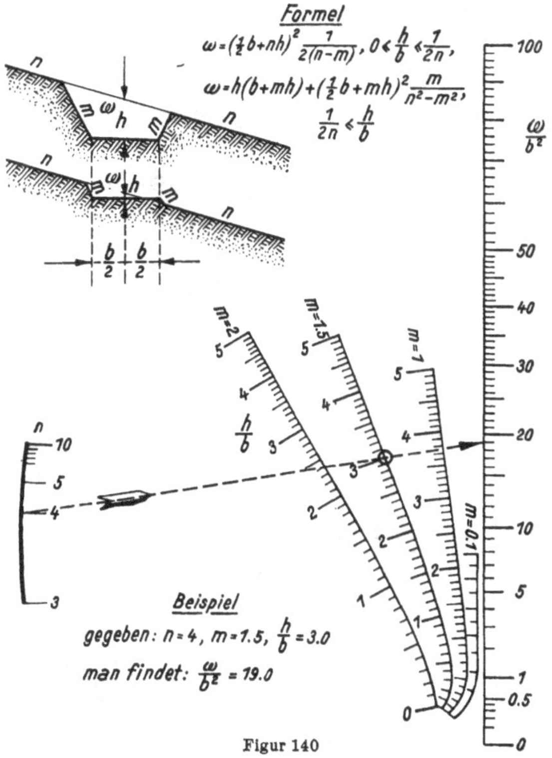

Figur 140

„Die Konvergenz" des obigen Prozesses ist in noch nicht genügendem Maße untersucht worden. Man kann das Verfahren praktisch als „konvergent" annehmen, wenn die Genauigkeit der erhaltenen Näherungen bis zu einem gewissen Zeitpunkt ständig wächst, d. h. wenn sich die erhaltenen Schnittpunktsgebiete auf einen bestimmten Grenzwert konzentrieren.

In Fig. 140 ist ein Nomogramm für die Gleichungen

$$\omega = \left(\frac{1}{2}\, b + n h\right)^2 \frac{1}{2\,(n - m)}; \qquad 0 \leqq \frac{h}{b} \leqq \frac{1}{2n}$$

und

$$\omega = h\,(b + m h) + \left(\frac{1}{2}\, b + m h\right)^2 \frac{m}{n^2 - m^2}; \qquad \frac{1}{2n} \leqq \frac{h}{b}$$

dargestellt, die zur Bestimmung der erforderlichen Querschnittsfläche eines Einschnittes oder eines Dammes dienen.

2. Graphische Umformung (Anamorphose): Verwandlung zweier Kurven einer Schar in Geraden. Wir zeichnen in der Netztafel (Fig. 141), die für die Gleichung

$$F(u_1, u_2, u_3) = 0,$$

mit $$a_1 \leqq u_1 \leqq b_1, \quad a_2 \leqq u_2 \leqq b_2 \quad \text{und} \quad a_3 \leqq u_3 \leqq b_3$$

konstruiert wurde, einige Geraden $u_1 = \text{const}$ $(u = u_1' = a_1,\ u_1 = u_1'',\ u_1 = u_1''', \ldots)$ aus und bezeichnen die Schnittpunkte $(A_1, A_2, \ldots, B_1, B_2, \ldots,$

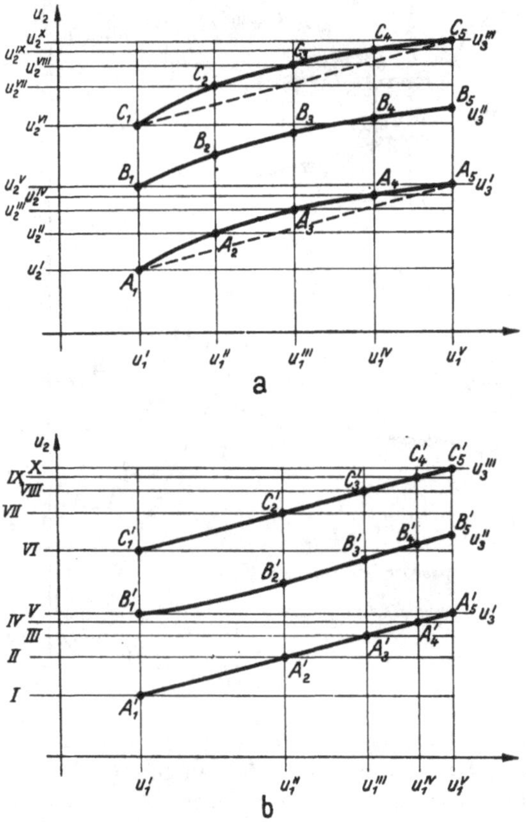

Figur 141

$C_1, C_2, \ldots)$ dieser Geraden mit den Linien $u_3 = \text{const}$. An Stelle einer Schar paralleler Geraden wählen wir ein System von Geraden $u_1 = \text{const}$ derart, daß zwei Linien $u_3 = \text{const}$ zu Geraden werden, während die Linienschar $u_2 = \text{const}$ unverändert bleibt (die Linien $u_2 = \text{const}$, die durch die Punkte A_i, C_i gehen, sind auf Fig. 141 mit römischen Ziffern bezeichnet). Dann verbinden wir die Punkte A_1, A_5 und C_1, C_5 der zwei Linien der Schar $u_3 = \text{const}$, die zu Geraden gestreckt werden sollen, durch die Geraden $A_1'A_5'$ und $C_1'C_5'$ und verschieben die Punkte C_2, C_3, C_4, A_2, A_3 und A_4 längs der Horizontalen auf die erhaltenen Geraden. Da jedes Punktepaar (A_1, C_1), (A_2, C_2), (A_3, C_3), ... auf irgendeiner Geraden $u_1 = \text{const}$ lag, so verbinden wir die Punktepaare (A_1', C_1'), (A_2', C_2'), (A_3', C_3'), ... durch gerade Linien und schreiben jedem von ihnen den entsprechenden Wert u_1 zu. Wenn man jetzt auf dem so erhaltenen Netz (u_1, u_2) die Linien $u_3 = \text{const}$ konstruiert, die durch die Gleichung $F(u_1, u_2, u_3) = 0$ bestimmt sind, so werden die zwei von ihnen, die den Werten $u_3 = u_3'$ und $u_3 = u_3'''$ entsprechen, zu Geraden. Die übrigen Linien $u_3 = \text{const}$ für Werte von u_3 nahe bei u_3' und u_3''' bekommen eine kleine Krümmung und können näherungsweise durch Geraden ersetzt werden. Die größte Krümmung der Linien u_3 bekommt man nahe der Mitte des Intervalls zwischen den genau in Geraden verwandelten Kurven von u_3.

Übersteigt nach einer solchen Nomogrammumformung der sich durch Kurvenstreckung $u_3 = \text{const}$ ergebende Fehler nirgends das zulässige Maß, dann kann die erhaltene Netztafel, die angenähert der vorgegebenen Gleichung entspricht, in eine Fluchtlinientafel mit zwei krummlinigen Skalen umgewandelt werden.

Stellt man die vorgelegte Gleichung wie folgt dar:

$$u_2 = f(u_1, u_3),$$

bezeichnet

$$f(a_1, a_3) = a_2', \quad f(a_1, b_3) = a_2'', \quad f(b_1, a_3) = b_2' \quad \text{und} \quad f(b_1, b_3) = b_2''$$

und setzt voraus, daß die Scharen $u_1 = \text{const}$ und $u_2 = \text{const}$ des nichtumgeformten Nomogramms die Gleichungen

$$x = \mu_x u_1 \text{ und } y = \mu_y u_2 = \mu_y f(u_1 u_3)$$

haben, so lauten die Gleichungen der Linien u_1 und u_2 des umgeformten Nomogramms:

$$\text{die Linien } u_2 = \text{const:} \quad y = \mu_x u_2,$$

$$\text{die Linien } u_1 = \text{const:} \quad y = kx + b,$$

mit

$$k = \frac{\mu_y}{\mu_x} \frac{f(u_1, b_3) - f(u_1, a_3)}{(b_1 - a_1)\left[\dfrac{f(u_1, b_3) - a_2''}{b_2'' - a_2''} - \dfrac{f(u_1, a_3) - a_2'}{b_2' - a_2'}\right]}$$

und

$$b = \mu_y f(u_1, a_3) - \mu_x k \left[\frac{f(u_1, a_3) - a_2'}{b_2' - a_2'}(b_1 - a_1) + a_1\right].$$

Mit Hilfe des erhaltenen Ausdruckes lassen sich die Linien $u_1 = \text{const}$ hinreichend dicht auftragen.

Für die Linien $u_3 = \text{const}$ erhält man keine Gleichungen, da der Ersatz der Linien kleiner Krümmung durch eine gerade Linie graphisch völlig beliebig durchgeführt werden kann, um die größte Genauigkeit zu bekommen.

Die Umformung der erhaltenen Netztafel in eine Fluchtlinientafel kann man gemäß Abschnitt 10, § 22 (Seite 111) durchführen.

Als Beispiel ist in Fig. 142 eine nach dem oben beschriebenen Verfahren konstruierte Fluchtlinientafel dargestellt. Sie dient zur Bestimmung des Ausströmungskoeffizienten von Wasser m_0 durch einen nicht *überschwemmten* Ausfluß:

$$m_0 = \left(0{,}405 + \frac{0{,}003}{H}\right)\left[1 + 0{,}55\left(\frac{H}{H+p}\right)^2\right],$$

hierbei ist H die Höhe des Wassers über der Ausflußschwelle in m, p die Wandhöhe des Ausflusses in m (die Gleichung gehört zu der Zahl der nicht nomographierbaren Gleichungen).

Die entsprechende Netztafel ist in Fig. 143 dargestellt.

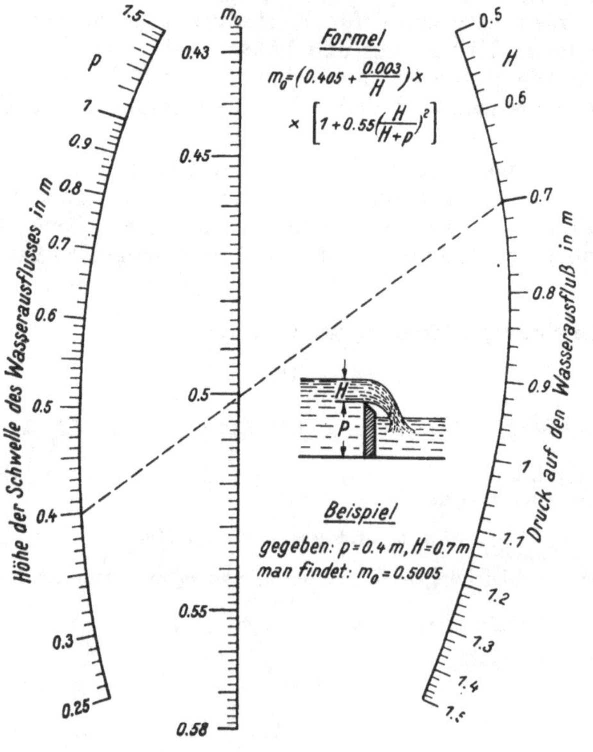

Figur 142

3. Graphische Anamorphose: Verwandlung dreier beliebiger Linien in Geraden. Durch Änderung des Charakters beider geradliniger Scharen u_1 und u_2 kann man drei Linien $u_3 = \text{const}$ der Netztafel in Geraden verwandeln. Diese drei Linien seien (Fig. 144):

$$A_1A_3A_5\,(u_3 = u_3'''),\ B_1B_2B_4\,(u_3 = u_3'')\ \text{und}\ C_1C_3C_4\,(u_3 = u_3').$$

Wir verlangen, daß sie bei der Umformung der Netztafel in die Geraden A_1A_5, B_1B_4 und C_1C_4 übergehen. Den erforderlichen Charakter der Netzänderung bestimmen wir graphisch wie folgt:

1. Wir wählen irgendeine Gerade u_1 ($u_1 = u_1''$), die sich mit den Kurven u_3 in den Punkten A_3, B_2 und C_2 schneidet. Durch diese Punkte gehen die Linien $u_2 =$ const hindurch:

$$u_2 = u_2^{\mathrm{IV}}, \quad u_2 = u_2'' \quad \text{und} \quad u_2 = u_2'.$$

In dem umgeformten Nomogramm müssen sich in jedem der Punkte A_3', B_2' und C_2' drei Linien u_1, u_2 und u_3 schneiden, die dieselben Argumente haben, wie die entsprechenden Linien der Scharen, die durch die Punkte A_3, B_3 und C_3 des unverformten Nomogramms hindurchgehen.

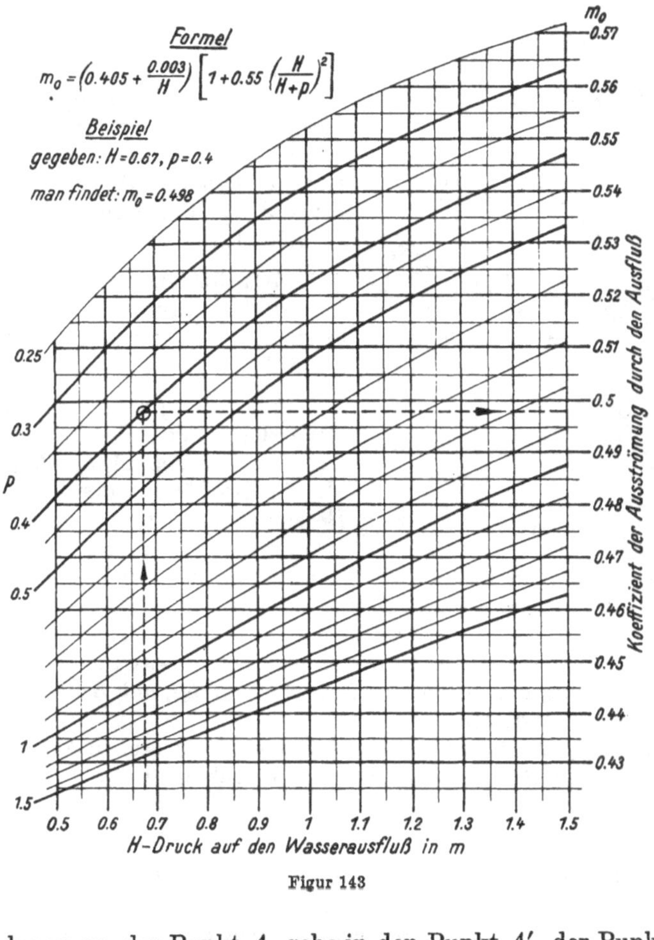

Figur 143

2. Wir nehmen an, der Punkt A_3 gehe in den Punkt A_3', der Punkt C_2 in den Punkt C_2' über; dann wird $A_3'C_2'$ die neue Lage der Linie $u_1 = u_1''$. Damit auch die dritte Linie $u_3 = u_3''$ zur Geraden wird, muß der Punkt B_2 in den Punkt B_2' übergehen, wodurch es notwendig wird, die Gerade u_2'' zu verschieben. Letztere muß jetzt durch den Punkt B_2' hindurchgehen. Um die Lage dieser Linie zu bestimmen, muß man noch einen Punkt von ihr vorgeben.

3. Wir nehmen an, der Punkt C_3 gehe in den Punkt C_3' über. Dann geht bei der Umformung die Linie $u_2 = u_2''$ in die Lage $B_2'C_3'$ aus der Lage B_2C_3 über.

4. Die Verschiebung des Punktes C_3 macht eine Verschiebung der Vertikalen $u_1 = u_1'''$ nötig, da diese notwendig durch den Punkt C_3', den Schnittpunkt der Linien $u_1 = u_1'''$ und $u_3 = u_3'$ hindurchgehen muß. Aber die Gerade $u_1 = u_1'''$ schneidet auch die Kurven $u_3 = u''$ und $u_3 = u_3'''$ in den Punkten B_3 und A_4. Diese Kurvenpunkte müssen bei der Umformung des Nomogramms auf die Geraden A_1A_5 und B_1B_4 fallen. Wir verlangen, daß der Punkt A_4 sich längs der Horizontalen in den Punkt A_4' bewegt. Dann ist die Gerade $A_4'C_3'$ die neue Lage der Linie $u_1 = u_1'''$. Der Punkt B_3 muß in den Punkt B_3' übergehen, was eine Verschiebung der horizontalen Geraden $u_2 = u_2'''$ notwendig macht. Diese Gerade schneidet die Kurve $u_3 = u_3'''$ im Punkte A_2. Der Punkt A_2 muß auf die Gerade A_1A_5 fallen.

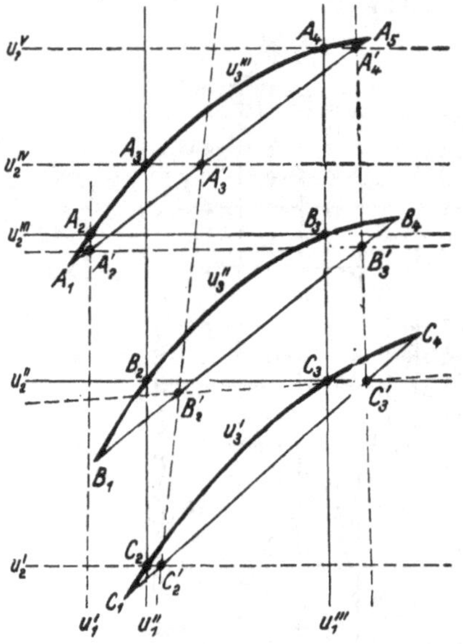

Figur 144

5. Wir fordern, daß der Punkt A_2 in den Punkt A_2' auf der Vertikalen u_1' übergeht. Die Gerade $A_2'B_3'$ wird die neue Lage der Linie $u_2 = u_3'''$.

Damit reißt der Prozeß der Verschiebung der Punkte der Linien $u_3 = \text{const}$ auf die Geraden A_1A_5, B_1B_4 und C_1C_4 ab, da die Längen der Linien durch die Bereiche der Variablen auf dem Nomogramm beschränkt sind.

Die erhaltenen neuen Lagen der Linien $u_1 = \text{const}$ und $u_2 = \text{const}$ sind in Fig. 144 punktiert angedeutet. Um eine größere Zahl von Geraden des Netzes zu bekommen, muß man die betrachtete Konstruktion für eine andere Gerade $u_1 = \text{const}$ wiederholen. Hat man einige solcher Konstruktionen durchgeführt, so kann man ein hinreichend dichtes Netz bekommen, mit Hilfe dessen man die übrigen Linien konstruieren kann.

Die Umformung der erhaltenen geradlinigen Netztafel in eine Fluchtlinientafel wird in Abschnitt 10, § 22 (Seite 111) behandelt.

§ 34. Analytische Verfahren der angenäherten Konstruktion von Fluchtlinientafeln

4. Der angenäherte Ersatz einer vorgegebenen Gleichung durch eine andere, nomographierbare. Jede angenäherte Konstruktion eines Nomogramms für eine vorgelegte nichtnomographierbare Gleichung

(10.1) $$F(u_1, u_2, u_3) = 0$$

mit $$a_1 \leqq u_1 \leqq b_1, \quad a_2 \leqq u_2 \leqq b_2 \quad \text{und} \quad a_3 \leqq u_3 \leqq b_3$$

kann man als ein Problem betrachten, bei dem eine bestimmte nomographierbare Gleichung zu suchen ist

$$\Phi\,(u_1, u_2, u_3) = 0,$$

mit deren Hilfe man einen Näherungswert u_2^{I} der gesuchten Variablen nach bekannten Werten der beiden anderen Variablen derart bestimmen kann, daß die Differenz Δu_2 zwischen u_2^{I} und dem exakten Wert u_2 der gesuchten Variablen, die man mit Hilfe der Gleichung (10.1) bestimmt

$$\Delta u_2 = u_2^{\mathrm{I}} - u_2$$

nicht größer als der zulässige Fehler ε wird

$$|\Delta u_2| \leqq \varepsilon. \tag{10.2}$$

Je nach der Art des Verfahrens, nach dem man die Gleichung $\Phi = 0$ bestimmt, wird man verschiedene Resultate erhalten. Man kann einige solcher Verfahren angeben (siehe Abschnitt 5, 6, 7 und 8 dieses Paragraphen).

5. Entwicklung in eine Taylorreihe nach zwei Variablen. Als Approximationsfunktion nehmen wir die Gruppe der Glieder nullter und erster Dimension der Entwicklung von $F\,(u_1, u_2, u_3)$ in eine Taylorreihe in der Umgebung irgendeines Punktes (u_1', u_2'):

$$\Phi\,(u_1, u_2, u_3) \equiv F\,(u_1', u_2', u_3) + (u_1 - u_1')\,F'_{u1}\,(u_1', u_2', u_3) + \\ + (u_2 - u_2')\,F'_{u2}\,(u_1', u_2', u_3).$$

Ist R das Restglied der Entwicklung, dann wird der Fehler Δu_2, wenn man die Gleichung (10.1) durch die Gleichung

$$F\,(u_1', u_2', u_3) + (u_1 - u_1')\,F'_{u1}\,(u_1', u_2', u_3) + (u_2 - u_2')\,F'_{u2}\,(u_1', u_2', u_3) = 0$$

ersetzt, gleich
$$\Delta U_2 = \frac{R}{F'_{u2}\,(u_1', u_2', u_3)}.$$

Ist
$$\left|\frac{R}{F'_{u2}\,(u_1', u_2', u_3)}\right| \leqq \varepsilon \text{ [siehe (10.2)]},$$

so ist die angegebene Approximation möglich.

Da bei den in der Praxis gebräuchlichen Fällen gewöhnlich $R \to 0$ geht, wenn $|u_1 - u_1'| \to 0$ und $|u_2 - u_2'| \to 0$ geht, so kann man bei $F'_{u2}\,(u_1', u_2', u_3) \neq 0$ gewöhnlich die Grenzen δ_1 und δ_2 der Umgebung des Punktes (u_1', u_2') so wählen, daß

$$|u_1 - u_1'| \leqq \delta_1 \quad \text{und} \quad |u_2 - u_2'| \leqq \delta_2$$

wird, so daß gilt
$$|R| \leqq \varepsilon\,|F'_{u2}|\,(u_1', u_2', u_3),$$

d. h. wir bekommen die Möglichkeit, eine Fluchtlinientafel zur Bestimmung von u_2 zu konstruieren für die Änderung der Variablen in den Grenzen

$$u_1' - \delta_1 \leqq u_1 \leqq u_1' + \delta_1;$$
$$u_2' - \delta_2 \leqq u_2 \leqq u_2' + \delta_2;$$
$$a_3 \leqq u_3 \leqq b_3.$$

Die Werte u_1' und u_2' muß man so wählen, daß die Funktion $F'_{u2}\,(u_1', u_2', u_3)$ den größtmöglichen Wert bekommt.

Sind die erhaltenen Grenzen enger als die vorgeschriebenen, dann muß man mehrere Nomogramme konstruieren.

Wendet man dieses Verfahren auf eine nichtnomographierbare Gleichung mit vier Variablen an, dann erhält man ein Nomogramm mit einem Netz.

6. Entwicklung in eine Taylorreihe nach einer Variablen. Entwickelt man die rechte Seite der vorgegebenen Gleichung $u_2 = f(u_1, u_3)$ in eine Taylorreihe nach einer Variablen u_3 in der Umgebung des Wertes $u_3 = u_3'$ und bricht nach den ersten Gliedern die Entwicklung ab, dann bekommt man die Näherungsgleichung

$$u_2 = f(u_1, u_3') + (u_3 - u_3') f'_{u_3}(u_1, u_3').$$

Der Fehler wird bei einem so durchgeführten Ersatz einer Gleichung durch eine andere, gleich dem Restglied R der Entwicklung.

Manchmal ist es zweckmäßiger, die vorgegebene Gleichung zunächst in der Form $\varphi(u_2) = F(u_1, u_3)$ darzustellen.

Für Gleichungen, die vier variable Größen enthalten, bekommt man dann ein Nomogramm mit einem Netz.

Das angegebene Verfahren liefert besonders dann gute Resultate, wenn die Größe u_2 nicht sehr stark von einer der Größen u_1, u_3 abhängt (wenig ihre Größe ändert, wenn sich diese Variable verändert).

Beispiel. Die Formel zur Bestimmung der auf ein Schneckenrad wirkenden Radialkraft lautet:

$$\frac{R}{P} = \frac{\sqrt{\sin^2\alpha + (\cos\delta\cdot\cos\alpha - \mu\sin^2\delta)}}{\sin\delta\cdot\cos\alpha + \mu\cos\delta},$$

dabei ist δ der Steigungswinkel der Schnecke ($3^\circ \leqq \delta \leqq 40^\circ$); μ der Reibungskoeffizient ($0{,}035 \leqq \mu \leqq 0{,}08$); α der Eingriffswinkel ($14^\circ \leqq \alpha \leqq 50^\circ$); $\frac{R}{P}$ das Verhältnis der radialen Kraft auf das Rad zu der Kraft auf den Umfang $\left(1{,}1 \leqq \frac{R}{P} \leqq 12{,}2\right)$.

In dieser Gleichung sind die Variablen nicht zu trennen. Macht man aber davon Gebrauch, daß sich $\frac{R}{P}$ bei einer Änderung von α innerhalb der vorgegebenen Größen nur wenig ändert, dann läßt sich die vorgelegte Gleichung folgendermaßen umformen:

$$\frac{R}{P} = \left(\frac{R}{P}\right)_{\alpha=\alpha_0} + (\cos\alpha - \cos\alpha_0)\left[\frac{d}{d\cos\alpha}\frac{R}{P}\right]_{\alpha=\alpha_0}$$

oder ausführlich:

$$\frac{R}{P} = \frac{\sqrt{\sin^2\alpha_0 + (\cos\delta\cdot\cos\alpha_0 - \mu\sin\delta)^2}}{\sin\delta\cdot\cos\alpha_0 + \mu\cos\delta} - (\cos\alpha - \cos\alpha_0)$$
$$\times \frac{(\mu+1)\sin\delta}{(\sin\delta\cdot\cos\alpha_0 + \mu\cos\delta)\sqrt{\sin^2\alpha_0 + (\cos\delta\cdot\cos\alpha_0 - \mu\sin\delta)^2}}.$$

Bei der Konstruktion des Nomogramms kann man $\alpha_0 = 19^\circ$ wählen. Der von der Approximation herrührende Fehler wird dann kleiner als $0{,}25^\circ$.

Die erhaltene Gleichung wird durch eine Fluchtlinientafel mit einem Netz für μ und δ und parallelen Skalen $\frac{R}{P}$ und α gelöst.

7. Ersatz einiger Glieder der rechten Seite der Gleichung durch eine Konstante. In einigen Fällen, nämlich dann, wenn die rechte Seite der Gleichung einen Ausdruck enthält, der die Gleichung nichtnomographierbar macht und der gleichzeitig das Resultat wenig ändert, kann man diesen Ausdruck als konstant annehmen und erhält so eine nomographierbare Gleichung, die die gegebene Gleichung mit der nötigen Genauigkeit approximiert.

Das Wesen dieses Verfahrens erläutert man am besten an einem Beispiel.

Beispiel. Die Gleichung zur Bestimmung der Wassergeschwindigkeit in einem Kanal lautet:

$$v = \frac{\left(23 + \frac{1}{n} + \frac{0{,}00155}{i}\right)\sqrt{Ri}}{1 + \left(23 + \frac{0{,}00155}{i}\right)\frac{n}{\sqrt{R}}},$$

dabei ist n ein Koeffizient, den man auf experimentellem Wege als Abhängigkeit von der Beschaffenheit des Rohres bestimmt $(0{,}010 \leqq n \leqq 0{,}040)$; R ist der hydraulische Radius des Rohres $(0{,}1 \text{ m} \leqq R \leqq 30 \text{ m})$; i ist die Längsneigung des Kanals $(0{,}001 \leqq i \leqq 0{,}1)$; v ist die Strömungsgeschwindigkeit des Wassers $(0{,}1 \text{ m/sec} \leqq v \leqq 10 \text{ m/sec})$. [Ganguillet-Kuttersche Formel. — D. H.]

Diese Gleichung ist nicht nomographierbar. Aber das letzte Glied, das in den Klammern des Zählers steht, ist klein gegenüber den übrigen Summanden der Klammer. Daher kann man in diesem Gliede i durch einen bestimmten konstanten Wert i_0 ersetzen, wodurch ein verhältnismäßig kleiner Fehler bei der Bestimmung von v entsteht. Denselben Wert kann man für das Glied $\frac{0{,}00155}{i}$ annehmen, das in den Klammern des Nenners steht.

Führen wir dies durch, so bekommen wir die Näherungsformel

$$v_{\text{app.}} = \frac{\left(23 + \frac{1}{n} + \frac{0{,}00155}{i_0}\right)\sqrt{Ri}}{1 + \left(23 + \frac{0{,}00155}{i_0}\right)\frac{n}{\sqrt{R}}}.$$

Der relative Fehler bei der Bestimmung von v wird dann:

$$\frac{v - v_{\text{app.}}}{v} = \frac{\left(\frac{0{,}00155}{i} - \frac{0{,}00155}{i_0}\right)\left(1 - \frac{n}{\sqrt{R}}\right)}{\left(23 + \frac{1}{n} + \frac{0{,}00155}{i}\right)\left[1 + \left(23 + \frac{0{,}00155}{i_0}\right)\frac{n}{\sqrt{R}}\right]}.$$

Wir wählen i_0 als Zwischenwert zwischen 0,001 und 0,1, und zwar so, daß für beliebige n, i und R die Ungleichung $\left|\frac{v - v_{\text{app.}}}{v}\right| \leqq 0{,}05$ erfüllt ist.

Eine durchgeführte Rechnung zeigt, daß man $i_0 = 0{,}01$ wählen kann. Dann nimmt die Näherungsformel zur Bestimmung von v die Form an:

$$v = \frac{23{,}155 + \frac{1}{n}}{1 + 23{,}155\,\frac{n}{\sqrt{R}}} \cdot \sqrt{Ri}\,.$$

Der Fehler bei der Bestimmung von v nach dieser Formel wird 0,5% von v nicht übertreffen; für diese Formel kann man ein Nomogramm konstruieren (die Variablen lassen sich trennen; siehe Abschnitt 5, Seite 254).

8. Einführung einer Korrektur. In den Fällen, wo man keine hinreichend genaue Näherungsformel für die Gleichung

$$u_4 = f(u_1, u_2, u_3)$$

finden kann, ist es manchmal möglich, die rechte Seite der Gleichung in der Form

$$u_4 = u_{4\text{app.}} + \Delta u_4$$

darzustellen, wobei

$$u_{4\,\text{app.}} = f(u_1, u_2, u_3'), \quad \Delta u_4 = f(u_1, u_2, u_3) - f(u_1, u_2, u_3')$$

und $u_3' = \text{const}$ ist.

Kann man ein solches u_3' finden, daß Δu_4 im Vergleich zu $u_{4\,\text{app.}}$ klein wird, dann kann man versuchen, die rechte Seite des Ausdruckes Δu_4 mit bedeutend kleiner Genauigkeit durch irgendeinen Ausdruck zu approximieren (mit einem größeren zulässigen Fehler).

Für jede der Größen $u_{4\,\text{app.}}$ und Δu_4 konstruiert man ein einzelnes Nomogramm.

§ 35. *Nomogramme mit einer Wiederholung der Variablen in einem Netz*

9. Hauptsatz. Jede beliebige Gleichung mit drei Variablen

$$F(u_1, u_2, u_3) = 0$$

läßt sich durch eine Fluchtlinientafel mit Wiederholung einer der Variablen in einem Netz lösen, wobei die Skalen dieses Nomogramms beliebig gewählt werden können.

Skala u_1: $\quad x = f_1(u_1), \quad y = \varphi_1(u_1);$

Skala u_2: $\quad x = f_2(u_2), \quad y = \varphi_2(u_2);$

Netz (u_1, u_3): $\quad x = f_1(u_1) + \dfrac{k f_1'(u_1) - \varphi_1'(u_1)}{\dfrac{\partial k}{\partial u_1}}, \quad y = \varphi_1(u_1) + k\,\dfrac{k f_1'(u_1) - \varphi_1'(u_1)}{\dfrac{\partial k}{\partial u_1}}$

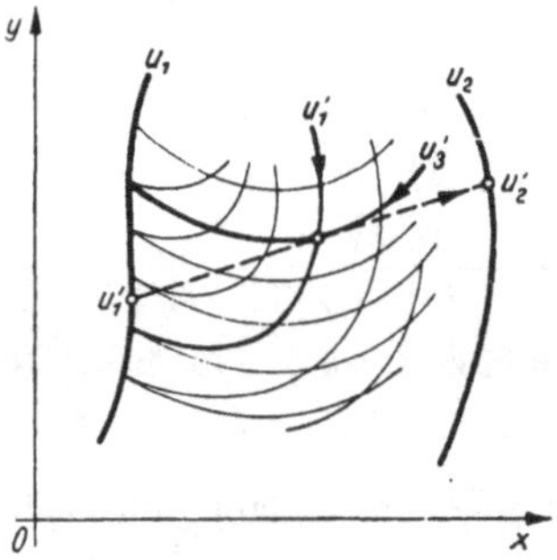

Figur 145

mit $\quad k = \dfrac{\varphi_2(u_2) - \varphi_1(u_1)}{f_2(u_2) - f_1(u_1)}$,

wobei in dem Ausdruck für k die Größe u_2 durch ihren Ausdruck in u_1 und u_3 aus der vorgegebenen Gleichung ersetzt werden muß.

Ein Schema des Nomogramms ist in Fig. 145 dargestellt, das man genauso wie eine gewöhnliche Fluchtlinientafel mit einem Netz benutzen kann.

Als Beispiel wurde in Fig. 146 eine Reihe von Nomogrammen für die Gleichung

$$\zeta^2 = \xi^2 + \eta^2$$

mit Wiederholung einer der Variablen ξ und η in einem Netz konstruiert.

Skala ξ: $\quad x = 0, \quad y = \mu_1 \xi^n;$

Skala η: $\quad x = B, \quad y = \mu_2 \eta^n.$

Dann nehmen die Gleichungen des Netzes (ξ, η) die Form an (für $\mu_1 = \mu_2$):

$$x = \frac{B}{\left[\left(\frac{\zeta}{\xi}\right)^2 - 1\right]^{\frac{n-2}{2}} + 1}, \quad y = \mu\,\frac{2(\zeta^2 - \xi^2)^{\frac{n}{2}} - (\zeta^2 - \xi^2)\left[\left(\frac{\zeta}{\xi}\right)^2 - 1\right]^{n-2} + \xi^n}{\left[\left(\frac{\zeta}{\xi}\right)^2 - 1\right]^{\frac{n-2}{2}} + 1}.$$

Gibt man jetzt dem Exponenten n verschiedene Werte, so bekommt man verschiedene Nomogramme. Insbesondere geht für $n = 2$ das Netz in die Skala ζ über.

Beweis. Angenommen, wir hätten für die Gleichung

$$F(u_1, u_2, u_3) = 0 \tag{10.3}$$

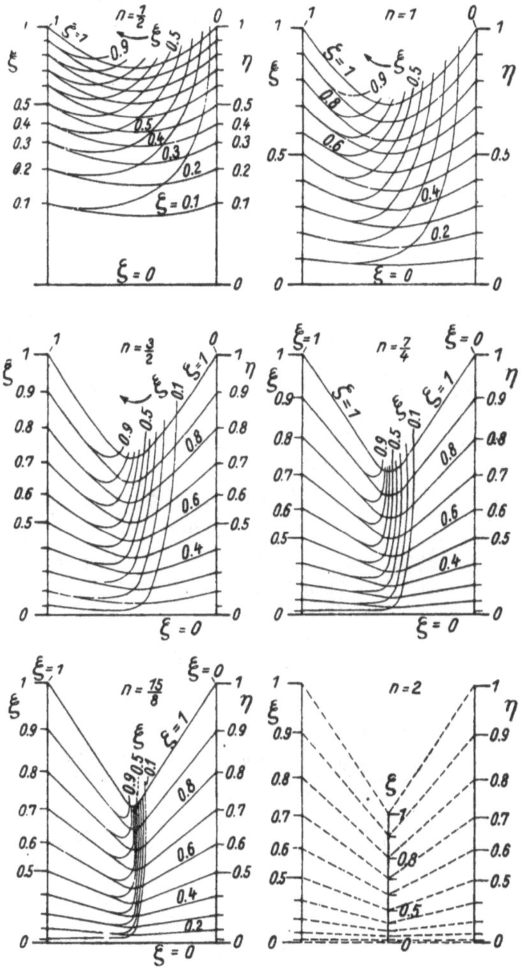

Figur 146

die Skalen u_1 und u_2 im Koordinatensystem (x, y) mit Hilfe der Gleichungen:

$$\begin{aligned} &\text{Skala } u_1: \quad x = f_1(u_1), \quad y = \varphi_1(u_1); \\ &\text{Skala } u_2: \quad x = f_2(u_2), \quad y = \varphi_2(u_2) \end{aligned} \tag{10.4}$$

konstruiert.

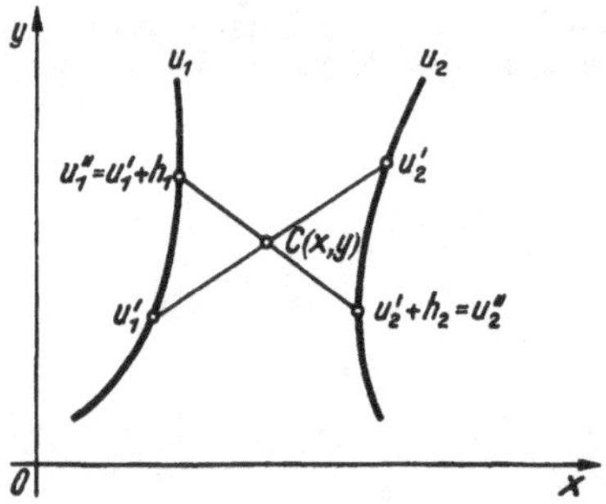

Figur 147

Auf diesen Skalen verbinden wir die Punkte mit den Argumenten u_1', u_2' und $u_1'' = u_1' + h_1$, $u_2'' = u_2' + h_2$ durch Geraden (Fig. 147), wobei wir die Werte u_1', u_2' und u_1'', u_2'' so wählen, daß zu jedem dieser Paare ein und derselbe Wert $u_3 = u_3'$ gehört, den wir mit Hilfe der Gleichung (10.3) bestimmen. Dann kann man h_2 als eine Funktion von h_1 und den Variablen u_1', u_2', u_3' betrachten, die in die Formel eingehen; in der Umgebung von h_1 kann man

$$h_2 \approx -h_1 \frac{F'_{u1}(u_1', u_2', u_3')}{F'_{u2}(u_1', u_2', u_3')} = -h_1 \left(\frac{\partial u_2}{\partial u_1}\right)_0$$

wählen.

Für dieselbe Umgebung h_1 kann man annehmen:

$$f_1(u_1' + h_1) \approx f_1(u_1') + \Delta_1 = f_1(u_1') + h_1 \frac{df_1(u_1')}{du_1},$$

$$\varphi_1(u_1' + h_1) \approx \varphi_1(u_1') + \delta_1 = \varphi_1(u_1') + h_1 \frac{d\varphi_1(u_1')}{du_1}, \tag{10.5}$$

$$f_2(u_2' + h_2) \approx f_2\left[u_2' - h_1\left(\frac{\partial u_2}{\partial u_1}\right)_0\right] \approx f_2(u_2') + \Delta_2 + f_2(u_2') - h_1\left[\frac{df_2(u_2)}{du_2}\frac{\partial u_2}{\partial u_1}\right]_0,$$

$$\varphi_2(u_2' + h_2) \approx \varphi_2\left[u_2' - h_1\left(\frac{\partial u_2}{\partial u_1}\right)_0\right] \approx \varphi_2(u_2') + \delta_2 = \varphi_2(u_2') - h_1\left[\frac{d\varphi_2(u_2)}{du_2}\frac{\partial u_2}{\partial u_1}\right]_0.$$

Die Koordinaten des Schnittpunktes C der Geraden $A'B'$ und $A''B''$ bestimmt man durch die Koordinaten der Skalenpunkte

$$x = \frac{f_1(u_1')(k\Delta_2 - \delta_2) - f_2(u_2')(k\Delta_1 - \delta_1) + \delta_1\Delta_2 - \delta_2\Delta_1}{(k\Delta_2 - \delta_2) - (k\Delta_1 - \delta_1)}$$

und

$$y = \frac{\varphi_1(u_1')(k\Delta_2 - \delta_2) - \varphi_2(u_2')(k\Delta_1 - \delta_1) + k(\delta_1\Delta_2 - \delta_2\Delta_1)}{(k\Delta_2 - \delta_2) - (k\Delta_1 - \delta_1)}$$

mit

$$k = \frac{\varphi_2(u_2') - \varphi_1(u_1')}{f_2(u_2') - f_1(u_1')}.$$

Denkt man sich in den letzten zwei Gleichungen (10.5) und im Ausdruck für k u_2' durch u_1' und u_3' aus der Gleichung (10,3) ausgedrückt, so wird

$$\Delta_2 = -h_1\left[\frac{df_2(u_2)}{du_2}\cdot\frac{\partial u_2}{\partial u_1}\right]_0 = -h_1\left[\frac{\partial f_2(u_2)}{\partial u_1}\right]_0$$

und

$$\delta_2 = -h_1\left[\frac{d\varphi_2(u_2)}{du_2}\cdot\frac{\partial u_2}{\partial u_1}\right]_0 = -h_1\left[\frac{\partial\varphi_2(u_2)}{\partial u_1}\right]_0.$$

Ersetzt man Δ_i und δ_i in den Ausdrücken für x und y durch h_1, und läßt man h gegen Null gehen, so wird:

$$x = \frac{\left[k\left(\frac{\partial f_2}{\partial u_1}\right)_0 - \left(\frac{\partial\varphi_2}{\partial u_1}\right)_0\right]\cdot f_1 - \left[k\left(\frac{\partial f_1}{\partial u_1}\right)_0 - \left(\frac{\partial\varphi_1}{\partial u_1}\right)_0\right]\cdot f_2}{\left[k\left(\frac{\partial f_2}{\delta u_1}\right)_0 - \left(\frac{\partial\varphi_2}{\partial u_1}\right)_0\right] - \left[k\left(\frac{\partial f_1}{\partial u_1}\right)_0 - \left(\frac{\partial\varphi_1}{\partial u_1}\right)_0\right]}$$

und

$$y = \frac{\left[k\left(\frac{\partial f_2}{\partial u_1}\right)_0 - \left(\frac{\partial\varphi_2}{\partial u_1}\right)_0\right]\cdot \varphi_1 - \left[k\left(\frac{\partial f_1}{\partial u_1}\right)_0 - \left(\frac{\partial\varphi_1}{\partial u_1}\right)_0\right]\cdot f_1}{\left[k\left(\frac{\partial f_2}{\partial u_1}\right)_0 - \left(\frac{\partial\varphi_2}{\partial u_1}\right)_0\right] - \left[k\left(\frac{\partial f_1}{\partial u_1}\right)_0 - \left(\frac{\partial\varphi_1}{\partial u_1}\right)_0\right]}.$$

Somit bekommen wir für jeden vorgegebenen Wert $u_3 = u_3'$ für jedes $u_1 = u_1'$ auf der Ebene einen Punkt $C(x, y)$, der auf der Geraden liegt, die die Punkte mit den Argumenten $u_1 = u_1'$ und $u_2 = u_2'$ auf den Skalen u_1 und u_2 verbindet, dabei ist

$$F(u_1', u_2', u_3') = 0.$$

Die Gesamtheit der Werte u_1 liefert uns irgendeine Linie, die dem konstanten Werte $u_3 = u_3'$ entspricht. Läßt man $u_1 = u_1'$ konstant und variiert u_3, so erhält man eine Linienschar, die nur vom Parameter u_1 abhängt. Jeder Punkt der Ebene kann somit als Schnittpunkt einer Linie $u_3 =$ const der ersten Schar mit einer Linie $u_1 =$ const der zweiten Schar dargestellt werden, d. h. wir bekommen ein Netz (u_1, u_3).

Die erhaltene Figur stellt ein Nomogramm dar, das aus den zwei Skalen u_1 und u_2 und einem Netz (u_1, u_3) besteht, das die vorgegebene Gleichung (10.3) löst.

Den Gleichungen des Netzes kann man eine vereinfachtere Form geben, wenn man sie auf eine zu Beginn dieses Punktes behandelte Form bringt (Seite 218).

10. Die Eigenschaften von Nomogrammen mit Wiederholung einer der Variablen in einem Netz. a) Ein derartiges Nomogramm kann man praktisch für jeden beliebigen Zusammenhang zwischen u_1, u_2 und u_3 konstruieren, auch wenn dieser nur in Form einer Tabelle vorliegt. Der Charakter der Abhängigkeit zwischen u_1, u_2, und u_3 unterliegt hierbei keinerlei Beschränkungen, außer der, daß die Funktion $F(u_1, u_2, u_3)$ nach den Variablen u_1 und u_2 differenzierbar sein muß.

b) Konstruiert man für eine nomographierbare Gleichung ein Nomogramm mit Wiederholung einer der Variablen in einem Netz, wobei man die Gleichungen der Skalen so wählt, wie dies bei der Konstruktion der gewöhnlichen Fluchtlinientafeln gezeigt wurde, so werden die Koordinaten x und y nur Funktionen von u_3 (sie hängen von u_1 nicht ab).

Daher sind die Fluchtlinientafeln für eine Gleichung (10.3) *Spezialfälle der betrachteten Nomogramme, wenn nämlich das Feld* (u_1, u_3) *in die Skala* u_3 *ausartet.*

Analytisch kann diese Bedingung wie folgt geschrieben werden

$$\frac{\partial x}{\partial u_1} = 0 \quad \text{und} \quad \frac{\partial y}{\partial u_1} = 0$$

oder unter der Berücksichtigung, daß mit $\frac{\partial y}{\partial u_1}$ auch stets $\frac{\partial x}{\partial u_1}$ Null wird:

$$\frac{\partial x}{\partial u_1} = 0.$$

c) Ist für die gewählten Skalengleichungen u_1 und u_2 die Bedingung $\frac{\partial x}{\partial u_1} = 0$ erfüllt, dann ist die Gleichung $F(u_1, u_2, u_3) = 0$ nomographierbar im gewöhnlichen Sinne des Wortes.

d) Für jede vorgelegte Gleichung mit drei Variablen u_1, u_2 und u_3 kann man Nomogramme mit Wiederholung der Variablen u_1 in einem Netz konstruieren, da man die Skalen u_1 und u_2 des Nomogramms beliebig wählen kann.

Daher führt das Problem der allgemeinen Anamorphose (Umwandlung, Verstreckung) zur Ermittlung vier voneinander unabhängiger Funktionen f_1, f_2, φ_1 und φ_2 an Stelle von sechs, wie dies gewöhnlich angenommen wird (siehe Seite 111).

e) Die Lösungsgerade berührt in jedem konkreten Falle die entsprechende Netzlinie $u_1 =$ const (Fig. 145).

XI. KAPITEL

Stechzirkelnomogramme

§ 36. *Definition und Gebrauch von Stechzirkelnomogrammen*

1. Gebrauch des Nomogramms. Die allgemeine Form eines Stechzirkelnomogramms besteht aus vier Skalen für die Variablen u_1, u_2, u_3 und u_4. Seine Benutzung besteht in folgendem: mit einer Zirkelspitze halten wir einen Punkt der Skala u_1 fest (Fig. 148, *a*), der ein vorgegebenes Argument u_1' hat und stechen die andere Spitze in den Skalenpunkt u_2 mit dem Argument u_2'. Ohne die Spannweite des Zirkels zu ändern, übertragen wir dann die erste Zirkelspitze in den Skalenpunkt u_3 mit dem Argument u_3' und fixieren mit der anderen Spitze einen Punkt auf der Skala u_4. Das Argument u_4' des Punktes, in den die andere Zirkelspitze sticht, ist dann die gesuchte Lösung.

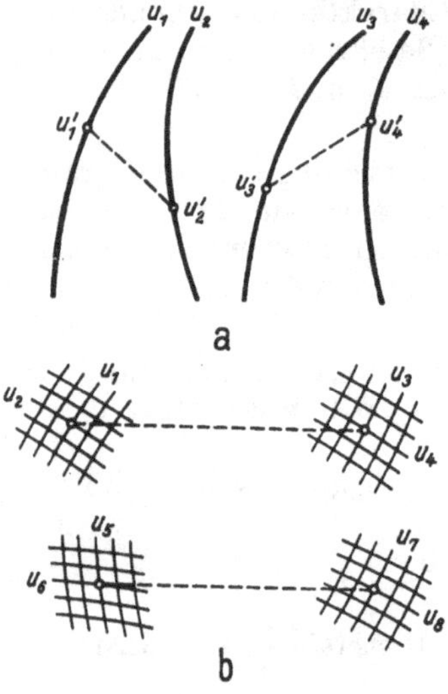

Figur 148

Die allgemeinste Form eines Stechzirkelnomogramms enthält ein, zwei, drei oder vier (Fig. 148, *b*) Netze. Die Gebrauchsanweisung des Nomogramms wird dabei nicht verändert, nur daß die Punkte, in die die Zirkelspitzen fallen, jetzt nicht Punkte von Skalen, sondern Punkte in den entsprechenden Netzen sind.

Die Träger der Nomogrammskalen können unter Umständen auch zusammenfallen; dann nimmt das Stechzirkelnomogramm eine besonders geschlossene Form an.

Beim Gebrauch dieses Nomogramms hat man unbedingt darauf zu achten, welche Skalenpaare (Netze) zusammengehören; andernfalls wird das nach dem Nomogramm ermittelte Ergebnis falsch.

Dies muß genügend klar in der Benutzungsanweisung zum Ausdruck kommen, die zweckmäßig auf dem Nomogramm selbst angebracht wird.

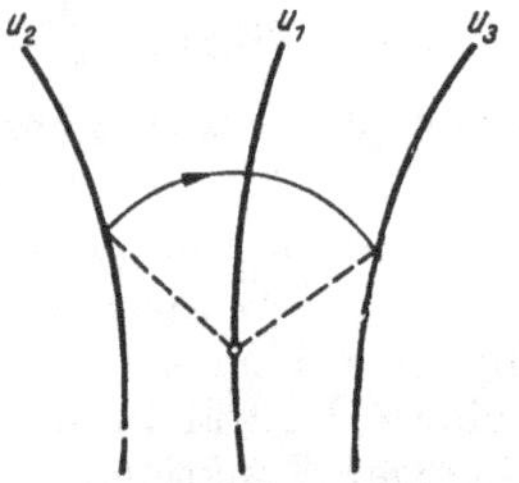
Figur 149

Nomogramme aus äquidistanten (gleich weit entfernten) Punkten (von Gersewanow) bestehen aus drei Skalen für die Variablen u_1, u_2 und u_3 oder haben dementsprechend in ihrem Bestand ein, zwei oder drei Netze (Fig. 149).

Man benutzt sie derart, daß man die Zirkelspitze in einen Skalenpunkt u_1 (*der Skala der Drehpunkte*) und die andere Spitze in den Skalenpunkt u_2 einsticht, beide Punkte mit vorgeschriebenen Argumenten. Ohne die Zirkelspanne zu ändern oder die erste Spitze zu bewegen, fixieren wir einen Punkt auf der Skala u_3.[1]) Das Argument des dadurch erhaltenen Punktes ist dann die gesuchte Lösung.

2. Kanonische Formen von Gleichungen, die durch ein Stechzirkelnomogramm gelöst werden.[2]) I. Wie dies aus Tabelle 1 (Seite 62) hervorgeht, schreibt sich eine Gleichung, die durch ein *Stechzirkelnomogramm „allgemeinster Gestalt“* gelöst wird, folgendermaßen:

$$[f_2(u_2) - f_1(u_1)]^2 + [\varphi_2(u_2) - \varphi_1(u_1)]^2 = [f_4(u_4) - f_3(u_3)]^2 + [\varphi_4(u_4) - \varphi_3(u_3)]^2.$$

Die Gleichungen der Skalen lauten:

$$\text{Skala } u_1\colon \quad x = \mu f_1(u_1) + a_1, \quad y = \mu\varphi_1(u_1) + b_1;$$
$$\text{Skala } u_2\colon \quad x = \mu f_2(u_2) + a_1, \quad y = \mu\varphi_2(u_2) + b_1;$$
$$\text{Skala } u_3\colon \quad x = \mu f_3(u_3) + a_2, \quad y = \mu\varphi_3(u_3) + b_2;$$
$$\text{Skala } u_4\colon \quad x = \mu f_4(u_4) + a_2, \quad y = \mu\varphi_4(u_4) + b_2,$$

wobei μ der Maßstab auf der x-Achse und y-Achse ist.

Auf Grund des Nomogrammcharakters haben wir die Möglichkeit, die zwei zusammenhängenden Skalen u_3 und u_4 bezüglich des ersten Paares u_1 und u_2 beliebig zu legen. Man kann sie einzeln auf verschiedenen Papierblättern konstruieren und dann sie zu einem Ganzen verbinden, indem man diese Blätter beliebig aufeinanderklebt.

Deshalb kann man die Gleichungen der Skalen u_1 und u_2 auf ein Koordinatensystem x, y beziehen, das von dem Koordinatensystem verschieden ist, in dem die Skalen u_3 und u_4 konstruiert wurden, die Maßstäbe auf den Achsen jedoch müssen in beiden Koordinatensystemen die gleichen sein.

II. Die Gleichung, die durch ein *Nomogramm aus äquidistanten Punkten* gelöst wird, schreibt sich wie folgt:

$$[f_2(u_2) \cdot f_1(u_1)]^2 + [\varphi_2(u_2) - \varphi_1(u_1)]^2 = [f_3(u_3) - f_1(u_1)]^2 + [\varphi_3(u_3) - \varphi_1(u_1)]^2$$

oder aufgelöst:

$$f_2^2 - f_3^2 + \varphi_2^2 - \varphi_3^2 - 2f_1(f_2 - f_3) - 2\varphi_1(\varphi_2 - \varphi_3) = 0.$$

Die Gleichungen seiner Skalen lauten:

$$\text{Skala } u_1\colon \quad x = \mu f_1(u_1) + a, \quad y = \mu\varphi_1(u_1) + b;$$
$$\text{Skala } u_2\colon \quad x = \mu f_2(u_2) + a, \quad y = \mu\varphi_2(u_2) + b;$$
$$\text{Skala } u_3\colon \quad x = \mu f_3(u_3) + a, \quad y = \mu\varphi_3(u_3) + b.$$

Für Nomogramme aus äquidistanten Punkten hängen alle drei Skalen u_1, u_2 und u_3 untereinander zusammen.

---

[1]) Die Skalen u_2 und u_3 nennt man Einkerbskalen (oder Einstichskalen).

[2]) Das Nomogramm aus äquidistanten (gleich weit entfernten) Punkten kann man nicht als Spezialfall der allgemeinen Form eines Stechzirkelnomogramms betrachten. Ihre Strukturformeln sind verschieden (siehe Tabelle 1); daher muß man sie vielmehr als zwei verschiedene Nomogrammtypen betrachten. Das Attribut „der allgemeinsten Gestalt“ in der Bezeichnung des zweiten Nomogrammtyps trägt nur bedingten Charakter und wurde auf Grund formaler geometrischer Überlegungen eingeführt.

§ 37. *Spezialfälle von Stechzirkelnomogrammen, die weiteste Verbreitung gefunden haben*

3. *Stechzirkelnomogramme für die Gleichung von Cauchy.* Diese Gleichung hat die Form (siehe Tabelle 7, Seite 123):

$$F_1(z_1) \cdot F_3(z_3) + F_2(z_2) \cdot \Phi_3(z_3) + \Psi_3(z_3) = 0.$$

Sie kann in der kanonischen Form einer Gleichung dargestellt werden, die durch ein Nomogramm aus äquidistanten Punkten gelöst wird, wenn man setzt:

$$f_2(u_2) = 0, \qquad \varphi_2^2(u_2) = \frac{F_1(z_1)}{A};$$

$$f_1(u_1) = \frac{1}{2} F_2(z_2), \qquad \varphi_1(u_1) = 0;$$

$$f_3(u_3) = \frac{\Phi_3(z_3)}{A F_3(z_3)}, \qquad f_3^2(u_3) + \varphi_3^2(u_3) = -\frac{\Psi_3(z_3)}{A F_3(z_3)};$$

dabei ist A eine beliebige Konstante, die so gewählt wird, daß die Ungleichung

$$A\Psi_3(z_3) \cdot F_3(z_3) + \Phi_3^2(z_3) \leqq 0$$

für beliebig vorgegebene Bereiche von u_3 erfüllt wird. Die Gleichungen der Nomogrammskalen schreiben sich dann folgendermaßen:

$$\text{Skala } u_2: \quad x = 0, \qquad y = \mu \sqrt{\frac{F_1(z_1)}{A}};$$

$$\text{Skala } u_1: \quad x = \frac{1}{2} \mu F_2(z_2), \qquad y = 0;$$

$$\text{Skala } u_3: \quad x = \mu \frac{\Phi_3(z_3)}{A F_3(z_3)}, \qquad y = \mu \cdot \frac{\sqrt{-(\Phi_3^2 + A F_3 \Psi_3)}}{A F_3},$$

wobei $A < \dfrac{-\Phi_3^2(z_3)}{F_3(z_3) \cdot \Psi_3(z_3)}$ für beliebige Bereiche der Variablen z_3.

Beispiel. 1. Gegeben sei die quadratische Gleichung

$$z^2 + pz - q = 0$$

mit $-10 \leqq p \leqq +10, \quad 0 \leqq q \leqq +10$ und $-5 \leqq z \leqq +5$.

In unserem Falle wählen wir $z_1 = q$, $z_2 = p$ und $z_3 = z$.

Dann ist

$$F_1(z_1) = q, \quad F_2(z_2) = p, \quad F_3(z_3) = -1, \quad \Phi_3(z_3) = z \quad \text{und} \quad \Psi_3(z_3) = z^2.$$

Wir haben dann $\quad -\dfrac{\Phi_3^2(z_3)}{F_3(z_3)\Psi_3(z_3)} = \dfrac{-z^2}{(-1)z^2} = 1.$

Wir wählen $A = 1$. Die Gleichungen der Skalen schreiben sich dann:

$$\text{Skala } p: \quad x = \frac{\mu}{2} p, \qquad y = 0;$$

$$\text{Skala } q: \quad x = 0, \qquad y = \mu \sqrt{q};$$

$$\text{Skala } z: \quad x = -\mu z, \qquad y = 0.$$

Somit liegen die Skalen p und z auf der x-Achse, sind aber nach verschiedenen Seiten gerichtet; die Skala q liegt auf der y-Achse.

Nach dem vorgegebenen größten Ausmaß (Habaryt) $L = 150$ mm bestimmen wir den Maßstab μ. Für die vorgegebenen Bereiche von p und q haben die Ausmaße längs der x-Achse den größten Wert. Hiernach erhalten wir:

$$L = -\mu(-10) + \mu(+10),$$

woraus folgt

$$\mu = \frac{150}{20} = 7{,}5 \text{ mm}.$$

Folglich werden die Gleichungen der Skalen:

$$\text{Skala } q: \quad x = 0, \qquad y = 7{,}5\sqrt{q};$$
$$\text{Skala } p: \quad x = 3{,}75\,p, \qquad y = 0;$$
$$\text{Skala } z: \quad x = -7{,}5\,z, \qquad y = 0.$$

Das danach konstruierte Nomogramm ist in Fig. 150 dargestellt.

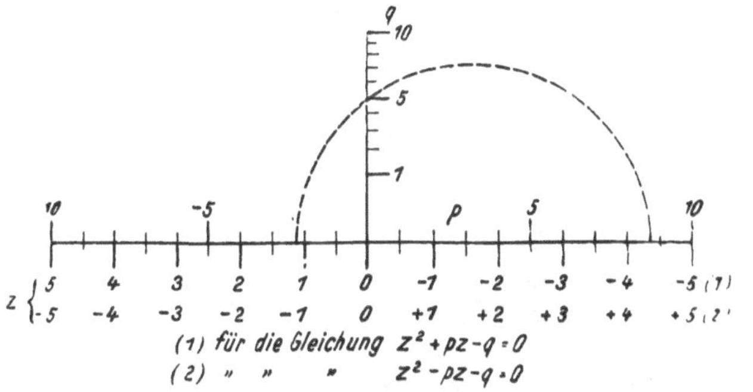

Figur 150

2. Konstruiert man für die gleichen Bereiche von p und q ein Nomogramm nach

$$z^2 - pz - q = 0,$$

dann ist unter Verwendung gleicher Bezeichnungen $F_1(z_1) = -q$, $F_2(z_2) = p$, $F_3(z_3) = 1$,

$$\Phi_3(z_3) = -z, \quad \Psi_3(z_3) = z^2.$$

Folglich ist

$$-\frac{\Phi_3^2}{F_3 \cdot \Psi_3} = -\frac{z^2}{1 \cdot z^2} = -1,$$

und wir haben $A = -1$ zu wählen. Dann ergeben sich die Skalengleichungen in der Form:

$$\text{Skala } q: \quad x = 0, \qquad y = 7{,}5\sqrt{q};$$
$$\text{Skala } p: \quad x = 3{,}75\,p, \qquad y = 0;$$
$$\text{Skala } z: \quad x = 7{,}5\,z, \qquad y = 0.$$

Das Nomogramm wird der Lage ihrer Skalenträger nach genau mit dem in Fig. 150 dargestellten Nomogramm zusammenfallen; der Unterschied liegt nur in der Skalenrichtung z (die Argumente haben entgegengesetztes Vorzeichen).

4. Nomogramme für die Addition. 1. Setzt man in der kanonischen Form der Gleichung eines Stechzirkelnomogramms der allgemeinen Form alle $\varphi_i(u_i) = 0$, so bekommt man

$$f_1(u_1) - f_2(u_2) = f_3(u_3) - f_4(u_4).$$

Dies gestattet, ein Nomogramm zur Bestimmung der Summe dreier Funktionen zu konstruieren. Hat die vorgelegte Gleichung die Form:

$$F_3(u_3) = F_1(u_1) + F_2(u_2) + F_4(u_4),$$

so nehmen die Skalengleichungen des Stechzirkelnomogramms die Form an:

$$\begin{aligned}
&\text{Skala } u_1: && x = \mu F_1(u_1) + a, && y = 0;\\
&\text{Skala } u_2: && x = -\mu F_2(u_2) + b, && y = 0;\\
&\text{Skala } u_3: && x = \mu F_3(u_3) + c, && y = k;\\
&\text{Skala } u_4: && x = \mu F_4(u_4) + d, && y = k,
\end{aligned}$$

mit

$$a - b = c - d.$$

Die Skalen u_1, u_2, u_3 und u_4 legt man am zweckmäßigsten auf zwei parallele Geraden, wobei man die Parameter a, b, c und d so wählt, daß die Skalen u_1, u_2 und u_3, u_4 sich paarweise mit den Enden berühren.

Beispiel. Man konstruiere ein Nomogramm für die Gleichung

$$\sqrt{\lambda_1} + \sqrt{\lambda_2} + \sqrt{\lambda_3} = w$$

mit

$$100 \leqq \lambda_i \leqq 150 \; (i = 1, 2, 3); \quad 30 \leqq w \leqq 37.$$

Die Gleichungen der Nomogrammskalen lauten demnach:

$$\begin{aligned}
&\text{Skala } \lambda_1: && x = \mu \sqrt{\lambda_1} + a, && y = 0;\\
&\text{Skala } \lambda_2: && x = -\mu \sqrt{\lambda_2} + b, && y = 0;\\
&\text{Skala } \lambda_3: && x = \mu \sqrt{\lambda_3} + d, && y = k;\\
&\text{Skala } w: && x = \mu w + c, && y = k.
\end{aligned}$$

Somit sind die Skalen λ_1 und λ_2 nach verschiedenen Seiten gerichtet, während die Skalen λ_3 und w die gleiche Richtung haben.

Wir wählen a und b so, daß die Punkte der Argumente „100“ der Skalen λ_1 und λ_2 mit dem Koordinatenursprung zusammenfallen. Dies ergibt

$$a = -10\mu, \quad b = 10\mu$$

und damit

$$c - d = 20\mu.$$

Lassen wir den Anfang der Skala w mit dem Ende der Skala λ_3 zusammenfallen, so bekommen wir die Bedingung

$$\mu \sqrt{150} + d = 30\mu + c$$

und hieraus

$$c - d = -17{,}75\mu.$$

Wählen wir $c - d = 20\mu$, dann bleibt zwischen den Skalen λ_3 und w noch ein kleiner Zwischenraum. Da dies dem Nomogramm nicht schadet, wählen wir $c - d = 20\mu$ und setzen

$$c = 0 \quad \text{und} \quad d = -20\mu.$$

Ausgehend von der vorgegebenen Länge des Nomogramms $L = 150$ mm, bestimmen wir den Maßstab μ aus der Bedingung, daß diese Länge nicht überschritten werden soll. Dies liefert die Bedingung (für die Skalen w und λ_3)

$$-(\mu\sqrt{100} - 20\mu) + \mu \cdot 37 = 150$$

und hieraus $\mu = \frac{150}{47} \approx 3$ mm, $a = -30$, $b = 30$, $c = 0$ und $d = -60$ mm.

Die Größe k wählen wir gleich 50 mm.

Folglich werden die Gleichungen der Skalen:

$$\begin{aligned}
&\text{Skala } \lambda_1: && x = 3\sqrt{\lambda_1} - 30, && y = 0;\\
&\text{Skala } \lambda_2: && x = -3\sqrt{\lambda_2} + 30, && y = 0;\\
&\text{Skala } \lambda_3: && x = 3\sqrt{\lambda_3} - 60, && y = 50;\\
&\text{Skala } w: && x = 3w, && y = 50.
\end{aligned}$$

Das erhaltene Nomogramm ist in Fig. 151 dargestellt. Seine Benutzungsweise besteht darin, daß man mit dem Zirkel den Abstand zwischen Punkten der Skalen λ_1 und λ_2 mißt und diesen vom Punkte der Skala λ_3 längs der Skala ω abträgt. In dem auf der Skala w sich ergebenden Punkte liest man die Lösung ab (Fig. 151). (Das Prinzip liegt hier in der Parallelverschiebung, so daß man, sofern es die Bereiche zulassen, jedes Zeichengerät mit Parallelführung zur Lösung der gestellten Aufgabe verwenden kann. — D. H.)

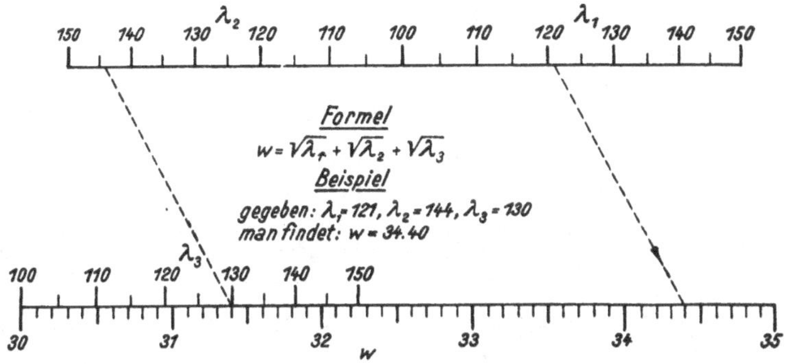

Figur 151

2. Hat die nomographierbare Gleichung die Form:

$$F_1(u_1) + F_2(u_2) = F_3(u_3),$$

so haben wir in der kanonischen Form der Gleichung eines Stechzirkelnomogramms der allgemeinen Gestalt alle $\varphi_i(u_i) = 0$ und $f_4(u_4) = 0$ zu setzen, wonach sie die Form

$$f_1(u_1) - f_2(u_2) = f_3(u_3)$$

annimmt. Setzt man

$$f_1 = F_1, \quad f_2 = -F_2 \quad \text{und} \quad f_3 = F_3,$$

dann schreiben sich die Skalengleichungen folgendermaßen:

$$\begin{aligned} &\text{Skala } u_1: && x = \mu F_1(u_1) + a, && y = 0; \\ &\text{Skala } u_2: && x = -\mu F_2(u_2) - b, && y = 0; \\ &\text{Skala } u_3: && x = \mu F_3(u_3) + c, && y = k \end{aligned}$$

mit

$$a + b = c.$$

Beispiel. Man konstruiere ein Nomogramm für die Gleichung

$$w = u + v$$

mit

$$10 \leqq u \leqq 50, \quad 10 \leqq v \leqq 50 \quad \text{und} \quad 20 \leqq w \leqq 80.$$

Die Skalengleichungen lauten dann:

$$\begin{aligned} &\text{Skala } u: && x = \mu u + a, && y = 0; \\ &\text{Skala } v: && x = -\mu v - b, && y = 0; \\ &\text{Skala } w: && x = \mu w + c, && y = k. \end{aligned}$$

Die Parameter a und b wählen wir so, daß von den Skalen u und v, die die gleiche Richtung haben, die eine die Fortsetzung der anderen ist, d. h. wir wählen:

$$\mu \cdot 10 + a = -\mu \cdot 10 - b = 0,$$

hieraus
$$a = -10\mu, \quad b = -10\mu.$$

Wir geben die allgemeine Länge $L = 160$ mm des Nomogramms vor, bestimmen sodann μ aus der Bedingung, daß die Summe der Längen der Skalen u und v gerade gleich 160 mm wird, d. h.

$$(\mu \cdot 50 + a) - (-\mu \cdot 50 + b) = 160,$$

woraus folgt
$$80\mu = 160 \quad \text{oder} \quad \mu = 2{,}0$$

und demnach
$$a = -20, \quad b = -20 \quad \text{und} \quad c = -40.$$

Die Skalengleichungen lauten dann:

$$\begin{array}{lll} \text{Skala } u: & x = 2u - 20, & y = 0; \\ \text{Skala } v: & x = -2v + 20, & y = 0; \\ \text{Skala } w: & x = 2w - 40, & y = k. \end{array}$$

Das danach konstruierte Nomogramm zeigt Fig. 152.

Der Gebrauch des Nomogramms geht wie folgt vor sich: wir nehmen den Abstand zwischen den Punkten u und v in den Zirkel und tragen diesen Abstand längs der Skala w von ihrem Punkt mit dem Argument 20 aus ab (bezeichnet durch das schwarze Dreieck).

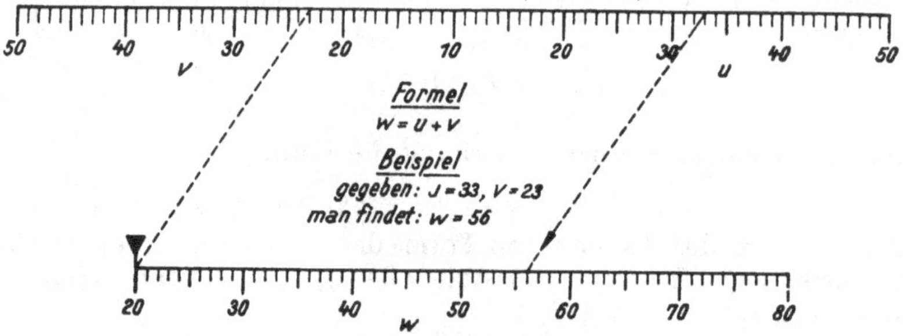

Figur 152

3. Für die Gleichung $\quad F_3(u_3) + F_2(u_2) = F_1(u_1)$

kann man ebenfalls ein Nomogramm aus äquidistanten Punkten konstruieren. Um diese Gleichung aus der kanonischen Form einer Gleichung für ein Nomogramm aus äquidistanten Punkten abzuleiten, genügt es, in letzterer $\varphi_1(u_1) = 0$, $\varphi_2(u_2) = 0$ zu setzen. Dann nimmt sie die Form an:

$$f_2(u_2) + f_3(u_3) = 2f_1(u_1),$$

woraus sich folgende Skalengleichungen ergeben:

$$\begin{array}{lll} \text{Skala } u_2: & x = \mu F_2(u_2) + a, & y = 0; \\ \text{Skala } u_3: & x = \mu F_3(u_3) + b, & y = 0; \\ \text{Skala } u_1: & x = \frac{\mu}{2} F_1(u_1) + c, & y = k \end{array}$$

mit
$$c = a + b,$$

dabei sind k und μ beliebige Größen. Die Größen a und b wählt man gewöhnlich so, daß von den Skalen $F_2(u_2)$ und $F_3(u_3)$, die auf einem gemeinsamen geradlinigen Träger liegen, die eine die Fortsetzung der anderen ist.

5. Nomogramme für die Multiplikation. 1. Für die Gleichung

$$w = u \cdot v$$

konstruiert man sehr oft ein Stechzirkelnomogramm vom Additionstyp, indem man zunächst die vorgelegte Gleichung logarithmiert. Dann bekommt man $f_3(u_3) = \lg u$, $f_2(u_2) = \lg w$ und $2f_1(u_1) = \lg v$, folglich lauten seine Skalengleichungen:

$$\text{Skala } u: \quad x = -\mu \lg u + a, \quad y = 0;$$

$$\text{Skala } w: \quad x = \mu \lg w + b, \quad y = 0;$$

$$\text{Skala } v: \quad x = \frac{\mu}{2} \lg v + c, \quad y = k \text{ (Skala der Zentren).}$$

Die Konstanten a und b wählt man dabei so, daß von den Skalen u und w, die auf einem gemeinsamen geradlinigen Träger liegen, die eine die Fortsetzung der anderen ist.

Ein Beispiel eines auf diese Weise konstruierten Nomogramms ist in Fig. 37 (Seite 43) für $1 \leqq u \leqq 10$, $1 \leqq v \leqq 10$, $1 \leqq w \leqq 50$ abgebildet. Bei der Konstruktion des Nomogramms wählte man $a = b = c = 0$, $\mu = 50$ (mm).

2. Für die Gleichung $\quad w = uv$

kann man ebenfalls ein Stechzirkelnomogramm der allgemeinen Form konstruieren, indem man in der entsprechenden kanonischen Form der Gleichung alle $\varphi_i(u_i) = 0$ und $f_4(u_4) = 0$ setzt und die folgenden Bezeichnungen einführt:

$$f_1(u_1) = \lg u, \quad f_2(u_2) = -\lg v \quad \text{und} \quad f_3(u_3) = \lg w.$$

Die Skalengleichungen lauten dann:

$$\text{Skala } u: \quad x = \mu \lg u + a, \quad y = 0;$$

$$\text{Skala } v: \quad x = -\lg v - b, \quad y = 0;$$

$$\text{Skala } w: \quad x = \mu \lg w + c, \quad y = k.$$

Das entsprechende Nomogramm ist in Fig. 153 für dieselben Grenzen wie im Falle 1 dargestellt. Seine Benutzung ist analog der für das Nomogramm in Fig. 152 angegebenen Benutzung.

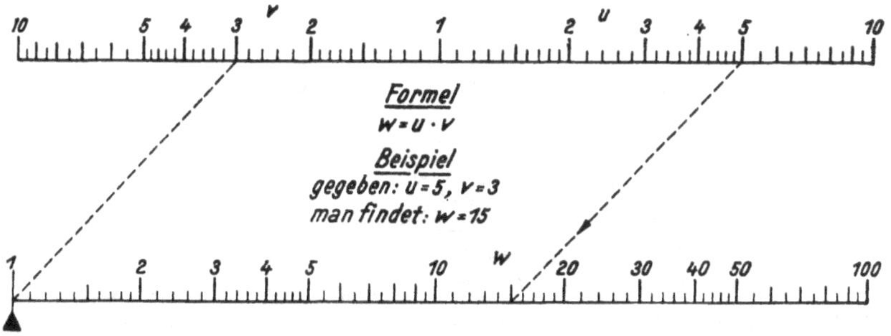

Figur 153

Nomogramme solchen Typs benutzt man oft, um Größen von geringem Einfluß zu berücksichtigen, also für Korrektionen (siehe Abschnitt 15, § 45, Seite 287), die man unmittelbar auf der Hauptskala anbringt.

Auf diesem Prinzip beruht auch der gewöhnliche Rechenschieber, bei dem man die Skala w mit der Skala u ($k = 0$) zusammenfallen läßt und $a = b = c = 0$ setzt.

3. Man kann auch unmittelbar für eine Gleichung der Form

$$w = u \cdot v$$

ein Stechzirkelnomogramm aus äquidistanten Punkten konstruieren, wenn man setzt $f_1 = 0$, $\varphi_1 = 0$, $f_3 = w$ und $f_2^2 + \varphi_2^2 = u^2 v^2$. Nimmt man in der letzten Gleichung, z. B. $f_2 = u$, so ergibt sich $\varphi_2 = u\sqrt{v^2 - 1}$.

Folglich werden die Gleichungen der Nomogrammskalen:

Strahlenzentrum:	$x = 0,$	$y = 0;$
Netz (u, v):	$x = \mu u,$	$y = \mu u\sqrt{v^2 - 1};$
Skala w:	$x = \mu w,$	$y = 0.$

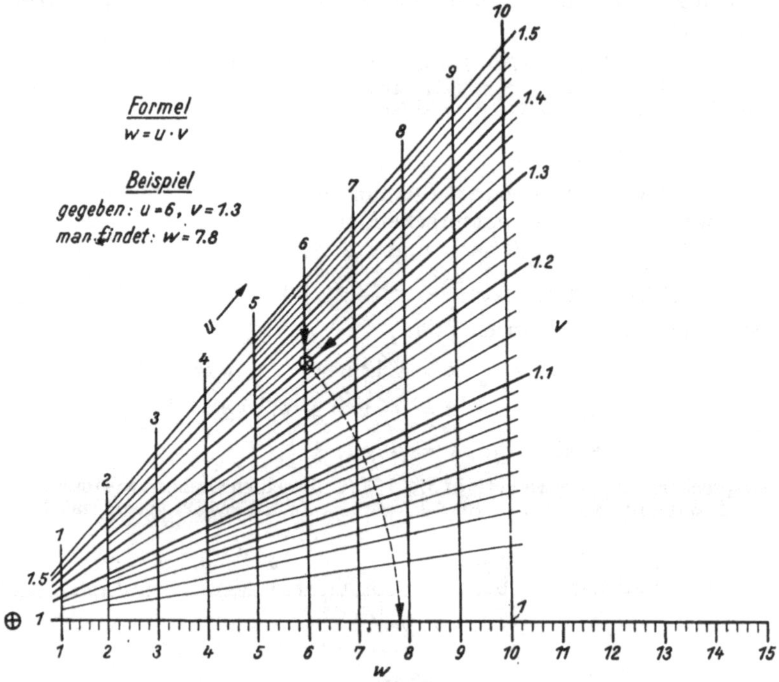

Figur 154

Das Nomogramm ist in Fig. 154 dargestellt. Seine Benutzung ist aus der Zeichnung klar ersichtlich. Die Skala der Zentren artet in einen Punkt, den Koordinatenursprung 0 aus. In den Bestand des Nomogramms geht ein Netz (u, v) und die Skala w ein, die mit der Achse Ox zusammenfällt. Das Netz besteht aus zwei Linienscharen:

den Linien $u =$ const — Geraden parallel zur Achse Oy mit der Gleichung

$$x = \mu u$$

und den Linien $v =$ const — einem Geradenbündel mit dem Zentrum im Koordinatenursprung

$$y = v x.$$

XII. KAPITEL

Nomogramme mit beweglichen Elementen

§ 38. Nomogramme mit graduierten Elementen auf der beweglichen Ebene

1. In der Praxis gebräuchliche Nomogrammkonstruktionen. Der allgemeine Fall der Verschiebung der beweglichen Ebene. Bisher wurden die Verfahren zur Konstruktion von Nomogrammen für Gleichungen des Typs (Seite 52 und 57)

$$\Phi\,(M, N, u_9) = 0$$

mehr oder weniger ausgearbeitet, wobei gilt

$$M = f_{3,4} + (f_{7,8} - f_{1,2}) \cos\alpha + (\varphi_{7,8} - \varphi_{1,2}) \sin\alpha\,,$$
$$N = \varphi_{3,4} + (\varphi_{7,8} - \varphi_{1,2}) \cos\alpha - (f_{7,8} - f_{1,2}) \sin\alpha\,,$$

α bestimmt man aus der Beziehung

$$\operatorname{tg}\alpha = \frac{f_5 f_6 - 1}{f_5 + f_6}.$$

Gelingt es, die vorgelegte Gleichung

$$F\,(u_1, u_2), \ldots, u_9) = 0$$

in der Form

$$\Phi\,(M, N, u_9) = 0$$

darzustellen, so müssen sich M und N auf die obige Form bringen lassen. Eine der wesentlichsten Einschränkungen ist hier die, daß die Funktionen der Variablen u_5 und u_6, die in beiden Ausdrücken auftreten, so beschaffen sein müssen, daß ihre Quadratsumme gleich eins, zumindest aber gleich einer bestimmten Konstanten ist.

Ersetzt man die in dem Ausdruck für $\operatorname{tg}\alpha$ auftretenden Funktionen f_5 und f_6 entsprechend durch $-\operatorname{ctg}\varphi_5$ und $\operatorname{tg}\varphi_6$, so wird $\alpha = \varphi_5 + \varphi_6$, und wir können dann schreiben

$$M = f_{3,4} + (f_{7,8} - f_{1,2}) \cos(\varphi_5 + \varphi_6) + (\varphi_{7,8} - \varphi_{1,2}) \sin(\varphi_5 + \varphi_6)\,,$$
$$N = \varphi_{3,4} + (\varphi_{7,8} - \varphi_{1,2}) \cos(\varphi_5 + \varphi_6) - (f_{7,8} - f_{1,2}) \sin(\varphi_5 + \varphi_6)\,.$$

Eine solche Umformung kann man immer durchführen; daher sind obige Ausdrücke für M und N die für Nomogramme unseres Typs gültigen allgemeinen Ausdrücke.

Die geschilderten Einschränkungen geben der betrachteten Gleichung eine ihrer Form nach ganz spezifische Gestalt. Aus dieser Gleichung kann man als Spezialfälle Nomogramme mit beschränkten Freiheitsgraden in der Verschiebung der beweglichen Ebene erhalten.

Weiter unten werden wir diese Nomogramme eingehender betrachten.

A. Die nomographierbare Gleichung

lautet:
$$\Phi(M, N, u_9) = 0$$

mit $M = f_{3,4} + (f_{7,8} - f_{1,2}) \cos(\varphi_5 + \varphi_6) + (\varphi_{7,8} - \varphi_{1,2}) \sin(\varphi_5 + \varphi_6)$,

$N = \varphi_{3,4} + (\varphi_{7,8} - \varphi_{1,2}) \cos(\varphi_5 + \varphi_6) - (f_{7,8} - f_{1,2}) \sin(\varphi_5 + \varphi_6)$.

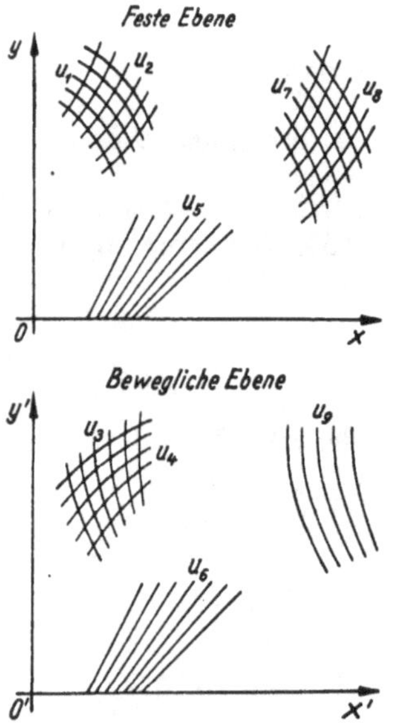

Figur 155

Auf diese Form führen Gleichungen, die eine kleinere Zahl von Variablen enthalten. Ersetzt man so z. B. die Netze (u_1, u_2), (u_3, u_4) und (u_7, u_8) durch Skalen, so enthält die entsprechende Gleichung nur noch sechs Variable.

B. Schema des Nomogramms

Die Gleichungen der Skalen und Netze haben folgendes Aussehen (Fig. 155):

Feste Ebene

$$P_{1,2}\begin{cases} x = \mu f_{1,2} + a_1, \\ y = \mu \varphi_{1,2} + b_1; \end{cases} \quad D_5\colon\ y = x \operatorname{tg} \varphi_5 + b_5;$$

$$P_{7,8}\begin{cases} x = \mu f_{7,8} + a_1, \\ y = \mu \varphi_{7,8} + b_1. \end{cases}$$

Bewegliche Ebene

$$P'_{3,4}\begin{cases} x' = \mu f_{3,4}, \\ y' = \mu \varphi_{3,4}; \end{cases} \quad D'_6\colon\ y' = x' \operatorname{tg} \varphi_6 + b_6;$$

$$C'_9 : \Phi(x', y', u_9) = 0.$$

Die Strukturformel des Nomogramms

lautet:
$$P_{1,2} \mathrel{|\!\!=\!\!|} P'_{3,4},\quad P_{\infty,5} \mathrel{|\!\!-\!\!|} D'_6 \ \text{und}\ P_{7,8} \mathrel{|\!\!\to} C'_9.$$

Macht man einige Elemente des Nomogramms konstant, so wird die Zahl der in die Gleichung eingehenden Variablen kleiner.

Beispiel. Man konstruiere ein Nomogramm für die Gleichung

$$t = \frac{u + (v - w)\cos\varphi + (v - w)\sin\varphi}{r + (v - w)\cos\varphi - (v - w)\sin\varphi},$$

mit

$0 \leqq u \leqq 10$; $0 \leqq v \leqq 10$; $0 \leqq w \leqq 10$; $0 \leqq r \leqq 10$; $0 \leqq \varphi \leqq 90°$ und $0 \leqq t \leqq \infty$.

Wir bezeichnen: $M = u + (v - w)\cos\varphi + (v - w)\sin\varphi$

$N = r + (v - w)\cos\varphi - (v - w)\sin\varphi$.

Dann haben wir:

$f_{7,8} = \varphi_{7,8} = v$; $f_{1,2} = \varphi_{1,2} = w$; $f_{3,4} = u$; $\varphi_{3,4} = r$, $f_5 = \varphi$, $f_6 = 0$, $u_9 = t$,

und die Gleichungen der Skalen werden:

Feste Ebene

$$P_{1,2}\begin{cases} x = \mu w + a_1, \\ y = \mu w + b_1, \end{cases} \quad D_5\colon\ y = x \operatorname{tg} \varphi + b_5; \quad P_{7,8}\begin{cases} x = \mu v + a_1 \\ y = \mu v + b_1. \end{cases}$$

Bewegliche Ebene

$$P'_{3,4}\begin{cases} x' = \mu u, \\ y' = \mu r; \end{cases} \quad D'_6 : y' = b_5; \quad C'_9 : t = \frac{x'}{y'}.$$

Auf Fig. 156 ist das danach konstruierte Nomogramm dargestellt. Auf der beweglichen Ebene ist punktiert die Lage der in den Kontakt eingehenden Elemente der festen Ebene angedeutet.

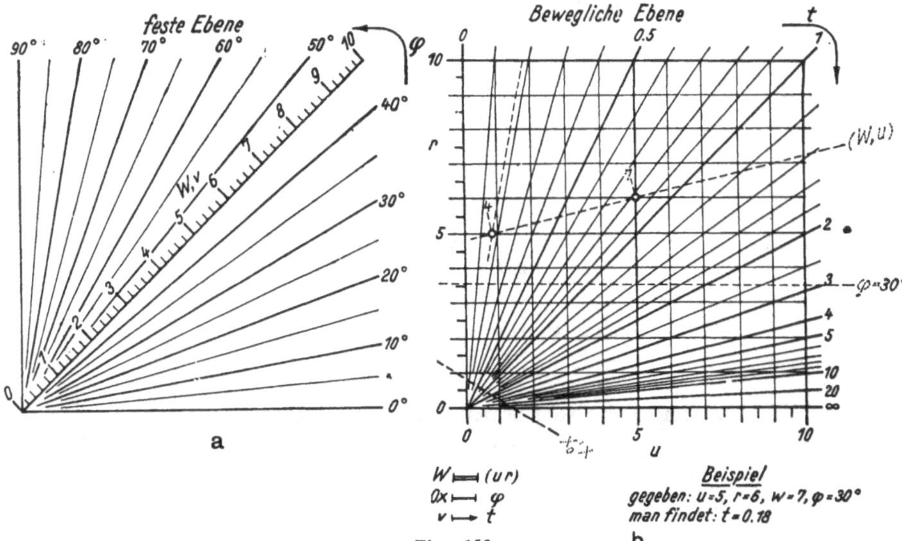

Figur 156

2. Nomogramme mit einer zwei Freiheitsgrade enthaltenden beweglichen Ebene: eine fortschreitende Bewegung in einer Richtung und eine Drehung.

A. Die nomographierbare Gleichung

sei

$$\Phi(M, N, u_8) = 0$$

mit

$$M = \left(f_{6,7} - f_{1,2} + \frac{\varphi_{1,2}}{\varphi_3}\right)\cos(\varphi_4 + \varphi_5) + \left(\varphi_{6,7} - \varphi_{1,2} - \frac{f_{1,2}}{\varphi_3}\right)\sin(\varphi_4 + \varphi_5) + f_3,$$

$$N = \varphi_{6,7}\cos(\varphi_4 + \varphi_5) - f_{6,7}\sin(\varphi_4 + \varphi_5).$$

Für $\varphi_3 = \infty$ bekommen wir eine noch einfachere Gleichungsform:

$$M = (f_{6,7} - f_{1,2})\cos(\varphi_4 + \varphi_5) + (\varphi_{6,7} - \varphi_{1,2})\sin(\varphi_4 + \varphi_5) + f_3;$$

$$N = \varphi_{6,7}\cos(\varphi_4 + \varphi_5) - f_{6,7}\sin(\varphi_4 + \varphi_5).$$

Im allgemeinen Falle (bei $\varphi_3 \neq$ const) werden die Koeffizienten beim Sinus und Kosinus im Ausdruck für M Funktionen von fünf Variablen.

B. Schema des Nomogramms

Die Gleichungen der Skalen des Nomogramms lauten (Fig. 157):

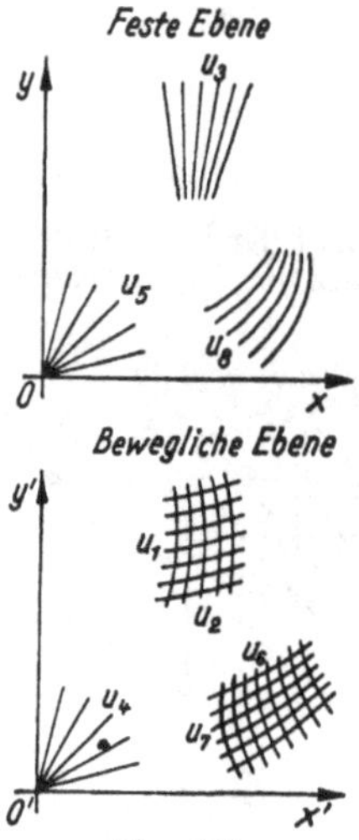

Figur 157

Feste Ebene

$$D_0\colon\ y = 0;\quad D_3\colon\ y = \varphi_3\,(x - f_3);$$
$$D_5\colon\ y = x\operatorname{tg}\varphi_5;\quad C_8\colon\ \Phi\,(x, y, u_8) = 0.$$

Bei $\varphi_3 = \infty$ werden die Geraden $u_3 = \text{const}$ der Achse Oy parallel. Im allgemeinen Falle ergeben die Geraden $u_3 = \text{const}$ eine beliebige Geradenschar (Fig. 157).

Bewegliche Ebene

$$P'_{0,0}\begin{cases} x' = 0, \\ y' = 0; \end{cases}$$
$$P'_{1,2}\begin{cases} x' = \mu f_{1,2}, \\ y' = \eta\,\varphi_{1,2}; \end{cases}\qquad D'_4\colon\ y' = x'\operatorname{tg}\varphi_4;$$
$$P'_{6,7}\begin{cases} x' = \mu f_{6,7}, \\ y' = \mu\varphi_{6,7}. \end{cases}$$

Die Strukturformel des Nomogramms

lautet: $D_0 \mid\!\!-\!\!\mid P'_{0,0},\ D_3 \mid\!\!-\!\!\mid P'_{1,2},\ D_5 \mid\!\!-\!\!\mid P'_{\infty,4}$ und $C_8 \leftarrow\!\mid P'_{6,7}$.

Beispiel. Man konstruiere ein Nomogramm für die Gleichung

$$t = \frac{u - (v - w)\cos\psi - (v - w)\sin\psi}{w\cos\psi - w\sin\psi}$$

mit $0 \leqq u \leqq 10,\quad 0 \leqq v \leqq 10,\quad 0 \leqq w \leqq 10,\quad 0 \leqq \psi \leqq 90^\circ,\quad 0 \leqq t \leqq \infty.$

Wir bezeichnen: $M = u - (v - w)\cos\psi - (v - w)\sin\psi,$

$N = w\cos\psi - w\sin\psi.$

Folglich haben wir ($\varphi_3 = \infty$ gewählt):

$$f_3 = u,\quad f_{1,2} = \varphi_{1,2} = v,\quad f_{c,7} = \varphi_{6,7} = w;\quad \varphi_4 = \psi,\ \varphi_5 = 0.$$

Dann werden die Gleichungen der Nomogrammskalen:

Feste Ebene

Konstante Gerade D_0:	$y = 0,$
Geradenschar D_3:	$x = \mu u,$
Geradenschar D_5:	$y = 0,$
Linienschar C_8:	$y = \frac{1}{t}\,x.$

Bewegliche Ebene

Konstanter Punkt $P'_{0,0}$:	$x' = 0,$	$y' = 0;$
Netz (Skala) $P'_{1,2}$:	$x' = \mu v,$	$y' = \mu v;$
Geradenschar D'_4:	$y' = x'\operatorname{tg}\psi;$	
Netz (Skala) $P'_{6,7}$:	$x' = \mu w,$	$y' = \mu w.$

Nach den vorgegebenen Ausmaßen (Habaryten) des Nomogramms wählen wir $\mu = 5$ mm.

Das erhaltene Nomogramm ist in Fig. 158 dargestellt. Die Skalen v und w fallen zusammen. Auf der festen Ebene ist punktiert die Lage der Elemente der beweglichen Ebene bei der Lösung eines Beispiels angedeutet.

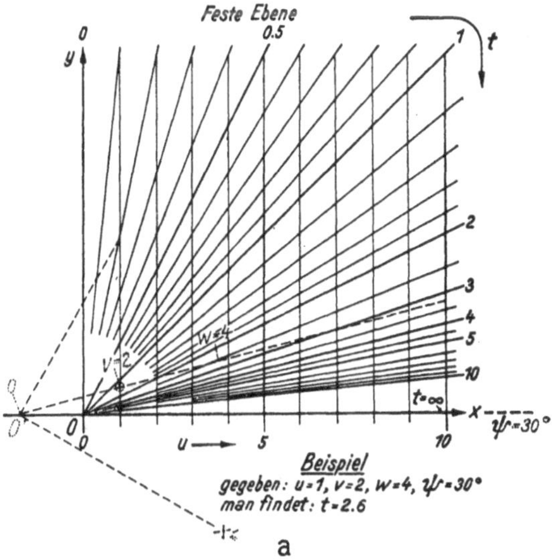

a

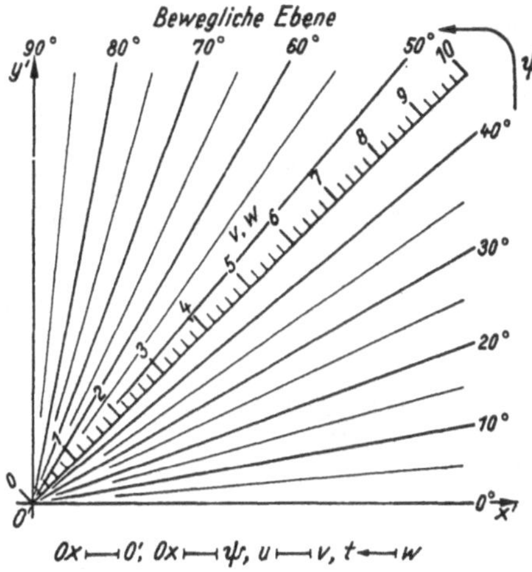

b

Figur 158

3. Nomogramme mit einer beweglichen Ebene, die sich nur um einen festen Punkt drehen kann.

A. Die nomographierbare Gleichung

sei
$$\Phi(M, N, u_9) = 0$$
mit
$$M = f_{3,4} \cos(\varphi_1 + \varphi_2) + \varphi_{3,4} \sin(\varphi_1 + \varphi_2),$$
$$N = \varphi_{3,4} \cos(\varphi_1 + \varphi_2) - f_{3,4} \sin(\varphi_1 + \varphi_2).$$

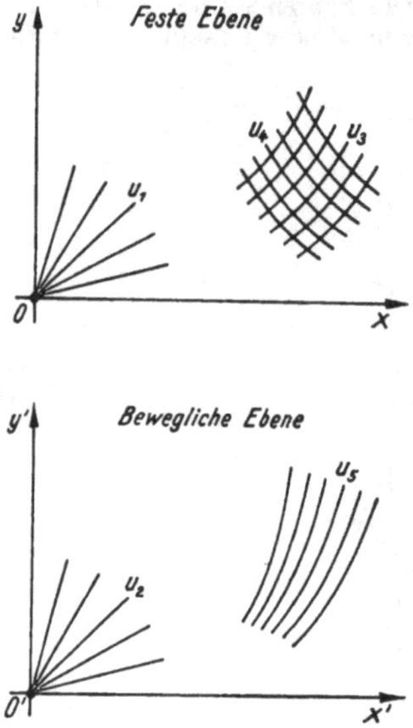

Figur 159

B. Schema des Nomogramms

Die Gleichungen der Skalen und der Netze des Nomogramms werden (Fig. 159):

Feste Ebene

$$P_{0,0}\begin{cases} x = 0, \\ y = 0; \end{cases} \quad D_1:\ y = x \operatorname{tg} \varphi_1;$$

$$P_{3,4}\begin{cases} x = \mu f_{3,4}, \\ y = \mu \varphi_{3,4}. \end{cases}$$

Bewegliche Ebene

$$P'_{0,0}\begin{cases} x' = 0, \\ y' = 0; \end{cases} \quad D'_2:\ y' = x' \operatorname{tg} \varphi_2;$$

$$C'_5:\ F_5(x', y', u_5) = 0.$$

Die Strukturformel des Nomogramms ist $P'_{0,0} \models\!\mid P'_{0,0};\quad D_1 \mid\!\!-\!\!\mid D'_2;\quad P_{3,4} \mid\!\!\rightarrow C'_5.$

Beispiel. Man konstruiere ein Nomogramm für die Gleichung zur Bestimmung des Kotangens des Polarwinkels eines Punktes, in den der Punkt (u, v) nach einer Drehung der Ebene um den Winkel ψ übergeht:

$$t = \frac{u \cos \psi + v \sin \psi}{v \cos \psi - u \sin \psi}$$

mit $\quad 0 \leqq u \leqq 10, \quad 0 \leqq v \leqq 10, \quad 0 \leqq \psi \leqq 90°, \quad 0 \leqq t \leqq \infty.$

Wir bezeichnen:

$$M = u \cos \psi + v \sin \psi, \quad N = v \cos \psi - u \sin \psi$$

und erhalten daraus:

$$\varphi_1 = \psi, \quad \varphi_2 = 0, \quad f_{3,4} = u, \quad \varphi_{3,4} = v, \quad u_5 = t.$$

Die Gleichungen der Skalen lauten:

Feste Ebene

Geradenbündel φ_1: $\quad y = x \operatorname{tg} \psi,$

Feld (u_3, u_4): $\quad x = \mu u, \quad y = \mu v.$

Bewegliche Ebene

Geradenbündel φ_2: $\quad y' = 0$ eine Gerade;

Kurvenschar u_5: $\quad t = \dfrac{x'}{y'}.$

Das Nomogramm ist in Fig. 160 dargestellt. Auf der festen Ebene des Nomogramms ist punktiert die Lage der der Berechnung dienenden Elemente der beweglichen Ebene angedeutet.

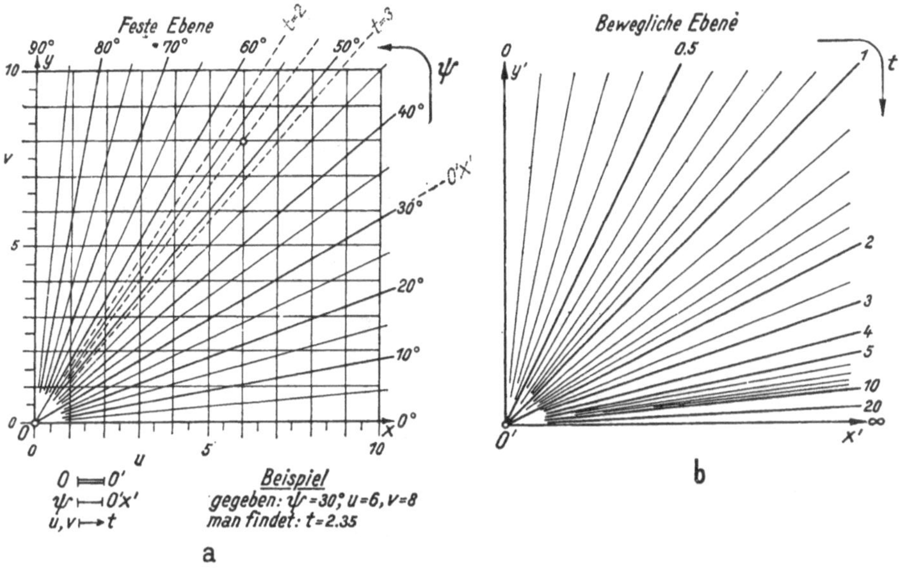

Figur 160

4. Nomogramme, die eine bewegliche Ebene mit zwei Freiheitsgraden besitzen: zwei Freiheitsgrade der fortschreitenden Verschiebung in zwei verschiedenen Richtungen.

A. Die nomographierbare Gleichung

sei
$$\Phi(M, N, u_7) = 0$$
mit
$$M = f_{5,6}(u_5, u_6) + f_{3,4}(u_3, u_4) - f_{1,2}(u_1, u_2);$$
$$N = \varphi_{5,6}(u_5, u_6) + \varphi_{3,4}(u_3, u_4) - \varphi_{1,2}(u_1, u_2).$$

B. Schema des Nomogramms

Die Gleichungen der Skalen und der Netze des Nomogramms haben die Gestalt (Fig. 161):

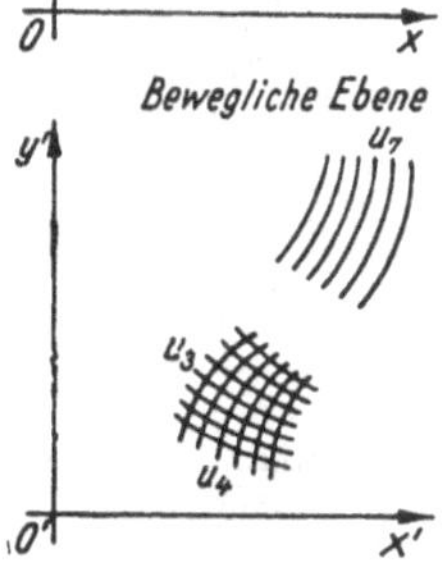

Figur 161

Feste Ebene

$$P_{1,2}\begin{cases} x = \mu_x f_{1,2} + a_1, \\ y = \mu_y \varphi_{1,2} + b_1; \end{cases} \quad P_{5,6}\begin{cases} x = \mu_x f_{5,6} + a_2, \\ y = \mu_y \varphi_{5,6} + b_2. \end{cases}$$

Bewegliche Ebene

$$P'_{3,4}\begin{cases} x' = \mu_x f_{3,4} + a_3; \\ y' = \mu_y \varphi_{3,4} + b_3; \end{cases} \quad C'_7\colon \ \Phi(x', y', u_7) = 0.$$

Dabei ist
$$a_1 + a_2 + a_3 = 0, \qquad b_1 + b_2 + b_3 = 0.$$

Die bewegliche Ebene bewegt sich relativ zu der festen Ebene so, daß die Achsen einander parallel bleiben.

Die Strukturformel

ist $D_0 \vdash\!\dashv P'_{0,\infty}$

(die Achsen Ox und $O'x'$ sind einander parallel),

$$P_{1,2} \models\!\mid P_{3,4};\; P_{5,6} \mid\!\rightarrow C'_7.$$

Beispiel. Man konstruiere ein Nomogramm zur Bestimmung des astronomischen Azimuts der Sonne:

$$\operatorname{tg} A = \frac{\cos\delta \sin t}{\cos\delta \sin\varphi \cos t - \sin\delta \cdot \cos\varphi},$$

mit $35° \leqq \varphi \leqq 65°$ Breite des Ortes,

$1° \leqq \delta \leqq 23°\,27'$ Deklination der Sonne,

$70° \leqq t \leqq 90°$ Stundenwinkel der Sonne.

$77° \leqq A \leqq 105°$ astron. Azimut der Sonne.

Die vorgelegte Gleichung bringen wir auf die Form:

$$\operatorname{tg} A = \frac{\dfrac{1}{\cos\varphi} \cdot \sin t}{\operatorname{tg}\varphi \cos t - \operatorname{tg}\delta}.$$

Wir bezeichnen:

$$M = \operatorname{tg}\varphi \cdot \cos t - \operatorname{tg}\delta, \qquad N = \frac{1}{\cos\varphi} \cdot \sin t.$$

Folglich können wir annehmen:

$$f_{5,6} = \operatorname{tg}\varphi \cdot \cos t,\quad f_{3,4} = 0,\quad f_{1,2} = \operatorname{tg}\delta,\quad \varphi_{5,6} = \frac{1}{\cos\varphi} \cdot \sin t,$$
$$\varphi_{3,4} = 0,\; \varphi_{1,2} = 0.$$

Die Gleichungen der Elemente des Nomogramms werden:

Feste Ebene

Feld (u_1, u_2) — Skala δ: $x = \mu_x \operatorname{tg}\delta + a_1, \quad y = b_1;$

Feld (u_5, u_6) — Feld (φ, t): $x = \mu_x \operatorname{tg}\varphi \cdot \cos t + a_2, \quad y = \mu_y \dfrac{\sin t}{\cos\varphi} + b_2.$

Bewegliche Ebene

Feld (u_3, u_4) — konstanter Punkt: $x' = a_3, \quad y' = b_3;$

Schar C'_7 — die Linien $u_7 = \text{const}$: $\operatorname{tg} A = \dfrac{y' u_x}{x' \mu_y}.$

Die Linien des Feldes (φ, t) sind: die Linien $\varphi = \text{const}$ — Ellipse mit der Gleichung

$$\frac{(x-a_2)^2}{\mu_x^2 \operatorname{tg}^2\varphi} + \frac{(y-b_2)^2}{\mu_y^2 \dfrac{1}{\cos^3\varphi}} = 1;$$

die Linien $t = \text{const}$ — Hyperbeln mit den Gleichungen

$$\frac{(y-b_2)^2}{\mu_y^2 \sin^2 t} - \frac{(x-a_2)^2}{\mu_x^2 \cos^2 t} = 1.$$

Aus der Bedingung der geschlossenen Lage der Elemente des Nomogramms bekommen wir

$$\mu_x = \mu_y = 100 \text{ mm},$$

$$a_1 = a_2 = a_3 = 0, \quad b_2 = -100, \quad b_3 = 100 \quad \text{und} \quad b_1 = 0.$$

Die Gleichungen der Elemente des Nomogramms lauten dann:

Feste Ebene

Feld (φ, t): $\quad x = 100 \operatorname{tg} \varphi \cdot \cos t, \quad y = \dfrac{100}{\cos \varphi} \cdot \sin t - 100;$

Skala δ: $\quad x = 100 \operatorname{tg} \delta, \quad y = 0.$

Bewegliche Ebene

Konstanter Punkt: $\quad x' = 0, \quad y' = 100;$

Linienschar $A = \text{const}$: $\quad y' = \operatorname{tg} A \cdot x'.$

Das Nomogramm ist in Fig. 162 dargestellt. Punktiert ist auf der festen Ebene des Nomogramms die Lage der Elemente der festen Ebene bei der Lösung eines Beispiels dargestellt.

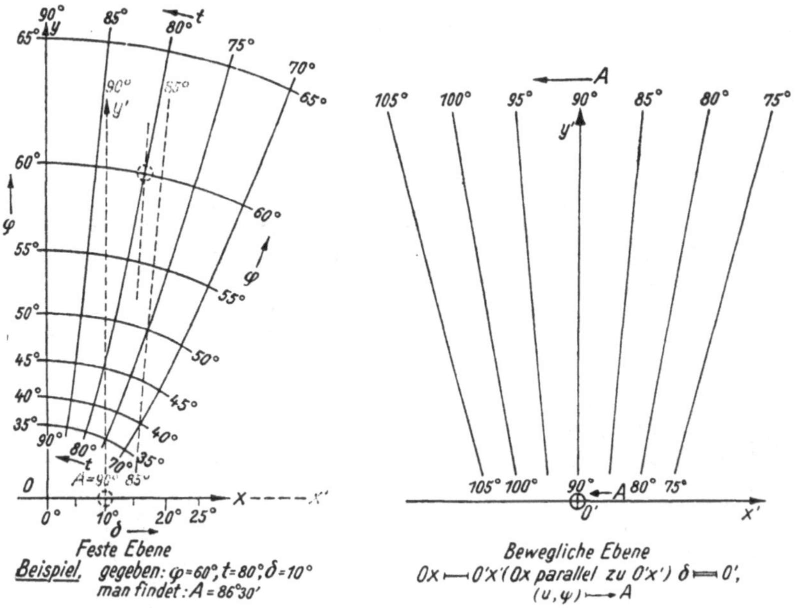

Figur 162

5. *Nomogramme mit einer beweglichen Ebene, die sich nur translativ verschieben läßt.*

A. Die nomographierbare Gleichung

sei
$$\Phi(M, N, u_6) = 0$$

mit
$$M = f_{1.2} - f_{3.4} + f_5, \quad N = \varphi_{3.4}.$$

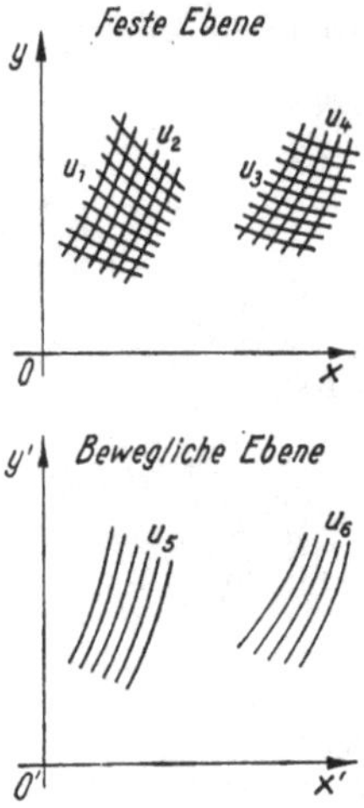

Figur 163

B. Das Schema des Nomogramms

Die Gleichungen der Skalen und der Netze des Nomogramms lauten (Fig. 163):

Feste Ebene

$$P_{1,2}\begin{cases} x = \mu_x f_{1,2} + a_1; \\ y = \mu_y \varphi_{1,2} + b_1; \end{cases} \qquad P_{3,4}\begin{cases} x = \mu_x f_{3,4} + a_2, \\ y = \mu_y \varphi_{3,4} + b_2. \end{cases}$$

Bewegliche Ebene

$$C_5': F_5(x', y', u_5) = 0; \quad C_6': \Phi_6(x', y', u_6) = 0.$$

Die Strukturformel des Nomogramms ist $Ox \models\!\dashv O'x', \quad P_{1,2} \vdash\!\dashv C_5$ und $P_{3,4} \vdash\!\rightarrow C_6'$.

Beispiel. Man konstruiere ein Nomogramm für dieselbe Gleichung

$$\operatorname{tg} A = \frac{\cos\delta \cdot \sin t}{\cos\delta \cdot \sin\varphi \cdot \cos t - \sin\delta \cdot \cos\varphi}$$

bei den gleichen Bereichen der Variablen (Abschnitt 4, Seite 238). Wir bringen die Gleichung zunächst auf die Form

$$\operatorname{tg} A = \frac{\dfrac{1}{\cos\varphi} \cdot \sin t}{\operatorname{tg}\varphi \cdot \cos t - \operatorname{tg}\delta}$$

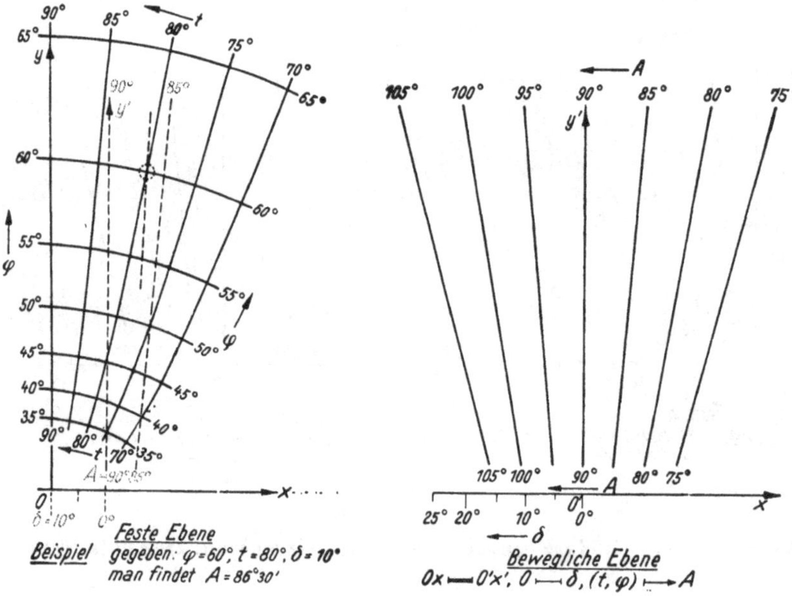

Figur 164

und bezeichnen $\qquad M = \operatorname{tg}\varphi \cdot \cos t - \operatorname{tg}\delta, \quad N = \dfrac{1}{\cos\varphi} \cdot \sin t,$

dann erhalten wir die Gleichungen der Nomogrammskalen:

Feste Ebene

Feld (t, φ): $x = \mu_x \operatorname{tg} \varphi \cdot \cos t; \quad y = \mu_y \cdot \frac{1}{\cos \varphi} \cdot \sin t;$

Feld (u_1, u_2): $x = 0, \quad y = 0.$

Bewegliche Ebene

Schar C'_5: $x' = -\operatorname{tg} \delta \cdot \mu_x,$

Schar C'_6: $y' = x' \cdot \operatorname{tg} A.$

Das erhaltene Nomogramm ist in Fig. 164 dargestellt. Auf der festen Ebene ist wiederum punktiert die Lage der Elemente der beweglichen Ebene für die Lösung eines Beispiels angedeutet.

§ 39. Nomogramme, deren bewegliche Ebene nur skalenlose Elemente enthält

6. Charakterisierung der zur Zeit gebräuchlichen Nomogramme. Die Klasse der Nomogramme, die auf der beweglichen Ebene nur nichtgraduierte Elemente tragen, ist in ihrer Anwendung einfacher als die der Nomogramme mit graduierten Elementen auf der beweglichen Ebene. Als Sonderfälle gehören hierher auch die Fluchtlinientafeln (siehe Seite 58 und 114), die Stechzirkelnomogramme (Seite 62, 63 und 222), die Nomogramme mit sich rechtwinklig schneidenden Ablesegeraden auf durchsichtigem Material (Kreuztafel) (siehe Seite 60 und 242), Nomogramme mit einem Parallelindex (siehe Seite 61 und 242), Nomogramme mit einem Index in Form eines rechten Winkels (siehe Seite 61 und 246), hexagonale Nomogramme (siehe Seite 65 und 247) und Nomogramme mit einem kreisförmigen Transparent (Seite 59).

Nomogramme mit beliebiger Gestalt und beliebiger Lage der nichtgraduierten Elemente auf der beweglichen Ebene haben keine große Verbreitung gefunden, da die Aufgabe, die allgemeine Form der durch solch ein Nomogramm darstellbaren funktionalen Abhängigkeit zu ermitteln, sehr schwierig ist (siehe Seite 49), obwohl man mit ihnen funktionale Abhängigkeiten ziemlich allgemeiner Art zwischen einer verhältnismäßig großen Anzahl von Variablen lösen kann.

Allgemeine Beziehungen zwischen den Variablen für Nomogramme solchen Typs erhält man gewöhnlich nur in impliziter Form. Diese Beziehung schreibt man (Tabelle 1, Seite 53) in Art eines Systems von k ($k = 1, 2, 3$) Gleichungen, aus denen man $k - 1$ Parameter eliminieren muß. Das Ergebnis einer solchen Elimination ist dann die gesuchte Beziehung. Der Charakter dieser Gleichungen hängt von der Gestalt der Gleichungen der einparametrigen Scharen ab, die in den Bestand des Nomogramms eingehen.

Man kann die gesuchte Abhängigkeit jedoch in expliziter Form ermitteln, wenn je drei beliebige der gegebenen Gleichungen bezüglich der Hilfsparameter gelöst werden können. Die einfachsten Fälle sind diejenigen, die auf lineare Gleichungen führen, d. h. deren entsprechende Scharen aus geraden Linien bestehen.

Nimmt man jedoch an, daß die Geraden jeder Schar beliebig in der Ebene liegen, dann wird die kanonische Form der Gleichung ziemlich kompliziert, so daß man die Umformung, die die vorgelegte Gleichung in die kanonische

Form überführt, nicht so leicht übersehen kann. Daher hat man sich auf die Ausarbeitung der oben angegebenen Spezialfälle von Nomogrammen mit nichtgraduierten Elementen auf der beweglichen Ebene beschränkt.

7. *Nomogramme mit parallelem oder kreuzförmigem Ableseindex auf durchsichtigem Zeichenblatt (Transparent).* Die allgemeine Gleichung, die durch diese Nomogramme gelöst wird, lautet:

$$\frac{\varphi_2(u_2) - \varphi_1(u_1)}{f_2(u_2) - f_1(u_1)} = \frac{\varphi_4(u_4) - \varphi_3(u_3)}{f_4(u_4) - f_3(u_3)}.$$

Die Schemata der Nomogramme und ihre Skalengleichungen sind in Tabelle 1 angegeben (siehe Seite 60 und 61).

Im einfachsten Falle haben die Skalengleichungen folgende Form:

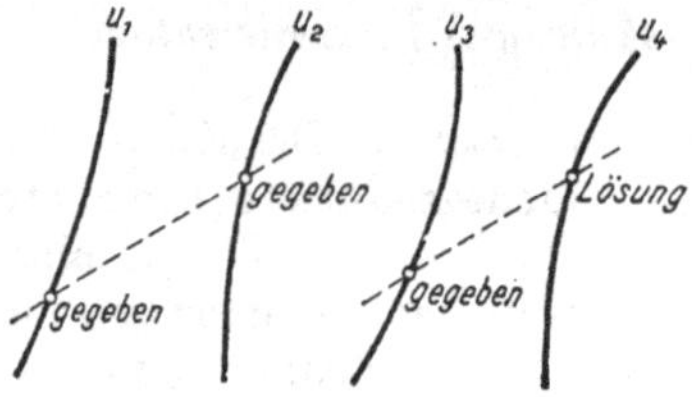

Figur 165

Für Nomogramme mit Parallelindex (Fig. 165):

Skala u_1: $x = f_1(u_1)$, $y = \varphi_1(u_1)$;

Skala u_2: $x = f_2(u_2)$, $y = \varphi_2(u_2)$;

Skala u_3: $x = f_3(u_3)$, $y = \varphi_3(u_3)$;

Skala u_4: $x = f_4(u_4)$, $y = \varphi_4(u_4)$.

Der Gebrauch des Nomogramms besteht darin, daß wir durch die Punkte für die vorgegebenen Werte u_1 und u_2 auf den Skalen u_1 und u_2 eine Gerade legen, dann durch den Punkt mit dem vorgegebenen Werte u_3 auf der Skala u_3 eine zweite Gerade legen, die der ersten parallel ist. Ihr Schnitt mit der Skala u_4 liefert uns dann die Lösung.

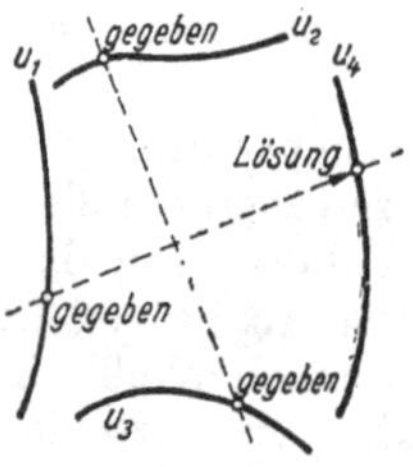

Figur 166

Für Nomogramme mit kreuzförmigem Index (Fig. 166). (Auch „Kreuztafel“ genannt. — D. H.):

Skala u_1: $x = f_1(u_1)$, $y = \varphi_1(u_1)$;

Skala u_2: $x = f_2(u_2)$, $y = \varphi_2(u_2)$;

Skala u_3: $x = f_3(u_3)$, $y = \varphi_3(u_3)$;

Skala u_4: $x = f_4(u_4)$, $y = \varphi_4(u_4)$.

Der Gebrauch des Nomogramms mit kreuzförmigem Transparent besteht darin, daß wir auf das Nomogramm ein Blatt durchsichtiges Papier mit eingezeichneten aufeinander senkrecht stehenden Geraden „Kreuz“ so legen, daß drei von den vier das Kreuz bildenden Strahlen durch Punkte mit vorgegebenen Werten von u_1, u_2 und u_3 gehen. Der Schnitt des vierten Strahls mit der Skala u_4 liefert dann die Lösung.

Beide Nomogramme lassen im allgemeinen Falle eine Umformung der Ebene zu, die man als zwei unabhängige aufeinanderfolgende affine Transformationen betrachten kann, wobei jede dieser Transformationen sich nur auf den ihr bestimmten Bereich der Ebene bezieht: die erste auf den Teil der Ebene, der von den Skalen u_1 und u_2 eingenommen wird; die zweite auf den Teil, der von den Skalen u_3 und u_4 eingenommen wird. Die Koeffizienten dieser affinen Transformationen sind außer den absoluten Gliedern einander proportional; die absoluten Glieder können beliebig gewählt werden.

Die beweglichen Ebenen der Nomogramme werden von diesen Transformationen nicht berührt und bleiben sowohl bei dem ursprünglichen als auch beim umgeformten Nomogramm dieselben.

Die Formeln dieser Umformung der Ebene lauten:

	Für das Nomogramm mit Parallelindex	Für das Nomogramm mit einem kreuzförmigen Transparent
Für den Teil der Ebene, der von den Skalen u_1 und u_2 eingenommen wird	$x' = a_{11}x + a_{12}y + a_{13}$, $y' + a_{21}x + a_{22}y + a_{23}$	$x' = a_{11}x + a_{12}y + a_{13}$, $y' = a_{21}x + a_{22}y + a_{23}$
Für den Teil der Ebene, der von den Skalen u_3 und u_4 eingenommen wird	$x' = ka_{11}x + ka_{12}y + b_{13}$, $y' = ka_{21}x + ka_{22}y + b_{23}$	$x' = ka_{21}x + ka_{22}y + b_{23}$, $y' = ka_{11}x + ka_{12}y + b_{13}$

Diese Umformung, betrachtet als Transformation der Ebene, ist nicht umkehrbar eindeutig; so bleiben z. B. die Schnittpunkte der Skala u_1 und u_2 mit den Skalen u_3 und u_4 nicht fest. Diese Umformung ist auch ein Beispiel für verschiedene Umformungen auf der beweglichen und der festen Ebene (siehe Seite 69). Die Möglichkeit einer solchen Umformung für diese Nomogramme ist dadurch bedingt, daß man jedes von ihnen als aus zwei Teilen zusammengesetzt betrachten kann (der Skala u_1 und u_2 — als erster Teil, die Skalen u_3 und u_4 der zweite Teil), die sich etwas gegeneinander verschieben können.

In dem Spezialfall, bei dem in den Transformationsformeln die Koeffizienten $k = 1$, $a_{13} = b_{13}$ und $a_{23} = b_{23}$ werden, ergibt sich für die feste Ebene des Nomogramms mit parallelem Index eine gewöhnliche affine Transformation; für die feste Ebene eines Nomogramms mit einem kreuzförmigen Index wird diese Transformation affin nur unter der zusätzlichen Bedingung: $a_{11} = a_{21}$ und $a_{12} = a_{22}$.

Im allgemeinen Falle können die Gleichungen der Skalen beider Nomogramme folgendermaßen geschrieben werden:

Nomogramm mit parallelem Index:

Skala u_1: $x = a_3\varphi_1(u_1) + a_4f_1(u_1) + b_2$; $\quad y = a_1\varphi_1(u_1) + a_2f_1(u_1) + b_1$;

Skala u_2: $x = a_3\varphi_2(u_2) + a_4f_2(u_2) + b_2$, $\quad y = a_1\varphi_2(u_2) + a_2f_2(u_2) + b_1$;

Skala u_3: $x = ka_3\varphi_3(u_3) + ka_4f_3(u_3) + b_4$, $\quad y = ka_1\varphi_3(u_3) + ka_2f_3(u_3) + b_3$;

Skala u_4: $x = ka_3\varphi_4(u_4) + ka_4f_4(u_4) + b_4$, $\quad y = ka_1\varphi_4(u_4) + ka_2f_4(u_4) + b_3$.

Nomogramm mit einem kreuzförmigen Index:

Skala u_1: $x = a_3\varphi_1(u_1) + a_4f_1(u_1) + b_2$, $\quad y = a_1\varphi_1(u_1) + a_2f_1(u_1) + b_1$;

Skala u_2: $x = a_3\varphi_2(u_2) + a_4f_2(u_2) + b_2$, $\quad y = a_1\varphi_2(u_2) + a_2f_2(u_2) + b_1$;

Skala u_3: $x = -[ka_1\varphi_3(u_3) + ka_2f_3(u_3) + b_3]$, $y = ka_3\varphi_3(u_3) + ka_4f_3(u_3) + b_4$;

Skala u_4: $x = -[ka_1\varphi_4(u_4) + ka_2f_4(u_4) + b_3]$, $y = ka_3\varphi_4(u_4) + ka_4f_4(u_4) + b_4$.

Dabei sind die Werte der Parameter a_1, a_2, a_3, a_4, b_1, b_2, b_3, b_4 und k nur durch die Bedingung beschränkt

$$k\,(a_1a_4 - a_2a_3) \neq 0.$$

An Stelle jeder der Skalen u_1, u_2, u_3 und u_4 kann man in das betrachtete Nomogramm ein Netz einführen, wodurch man die Anzahl der in die nomographierbare Formel eingehenden Variablen bis auf acht erhöhen kann.

Beispiele. 1. Man konstruiere ein Nomogramm mit parallelem Index für die Gleichung

$$\frac{u^2}{m^2} - \frac{v^2}{n^2} = 1$$

mit

$$0 \leqq u \leqq 15{,}6; \quad 0 \leqq v \leqq 15{,}6;$$
$$0 \leqq m \leqq 10;$$
$$0 \leqq n \leqq 13.$$

Die vorgeschriebenen Habaryte des Nomogramms seien $L = 100$ mm und $M = 70$ mm.

Die vorgelegte Gleichung stellen wir in der Form

$$\frac{u^2}{m^2} = \frac{v^2 + n^2}{n^2}$$

dar und führen folgende Bezeichnungen ein:

$$\varphi_2(u_2) = u^2, \quad f_1(u_1) = -m^2, \quad \varphi_4(u_4) = v^2, \quad f_3(u_3) = \varphi_3(u_3) = -n^2,$$
$$f_2(u_2) = \varphi_1(u_1) = f_4(u_4) = 0.$$

Die Gleichungen der Nomogrammskalen schreiben sich dann folgendermaßen:

Skala m:	$x = -a_4 m^2 + b^2,$	$y = -a_2 m^2 + b_1;$
Skala u:	$x = a_3 u^2 + b_2,$	$y = a_1 u^2 + b_1;$
Skala v:	$x = k a_3 v^2 + b_4,$	$y = k a_3 v^2 + b_3;$
Skala n:	$x = -k(a_3 + a_4) n^2 + b_4,$	$y = -k(a_1 + a_2) n^2 + b_3.$

Alle Skalen werden geradlinig. Dabei werden die Skalen m und u in einem gemeinsamen Punkte beginnen (bei $m = 0$ und $v = 0$), ebenso wie die Skalen n und v (bei $v = 0$ und $n = 0$). Setzt man $b_2 = b_4$ und $b_1 = b_3$, so fallen die Anfänge aller Skalen zusammen; die Koeffizienten a_1, a_2, a_3 und a_4 sind die Maßstabsfaktoren. Wir wählen sie, wobei wir alle $b_i = 0$ setzen, nach den vorgeschriebenen Habaryten des Nomogramms, dabei geben wir der Skala m die Richtung der Ordinatenachse.

Dies ergibt: $\quad a_4 = 0 \quad \text{und} \quad a_2 = -\frac{L}{10^2} = -1{,}0;$

$$a_3 = -\frac{(M:2)}{15{,}6^2} \approx -0{,}14 \quad \text{und} \quad a_1 = \frac{L}{15{,}6^2} \approx 0{,}40.$$

Will man die Skalen u und v des Nomogramms zusammenlegen, dann muß man $k = 1$ setzen. Folglich werden dann die Gleichungen der Skalen:

Skala m:	$x = 0,$	$y = m^2;$
Skala u:	$x = -0{,}14 u^2,$	$y = 0{,}40 u^2;$
Skala v:	$x = -0{,}13 v^2,$	$y = 0{,}40 v^2;$
Skala n:	$x = 0{,}14 n^2,$	$y = 0{,}60 n^2.$

Das erhaltene Nomogramm ist in Fig. 36 (Seite 42) angeführt.

2. Man konstruiere eine Kreuztafel für die Gleichung zur Bestimmung der Tangentialspannung s' bei der Drillung eines Stabes von rechtwinkligem Querschnitt bei gegebenem Drehmoment M_t und der Länge der Seiten u und h:

$$s' = 4{,}5 \frac{M_t}{u^2 h},$$

mit $\quad 3000 \leqq M_t \leqq 200\,000$ kg cm, $\quad 10 \leqq u \leqq 120$ mm; $\quad 10 \leqq h \leqq 120$ mm,

$$0{,}8 \leqq s' \leqq 12 \text{ kg/mm}^2.$$

Die Ausmaße des Nomogramms seien $L = 200$ mm, $M = 140$ mm.

Durch Logarithmieren der vorgegebenen Gleichung erhalten wir:

$$\lg M_t - 2 \lg u + \lg 4{,}5 = \lg s' + \lg h .$$

Folglich ist: $\varphi_2(u_2) = \lg M_t + \lg 4{,}5, \quad \varphi_1(u_1) = -2 \lg u,$

$\varphi_4(u_4) = \lg s', \quad \varphi_3(u_3) = -\lg h,$

$f_2(u_2) = 1, f_1(u_1) = 0, \quad f_4(u_4) = 1$ und $f_3(u_3) = 0.$

Die Gleichungen der Skalen des Nomogramms schreiben sich dann wie folgt:

Skala u: $x = -2a_3 \lg u + b_2, \quad y = -2a_1 \lg u + b_1;$

Skala M_t: $x = a_3 \lg M_t + a_4 + a_3 \lg 4{,}5, \quad y = a_1 \lg M_t + a_2 + a_1 \lg 4{,}5 + b_1;$

Skala h: $x = -[-ka_1 \lg h + b_1], \quad y = -ka_3 \lg h + b_4;$

Skala s': $x = -[ka_1 \lg s' + ka_2 + b_3], \quad y = ka_3 \lg s' + ka_4 + b_4.$

Wir legen die Nomogrammskalen so auf die Seiten eines Rechteckes, daß die Skalen M_t und u auf die entgegengesetzten Seiten des Rechteckes zu liegen kommen, während die Skalen s' und h entsprechend auf die obere und untere Grundlinie des Rechteckes fallen. Dies ergibt (Fig. 167):

$$a_3 = 0, \quad a_4 + b_2 = 0, \quad ka_4 + b_4 = 0$$

und folglich werden die Gleichungen der Skalen:

Skala M_t: $x = 0, \quad y = a_1 \lg M_t + (a_2 + a_1 \lg 4{,}5 + b_1);$

Skala u: $x = b_2, \quad y = -2a_1 \lg u + b_1;$

Skala h: $x = ka_1 \lg h - b_1, \quad y = b_4;$

Skala s': $x = -ka_1 \lg s' + (-ka_2 + b_3), \quad y = 0.$

Hieraus folgt:

$$b_2 = M = 140, \quad b_4 = L = 200 \text{ mm}.$$

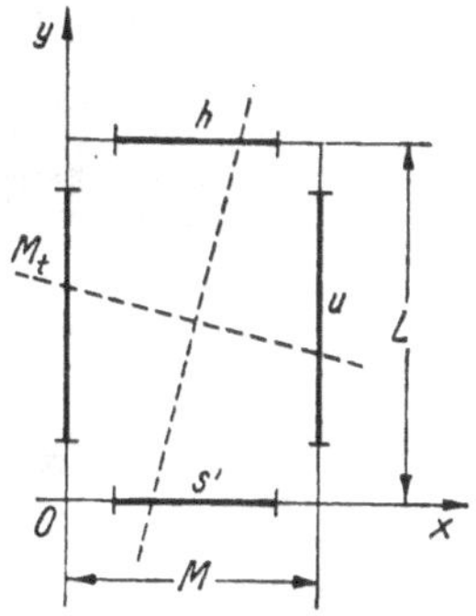

Figur 167

Wir wählen die Lage der Skalen M_t, h, u und s' so, daß ihre Mitten angenähert mit den Mitten der entsprechenden Seiten des Rechteckes zusammenfallen, dann bekommen wir vier Beziehungen zwischen den fünf Koeffizienten k, a_1, a_2, b_1 und b_3. Legen wir einen von ihnen fest, indem wir die Länge einer Skala, z. B. von M_t festlegen, so können wir aus diesen Beziehungen die Werte der übrigen bestimmen.

Jedoch kann man für Nomogramme dieser Art von einem noch einfacheren Verfahren Gebrauch machen, nämlich: unter der Berücksichtigung, daß die absoluten Glieder in den Gleichungen der Skalen voneinander unabhängig sind, berechnen wir die Maßstäbe der Skalen: a_1 für die Skala M_t nach den vorgegebenen Variabilitätsgrenzen

$$a_1 = \frac{150}{\lg 200000 - \lg 3000} \approx 82{,}5 \text{ (mm)};$$

$2a_1 = 170$ mm für die Skala u, dann bestimmen wir die Größe ka_1 aus der Bedingung, daß die Mitten der Skalen u und h auf die Mitten der Seiten des Rechteckes fallen. Dies gibt uns zwei Bedingungen (wobei wir annehmen, daß die Mitten der Skalen den „mittleren“ Werten entsprechen: $h_m = u_m \sqrt{10 \cdot 120} \approx 35$):

$$ka_1 \lg 35 - b_1 = 70,$$

$$-2a_1 \lg 35 + b_1 = 100;$$

woraus wir bekommen $\quad ka_1 \lg 35 - 2a_1 \lg 35 = 170$

und $$ka_1 = \frac{170}{\lg 35} + 170 = 280{,}10 \text{ (mm)}.$$

Drei von den vier konstanten Summanden in den Skalengleichungen können wir beliebig wählen und dann den vierten bestimmen. Dies bedeutet, daß man die Lage der Anfangspunkte von drei Skalen beliebig vorgeben kann. Die Lage des Anfangspunktes der vierten Skala bestimmt man sehr leicht nach den vier Werten M_t, h, s' und h, die der vorgelegten Gleichung genügen. Daher zeichnen wir die Skalen M_t, u und h so, daß ihre Mitten angenähert mit den Mitten der drei Seiten des Rechteckes zusammenfallen (Fig. 167). Wir rechnen ein Beispiel durch:

$$u = 20, \quad h = 45, \quad M_t = 20000, \quad s' = 5.$$

Wir verbinden die Punkte mit den Argumenten $M_t = 20000$ und $u = 20$ durch eine Gerade, und durch den Punkt $h = 45$ legen wir eine Gerade, die zu der zuerst eingezeichneten Geraden senkrecht steht, wir bringen diese mit dem Träger der Skala s' zum Schnitt. In diesem Punkte muß der Wert $s' = 5$ sein. Von diesem Punkte aus tragen wir die übrigen Punkte der Skala s' ein.

Das fertige Nomogramm ist in verkleinertem Maßstabe in Fig. 168 dargestellt.

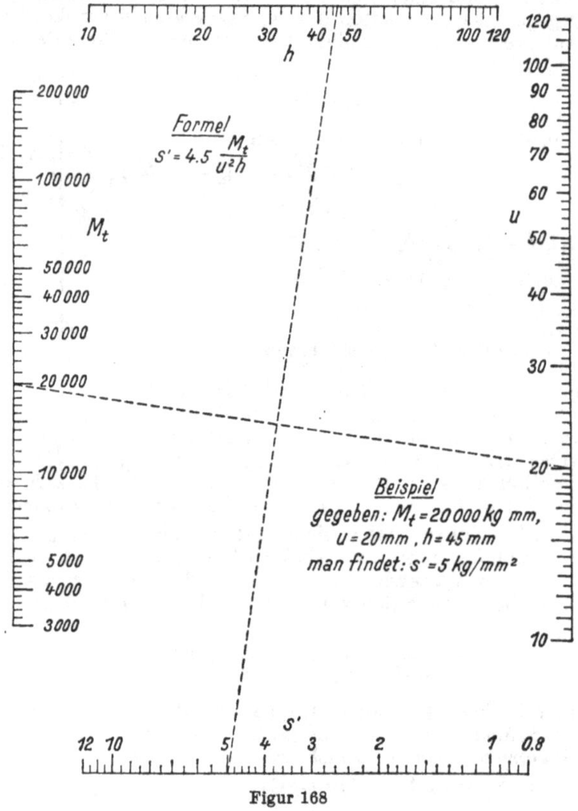

Figur 168

8. *Nomogramm mit einem rechten Winkel als Ableseindex.* Die Gleichung, die durch dieses Nomogramm gelöst wird, lautet:

$$\frac{\varphi_2(u_2) - \varphi_1(u_1)}{f_2(u_2) - f_1(u_1)} = \frac{f_2(u_2) - f_3(u_3)}{\varphi_3(u_3) - \varphi_2(u_2)}.$$

Die Gleichungen der Nomogrammskalen haben die Form:

$$\text{Skala } u_1: \quad x = \mu f_1(u_1) + b, \quad y = \mu \varphi_1(u_1) + a;$$

$$\text{Skala } u_2: \quad x = \mu f_2(u_2) + b, \quad y = \mu \varphi_2(u_2) + a;$$

$$\text{Skala } u_3: \quad x = \mu f_3(u_3) + b, \quad y = \mu \varphi_3(u_3) + a.$$

Das Nomogramm läßt nur eine Ähnlichkeitstransformation zu.[1])

Beispiel. Man konstruiere ein Nomogramm für die Gleichung

$$uv = w$$

mit $$0 \leqq u \leqq 10, \quad 0 \leqq v \leqq 10, \quad 0 \leqq w \leqq 100.$$

Nehmen wir $\varphi_1(u_1) = \varphi_3(u_3) = f_2(u_2) = 0$ an, so erhalten wir aus der allgemeinen Gleichung

$$-\varphi_2^2(u_2) = f_1(u_1) \cdot f_3(u_3).$$

Wir bezeichnen $\varphi_2(u_2) = \sqrt{w}$, $f_3(u_3) = v$ und $f_1(u_1) = -u$

und erhalten die Skalengleichungen:

$$\text{Skala } u: \quad x = -\mu u + b, \quad y = a;$$

$$\text{Skala } v: \quad x = \mu v + b, \quad y = a;$$

$$\text{Skala } w: \quad x = b, \quad y = \mu\sqrt{w} + a.$$

Somit liegen die Skalen u und v auf einem gemeinsamen geradlinigen Träger, sind aber nach verschiedenen Seiten gerichtet; nehmen wir diese Gerade als Abszissenachse, dann erhalten wir $a = 0$. Von den Skalen u und v ist die eine die Fortsetzung der anderen, sie liegen wegen der gleichen Bereiche symmetrisch zu ihrem gemeinsamen Anfangspunkt. Daher wählen wir $b = 0$ und bekommen schließlich die Skalengleichungen in der Form:

$$\text{Skala } u: \quad x = -\mu u, \quad y = 0;$$

$$\text{Skala } v: \quad x = \mu v, \quad y = 0;$$

$$\text{Skala } w: \quad x = 0, \quad y = \mu\sqrt{w}.$$

Ausgehend von den Ausmaßen des Nomogramms $M = 150$ mm, bestimmen wir die Maßstäbe der Skalen $\mu = \frac{150}{20} = 7{,}5$ (mm). Das Nomogramm ist in Fig. 35 (Seite 41) dargestellt.

9. Hexagonale Nomogramme. Ein Nomogramm mit einem hexagonalen Index (auf der beweglichen Ebene befinden sich drei sich in einem Punkte schneidende Linien — Fig. 169) mit drei geradlinigen Skalen, die sich ebenfalls in einem Punkte schneiden, löst die Gleichung

$$f_1(u_1) + f_2(u_2) = f_3(u_3).$$

Dabei legt man die bewegliche Ebene so, daß ihre Geraden mit den entsprechenden Skalen ständig einen rechten Winkel bilden.

---

[1]) Ein Nomogramm mit einem Index in Form eines rechten Winkels läßt nur eine Ähnlichkeitstransformation zu, da sich die Richtungen von einem Punkte der Skala u_3, an die die Spitze des rechten Winkels des Transparents angelegt wird, zu den gegebenen Punkten der Skalen u_1 und u_2 um 90° unterscheiden müssen, sonst können wir nach der Umformung der festen Ebene das Nomogramm nicht mehr benutzen. Daher sind alle Transformationen, die den Winkel zwischen zwei beliebigen, von einem beliebigen Punkte der Skala u_3 ausgehenden, aufeinander senkrecht stehenden Strahlen verändern, für dieses Nomogramm unzulässig. Die einzig mögliche Umformung ist somit nur eine Ähnlichkeitsumformung.

Die Gleichungen der Nomogrammskalen lauten (Fig. 169, *a*):

$$\text{Skala } u_1: \quad l = \mu_1 f_1(u_1) + p_1,$$
$$\text{Skala } u_2: \quad l = \mu_2 f_2(u_2) + p_2,$$
$$\text{Skala } u_3: \quad l = \mu_3 f_3(u_3) + p_3,$$

wobei zwischen den Maßstäben μ_1, μ_2 und μ_3 und den Größen p_1, p_2 und p_3 noch die folgenden Beziehungen bestehen:

$$\mu_1 \sin \alpha_1 = \mu_2 \sin \alpha_2 = \mu_3 \sin (\alpha_1 + \alpha_2),$$
$$p_3 = p_1 + p_2.$$

Die hexagonalen Nomogramme zeichnen sich durch die Eigenschaft aus, daß jede der Skalen u_1, u_2 und u_3 parallel zu sich selbst in Richtung des entsprechenden Indexes um eine beliebige Größe verschoben werden kann. Von den in Fig. 169 angedeuteten Lagen der Skalen ist die unter 169 b die günstigste.

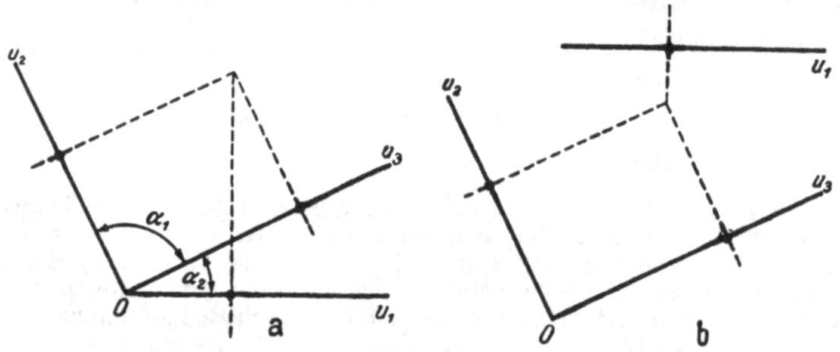

Figur 169

Gehen die Skalen u_1, u_2 und u_3 durch einen Punkt, dann braucht man die Bedingung der Orthogonalität des Indexes zur entsprechenden Skala nicht zu beachten, auch braucht man die Indizes nicht unbedingt senkrecht zu den Skalen zu stellen.

Die Nomogramme mit einem hexagonalen Index haben indessen keine weite Verbreitung gefunden.

Beispiel. Man konstruiere ein hexagonales Nomogramm für die Gleichung

$$uv = w,$$

mit $1 \leqq u \leqq 10, \quad 1 \leqq v \leqq 10 \quad \text{und} \quad 1 \leqq w \leqq 50.$

Nach Logarithmierung der vorgelegten Gleichung ergibt sich:

$$\lg u + \lg v = \lg w.$$

Folglich ist $f_1(u_1) = \lg u, \quad f_2(u_2) = \lg v \quad \text{und} \quad f_3(u_3) = \lg w.$

Die Gleichungen der Nomogrammskalen lauten:

$$\text{Skala } u: \quad l = \mu_1 \lg u + p_1;$$
$$\text{Skala } v: \quad l = \mu_2 \lg v + p_2;$$
$$\text{Skala } w: \quad l = \mu_3 \lg w + p_3.$$

Legen wir die Skalen u, v und w auf Geraden, die sich in einem Punkte unter einem Winkel von $\alpha_1 = \alpha_2 = 60°$ schneiden, so erhalten wir:

$$\sin \alpha_1 = \sin \alpha_2 = \sin (\alpha_1 + \alpha_2)$$

und folglich $\mu_1 = \mu_2 = \mu_3 = \mu.$

Wir wählen $\mu = 125$ mm und $p_1 = p_2 = p_3 = 0$. Das erhaltene Nomogramm ist in Fig. 45 (Seite 47) dargestellt.

XIII. KAPITEL

Zusammengesetzte Nomogramme

§ 40. Besonderheiten der Konstruktion zusammengesetzter Nomogramme

1. Der allgemeine Fall zusammengesetzter Nomogramme. Die Definition eines solchen Nomogramms ist in Abschnitt 5, II. Kapitel angeführt. Um für eine vorgelegte Gleichung

$$F(u_1, u_2, u_3, \ldots, u_n) = 0$$

ein zusammengesetztes Nomogramm zu konstruieren, muß man unbedingt durch Einführung von Hilfsvariablen $\lambda_1, \lambda_2, \ldots, \lambda_k$ diese Gleichung in Form eines Systems von $(k + 1)$ Gleichungen darstellen:

$$\begin{aligned} &f_1(u_1, u_2, \ldots, u_m, \lambda_1, \lambda_2) = 0, \\ &f_2(u_{m+1}, \ldots, u_i, \lambda_1, \lambda_2, \lambda_3, \lambda_4) = 0, \\ &\ldots\ldots\ldots\ldots\ldots\ldots \\ &f_{k+1}(u_{i+1}, \ldots, u_n, \lambda_{k-1}, \lambda_k) = 0, \end{aligned}$$

und zwar so, daß, wenn wir aus ihnen $\lambda_1, \lambda_2, \ldots, \lambda_k$ eliminieren, wir wieder zu der vorgegebenen Gleichung zurückkommen.

Jede dieser Gleichungen muß nomographierbar sein, d. h. zu einer der in Tabelle 1 (Seite 56) dargestellten Gleichungsformen gehören. In die erste von ihnen können zwei (im Spezialfall auch ein) Hilfsparameter λ_1 und λ_2 eingehen. Das Nomogramm dieser Gleichung muß für die Variablen λ_1 und λ_2 ein Netz besitzen (im Spezialfall die Skala einer Hilfsvariablen), von dem ein Punkt in den doppelten Lösungskontakt eingeht.

Damit man ein zusammengesetztes Nomogramm bekommt, muß die zweite Gleichung des Systems durch ein Nomogramm gelöst werden, das unter seinen Elementen, die einen Lagekontakt herstellen (doppelter Kontakt) dasselbe Netz für die Variablen λ_1 und λ_2 enthält. Sein Lösungskontakt muß ebenfalls ein doppelter Kontakt sein, mit dessen Hilfe man einen Punkt des Netzes für die Variablen λ_3 und λ_4 bestimmt.

Das Nomogramm für die dritte Gleichung des Systems wird in seinem Bestand ein Netz für die Variablen λ_3 und λ_4 enthalten, von dem ein Punkt einen der Lagekontakte festlegt; sollte diese Gleichung jedoch nicht die letzte Gleichung des Systems sein, so geht in seinen Lösungskontakt ein Netz für die neuen Hilfsvariablen λ_5 und λ_6 ein usw. Somit muß jede der Gleichungen des Systems außer der ersten und der letzten bis vier Hilfsvariable enthalten, wobei in jedes Paar benachbarter Gleichungen zwei gleiche Hilfsvariable eingehen.

Die Netze (oder die Skalen) für diese Variablen kann man ungraduiert lassen; die durch sie bestimmten Elemente des Nomogramms tragen die Bezeichnung *unbenannte Elemente.* Das erste Nomogramm kann graduierte Elemente für elf Variable und ein unbenanntes Netz enthalten; jedes der folgenden Nomogramme kann die Zahl der Variablen, die in die nomographierbaren Gleichungen eingehen, um fünf vergrößern und enthält im allgemeinen Falle zwei unbenannte Netze; das letzte Nomogramm kann nur ein unbenanntes Netz und graduierte Elemente für acht Variable enthalten.

In den Fällen, wo an Stelle von Netzen Skalen in den Bestand des Nomogramms eingehen, vermindert sich die Zahl der Variablen dementsprechend.

Die Strukturformel eines zusammengesetzten Nomogramms sieht wie folgt aus:

erstes Nomogramm:

$$P_{1,2} \mid\!\!-\!\!\mid C'_3, \quad P_{4,5} \mid\!\!-\!\!\mid C'_6, \quad P_{7,8} \mid\!\!-\!\!\mid C'_9 \quad \text{und} \quad P_{10,11} \mid\!\!\rightarrow P'_{\mathrm{I}}$$

(11 Variable und 2 Hilfsvariable);

zweites Nomogramm:

$$P_{10,11} \mid\!\!=\!\!\mid P'_{\mathrm{I}}, \quad P_{12,13} \mid\!\!-\!\!\mid C'_{14} \quad \text{und} \quad P_{15,16} \mid\!\!\rightarrow P'_{\mathrm{II}}$$

(7 Variable, von denen 5 neu und 4 Hilfsvariable sind);

. . . .

*k*tes Nomogramm:

$$P_{n-7,n-6} \mid\!\!=\!\!\mid P'_{(k)}, \quad P_{n-4,n-5} \mid\!\!-\!\!\mid C'_{n-3} \quad \text{und} \quad P_{n-2,n-1} \mid\!\!\rightarrow C'_n$$

(8 Variable, von denen 6 neu sind und 2 Hilfsvariable sind).

Hat man an Stelle eines unbenannten Netzes unbenannte Skalen, dann muß in den Lösungskontakt an Stelle eines Netzes eine nur von einem Parameter abhängige Linienschar eingehen.

Zur Konstruktion zusammengesetzter Nomogramme bedient man sich allgemeingültiger Regeln: Jedes in das zusammengesetzte Nomogramm eingehende elementare Nomogramm wird einzeln berechnet, genau wie ein gewöhnliches Nomogramm mit seinem dazugehörigen eigenen Koordinatensystem. Dabei müssen bei jedem der folgenden Nomogramme (außer dem ersten) die in den Lösungskontakt eingehenden unbenannten Elemente eine vorgeschriebene Form haben, und zwar die gleiche, wie das in den Lösungskontakt des vorhergehenden Nomogramms eingehende gleiche unbenannte Element (unbenanntes Element für die gleichen Hilfsvariablen).

Bei der Konstruktion zusammengesetzter Nomogramme muß man berücksichtigen, *daß man gewöhnlich Hilfsvariable in sehr verschiedener Weise einführen kann.* In jedem dieser Fälle ergibt sich ein besonderes zusammengesetztes Nomogramm.

Zusammengesetzte Nomogramme, die *auf der beweglichen Ebene nur nichtgraduierte Elemente tragen, können natürlich nur unbenannte Skalen oder Scharen unbenannter Linien enthalten; unbenannte Netze können hier nicht Verwendung finden.*

Man kann jedoch die vorgelegte Gleichung durch ein System von Gleichungen ersetzen (Seite 249), wobei in jede von ihnen, außer in die erste und letzte, nur zwei Hilfsvariable λ_i eingehen können, in die erste und letzte eine Hilfsvariable. Diese Tatsache ist dadurch bedingt, daß das nichtgraduierte Element der beweglichen Ebene allein die Lage eines Punktes auf der festen Ebene noch nicht bestimmt; um einen solchen Punkt zu bekommen, muß man auf der festen Ebene wenigstens eine Linie eintragen (eine unbenannte Skala oder eine einparametrige Linienschar), deren Schnitt mit der nichtgraduierten Linie der beweglichen Ebene den zur Herstellung des ersten Lagekontakts mit dem folgenden elementaren Nomogramm erforderlichen Punkt festlegt.

Daher kann man in Nomogrammen, die aus Fluchtlinientafeln, Stechzirkelnomogrammen usw. zusammengesetzt sind, keine unbenannten Netze einführen.

2. *Die Bereiche der Hilfsvariablen.* Zur Berechnung eines Nomogramms muß man unbedingt die Bereiche aller in die nomographierbare Gleichung eingehenden Variablen kennen. Für jedes elementare Nomogramm sind von vornherein die Bereiche der Hilfsvariablen unbekannt; man muß sie nach den vorgegebenen Bereichen der in die vorgelegte nomographierbare Gleichung eingehenden Variablen bestimmen. *Dabei muß man die Intervallgrenzen jedes Hilfsparameters so wählen, daß man alle Werte der Lösungsgröße in den vorgegebenen Grenzen und nur die bekommt,* wobei man alle diejenigen Parameterwerte herauslassen muß, die man zwar bei den vorgegebenen Grenzen der Ausgangsvariablen erhält, die aber aus ihren Bereichen herausfallende Werte der Lösungsgröße liefern.

Außerdem muß man bei der Berechnung der Bereiche der Hilfsvariablen berücksichtigen, in welchen Kombinationen die Werte der in die vorgegebene Gleichung eingehenden Variablen nur auftreten können. Die Kombinationen von praktisch nicht vorkommenden Werten müssen aus der Betrachtung ausgeschlossen werden, die ihnen entsprechenden Werte der Hilfsvariablen müssen ebenfalls weggelassen werden.

Ist z. B. die Gleichung $F(u_1, u_2, u_3, u_4) = 0$

vorgelegt und haben wir die Möglichkeit, für sie ein zusammengesetztes Nomogramm zu konstruieren, dann bestimmt nach Trennung der Variablen u_1, u_2 und u_3, u_4 und Umformung der vorgelegten Gleichung auf die Form:

$$\varphi(u_1, u_2) = \lambda$$

und

$$\lambda = \psi(u_3, u_4)$$

jede dieser Gleichungen bei vorgegebenen Bereichen der entsprechenden u_i die Bereiche von λ. Die erste dieser Gleichungen gebe uns die Grenzen $0{,}01 \leqq \lambda \leqq 50$ und die zweite $11 \leqq \lambda \leqq 125$. Bei der Konstruktion des Nomogramms für jede der erhaltenen Gleichungen müssen wir annehmen, daß sich λ in den Grenzen von 11 bis 50 ändert. Denn Werte von λ zwischen 0,01 und 11 benötigen wir nicht, um in den vorgeschriebenen Grenzen das gesuchte Resultat zu finden, Werte zwischen 50 und 125 ergeben sich aus der ersten Gleichung überhaupt nicht. Daher würden uns die entsprechenden Skalenteile von λ, brächten wir sie auf der Zeichnung des Nomogramms unter, nur zwingen, den Maßstab der Zeichnung zu verkleinern, d. h. die mögliche Genauigkeit des Nomogramms bliebe unausgenutzt.

3. *Die Grundforderungen, die man an zusammengesetzte Nomogramme stellt.* Für eine Gleichung mit separierbaren Variablen, die mehr als vier Variable enthält, kann man gewöhnlich einige Varianten zusammengesetzter Nomogramme von gleichem Typ bekommen, je nachdem, wie man die Trennung der Variablen durchführt. Daher hat hier die Wahl der besten Variante eines zusammengesetzten Nomogramms besonderen Wert.

Die *erste Forderung*, die man unbedingt an das Nomogramm zu stellen hat, *ist die Stetigkeit der Schritte beim Gebrauch des Nomogramms.*

Den Sinn dieser Forderung kann man am leichtesten an einem Beispiel erläutern. Angenommen, wir könnten für irgendeine Gleichung mit trennbaren

Veränderlichen zwei Nomogramme konstruieren. Eine mit einer Strukturformel der Gestalt

$$P_1 \mid\!-\!\mid C'_2,\quad P_3 \mid\!-\!\mid C'_4,\quad P_5 \mid\!-\!\mid C'_6 \text{ und } P_7 \mid\!\rightarrow P'_{\mathrm{I}};$$

$$P_7 \mid\!=\!\mid P'_{\mathrm{I}},\quad P_8 \mid\!-\!\mid C'_9 \text{ und } P_{10} \mid\!\rightarrow P'_{\mathrm{II}};$$

$$P_{10} \mid\!=\!\mid P'_{\mathrm{II}},\quad P_{11} \mid\!-\!\mid C'_{12} \text{ und } P_{13} \mid\!\rightarrow C'_{14}$$

und die zweite mit der Strukturformel

$$P_1 \mid\!-\!\mid C'_2,\quad P_3 \mid\!-\!\mid C'_5,\quad P_4 \mid\!-\!\mid C'_6 \text{ und } P_8 \mid\!\rightarrow C'_{\mathrm{III}};$$

$$P_{10} \mid\!=\!\mid P'_{11},\quad P_7 \mid\!-\!\mid C'_9 \text{ und } P_{12} \mid\!\rightarrow P'_{\mathrm{IV}};$$

$$P_8 \mid\!-\!\mid C'_{\mathrm{III}},\quad P_{12} \mid\!=\!\mid P'_{\mathrm{IV}} \text{ und } P_{13} \mid\!\rightarrow C'_{14}.$$

Das zweite Nomogramm besteht aus drei elementaren Nomogrammen, seine Benutzung läuft darauf hinaus, daß man zunächst nach dem ersten Nomogramm eine Linie der unbenannten Schar C'_{III} bestimmt, diese Linie sich merkt, sodann nach den gegebenen Werten u_{10}, u_{11}, u_7, u_9 und u_{12} nach dem zweiten Nomogramm in dem unbekannten Netz einen Punkt P'_{IV} bestimmt. Erst jetzt bestimmen uns diese beiden erhaltenen unbenannten Elemente mit Hilfe des dritten elementaren Nomogramms die Lage der beweglichen Ebene, die den Lösungskontakt $P_{13} \mid\!\rightarrow C'_{14}$ liefert.

Bei der Benutzung des zweiten Nomogramms muß man sich also nach Bestimmung des unbenannten Elements des ersten Nomogramms von ihm trennen, dann das zweite unbenannte Element mit Hilfe des zweiten elementaren Nomogramms bestimmen, und erst danach benutzt man wieder das erste der erhaltenen unbenannten Elemente zur Bestimmung der Lösung. Ein solches zusammengesetztes Nomogramm ist in seinem Gebrauch sehr unbequem.

Mit Hilfe des ersten Nomogramms erhält man dieselbe Lösung nacheinander, indem man eins der unbekannten Elemente nach dem anderen bestimmt, wobei man zur Bestimmung jedes folgenden unbenannten Elements nur das gerade vorher erhaltene unbenannte Element benutzt: beim weiteren Gebrauch des Nomogramms spielt es keine Rolle mehr. Dieses Nomogramm besitzt im Unterschied zum ersten die Stetigkeit in der Reihenfolge beim Gebrauch der erhaltenen unbenannten Elemente, was man kurz als *Stetigkeit beim Gebrauch des Nomogramms* bezeichnet.

Die zweite Forderung, die man gewöhnlich auch an ein zusammengesetztes Nomogramm stellt, ist die, daß eine solche Anordnung der elementaren Nomogramme auf der Zeichnung herzustellen *die größtmögliche Anschaulichkeit beim Gebrauch des zusammengesetzten Nomogramms* gewährleistet. Als bequemste Anordnung der elementaren Nomogramme hat man von diesem Gesichtspunkt aus diejenige anzusehen, bei der die Skalen oder Netze der aufeinander folgenden Nomogramme nicht in den Teil der Zeichenfläche fallen, der vom vorhergehenden elementaren Nomogramm eingenommen wird.

Die dritte Forderung — die Lage der unbenannten Skala oder der Linienschar für die Hilfsvariable — muß in dem Fall, wo es sich um Lösungsskalen oder Lösungsscharen handelt, im elementaren Nomogramm die kleinste geometrische Ungenauigkeit der Lösung sichern (siehe Abschnitt 6, III. Kapitel);

der Charakter der Argumentverteilung[1]) auf der unbenannten Skala hat gewöhnlich keine wesentliche Bedeutung zum Unterschied der graduierten Lösungsskalen.

Im übrigen behalten für jedes der elementaren Nomogramme des zusammengesetzten Nomogramms die Forderungen weiterhin ihre Gültigkeit, die in § 9 (Seite 72) formuliert wurden.

§ 41. Zusammengesetzte Netztafeln

4. Der allgemeine Begriff zusammengesetzter Netztafeln. In der Praxis haben diejenigen zusammengesetzten Nomogramme eine gewisse Verbreitung gefunden, die aus einzelnen Netztafeln bestehen, jedoch ist ihre Anwendung meistens ziemlich kompliziert, sie finden aber wegen der Einfachheit ihrer Konstruktionsmethode Verwendung. (Auch „Verbundtafeln" genannt. — D. H.)

Eine zusammengesetzte Netztafel eines weitverbreiteten Typs ist in Fig. 170 dargestellt. Um sie zu konstruieren, muß man die vorgegebene Gleichung mit fünf Variablen

$$F\,(u_1, u_2, u_3, u_4, u_5) = 0$$

in Form eines Systems dreier Gleichungen

$$f_1\,(u_1, u_2, \lambda_1) = 0,$$

$$f_2\,(\lambda_1, u_3, \lambda_2) = 0$$

und $$f_3\,(\lambda_2, u_4, u_5) = 0$$

darstellen, was durch Einführung dreier Hilfsvariablen λ_1 und λ_2 erreicht wird.

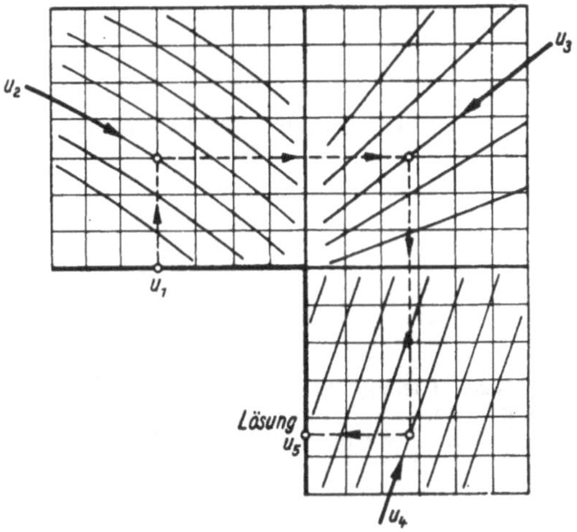

Figur 170

Jede dieser Gleichungen kann man durch eine Netztafel darstellen, wobei die Linienscharen λ_1 im ersten und zweiten Nomogramm und λ_2 im zweiten und dritten gewöhnlich geradlinig gemacht werden und die gleiche Charakteristik erhalten. Die Charakteristiken dieser Scharen werden so gewählt, daß die krummlinige Linienschar in jedem dieser Nomogramme eine für die Durchführung der Rechnungen günstige Lage bekommt. Im übrigen unterscheidet sich die Konstruktion der elementaren Netztafeln nicht von der früher betrachteten (siehe IV. Kapitel, Seite 88).

5. Konstruktionsbeispiele zusammengesetzter Netztafeln. 1. Man konstruiere ein Nomogramm zur Bestimmung der Wassergeschwindigkeit in Flüssen und offenen Kanälen. (Ganguillet-Kuttersche Formel. — D. H.)

[1]) Die unbenannte Skala wird zwar mit keiner Gradeinteilung versehen, aber jedem ihrer Punkte wird der Wert einer bestimmten Variablen zugeordnet, der Zwischenergebnis bei der Berechnung nach der vorgegebenen Formel ist; diese Werte sind die Argumente der Punkte der unbenannten Skala (siehe Abschnitt 1, § 1, Seite 2).

Die entsprechende Formel lautet:

$$V = \frac{\left(23 + \frac{1}{n} + \frac{0{,}00155}{i}\right)\sqrt{Ri}}{1 + \left(23 + \frac{0{,}00155}{i}\right)\frac{n}{\sqrt{R}}},$$

dabei ist V die gesuchte Geschwindigkeit in m/sec; i die Neigung des Kanals, n ein Koeffizient, der von der Beschaffenheit der Kanalwände abhängt (Rauhigkeit); R ist der hydraulische Radius in m; die Bereiche sind:

$$0{,}009 \leqq n \leqq 0{,}05; \quad 0{,}06 \leqq R \leqq 30\,(\text{m});$$
$$0{,}001 \leqq i \leqq 0{,}300; \quad 0{,}18 \leqq V \leqq 15\,(\text{m/sec}).$$

Ersetzt man in dieser Formel die Größe $\frac{0{,}00155}{i}$ im Nenner und Zähler durch eine Konstante, wobei man $i = 0{,}010$ wählt, dann übersteigt bei den Werten der Variablen in unseren Grenzen der Fehler in der Bestimmung des Wertes V nicht 0,5% (siehe Seite 88). Wir erhalten in diesem Falle

$$V \approx \frac{\left(\frac{1}{n} + 23{,}155\right)\sqrt{Ri}}{1 + 23{,}155\,\frac{n}{\sqrt{R}}}.$$

In dieser Gleichung sind die Variablen separierbar, d. h. die gegebene Gleichung kann man durch ein System zweier Gleichungen ersetzen:

(I) $$\frac{\left(\frac{1}{n} + 23{,}155\right)\sqrt{R}}{1 + 23{,}155\,\frac{n}{\sqrt{R}}} = \lambda$$

und

(II) $$V = \lambda\,\sqrt{i}\,.$$

Jede dieser Gleichungen kann man einzeln durch eine Netztafel lösen.

In der ersten von ihnen wählen wir (siehe Abschnitt 3, VI. Kapitel) $u_1 = n$, $u_2 = \lambda$ und $u_3 = R$. Zur Konstruktion des Nomogramms nehmen wir für die Linien $n = \text{const}$ und $\lambda = \text{const}$ zwei aufeinander senkrecht stehende logarithmische Scharen paralleler Geraden. Die Linien $R = \text{const}$ werden dann Kurven, doch ist ihre Krümmung unbedeutend.

Die Gleichung (II) kann ebenfalls durch eine Netztafel dargestellt werden, die auf einem logarithmischen Netz (V, i) konstruiert wird, wobei die Linien $\lambda = \text{const}$ die Linien $u_3 = \text{const}$ bilden (λ ist der Parameter der dritten Schar des Nomogramms).

Hat man die allgemeinen Grenzen von λ für die Gleichungen (I) und (II) berechnet, so erhält man

$$1{,}8 \leqq \lambda \leqq 476$$

oder

$$2 \leqq \lambda \leqq 450.$$

Nach den bekannten Grenzen von λ und n und den vorgeschriebenen Habaryten des Nomogramms bestimmen wir die Maßstäbe der Skalen auf der x-Achse und der y-Achse und konstruieren für die Gleichung I eine Netztafel.

Die Gleichungen der Linienscharen für λ und n lauten:

Schar λ: $y = \mu_y \lg \lambda = 62{,}5 \lg \lambda;$

Schar n: $x = \mu_x \lg n = 110 \lg n.$

Unter Benutzung des schon fertigen Netzes (λ, n) tragen wir die Linien $R = \text{const}$ ein. Die Gleichung (II) stellen wir dar in der Form:

$$\lg V = \lg \lambda + \frac{1}{2} \lg i.$$

Betrachten wir die Linien $\lambda = \text{const}$ als die Linien des Parameters (u_3), tragen die Scharen $V = \text{const}$ und $i = \text{const}$ auf einem logarithmischen Netz ein und bezeichnen die Maßstäbe auf den Koordinatenachsen mit μ'_x und μ'_y, dann erhalten wir die folgenden Gleichungen der Scharen:

$$\text{Schar } V: \qquad x = \mu'_x \lg V;$$

$$\text{Schar } i: \qquad y = \mu'_y \lg i;$$

$$\text{Schar } \lambda: \qquad \frac{x}{\mu'_x} = \lg \lambda + \frac{1}{2} \frac{y}{\mu'_y}.$$

Man weist leicht nach, daß zwischen den Maßstäben μ'_x, μ'_y und μ_y die Beziehung

$$\mu_y^2 = \mu_x'^2 + \mu_y'^2$$

besteht. Wählen wir daher μ'_x (oder μ'_y) beliebig, dann kann man den zweiten dieser Maßstäbe berechnen.

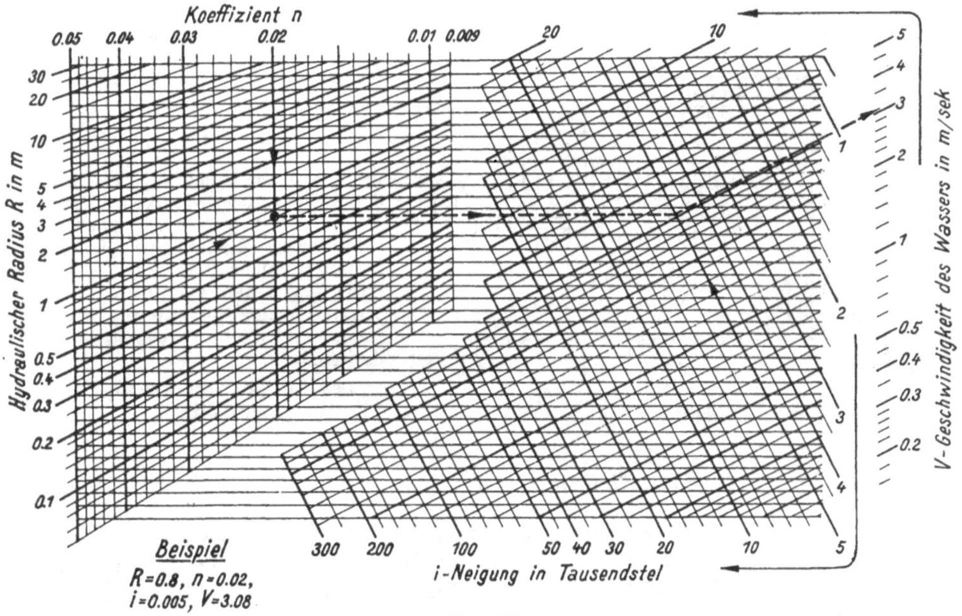

Figur 171

Bei der Konstruktion des Nomogramms wurde

$$\mu'_x = \mu'_y = 55{,}902 \text{ (mm)}$$

gewählt.

Das fertige Nomogramm ist in Fig. 171 dargestellt.

2. Es ist eine Netztafel für die Lösung der Proportion

$$\frac{u_1}{u_2} = \frac{u_3}{u_4}$$

zu konstruieren, wobei sich alle Variablen in den Grenzen von 1 bis 10 ändern sollen.

Wir spalten die vorgelegte Gleichung auf in zwei Gleichungen

$$\frac{u_1}{u_2} = \lambda \quad \text{und} \quad \lambda = \frac{u_3}{u_4}$$

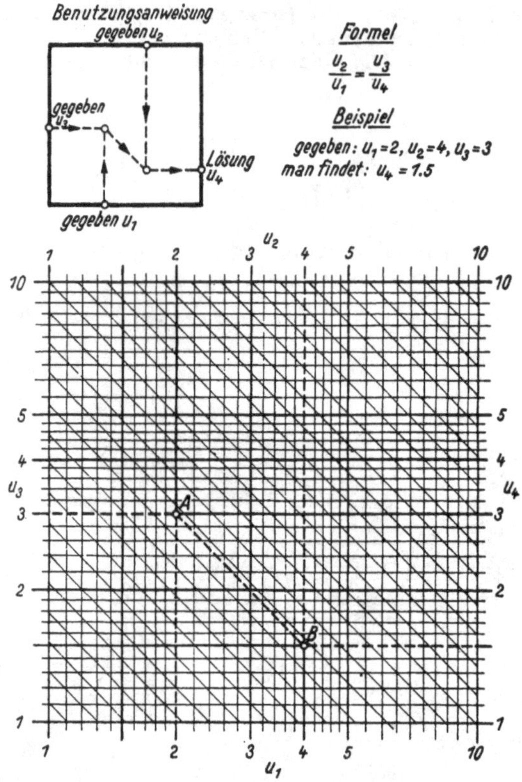

Figur 172

und logarithmieren, wonach wir erhalten:

$$\lg u_1 - \lg u_2 = \lg \lambda,$$

$$\lg u_3 - \lg u_4 = \lg \lambda.$$

Stellt man die Gleichungen der Linienscharen u_1 und u_2 in der Form:

$$x = \mu \lg u_1,$$

$$y = \mu \lg u_2$$

dar, dann erhalten wir für jedes λ eine Gerade im Koordinatensystem (x, y)

$$x - y = \mu \lg \lambda.$$

Wählt man die Gleichungen der Linienscharen u_3 und v_4 genauso, nämlich

$$x = \mu \lg u_3,$$

$$x = \mu \lg v_4,$$

dann wird die Gleichung der Linien $\lambda = \text{const}$ im selben Koordinatensystem (x, y) gleich der oben beschriebenen. Daher kann dasselbe Nomogramm, mit dessen Hilfe wir nach gegebenen u_1 und u_2 λ bestimmten, zur Bestimmung von u_4 (oder u_3) nach vorgegebenem λ dienen.

Das fertige Nomogramm ist in Fig. 172 dargestellt.

§ 42. *Aus Fluchtlinientafeln zusammengesetzte Nomogramme*

6. Gleichungen, die eine Konstruktion von Nomogrammen zulassen, die aus Fluchtlinientafeln zusammengesetzt sind. Die allgemeine Form einer Gleichung mit vier Variablen, die durch eine Fluchtlinientafel gelöst wird, erhält man, indem man aus den Gleichungen

$$\begin{vmatrix} f_1(u_1) & \varphi_1(u_1) & 1 \\ f_2(u_2) & \varphi_2(u_2) & 1 \\ \lambda & \varphi(\lambda) & 1 \end{vmatrix} = 0$$

und

$$\begin{vmatrix} f_3(u_3) & \varphi_3(u_3) & 1 \\ f_4(u_4) & \varphi_4(u_4) & 1 \\ \lambda & \varphi(\lambda) & 1 \end{vmatrix} = 0$$

den Parameter λ eliminiert. Wir erhalten:

$$(13.1) \quad \varphi\left(\frac{\varphi_2 - \dfrac{\varphi_1 - \varphi_2}{f_1 - f_2} f_2 - \varphi_4 + \dfrac{\varphi_3 - \varphi_4}{f_3 - f_4} f_4}{\dfrac{\varphi_1 - \varphi_2}{f_1 - f_2} - \dfrac{\varphi_3 - \varphi_4}{f_3 - f_4}}\right) = \frac{\dfrac{\varphi_1 - \varphi_2}{f_1 - f_2} \varphi_4 - \dfrac{\varphi_3 - \varphi_4}{f_3 - f_4} \varphi_2}{\dfrac{\varphi_1 - \varphi_2}{f_1 - f_2} - \dfrac{\varphi_3 - \varphi_4}{f_3 - f_4}}.$$

In dem Spezialfall, wo die unbenannte Skala geradlinig wird, lautet die letzte Zeile jeder der obigen Determinanten:

$$\lambda \quad m\lambda + n \quad 1 .$$

Zieht man deshalb von den Elementen der zweiten Spalte der Determinante die mit der konstanten Zahl m multiplizierten Elemente der ersten, sowie die mit n multiplizierten Elemente der dritten Spalte ab, dann bringt man jede der Determinanten auf eine Form, die als Elemente der dritten Zeile die Größen

$$\lambda \quad 0 \quad 1$$

enthält, weshalb man ohne Einschränkung der allgemeinen Gültigkeit $\varphi(\lambda) = 0$ annehmen kann. Daher hat die allgemeine Form einer Gleichung, die durch ein aus Fluchtlinientafeln zusammengesetztes Nomogramm mit einer geradlinigen unbenannten Skala gelöst wird, (nach der Umformung) die Form:

$$\begin{vmatrix} f_1 & 0 & \varphi_1 & 1 \\ f_2 & 0 & \varphi_2 & 1 \\ f_3 & \varphi_3 & 0 & 1 \\ f_4 & \varphi_4 & 0 & 1 \end{vmatrix} \doteq 0 . \tag{13.1'}$$

Dies ist der Spezialfall eines räumlichen Nomogramms (siehe XIV. Kapitel, Seite 293), bei dem die Skalen u_1 und u_2 in der Ebene (x, z) und die Skalen u_3 und u_4 in der Ebene (x, y) liegen.

Ersetzt man in diesen Gleichungen die Funktionen $f_1, f_2, f_3, \ldots$ einer Variablen durch entsprechende Funktionen zweier Variablen $f_{1,2}(u_1, u_2), f_{3,4}(u_3, u_4), f_{5,6}(u_5, u_6), \ldots$, so erhält man eine Gleichung, die acht Variable enthält und die durch ein zusammengesetztes Nomogramm mit Netzen für die Variablen (u_1, u_2), (u_3, u_4) usw. gelöst wird.

Eine allgemeine Methode anzugeben, wie man eine vorgegebene Gleichung auf die Form (13.1) oder (13.1') bringt, ist ziemlich schwierig; gewöhnlich löst man diese Aufgabe durch Probieren. (Methode des Beispiels. — D. H.)

7. *Beispiele.* Man konstruiere ein zusammengesetztes Nomogramm für die Gleichung zur Bestimmung der Temperatur der Innenfläche einer Wand

$$\tau_i = t_i - \frac{t_i - t_a}{R_0} r_i ,$$

dabei ist R_0 der Widerstand der Wärmeübertragung durch die Wand

$$0{,}7 \leqq R_0 \leqq 3{,}5 \ \frac{\text{grad} \cdot \text{m}^2\text{h}}{\text{cal}} ;$$

r_i ist der Wärmeaufnahmewiderstand der Wand:

$$0{,}105 \leqq r_i \leqq 0{,}183 \ \frac{\text{grad} \cdot \text{m}^2\text{h}}{\text{cal}} ;$$

t_i ist die Temperatur der Luft an der Innenfläche der Wand:

$$0 \leqq t_i \leqq 30^\circ \text{ C};$$

t_a ist die Temperatur der Außenluft:

$$-60^\circ \leqq t_a \leqq -5^\circ \text{ C};$$

τ_i ist die Temperatur der Innenfläche der Wand:

$$0 \leqq \tau_i \leqq 30^\circ \text{ C}.$$

Stellt man die Gleichung in Form des Systems

$$\frac{r_i}{R_0} = \lambda \quad \text{und} \quad \tau_i = t_i - (t_i - t_a)\,\lambda$$

dar, so wird die erste Gleichung durch ein Nomogramm einer Gleichung dritter nomographischer Ordnung und die zweite durch ein Nomogramm mit zwei geradlinigen Skalen und einem Netz gelöst. Die Nomogramme werden durch eine unbenannte Skala λ verbunden; folglich muß in beiden Nomogrammen die Skala λ gleich sein. Die Bereiche von λ wählen wir gleich (siehe Seite 251):

$$0{,}03 \leqq \lambda \leqq 0{,}262.$$

Für die erste Gleichung kann man Nomogramme nullter, zweiter und dritter Gattung konstruieren; für die zweite Gleichung kann man auf den geradlinigen Skalen verschiedene Variable auftragen, da sie alle linear in die Gleichung eingehen, infolgedessen kann man die Gleichung auf eine Form bringen, die der Form von Cauchy entspricht (Seite 145), dabei kann man für u_1 und u_2 jedes beliebige Paar der vier in die Gleichung eingehenden Variablen wählen.

Wir brauchen unbedingt für λ in beiden Nomogrammen die gleiche Skala. In der zweiten Gleichung kann man sie als geradlinige Skala oder allgemein als projektive Skala bekommen, daher ist für die erste Gleichung ein Nomogramm dritter Gattung ungeeignet.

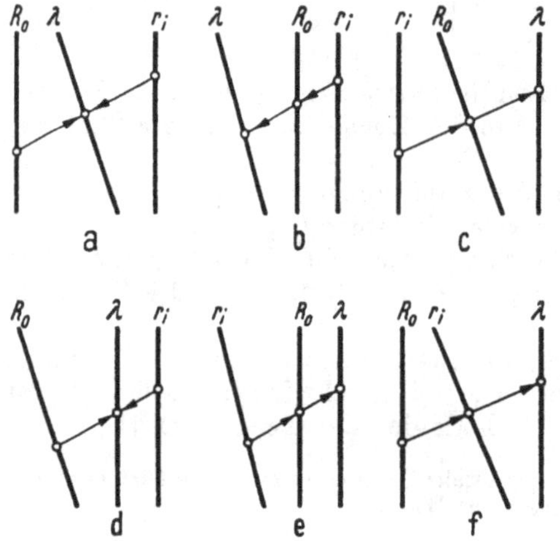

Figur 173

Somit sind für die Ausgangsgleichung folgende Typen zusammengesetzter Nomogramme möglich:

a) Indem man in verschiedener Weise die Variablen auf den Skalen des Nomogramms nullter Gattung der ersten Gleichung verteilt, erhält man verschiedene mögliche Varianten dieses Nomogramms mit einer geradlinigen Skala für λ. Im ganzen sind sechs verschiedene Fälle einer solchen Anordnung der Skalen möglich (Fig. 173). Da aber die Bereiche von r_i im Vergleich zu den Bereichen von R_0 und λ klein sind, sind diejenigen der einfachsten Formen des Nomogramms ungeeignet, bei denen die Größe r_i sich auf einer geneigten Skala befindet (Fig. 173e und f), da es unmöglich ist, auf einer solchen Skala hinreichend genau r_i abzulesen, es können daher nur die ersten vier dieser Varianten in Betracht kommen.

Was die größte Genauigkeit und die Möglichkeit einer weitgehenden Benutzung anbetrifft, so könnten die zweite (b) und die dritte (c) Variante der einfachsten Nomogramme am geeignetsten sein, da bei ihnen die Skala λ außen liegt, was eine bessere Verbindung mit dem zweiten Nomogramm zuläßt. Dabei hat die zweite (b) Variante eine von den Skalen der gegebenen Größe weit genug entfernte Lösungsskala λ.

Wir legen der weiteren Berechnung die in Fig. 173c dargestellte Variante zugrunde.

b) Bei der Gleichung $\tau_i + \lambda\,(t_i - t_a) - t_i = 0$

kann man die verschiedenen Variablenpaare auf mannigfaltige Art und Weise auf die geradlinigen Skalen verteilen. Die Nomogrammschemata, die man dementsprechend bekommt, sind in Fig. 174 dargestellt. Jedes von ihnen kann mit dem von uns für die erste Gleichung gewählten Nomogramm verbunden werden. Jedoch geht bei der Benutzung der letzten vier der angeführten Nomogramme, die die Größe λ im Netz haben, die Stetigkeit im Gebrauch des Nomogramms verloren (Seite 251), und daher sind sie für den Gebrauch weniger als die ersten zwei Nomogramme geeignet.

Da man im vorliegenden Falle die Temperatur nicht genauer als ein Grad ablesen kann, so kann man bei den vorgegebenen kleinen Bereichen von t_i, t_a und τ_i nicht einwandfrei im Netz interpolieren. Daher spielt hier die Größe der geometrischen Ungenauigkeit bei

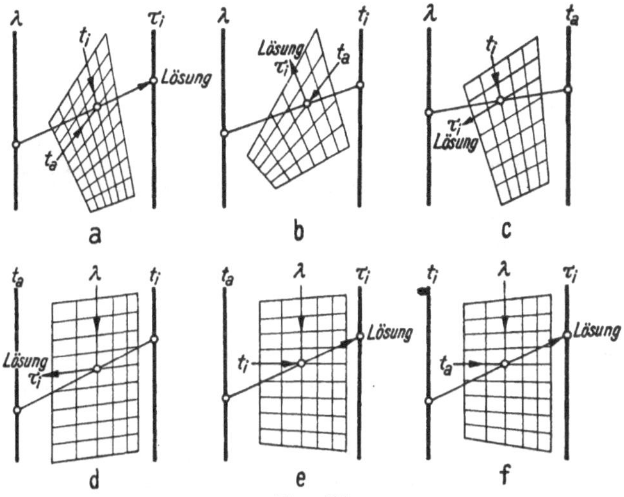

Figur 174

der Benutzung des Netzes keine wesentliche Rolle und die Unterbringung der Lösungsgröße im Netz liefert keinen wesentlichen Gewinn an Genauigkeit. Da es jedoch bequemer ist, wenn man die Lösung auf einer Skala ablesen kann, bleiben wir bei der ersten (a) Ausführungsart des Nomogramms für die zweite Gleichung.

c) Bleibt man bei einem Nomogramm zweiter Gattung für die erste Gleichung, dann muß die Anordnung der Variablen auf den Skalen so sein, daß die Variable λ auf eine geradlinige Skala kommt. Wegen der kleinen Bereiche der Größe r_i ist es rationell, diese Größe auf dem größeren der Ellipsenbögen unterzubringen.

Ein Schema des zusammengesetzten Nomogramms für diesen Fall zeigt Fig. 175.

Diese Variante des Nomogramms hat im Vergleich zu dem von uns vorher gewählten Typ eines zusammengesetzten Nomogramms keine besonderen Vorzüge, berücksichtigt man aber, daß die Temperatur mit einem konstanten relativen Fehler bestimmt wird, so muß man der ersten der von uns angegebenen Variante den Vorzug geben.

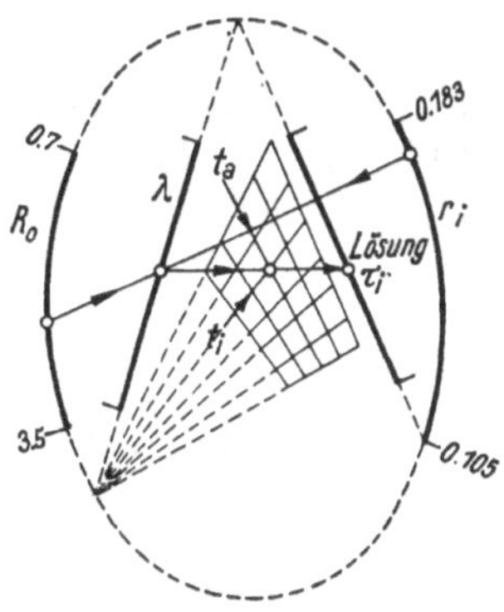

Figur 175

Wir berechnen diese, wobei wir die gesuchte Größe auf 0,5° C genau abzulesen wünschen. Um eine solche Rechengenauigkeit herzustellen, genügt es, die Teilungslänge der Skala bei einem Teilungswert von 1° gleich 2 mm zu machen. Da sich τ_i von 0 bis 30° C ändert, wird die Länge der ganzen Skala gleich 60 mm, wodurch das Nomogramm ziemlich klein wird. Wir benutzen deshalb ein Querformat und wählen die Länge der Nomogrammskalen gleich 90 mm und legen sie senkrecht zur Formatgrundlinie. Dann werden die habarytischen Maße des Nomogramms

$$L = 90 \text{ mm} \quad \text{und} \quad M = 125 \text{ mm}.$$

Wir konstruieren das Nomogramm für die zweite Gleichung

$$\tau_i + \lambda (t_i - t_a) - t_i = 0.$$

Hierbei wählen wir (Seite 145)

$$f_1(u_1) = \lambda, \quad f_2(u_2) = \tau_i, \quad f_{3,4} = t_i - t_a, \quad \varphi_{3,4} = 1, \quad \psi_{3,4} = -t_i$$

und bestimmen die Maßstäbe der geradlinigen Skalen:

$$\mu_1 = \frac{90}{0,262 - 0,030} \approx 400\,(\mathrm{mm}), \quad \mu_2 = \frac{90}{30 - 0} = 3\,(\mathrm{mm}).$$

Die Breite des Nomogramms wählen wir gleich $\frac{M}{2} = 64,5$ mm und geben den Skalen λ und τ_i dieselbe Richtung; dann kommt (Seite 127) das Netz zwischen die geradlinigen Skalen zu liegen. Den Nullpunkt der Skala τ_i legen wir auf die gleiche Höhe mit dem Argument 0,05 der Skala λ, wodurch wir eine bezüglich der Mittellinie des Rahmens symmetrische Lage der Nomogrammskalen bekommen. Dabei wird $H = 400 \cdot 0,05 = 20$ (mm).

Die Gleichungen der Skalen des Nomogrammfeldes werden:

Skala λ: $x = 0$, $y = 400\,\lambda$;

Skala τ_i: $x = 62,5$. $y = 20 + 3\tau_i$;

Netz: $$x = \frac{62,5}{1 + \frac{3}{400}(t_i - t_a)}, \quad y = \frac{20 + 3t_i}{1 + \frac{3}{400}(t_i - t_a)}.$$

Folglich bilden die Linien $t_i = \mathrm{const}$ ein Geradenbündel mit dem Zentrum im Koordinatenursprung. Auf der Geraden $x = 62,5$ (auf dem Träger der Skala τ_i) erzeugen diese Geraden die Skala t_i, deren Gleichung $y = 20 + 3t_i$ ist, d. h. die Geraden $t_i = \mathrm{const}$ gehen durch Punkte der Skala τ_i mit Argumenten gleich $\tau_i = t_i$.

Um t_i zu eliminieren, bestimmen wir aus der zuletzt erhaltenen Gleichung die Größe t_i:

$$t_i = \frac{62,5\,\frac{y}{x} - 20}{3}$$

und setzen den sich ergebenden Ausdruck in die erste Parametergleichung des Netzes ein; wir erhalten

$$\frac{62,5}{x} = 1 + \frac{3}{400}\left(\frac{62,5\,\frac{y}{x} - 20}{3} - t_a\right),$$

woraus folgt $$400 = \frac{380 - 3\,t_a}{62,5}\,x + y.$$

Dies ist die Gleichung eines Geradenbündels mit dem Zentrum im Punkte (0; 400). Die Geraden dieses Bündels erzeugen auf der Abszissenachse ($y = 0$) eine Skala, deren Gleichung

$$x = \frac{400 \cdot 62,5}{380 - 3\,t_a}$$

ist.

Die erhaltenen Daten genügen zur Berechnung und Konstruktion des Nomogramms. Das fertige Nomogramm ist in Fig. 176 dargestellt.

2. Man konstruiere ein Nomogramm zur Bestimmung des Eigengewichts einer Holzkonstruktion

$$G = \frac{Q}{\frac{1000}{kl} - 1},$$

dabei ist Q die Gesamtbelastung der Holzkonstruktion

$$250 \leqq Q \leqq 3000\,(\mathrm{kg/m});$$

l ist der Rechenbereich: $$5 \leqq l \leqq 20\,(\mathrm{m});$$

k ist ein Koeffizient, der von der Art der Konstruktion abhängt (Koeffizient des Eigengewichts):

$$2 \leqq k \leqq 24.$$

G ist das Eigengewicht der Konstruktion:

$$50 \leqq G \leqq 500\,(\mathrm{kg/m}).$$

Die Genauigkeit der Lösung ist 2,5 kg/m.

Die vorgelegte Gleichung läßt sich leicht auf die Form:

$$\frac{Q}{G} = \frac{\frac{1000}{k}}{l} - 1$$

bringen. Wir bezeichnen die linke Seite mit λ und erhalten dadurch zwei Gleichungen:

$$\frac{Q}{G} = \lambda \quad \text{und} \quad \frac{\frac{1000}{k}}{l} = \lambda + 1.$$

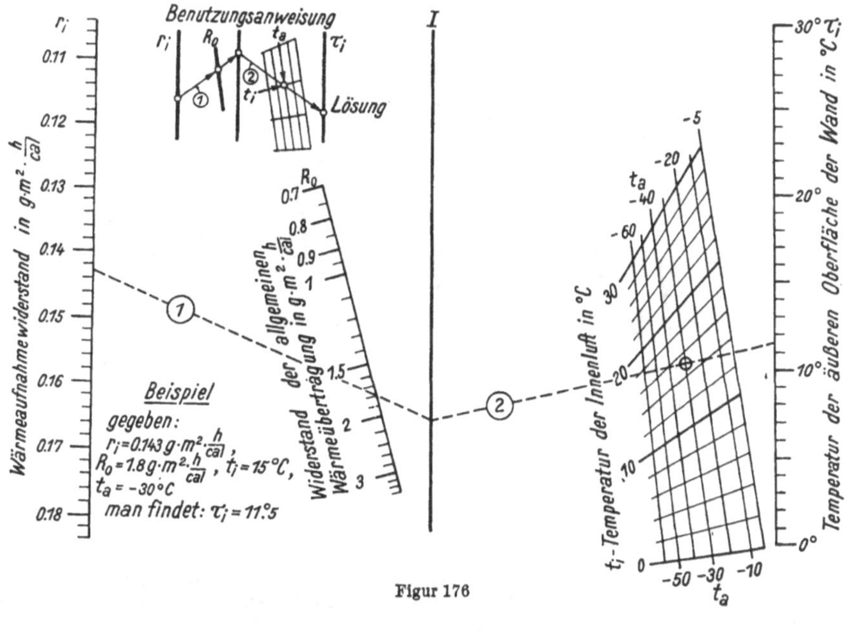

Figur 176

Die Bereiche von λ (gemeinsamer Teil für beide Gleichungen, Seite 251) wählen wir gleich:

$$1 \leqq \lambda \leqq 60.$$

Beide Gleichungen gehören zur ersten kanonischen Form einer Gleichung dritter nomographischer Ordnung. Dementsprechend sind folgende Schemata zusammengesetzter Nomogramme möglich (Seite 145):

a) Kombinationen zweier Nomogramme nullter Gattung. Hier sind zwei prinzipiell verschiedene Varianten möglich. Im ersten liegt die Skala λ auf einer der parallelen Skalen, wodurch spitze Schnitte mit der Lösungsskala G nicht vermieden werden.

In der in Fig. 177a betrachteten Ausführungsform hat die Skala G eine ungünstige Lage und ist in ihren Ausmaßen bezüglich der anderen Skalen zu klein, wodurch man die Lösung nicht mit sehr großer Genauigkeit erhält. Denselben Nachteil besitzt auch jedes beliebige andere Nomogramm nullter Gattung mit der Skala λ auf einer der parallelen Skalen.

Bei der zweiten möglichen Ausführungsform liegt die Skala λ auf der geneigten Skala einer N-Tafel. Das Schema dieses Nomogramms ist in Fig. 177b dargestellt.

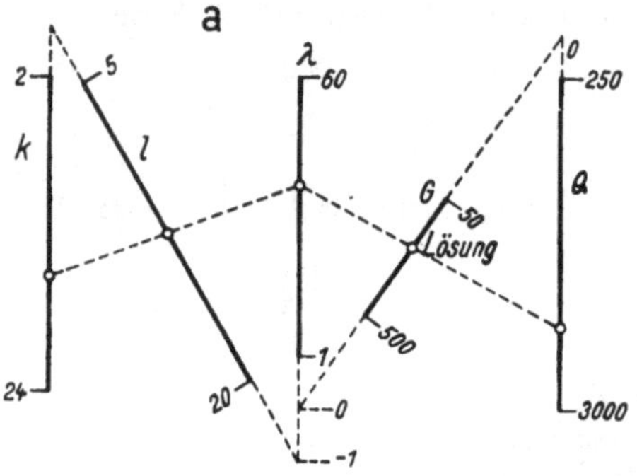

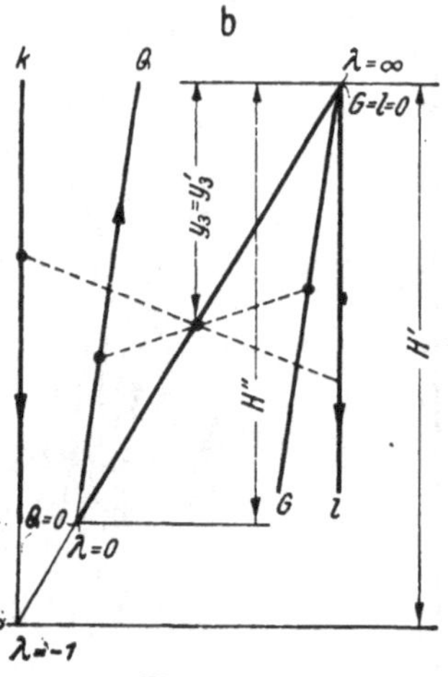

Figur 177

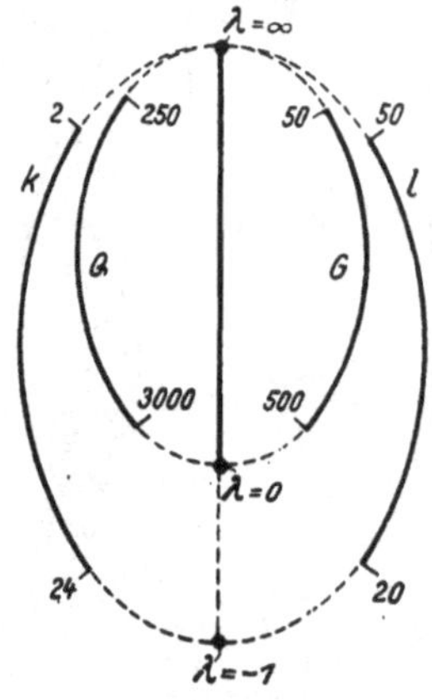

Figur 178

b) Kombination zweier Nomogramme zweiter Gattung (Fig. 178). Diese Ausführungsform ist deshalb ungeeignet, weil die Skalen der äußeren Ellipse (die Skalen k und l) bedeutend länger sind als die Skalen der inneren Ellipse (die Skalen G und Q). Daher hat die Lösungsskala G eine verhältnismäßig kleine Länge und liefert bei den vorgegebenen kleinen habarytischen Maßen des Nomogramms nicht die notwendige Genauigkeit.

Deshalb bleiben wir bei der zweiten Ausführungsform (Fig. 177b). Die Skala λ muß in beiden Nomogrammen dieselbe Gleichung haben, diese wird durch die Skalenparameter, die Maßstäbe und die gegenseitige Lage der Skalen bestimmt.

Bezeichnet man die Maßstäbe der Skalen k und l mit μ_1' und μ_2' und die Ordinate des Nullpunktes der Skala, d. h. des Punktes, in dem $\frac{1}{k} = 0$ ist, mit H', die Maßstäbe der Skalen G und Q mit μ_1'' und μ_2'' und die Ordinate des Nullpunktes der Skala Q mit H'', so bekommen wir die Beziehung (die Ordinaten werden in beiden Nomogrammen von dem

Punkte $\lambda = \infty$ aus gezählt):

$$\frac{H'}{1 + \frac{\mu_1'}{\mu_2'}(\lambda + 1)} = \frac{H''}{1 + \frac{\mu_1''}{\mu_2''}\lambda},$$

die für beliebiges λ erfüllt sein muß. Dies ist nur dann möglich, wenn

$$\frac{\mu_1''}{\mu_2''} = \frac{\frac{\mu_1'}{\mu_2'}}{1 + \frac{\mu_1'}{\mu_2'}} \quad \text{und} \quad H'' = H' \frac{1}{1 + \frac{\mu_1'}{\mu_2'}}$$

ist.

Unter Berücksichtigung der vorgeschriebenen Genauigkeit bei der Bestimmung von G ermitteln wir die notwendige Länge der entsprechenden Skala. Wählen wir die Teilungslänge bei einem Werte von 10 kg/m zu 2 mm, d. h. wählen wir die Länge der Skala gleich

$$2{,}5 \cdot \frac{500 - 50}{10} = 112{,}5\,(\text{mm}),$$

so ist die nötige Rechengenauigkeit von 2,5 kg/m gewährleistet.

Deshalb wählen wir die Habaryte des Nomogramms gleich $L = 120$ mm, $M = 90$ mm.

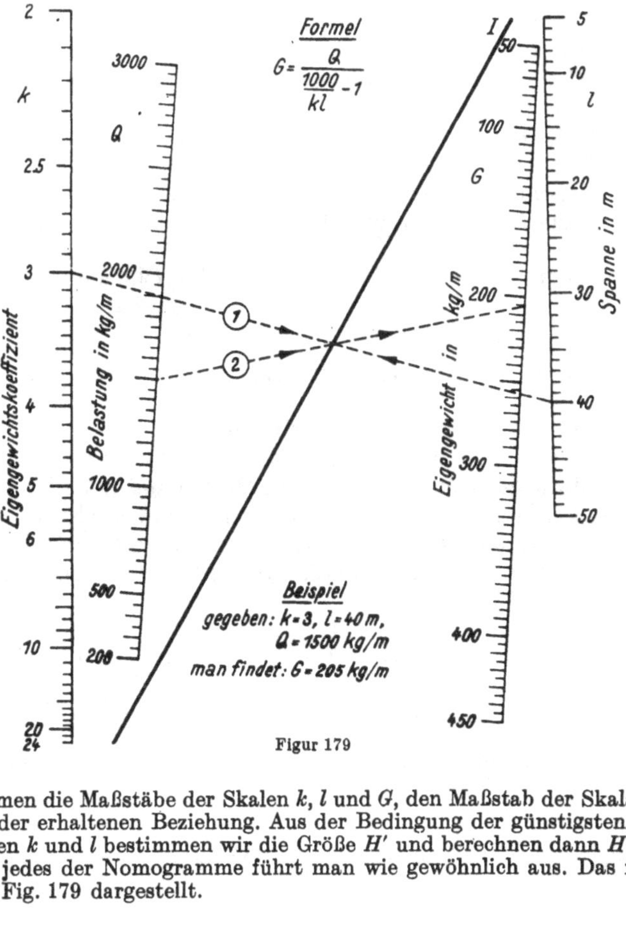

Figur 179

Wir bestimmen die Maßstäbe der Skalen k, l und G, den Maßstab der Skala Q berechnen wir mit Hilfe der erhaltenen Beziehung. Aus der Bedingung der günstigsten gegenseitigen Lage der Skalen k und l bestimmen wir die Größe H' und berechnen dann H''. Die weitere Konstruktion jedes der Nomogramme führt man wie gewöhnlich aus. Das fertige Nomogramm ist in Fig. 179 dargestellt.

§ 43. *Aus Fluchtlinientafeln mit parallelen logarithmischen Skalen zusammengesetzte Nomogramme*

8. Charakterisierung der nomographierbaren Gleichungen. In der Praxis begegnet man oft Fällen, bei denen man Gleichungen der Form

$$f_n(u_n) = \frac{f_1(u_1) \cdot f_3(u_3) \cdot f_5(u_5) \cdot \ldots}{f_2(u_2) \cdot f_4(u_4) \cdot f_6(u_6) \cdot \ldots}$$

zu nomographieren hat.

Durch Einführung von Hilfsvariablen $\lambda_1, \lambda_2, \ldots$ können wir die gegebene Gleichung durch ein System von Gleichungen ersetzen, von denen jede zur ersten kanonischen Form von Gleichungen dritter nomographischer Ordnung gehört, folglich kann man für jedes von ihnen ein entsprechendes Nomogramm nullter, zweiter und dritter Gattung konstruieren.

In der Mehrzahl der Fälle sind jedoch diese Nomogramme im Gebrauch unhandlich. Wesentlich günstiger ist es, wenn man jede dieser Gleichungen des erhaltenen Systems logarithmiert und sie dadurch auf die zweite kanonische Form der Gleichungen dritter nomographischer Ordnung (Seite 119) bringt. Für jede der so erhaltenen Gleichungen kann man eine Fluchtlinientafel mit parallelen Skalen konstruieren, die gegenüber den N-Tafeln eine ganze Reihe von Vorzügen besitzen. Um eine derartige Umformung vornehmen zu können, ist es notwendig, daß die Funktionen f_i innerhalb der vorgeschriebenen Variabilitätsgrenzen nie Null werden.

Besonders bequem sind solche Nomogramme für Gleichungen der Form

$$u_m = C u_1^{n_1} \cdot u_2^{n_2} \cdot u_3^{n_3} \cdot \ldots,$$

dabei sind $n_1, n_2, n_3, \ldots$ beliebige reelle Zahlen, wobei kein u_i Null werden kann.

Im folgenden wollen wir bevorzugt solche Gleichungen betrachten. Zur Konstruktion eines solchen Nomogramms gibt es eine besondere Methode, die es gestattet, schnell die günstigste Lage der Variablen auf den Nomogrammskalen herzustellen. Außerdem gibt uns diese Methode die Möglichkeit, die Maßstäbe der Skalen so zu wählen, daß man fertige Schablonen logarithmischer Skalen verwenden kann, die man ja in den verschiedenen Arten von Rechenschiebern besitzt (siehe Seite 305).

9. Gleichungen mit drei Variablen. Die nomographierbare Gleichung hat die Form

$$u_3^r = C u_1^p \cdot u_2^q.$$

Wir logarithmieren sie und erhalten, wenn wir $C = 1$ setzen,

$$r \lg u_3 = p \lg u_1 + q \lg u_2.$$

Die Gleichungen der Skalen (siehe Seite 137) lauten (die Skala u_3 liegt zwischen den Skalen u_1 und u_2):

Skala u_1: $x = 0, \quad y = \mu_1 \lg u_1;$

Skala u_2: $x = B, \quad y = \mu_2 \lg u_2;$

Skala u_3: $x = B', \quad y = \mu_3 \lg u_3.$

Zwischen den Maßstäben und den Abständen der Skalen untereinander bestehen die folgenden Beziehungen:

$$\frac{r}{\mu_3} = \frac{p}{\mu_1} + \frac{q}{\mu_2} \quad \text{und} \quad \frac{B'}{B - B'} = \frac{\frac{\mu_1}{p}}{\frac{\mu_2}{q}}.$$

Die Aufgabe besteht nun darin, die Maßstäbe der Skalen und die Abstände zwischen den Skalen nach den vorgeschriebenen Habaryten des Nomogramms so zu wählen, daß

a) die Skalen nach Möglichkeit gleich lang werden;

b) die Entfernung der Lösungsskala, wenn sie Randskala ist, von den Skalen der vorgegebenen Größen innerhalb zulässiger Grenzen bleibt.

Zu diesem Zwecke muß man die Maßstäbe μ_1, μ_2 und μ_3 so wählen, daß sie den Abständen der Variabilitätsgrenzen der Logarithmen umgekehrt proportional werden und außerdem so, daß die Skalen eine vorgeschriebene Länge bekommen.

Um diese beiden Aufgaben zu trennen, stellen wir jeden der Maßstäbe dar in der Form:

$$\mu_1 = \frac{H}{x_1}; \quad \mu_2 = \frac{H}{x_2} \quad \text{und} \quad \mu_3 = \frac{H}{x_3},$$

dabei ist H irgendeine für das gegebene Nomogramm konstante Länge und x_1, x_2 und x_3 positive Zahlen. Offenbar besteht dann zwischen x_1, x_2 und x_3 die Beziehung

$$r x_3 = p x_1 + q x_2$$

und die Abstände zwischen den Skalen folgen dem Gesetz

$$\frac{B'}{B - B'} = \frac{q x_2}{p x_1},$$

d. h. sie sind den Summanden auf der rechten Seite der angegebenen Gleichung umgekehrt proportional.

Das Problem der Maßstabsbestimmung zerfällt jetzt in zwei Teilaufgaben:

a) die Werte x_1, x_2 und x_3 sind so zu wählen, daß sie der Beziehung genügen, die sich aus der Bedingung ergibt, daß alle Skalen die gleiche Länge haben sollen (die Größen x_1, x_2 und x_3 müssen den Abständen der Grenzen der entsprechenden Variablen proportional sein);

b) der Wert H ist so zu wählen, daß die Skalen eine vorgeschriebene Länge bekommen.

Um die Wahl der Werte x_i zu erleichtern, stellt man am zweckmäßigsten zunächst eine Tabelle wie folgt auf:

Bezeichnung der Variablen	Variabilitätsgrenzen (Bereiche)	Verhältnis der Grenzen	Logarithmus des Verhältnisses	Verhältnis der Logarithmen zum kleinsten von ihnen	Produkt der Koeffizienten mit dem entsprechenden Logarithmus
u_1	a_1, b_1	$\frac{b_1}{a_1}$	$\lg \frac{b_1}{a_1}$	....	$p \lg \frac{b_1}{a_1}$
u_2	a_2, b_2	$\frac{b_2}{a_2}$	$\lg \frac{b_2}{a_2}$	....	$q \lg \frac{b_2}{a_2}$
u_3	a_3, b_3	$\frac{b_3}{a_3}$	$\lg \frac{b_3}{a_3}$	....	$r \lg \frac{b_3}{a_3}$

Durch diese Tabelle läßt sich leicht die günstigste Lage der Variablen auf den Skalen bestimmen. Damit die Skalen gleich lang werden, muß man diejenige Variable, bei der das Verhältnis der Grenzen (oder der Logarithmus des Verhältnisses) den größten Wert hat, auf die mittlere Skala legen.

Beispiel. Es ist ein Nomogramm für die Gleichung

$$u_3 = u_1^2 u_2$$

zu konstruieren, dabei ist

$$1 \leqq u_1 \leqq 10; \quad 15 \leqq u_2 \leqq 1500; \quad 17 \leqq u_3 \leqq 145000.$$

1. Wir stellen eine Tabelle auf:

Bezeichnung der Variablen	Variabilitätsgrenzen (Bereiche)	Verhältnis der Grenzen	Logarithmus des Verhältnisses	Verhältnis der Logarithmen zum kleinsten von ihnen (abgerundet)	Produkt der Koeffizienten p, q und r mit dem entsprechenden Logarithmus
u_1	1—10	10	1	1	2
u_2	15—1500	100	2	2	2
u_3	17—145000	8530	3,931	~ 4	4

2. Wir wählen die günstigste Lage der Variablen auf den Skalen. Da bei der Größe u_3 der Logarithmus des Verhältnisses der Grenzen den größten Wert hat, legen wir die Skala u_3 zwischen die Skalen u_1 und u_2.

3. Entsprechend der vorgelegten Gleichung und der Lage der Skalen notieren wir das Verhältnis zwischen x_1, x_2 und x_3 und wählen verschiedene Lösungen, die wir wie folgt schreiben:

$$1 \cdot x_3 = 2 \cdot x_1 + 1 \cdot x_2$$

3	1	1
4	2	2
5	1	3
6	1	4
. . .	. . .	. . .

4. Gemäß den Zahlen in der fünften Spalte der Tabelle, wählen wir die günstigste Lösung nach folgendem Zahlentripel:

$$x_1 = 1, \quad x_2 = 2, \quad x_3 = 4;$$

$$1 \cdot 4 = 2 \cdot 1 + 1 \cdot 2 = 2 + 2.$$

5. Nach dem vorgeschriebenen Format (oder der notwendigen Lösungsgenauigkeit) bestimmen wir die Größe H. Es sei vorgegebenen $L = 125$ mm. Dann ist

$$\frac{H}{x_i} \approx \frac{L}{B_i - A_i}$$

oder

$$H = \frac{125}{3{,}931} \cdot 4 \approx 125 \text{ (mm)}.$$

6. Wir berechnen die Maßstäbe und die Längen aller Skalen und bestimmen an Hand der vorgegebenen Breite des Nomogramms $M = B = 90$ mm die Abstände zwischen den Skalen:

$$\frac{B'}{B - B'} = \frac{q\,x_2}{p\,x_1} \quad \text{oder} \quad \frac{B'}{B - B'} = \frac{2}{2} \quad \text{und daraus} \quad B' = 45 \text{ mm};$$

$$\mu_1 = \frac{H}{x_1} = \frac{125}{1} = 125 \text{ mm}; \qquad L_1 = 125 \cdot 1 = 125 \text{ mm};$$

$$\mu_2 = \frac{H}{x_2} = \frac{125}{2} = 62{,}5 \text{ mm}; \qquad L_2 = 62{,}5 \cdot 2 = 125 \text{ mm};$$

$$\mu_3 = \frac{H}{x_3} = \frac{125}{4} = 31{,}25 \text{ mm}; \qquad L_3 = 31{,}25 \cdot 3{,}931 = 122{,}5 \text{ mm}.$$

7. Wir logarithmieren die vorgelegte Gleichung und lassen auf der linken Seite von ihr nur ein Glied stehen mit der Variablen, die auf die mittlere Skala des Nomogramms kommen soll, dann bestimmen wir mit Hilfe der Vorzeichen der Logarithmen die Richtungen der Nomogrammskalen: ist das Vorzeichen „+", so sei die Skala nach oben gerichtet, und ist das Vorzeichen „—", so ist die Skala nach unten gerichtet.[1])

In unserem Falle sind alle Vorzeichen positiv; infolgedessen sind alle Skalen nach oben gerichtet.

8. Zur Orientierung berechnen wir einige Beispiele, mit deren Hilfe wir die Anfangsargumente auf der mittleren Skala bestimmen. Gleichzeitig können diese Beispiele zur Kontrolle dienen, ob das Nomogramm richtig gezeichnet worden ist.

Als Beispiele kann man etwa die folgenden nehmen:

$$u_1 = 1, \quad u_2 = 100, \quad u_3 = 100;$$

$$u_1 = 5, \quad u_2 = 400, \quad u_3 = 10000;$$

$$u_1 = 10, \quad u_2 = 1400, \quad u_3 = 140000.$$

9. Wir zeichnen die Träger aller drei Skalen und tragen die Teilungen der Randskalen ein, wobei wir ihre Mitten ungefähr nach einer Linie ausrichten und ihnen die Richtung nach oben zuschreiben; wir tragen die Ableselinien ein, mit deren Hilfe wir die Lage der Argumente 100 und 10000 auf der Skala u_3 bestimmen (Methode des Beispiels); unter Benutzung der sich ergebenden Punkte zeichnen wir die Teilungsstriche auf der Skala u_3 ein.

---

[1]) Das Minuszeichen darf man nicht auf den entsprechenden Koeffizienten beziehen, diese werden sämtlich als positiv angenommen. Dieses Vorzeichen muß man auf die Funktion beziehen (d. h. auf den entsprechenden Logarithmus).

Das fertige Nomogramm ist in Fig. 180 dargestellt.

Geht in die Formel ein konstanter Koeffizient $C \neq 1$ ein:

$$u_3^r = C u_1^p u_2^q ,$$

so beeinflußt er nur die Lage des Zählungsbeginns der Skala u_3. Daher unterscheidet sich die Reihenfolge der einzelnen Schritte bei der Konstruktion des

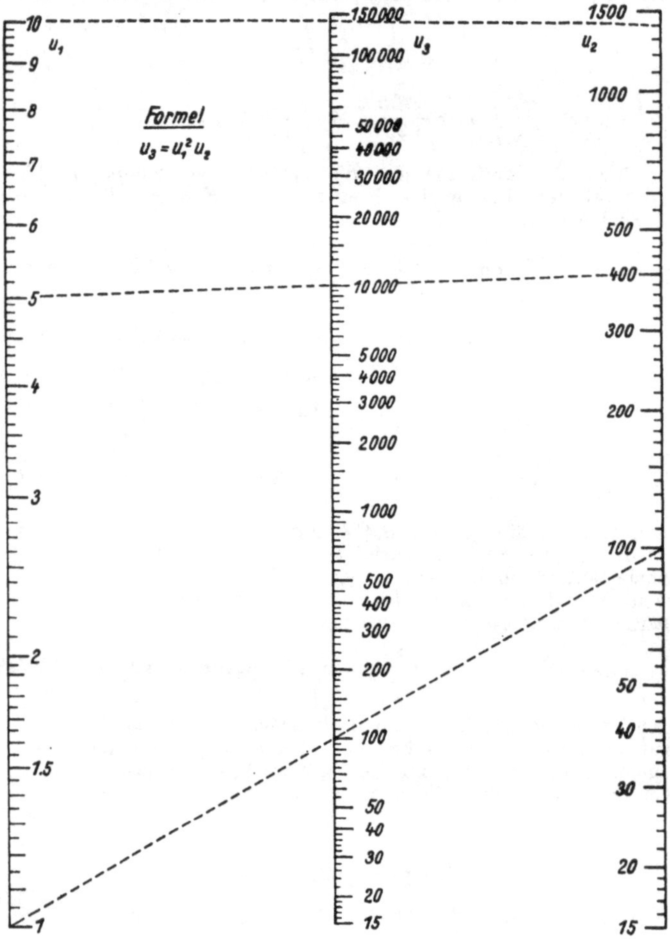

Figur 180

Nomogramms für diese Gleichung nicht von der oben beschriebenen; der Einfluß des Koeffizienten wird bei Berechnung der zur Orientierung (Anpassung) dienenden Beispiele berücksichtigt.

10. Gleichungen mit mehreren Variablen. Besonders wirksam ist die in Abschnitt 9 angegebene Methode dann, wenn die vorgelegte Gleichung mehr als drei Variable enthält. Hier kann man durch Einführung von Hilfsvariablen

$\lambda_1, \lambda_2, \lambda_3$ usw. verschiedene zusammengesetzte Nomogramme konstruieren, indem man die Faktoren in der gegebenen Gleichung verschieden kombiniert. So kann man die Gleichung $u_4 = \frac{u_1 u_2}{u_3}$ in Form eines Systems von zwei Gleichungen auf dreierlei verschiedene Arten darstellen:

erstes Verfahren: $\lambda = u_1 u_2, \quad u_4 = \frac{\lambda}{u_3}$;

zweites Verfahren: $\lambda = \frac{u_1}{u_3}, \quad u_4 = \lambda u_2$;

drittes Verfahren: $\lambda = \frac{u_2}{n_3}, \quad u_4 = \lambda u_1$.

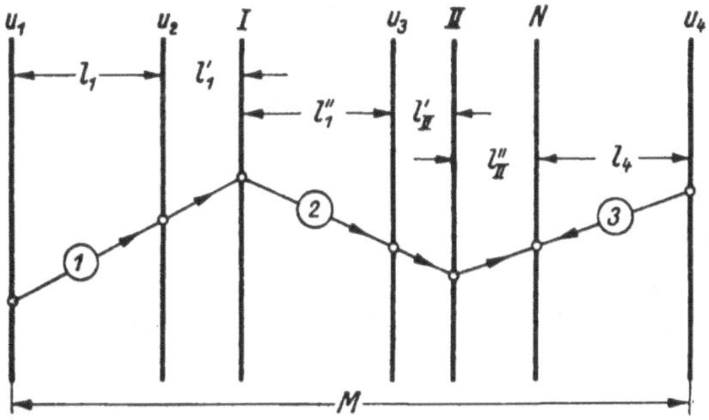

Figur 181

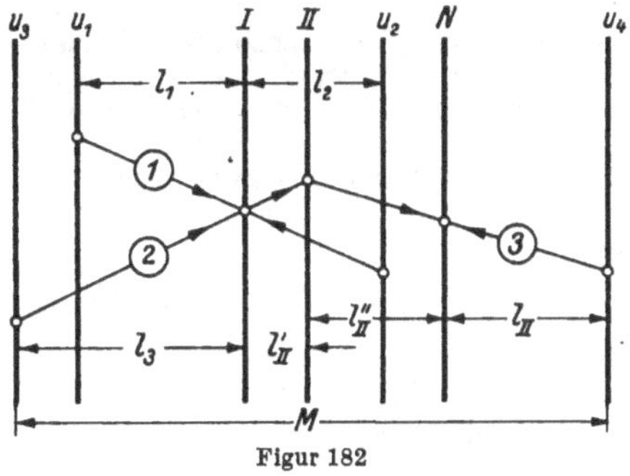

Figur 182

Für jedes dieser Gleichungspaare kann man einige Nomogramme konstruieren, die sich voneinander durch die Lage der Variablen auf den Skalen unterscheiden. Die Frage der rationellen Wahl der Variante spielt hierbei eine große Rolle. Da es ziemlich schwierig ist, für die gegebene Formel die beste Ausführungsform zu erraten, ist es hier besonders angebracht, alle Möglichkeiten auszunutzen, die uns das oben beschriebene Verfahren bietet. Damit das Nomogramm anschaulicher wird, sucht man eine der zwei Typen der Skalenlage zu verwirklichen: *Folgeschritt, nebeneinanderliegend* (Fig. 181) oder die *symmetrische Lage, Schachtelung, ineinanderliegend* (Fig. 182), man kann diese Forderungen jedoch nicht immer aufrechterhalten.

Für die Hilfsvariablen λ werden wir die Größen x mit einer römischen Ziffer als Index versehen, z. B. x_{I} für λ_1; x_{II} für λ_2 usw.

Beispiel. Es ist ein Nomogramm für die Formel

$$N = Bvd^{0,8}s^{0,7}$$

zu konstruieren. Dabei sei

$$3 \leqq d \leqq 25; \quad 2 \leqq v \leqq 15; \quad 1 \leqq s \leqq 15;$$
$$0{,}0118 \leqq B \leqq 0{,}0405; \quad 0{,}1 \leqq N \leqq 10.$$

(Die Größe B hat die Werte: 0,0118; 0,0142; 0,0186; 0,0312 und 0,0405.)

1. Wir stellen eine Tabelle auf:

Benennung der Variablen	Variabilitätsgrenzen (Bereiche)	Verhältnis der Grenzen	Logarithmus des Verhältnisses	Verhältnis des Logarithmus zum kleinsten von ihnen	Produkt des Exponenten mit dem entsprechenden Logarithmus
v	2—15	7,5	0,8752	1,6	0,8752
d	3—25	8,333	0,9205	1,7	0,736
s	1—5	5	0,6990	1,3	0,4893
B	0,0118—0,0405	3,43	0,5353	1	0,5353
N	0,1—10	100	2	3,7	2

Wir schreiben nach einem der zwei oben angegebenen Verfahren die Lage der Skalen auf dem Nomogramm vor und bestimmen, welche der Variablen v, d, s, B und N man am günstigsten den einzelnen Skalen zuordnet (d. h. welche der Variablen man für u_1, u_2, u_3 usw. nimmt).

Das zusammengesetzte Nomogramm enthält zwei unbenannte Skalen für die Hilfsvariablen λ_1 und λ_2.

A. Folgeschritt (Fig. 181).

Diese Lage der Skalen erfordert, daß x_1 im Verhältnis zu x_2 klein ist und x_{I} verglichen mit x_3 klein ist. Daher wählen wir:

$$u_1 = s, \quad u_2 = v, \quad u_3 = d.$$

Dementsprechend erhalten wir die folgenden Gleichungen für x_i:

$$0{,}7\,x_s + x_{\mathrm{I}} = x_v; \qquad x_{\mathrm{I}} + x_{\mathrm{II}} = 0{,}8\,x_d \qquad x_{\mathrm{II}} + x_B = x_N$$
$$1{,}25 \quad 0{,}875 \quad 1{,}75 \qquad 0{,}875 \quad 0{,}525 \quad 1{,}75 \qquad 0{,}525 \quad 3{,}475 \quad 4000$$
$$0{,}875 + 0{,}875 = 1{,}75 \qquad 0{,}875 + 0{,}525 = 1{,}400 \qquad 0{,}525 + 3{,}475 = 4000.$$

Diese Lösungen kommen nahe an die Zahlen heran, die in der fünften Spalte der Tabelle aufgeführt sind; sie genügen daher am besten der Forderung (außer die Lösungen für B), alle Skalen des Nomogramms angenähert gleich lang zu machen, d. h. wir haben dadurch mehr oder weniger gleiche Bedingungen, um für jede der Variablen die gleiche Rechengenauigkeit zu bekommen; aber zu gleicher Zeit erfüllen sie nicht die Forderung, daß die Lösungskala in jedem der elementaren Nomogramme nahe an den Skalen der vorgegebenen Größen liegt, wodurch sich für den Gebrauch des Nomogramms eine große geometrisch bedingte Ungenauigkeit ergibt.

Daher besitzt das Nomogramm eine Reihe von Nachteilen:

a) Die Abstände l_1 und l'_I werden gleich und auch die Skalen s und v werden fast gleich lang; verbinden wir daher den unteren Punkt der Skala s mit dem oberen Ende der Skala v, so liegt der Schnittpunkt der Lösungsgeraden mit der ersten unbenannten Skala weit außerhalb der Begrenzung der Zeichnung. Um diesen Mangel zu vermeiden, muß man x_v vergrößern (den Maßstab v verkleinern); dabei vergrößert sich aber auch x_I.

b) Im zweiten elementaren Nomogramm wird der Abstand l''_I kleiner als l'_{II}. Um diesen Nachteil zu vermeiden, muß man x_{II} bedeutend vergrößern (was zu einer erheblichen Verkleinerung der Länge der Skala N führt und folglich zu einer Abnahme der Genauigkeit bei der Berechnung von N) oder man muß umgekehrt die Größe x_I vergrößern.

Somit ist diese Ausführungsform des Nomogramms in jeder Hinsicht nicht zufriedenstellend. Man kann es mit einer anderen Verteilung der Variablen auf den Skalen versuchen, eine wesentliche Verbesserung erreichen wir jedoch damit auch nicht, da alle möglichen Verbesserungen zu einer wesentlichen Verminderung der Skalenlängen einer Reihe von Variablen führt, d. h. auch eine wesentliche Verminderung der Genauigkeit beim Gebrauch zur Folge hat.

Bei dieser Ausführungsform lassen sich also die aufgezeigten Mängel nicht beseitigen; man kann nur die Frage nach ihrer Abschwächung stellen, wobei man sie jedoch nicht wesentlich abschwächen kann. Man muß daher diese Ausführungsform durch eine andere ersetzen.

B. Symmetrische Lage der Skalen (Fig. 182).

Hier liegt eine gefährliche Stelle beim zweiten (u_3 — I — II) elementaren Nomogramm. Daher ist es erwünscht, auf die Stelle u_3 diejenige Variable zu bringen, die für den Ausdruck $p \lg \frac{b}{a}$ den kleinsten Wert hat. Eine solche Variable ist s. Die Lage der übrigen Variablen ist ganz beliebig; daher setzen wir

$$u_1 = v, \quad u_2 = d, \quad u_3 = s \quad \text{und} \quad u_4 = B.$$

Das entsprechende System der unbestimmten Gleichungen wird dann:

	$x_v + 0{,}8x_d$		$= x_I,$	$0{,}7x_s + x_{II}$		$= x_I,$	$x_{II} + x_B$		$= x_N.$
I. Lösung:	1,5	1,75	2,9	1,25	2,025	2,9	2,025	1,975	4
	1,5 +	1,4	= 2,9;	0,875 +	2,025	= 2,9;	2,025 +	1,975	= 4.
II. Lösung:	1,5	5/3	2,8333,	1,25	1,9583	2,8333,	1,9583	2,0417	4
	1,5 +	1,3333	= 2,8333,	0,875 +	1,9583	= 2,8333,	1,9583 +	2,0417	= 4.

Die erste Lösung liefert einen unrunden Maßstab für die Variable x_d, wenn er auch hinsichtlich der Gleichheit der Skalenlängen am günstigsten ist. Daher ändern wir ihn etwas ab und entscheiden uns für die II. Lösung. Die Tatsache, daß man für die Größe B keinen runden Maßstab bekommt, hat keine wesentliche Bedeutung, da die Größe B nur in einigen einzelnen Werten vorkommt.

Die erhaltene Ausführungsform des Nomogramms ist auch in ihrem Gebrauch hinreichend genau.

Wir bestimmen die Maßstäbe und die Längen der Skalen, wobei wir die Höhe des Nomogramms mit $L = 150$ mm vorgeben:

$$H = \frac{150 \cdot 1{,}5}{0{,}8752} \approx 250 \text{ (mm)};$$

$$\mu_v = \frac{250}{1{,}5} = \frac{500}{3} \text{ (mm)}; \qquad L_v = \frac{500}{3} \cdot 0{,}8752 = 145{,}7 \text{ (mm)};$$

$$\mu_d = \frac{250}{5/3} = 150 \text{ (mm)}; \qquad L_d = 150 \cdot 0{,}9205 = 137{,}8 \text{ (mm)};$$

$$\mu_s = \frac{250}{1{,}25} = 200 \text{ (mm)}; \qquad L_s = 200 \cdot 0{,}6990 = 139{,}8 \text{ (mm)};$$

$$\mu_N = \frac{250}{4} = 62{,}5 \text{ (mm)}; \qquad L_N = 62{,}5 \cdot 2 = 125 \text{ (mm)}.$$

Hieraus ist ersichtlich, daß die Lösungsskala N kleiner als die anderen Skalen wird. Man kann diesen unwesentlichen Mangel leicht dadurch beheben, daß wir in der letzten Gleichung $x_N = \frac{10}{3}$ setzen und dementsprechend x_B abändern, wobei wir x_{II} festlassen. Wir bekommen

$$x_{II} + x_B = x_N$$

$$1{,}9583 + 1{,}3750 = 3{,}3333 \left(= \frac{10}{3}\right)$$

und schließlich

$$\mu_N = \frac{250}{10/3} = 75\,(\text{mm}); \qquad L_N = 75 \cdot 2 = 150\,(\text{mm});$$

$$\mu_B = \frac{250}{1{,}3750} = \frac{2000}{11}\,(\text{mm}); \qquad L_B = \frac{2000}{11} \cdot 0{,}5353 \cdot 92{,}3\,(\text{mm}).$$

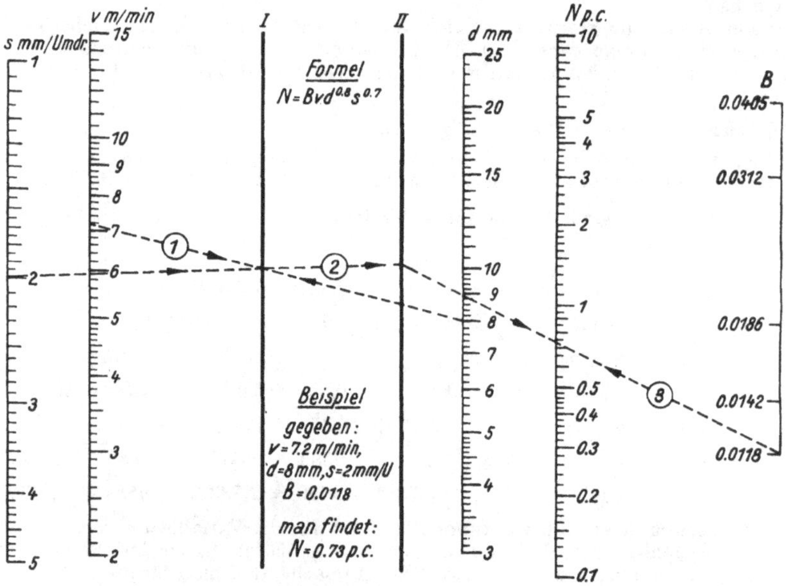

Figur 183

Wir wählen die Breite des ganzen Nomogramms zu $M = 210$ mm und geben jedem der elementaren Nomogramme annähernd die gleiche Breite, wodurch wir den Abstand zwischen den Skalen $(u_3 - \text{II}) = (\text{II} - u_4) = 105$ mm bekommen.

Folglich ist $\quad l_3 + l'_{II} = 105 \quad$ und $\quad l''_{II} + l_4 = 105.$

Da aber $\quad l_3 : l'_{II} = x_{II} : (0{,}7\,x_s) = 1{,}9583 : 0{,}875$

und $\quad l''_{II} : l_4 = x_B : x_{II} = 1{,}3750 : 1{,}9583,$

ergibt sich daraus:

$$l'_{II} = 32{,}4 \text{ mm}; \quad l_3 = 72{,}6 \text{ mm}; \quad l''_{II} = 43{,}3 \text{ mm}; \quad l_B = 61{,}7 \text{ mm}.$$

Setzt man $l_1 + l_2 = 105$ mm, so erhält man:

$$l_1 : l_2 = \left(0{,}8 \cdot \frac{5}{3}\right) : 1{,}5 = 8 : 9$$

und folglich $\quad l_1 = 49{,}4 \text{ mm} \quad$ und $\quad l_2 = 55{,}6 \text{ mm}.$

Wir bestimmen die Skalenrichtung. Die vorgegebene Gleichung spalten wir in drei elementare Gleichungen auf

$$v d^{0,8} = \lambda_1$$

und

$$\lambda_1 s^{0,7} = \lambda_2,$$

$$\lambda_2 B = N.$$

In dem ersten elementaren Nomogramm sind alle Skalen nach oben gerichtet; im zweiten ist die Skala s nach unten gerichtet, und λ_1 und λ_2 nach oben; im letzten sind alle Skalen nach oben gerichtet (Fig. 183).

Ferner zeichnen wir die Lage der Träger aller Skalen ein, tragen auf den Skalen s, v, d und B die Striche ein und bestimmen sodann die Lage der Argumente auf dem Träger der Skala N mittels geeigneter Beispiele.

Zur Eintragung aller Skalen außer der Skala B kann man die auf den Rechenschiebern fertig vorliegenden logarithmischen Skalen verwenden („Schablonen" siehe Seite 305).

Das Nomogramm, das man so erhält, ist in Fig. 183 dargestellt.

Bemerkung I. Aus dem betrachteten Beispiel ersieht man, daß die Konstruktion solcher Nomogramme ziemlich kompliziert ist, was besonders für ihren wichtigsten Teil, der Wahl der Ausführungsform zutrifft. Dabei muß man sich davon leiten lassen, daß beim Gebrauch des Nomogramms die graphische Ungenauigkeit möglichst klein wird. Deshalb soll man lieber einige verschiedene Ausführungsformen durchprobieren und nicht bei der ersten besten stehenbleiben. Manchmal setzt man sich in der Praxis darüber hinweg, das hat aber zur Folge, daß das fertige Nomogramm ein sehr genaues Anlegen des Lineals erfordert, um die Lösung mit hinreichender Genauigkeit zu bekommen, wodurch aber sein Gebrauch sehr erschwert wird.

Bemerkung II. Um die Arbeit bei der Auswahl der besten Lösungen der unbestimmten Gleichungen zu erleichtern, muß man alle für die Beurteilung der vorgesehenen Ausführungsform notwendigen Daten direkt unter die Gleichung selbst schreiben, also eine besondere Tabelle aufstellen. Wir zeigen diese Art der Notierung an Hand eines analysierten Beispiels (Tabelle 16).

Bemerkung III. Allen einzelnen elementaren Nomogrammen muß man angenähert die gleiche Breite geben, da man sich dann beim Gebrauch des Nomogramms ihrer leichter bedienen kann; hinzu kommt jedoch, daß, wenn einige von ihnen recht breit werden, man beim Gebrauch des Nomogramms lange Lineale verwenden muß, was immer unbequem ist.

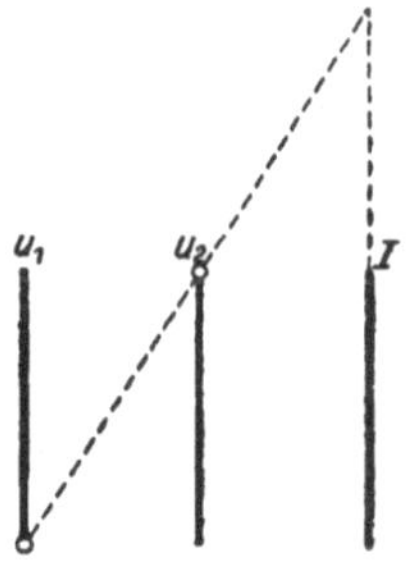

Figur 184

Bemerkung IV. Ist in einem der elementaren Nomogramme die unbenannte Skala Randskala (z. B. die zweite in unserem analysierten Beispiele), dann kann es vorkommen, daß in einigen Fällen bei der praktischen Anwendung des Nomogramms der Schnittpunkt der Lösungsgeraden mit der unbenannten Skala zu hoch liegt (Fig. 184). Daher muß man danach trachten, die mittlere Skala möglichst nahe an diese Randskala, an die unbenannte Skala zu legen.

Tabelle 16

Gleichung	$x_v + 0{,}8\,x_d = x_I$	$0{,}7\,x_s + x_{II} = x_I$	$x_{II} + x_B + x_N$
Entscheidung 1	1,5 1,75 2,9	1,25 2,025 2,9	2,025 1,975 4
Probe	1,5 + 1,4 = 2,9	0,875 + 2,025 = 2,9	2,025 + 1,975 = 4
Maßstäbe	$\frac{500}{3}$ $\frac{1000}{7}$ —	200 — —	— 126,5 62,5
Skalenlänge	145,8 131,3 —	139,8 — —	— 66,7 125
Abstandsverhältnis der Skalen . .	14 : 15	16 : 7	79 : 81
Entscheidung 2	1,5 $^5/_3$ 2,83333	1,25 1,9583 2,8333	1,9583 2,0417 4
Probe	1,5 + 1,3333 = 2,8333	0,875 + 1,9583 = 2,8333	1,9583 + 2,0417 = 4
Maßstäbe	$\frac{500}{3}$ 150 —	200 — —	— 122,4 62,5
Skalenlänge	145,8 137,8 —	139,8 — —	— 65,6 125
Abstandsverhältnis der Skalen . .	8 : 9	2,25 : 1 (1,9583 : 0,875)	2,047 : 1,9583
Entscheidung 3	Keine Änderung	Keine Änderung	1,9583 1, 375 $\frac{10}{3}$
Probe			1,9583 + 1,375 = 3,3333
Maßstäbe			— $\frac{2000}{11}$ 75
Skalenlänge			— 92,3 150
Abstandsverhältnis der Skalen . .			1,375 : 1,9583

§ 44. Aus Fluchtlinientafeln zusammengesetzte Nomogramme mit einer BinarSkala (Kombination einer Fluchtlinientafel mit einer Netztafel)

11. Definition einer Binarskala. Unter einer Binarskala versteht man eine unbenannte Skala, die den Zusammenhang zwischen der Fluchtlinientafel und der Netztafel herstellt, die in das zusammengesetzte Nomogramm eingehen. Dabei nennt man oft auch Binarskala die Vereinigung der eigentlichen Binarskala mit der mit ihr zusammenhängenden Netztafel. In diesem Falle ist die Lage eines Punktes auf der unbenannten Skala (der Variablen) durch den Wert zweier in den Bestand der Netztafel eingehender Variablen bestimmt. Diesen Wert λ bestimmt man als Schnittpunkt der entsprechenden Linie der Schar $\lambda = \text{const}$ der Netztafel mit der unbekannten Skala.

Historisch ist der Begriff der Binarskala als Ergebnis einer Ausartung des Binarfeldes entstanden. Wenn in einem Binarfeld, das durch die Gleichungen

$$x = f(u_1, u_2), \quad y = \varphi(u_1, u_2)$$

gegeben ist, die Funktionen f und φ voneinander abhängig sind, d. h.

$$\varphi(u_1, u_2) = F[f(u_1, u_2)],$$

so wird bei Elimination eines Parameters aus den Parametergleichungen des Binarfeldes gleichzeitig auch der andere Parameter eliminiert, und als Ergebnis bekommt man eine Beziehung nur zwischen x und y:

$$F(x) = y,$$

d. h. eine Linie. Jeder Punkt dieser Linie ist bestimmt durch zwei Werte der Parameter u_1 und u_2. Hieraus erklärt sich auch die Bezeichnung Binarskala.

Im folgenden wollen wir unter einer Binarskala immer eine Netztafel zusammen mit ihrer entsprechenden unbenannten Skala verstehen, die in den Bestand einer Fluchtlinientafel eingeht.

12. Verwendung von Binarskalen. Binarskalen in Fluchtlinientafeln werden in den Fällen verwendet:

a) wenn eine oder einige der elementaren Gleichungen, die man nach der Trennung der Veränderlichen in einer vorgelegten Gleichung bekommt, nichtnomographierbar sind.

b) wenn man für eine Reihe von Größen unbedingt logarithmische Skalen braucht, aber die Anwendung elementarer Nomogramme in Form von Fluchtlinientafeln allein nicht die Möglichkeit gibt, solche Skalen einzuführen;

c) wenn man die Zahl der Lösungsgeraden vermindern will, um das Lösungsschema zu vereinfachen und dem Nomogramm eine größere Anschaulichkeit zu geben.

Bei der Konstruktion von Nomogrammen mit Binarskalen müssen die Forderungen erfüllt sein, die an Netztafeln (Seite 82) und an Fluchtlinientafeln (Seite 81) gestellt wurden.

Beispiele. 1. Man konstruiere ein Nomogramm zur Berechnung der Ordinate der Parabel

$$y = \frac{4h}{l^2}(lx - x^2),$$

dabei ist h die Ordinate des Scheitelpunktes der Parabel ($1 \leqq h \leqq 4$); l ist die „Spanne“

($5 \leqq l \leqq 20$); x ist die Abszisse und y die Ordinate eines beliebigen Punktes der Parabel ($5 \leqq x \leqq 20$; $0 \leqq y \leqq 4$) (Fig. 185).

Die Variablen lassen sich zwar in der vorgelegten Gleichung trennen:

$$\frac{y}{h} = \lambda \quad \text{und} \quad \lambda = \frac{4}{l^2}(l x - x^2),$$

die zweite Gleichung kann jedoch nicht durch eine Fluchtlinientafel gelöst werden, deshalb muß man eine Binarskala als Bestandteil des Nomogramms einführen. Die Bereiche der Variablen λ wählen wir gleich: $0 \leqq \lambda \leqq 1$ (Seite 251). Nachdem wir die einfachste Netztafel für die zweite Gleichung konstruiert haben, erkennen wir, daß die einzig mögliche Lage der Variablen diejenige ist, bei der man die Variable x zum Parameter einer Schar krummer Linien macht (Fig. 186), benutzt man für λ und l gleichförmige Scharen, so erhält man spitze Schnitte der Linien l = const mit den Kurven x = const im Gebiete kleiner λ-Werte. Um diesen Nachteil zu beheben, muß man die Skala λ in ihrem unteren Teile zusammendrängen und sie im oberen Teile auseinanderziehen. Es ist zweckmäßig, zu diesem Zwecke eine projektive Skala für λ mit der Gleichung[1])

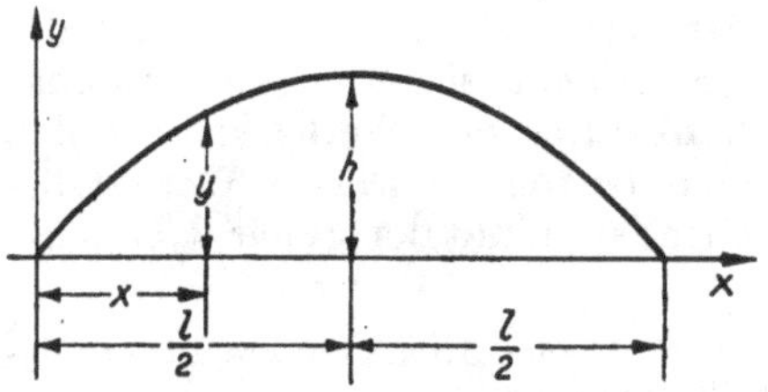

Figur 185

$$\xi = 0, \quad \eta = \frac{35}{1 - \frac{3\lambda}{4}}$$

zu verwenden. Die Schar l wählen wir als logarithmische Linienschar ($x = 125 \cdot \lg l$).

Für die erste Gleichung konstruieren wir eine N-Tafel, wobei wir die Variable λ so anordnen, daß die Gleichung dieser Skala dieselbe Form bekommt wie beim ersten Nomogramm.

Das endgültige Nomogramm ist in Fig. 187 dargestellt.

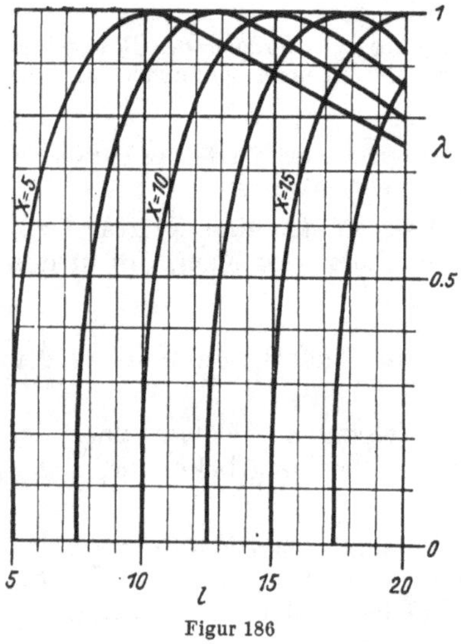

Figur 186

2. Man konstruiere ein Nomogramm zur Bestimmung der Reynoldschen Zahl und der kinematischen Zähigkeit für überhitzten und gesättigten Dampf

$$\mathrm{Re} = \frac{w d \gamma}{\eta g}, \quad \nu = \frac{\eta g}{\gamma},$$

dabei sind γ das spezifische Gewicht des Dampfes in kg/m³ und η die absolute Viskosität des Dampfes in kg/sec/m³ Funktionen der Temperatur t und des Druckes p des überhitzten Dampfes (sie werden mit Hilfe spezieller Tabellen bestimmt):

$$\gamma = \varphi(p, t) \quad \text{und} \quad \eta = \psi(p, t);$$

d ist der Durchmesser des Kanals in m; w ist die Geschwindigkeit des Dampfes in m/sec; $g = 9{,}81$ m/sec² — die Beschleunigung durch die Schwerkraft. Die vorgelegte Gleichung stellen wir dar durch das System

$$\nu = \frac{\eta g}{\gamma}, \quad \lambda = \frac{w}{\nu} \quad \text{und} \quad \mathrm{Re} = \lambda d$$

und konstruieren zunächst ein Nomogramm auf parallelen logarithmischen Skalen für die letzten zwei Gleichungen des Systems, wobei wir ν als gegeben annehmen (bekannte Be-

[1]) Die Koordinaten der Punkte der verzerrten Ebene bezeichnen wir mit ξ und η.

reiche). Dann konstruieren wir auf einem doppeltlogarithmischen Netz (t, ν) eine Netztafel für die Gleichung

$$\nu = g\,\frac{\psi(p, t)}{\varphi(p, t)}\,,$$

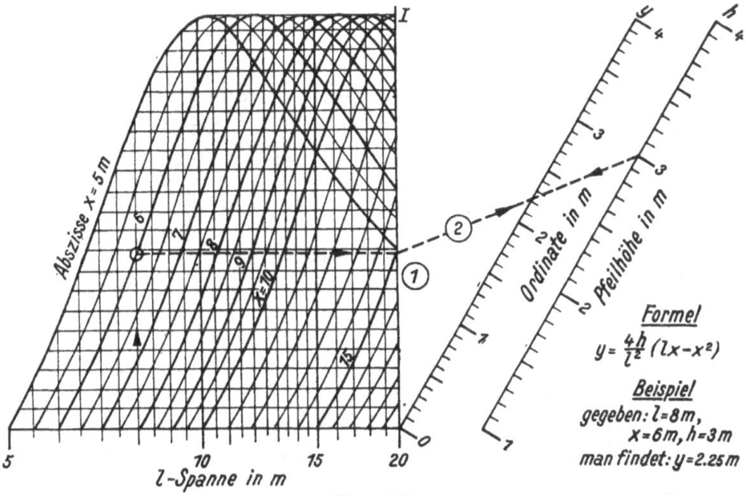

Figur 187

wobei wir die Werte aus Tabellen entnehmen und den Maßstab auf der Ordinatenachse gleich dem Maßstab der Skala ν in der Fluchtlinientafel wählen.

Das fertige Nomogramm zeigt Fig. 188.

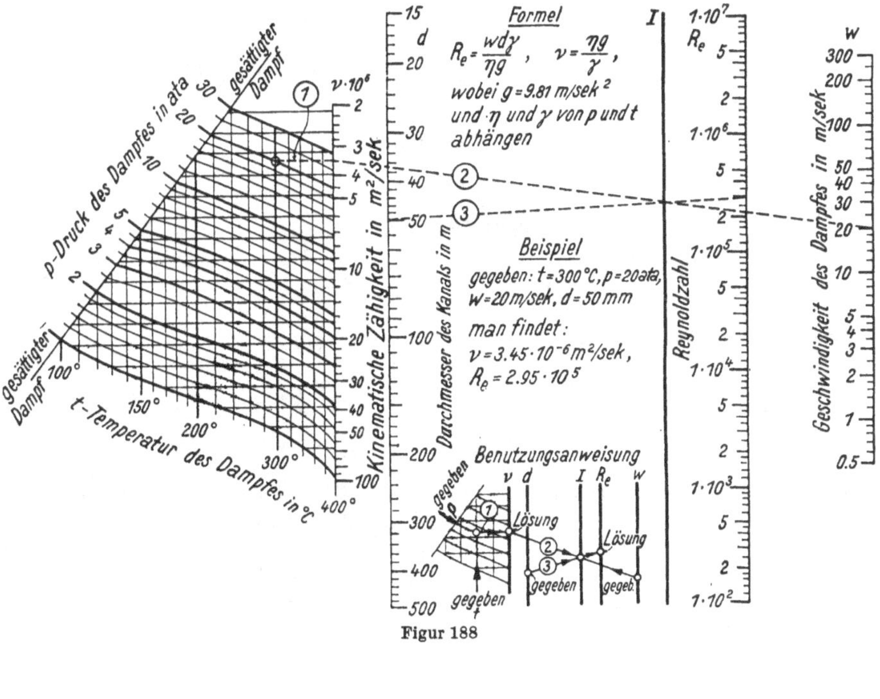

Figur 188

§ 45. Zusammengesetzte Stechzirkelnomogramme
Fluchtlinientafeln mit durch Stechzirkel zu bestimmenden Korrekturen

13. Zusammengesetzte Nomogramme aus gleich weit entfernten Punkten (Äquidistanz-Nomogramme). Um ein zusammengesetztes Nomogramm zu konstruieren, muß man unbedingt durch Einführung einer Hilfsvariablen λ die vorgelegte Gleichung durch ein System zweier Gleichungen der Form

$$f_1^2 + \varphi_1^2 - 2f_1f_2 - 2\varphi_1\varphi_2 = f^2(\lambda) + \varphi^2(\lambda) - 2f(\lambda)\cdot f_2 - 2\varphi(\lambda)\varphi_2$$

und $$f_4^2 + \varphi_4^2 - 2f_4f_3 - 2\varphi_4\varphi_3 = f^2(\lambda) + \varphi^2(\lambda) - 2f(\lambda)\cdot f_3 - 2\varphi(\lambda)\varphi_3$$

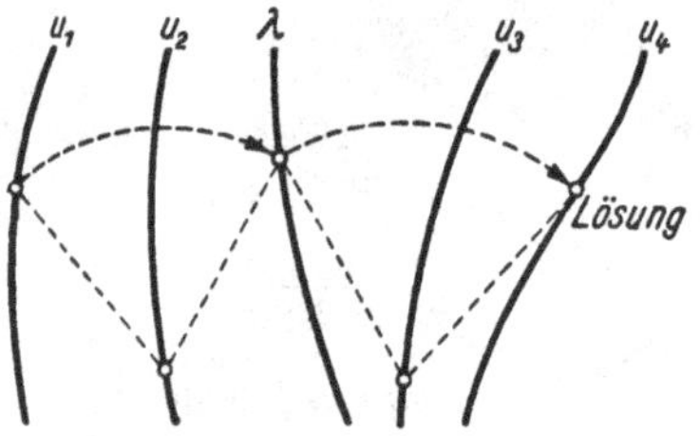

Figur 189

darstellen.

Dann bekommt das Nomogramm ein Aussehen, wie es schematisch Fig. 189 zeigt.

Wegen ihrer komplizierten Form ist die allgemeine Form einer Gleichung, die durch ein zusammengesetztes Stechzirkelnomogramm gelöst wird, ohne Interesse. Wir erwähnen hier nur einige Spezialfälle solcher Nomogramme: symmetrische Nomogramme, zur Gewährleistung einer stetigen Summation.

a) Es sei die Summe einer gewissen Anzahl von Summanden zu berechnen

$$\sigma = \sum_{k=1}^{n} f(u^{(k)}) \left(= \sum_{k=1}^{n} \sigma_k\right).$$

Durch Einführung der Hilfsvariablen λ stellen wir diese Gleichung in Form eines Systems von Gleichungen dar:

$$\begin{aligned} 0 + \sigma_1 &= \lambda_1, \\ \lambda_1 + \sigma_2 &= \lambda_2, \\ \lambda_2 + \sigma_3 &= \lambda_3, \\ &\cdots\cdots \\ \lambda_{i-1} + \sigma_i &= \lambda_i, \\ &\cdots\cdots \\ \lambda_{n-1} + \sigma_n &= \sigma. \end{aligned}$$

Gemäß dem auf Seite 228 Gesagten kann jede Gleichung der Form

$$\lambda_{i-1} + \sigma_i = \lambda_i$$

durch ein Nomogramm aus gleich weit entfernten Punkten mit geradlinigen parallelen Skalen gelöst werden (Fig. 190), bei dem sich die Skalen λ_i und λ_{i-1} auf einem gemeinsamen geradlinigen Träger befinden, aber verschiedene Richtungen besitzen und die Skala der Zentren σ_i, von der allgemeinen Skala λ einen beliebigen Abstand p hat. Dabei werden die Skalen λ gleichförmig, und die Skala der Zentren wird durch die Form der Funktion $f(u)$ bestimmt. Ebenso wie die gleichförmige Skala λ tragen wir die Skala u innerhalb der vorgegebenen Grenzen nach beiden Seiten von der Symmetrieachse des Nomogramms auf. An der Skala λ lesen wir die Werte $\sum \sigma_k$ ab; wir bezeichnen diese Skalen mit dem Buchstaben σ.

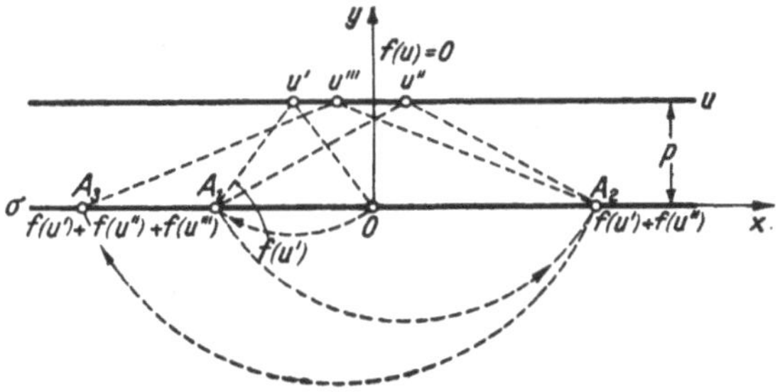

Figur 190

Die Benutzung des Nomogramms ist folgende:

1. Die eine Spitze eines Zirkels stechen wir in den Punkt 0 (im Schnittpunkt mit der Symmetrieachse des Nomogramms) der Skala σ ein, die zweite in den Punkt mit dem Argument $u = u'$ der linken Skala u (man kann diesen Punkt auch auf der rechten Skala wählen). Dann schlagen wir vom Punkte $u = u'$ aus einen Bogen und machen einen Einstich auf der Skala σ und erhalten damit den Punkt A_1. Das Argument des Punktes A_1 ist gleich dem Wert $\sigma_1 = f(u')$.

2. Indem wir die Zirkelspanne vergrößern, stechen wir eine seiner Spitzen vom Punkte $u = u'$ auf der linken Skala u in den Punkt mit dem Argument $u = u''$ auf der rechten Hälfte der Skala, während wir die zweite Spitze des Zirkels im Punkte A_1 festhalten. Schlagen wir jetzt vom Punkte u'' aus den Bogen A_1A_2, dann erhalten wir einen Einstich im Punkte A_2 der Skala σ. Das Argument des Punktes A_2 wird gleich $\sigma_1 + \sigma_2 = f(u') + f(u'')$.

3. Wir stechen die Zirkelspitze vom Punkte $u = u''$ der rechten Skala u in den Punkt mit dem Argument $u = u'''$ der linken Skala und indem wir erneut mit dem Zirkel einen Einstich auf der Skala σ machen, erhalten wir den Punkt A_3, dessen Argument gleich dem Wert $\sigma_1 + \sigma_2 + \sigma_3 = f(u') + f(u'') + f(u''')$ ist.

Durch Wiederholung dieser Operation erhalten wir nacheinander die Summe einer immer größeren Anzahl von Gliedern, bis wir schließlich das gewünschte Endresultat erhalten.

b) Die Summanden der gesuchten Summe können Werte einer Funktion $f(u_1, u_2)$ zweier Variabler u_1 und u_2 sein. In diesem Falle müssen wir an Stelle der Skala u der Zentren zwei gleiche spiegelsymmetrische Netze für die Größen u_1, u_2 verwenden. Die Konstruktion dieses Netzes macht keinerlei Schwierigkeiten. Machen wir Gebrauch davon, daß der Abstand p zwischen den Skalen u und σ beliebig ist, so können wir die Gleichung des Feldes wie folgt schreiben (wobei wir annehmen, daß der Koordinatenursprung im Punkte 0 der Skala σ

liegt und die Richtung der Abzissenachse mit der Richtung der rechten Skala σ zusammenfällt);

rechtes Netz: $x = \mu_x f\left(u_1, \frac{y-p}{\mu_y}\right), \; y = p + \mu_y u_2;$

linkes Netz: $x = -\mu_x f\left(u_1, \frac{y-p}{\mu_y}\right); \quad y = p + \mu_y u_2.$

Die Gleichungen der Skala σ werden:

der rechten Skala: $x = 2\mu_x\sigma, \quad y = 0;$

der linken Skala: $x = -2\mu_x\sigma, \quad y = 0.$

Die nomographierbare Gleichung lautet in diesem Falle:

$$\sigma = \sum_{i=1}^{n} f(u_1^{(i)}, u_2^{(i)}).$$

c) Man kann auch die Größe σ als eine Summe der Form:

$$\sigma = \sum f(u_1) + \sum \varphi(u_2)$$

betrachten.

In diesem Falle besitzt das Nomogramm eine Einstichskala, die auf der Abszissenachse nach beiden Seiten der Symmetrieachse abgetragen ist, sowie zwei Skalen der Zentren: wobei die eine für die Variable u_1 und die andere für die

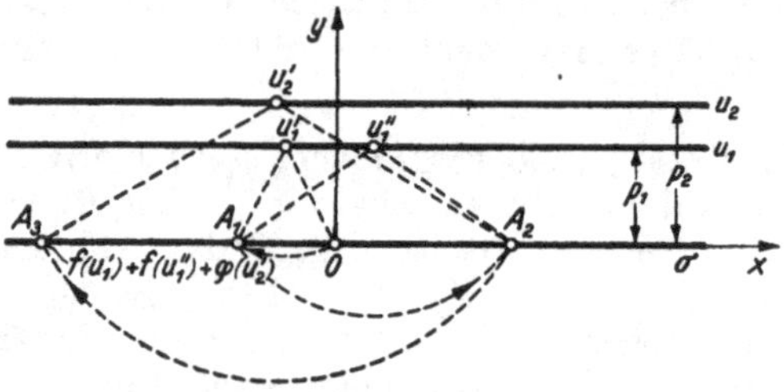

Figur 191

Variable u_2 (Fig. 191) konstruiert ist. Die Gleichungen der Skalen des Nomogramms schreiben sich folgendermaßen (wir notieren nur die Gleichungen für die rechte Nomogrammseite):

Skala σ: $x = 2\mu_x\sigma, \quad y = 0;$

Skala u_1: $x = \mu_x f(u_1), \quad y = p_1;$

Skala u_2: $x = \mu_x \varphi(u_2), \quad y = p_2.$

Dabei sind die Größen p_1 und p_2 beliebig, sie können auch verschiedene Vorzeichen haben.

Die Reihenfolge der Summierung der Funktionswerte von f und φ ist bei diesem Nomogramm beliebig.

d) Als eine Verallgemeinerung dieses Falles können die Funktionen auch von je zwei Variablen abhängen; dann hat man an Stelle der zwei Skalen u_1 und u_2 auf dem Nomogramm zwei Netze. Man ordnet sie zweckmäßig beiderseits der Skala σ an.

Als Beispiel ist in Fig. 192 ein Nomogramm zur Bestimmung des Volumens der Erdmengen bei der Herstellung eines Eisenbahnkörpers angegeben. Für einwegige Bahnen berechnet man das Volumen der Erdmassen nach der Formel

$$V = 50\,\frac{\omega(h_1)}{2} + 50\omega(h_2) + \cdots + 50\omega\,(h_{n-1}) + 50\omega(h_n),$$

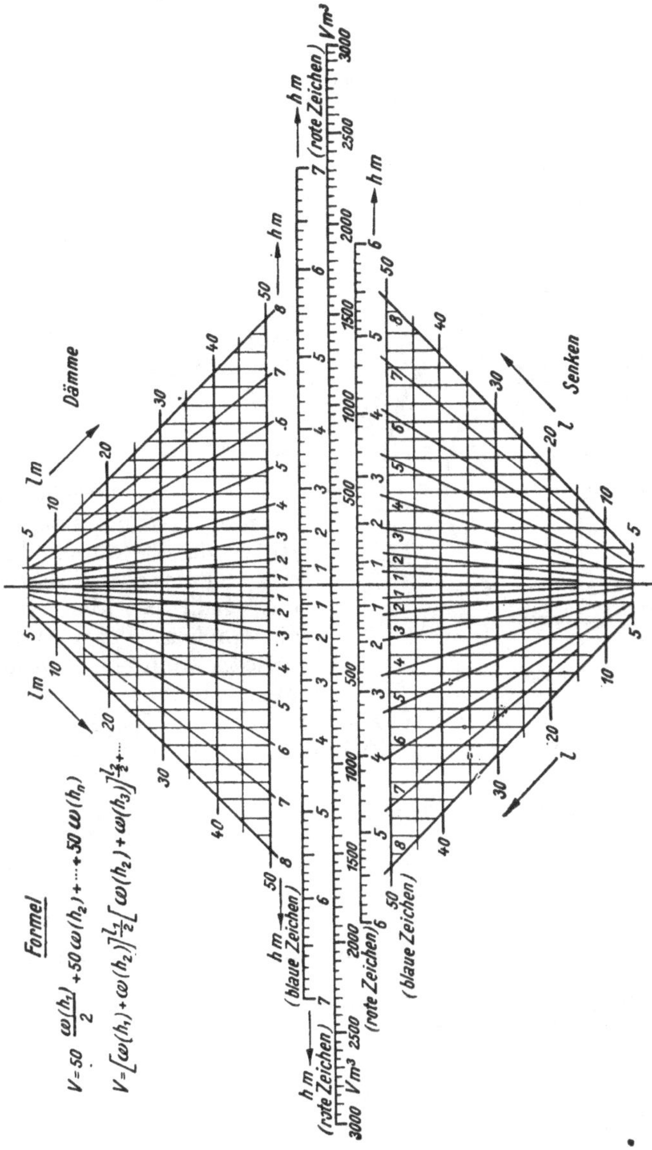

Figur 192

wobei die Querschnittsprofile für die Abstände $l = 50$ m gegeben sind (Pikett, h_i rote Zeichen) oder

$$V = \frac{\omega(h_1)l_1}{2} + \frac{\omega(h_2)l_1}{2} + \frac{\omega(h_2)l_2}{2} + \frac{\omega(h_3)l_2}{2} + \cdots,$$

wenn in einem Längsprofil die Querschnitte auch für Zwischenpunkte angegeben sind (h_i blaue Zeichen).

Hier ist V das Volumen der Erdmengen in m³, ω die Fläche des Querschnitts einer Erhöhung oder einer Senke bei vorgegebener Höhe oder Tiefe h, die man nach folgenden Formeln bestimmt:

für eine Erhöhung: $\omega(h) = 1{,}5h^2 + 2{,}6h + 0{,}078$,

für eine Senke: $\omega(h) = 1{,}5h^2 + 3{,}5h + 0{,}237$.

Mit Hilfe des Nomogramms kann man gleichzeitig das Gesamtvolumen aller Erdmengen berechnen, wobei man je nach Bedarf die Punkte des rechten oder des linken Netzes benutzt und die Lösung auf der Skala V abliest.

e) Das betrachtete symmetrische Nomogramm für die stetige Aufsummierung kann man auch zur Bestimmung des Produktes

$$\sigma = f(u') \cdot f(u'') \cdot f(u''') \ldots f(u^{IV})$$

benutzen, wenn man die vorgelegte Gleichung logarithmiert, d. h. die Skala σ logarithmisch macht und die Skala u mit Hilfe der Gleichung

$$x = \mu_x \lg f(u)$$

konstruiert.

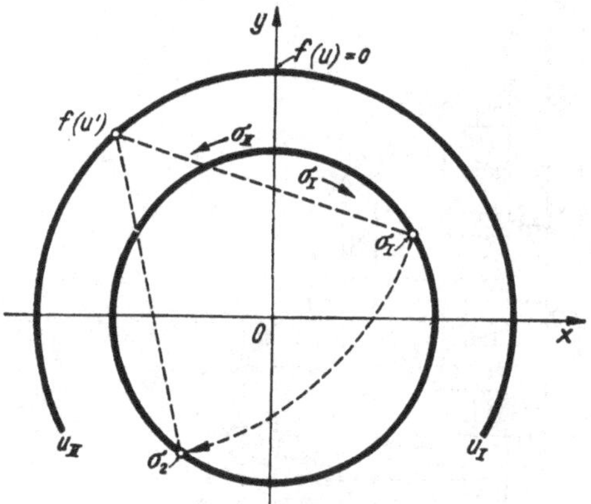

Figur 193

f) In den betrachteten Nomogrammen ist die Länge der Einstichskala σ durch die Zahl n der Summanden begrenzt. Um die Zahl n der Summanden zu erhöhen, verwendet man die Konstruktion von symmetrisch-periodischen Nomogrammen mit Skalen, die auf einem Kreisbogen liegen. Die Skalengleichungen eines solchen Nomogramms (Fig. 193) das für die Lösung einer Gleichung

$$\sigma = \sum_{i=1}^{n} f(u^{(i)})$$

konstruiert wurde, lauten:

Skala der Zentren: $x = R \sin\left(\frac{f(u)}{2}\mu\right)$, $y = R \cos\left(\frac{f(u)}{2}\mu\right)$;

Skala der Einstiche: $x = r \sin(\sigma\mu)$, $y = r \cos(\sigma\mu)$,

wobei die Größe μ der Konstruktionsmaßstab (man wählt ihn zweckmäßig im Gradmaß) und die Radien R und r beliebig sind. Man hat μ so zu wählen, daß:

1. die Skala u bei den vorgegebenen Grenzen nicht mehr als die Hälfte des Kreises vom Radius R einnimmt;

2. die Skala σ auf dem Kreise r die Grenzen von 0 bis zu einem runden Werte $\sigma \doteq \sigma_m$ einnimmt ($\sigma_m = 10, 100, 1000, \ldots$); σ_m nennt man die *Periode* des Nomogramms.

Auf dem Nomogramm sind zwei Skalen σ und u eingetragen (σ_{I}, σ_{II} und u_{I}, u_{II}), die von Null aus (vom Schnittpunkt mit dem positiven Teile der Ordinatenachse aus) auf den Kreisen nach entgegengesetzten Richtungen laufen.

Die Benutzung des Nomogramms bleibt dieselbe, wie dies im Abschnitt a gezeigt ist. Die Werte u werden der Reihe nach gewählt: einen auf der rechten (u_{I}), der andere auf der linken (u_{II}) Skala u; dementsprechend bekommt man die σ-Werte, den einen auf dem inneren (σ_{I}), den anderen auf dem äußeren (σ_{II}) Kreise r. Benutzt man das Nomogramm, so sticht man die eine Zirkelspitze in den Punkt $\sigma = 0$.

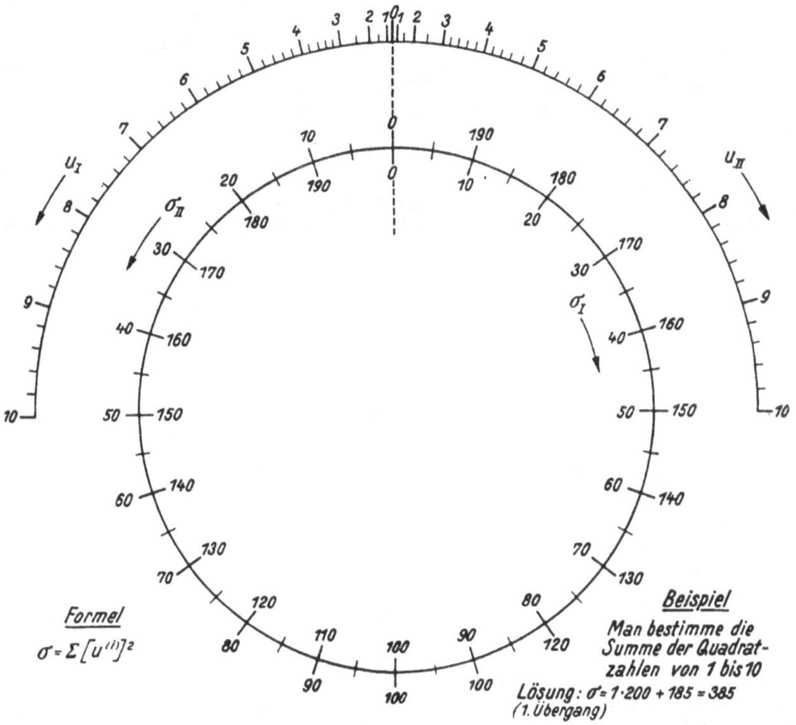

Figur 194

Bei der Benutzung des Nomogramms muß man darauf achten, wann die Summenwerte, die man bekommt, den Nullpunkt durchlaufen. Die Anzahl m aller solchen Durchgänge durch Null muß man ermitteln und dann nach dem auf der Skala erhaltenen Werte $\sigma = \sigma_n$ die mit m multiplizierte Periode σ_m hinzufügen. Dann ist die Lösung, die man nach dem Nomogramm bekommt, gleich

$$\sigma = m \cdot \sigma_m + \sigma_n .$$

In Fig. 194 ist ein Nomogramm für die Addition

$$\sigma = \sum [u^{(i)}]^2$$

dargestellt, das es gestattet, jede beliebige Anzahl von Quadratzahlen kleiner als 10 aufzusummieren.

Die Gleichungen seiner Skalen sind:

Skala σ_{I}: $x = 37{,}5 \sin(\sigma \cdot 1{,}8^\circ)$, $y = 37{,}5 \cos(\sigma \cdot 1{,}8^\circ)$;

Skala σ_{II}: $x = -37{,}5 \sin(\sigma \cdot 1{,}8^\circ)$, $y = 37{,}5 \cos(\sigma \cdot 1{,}8^\circ)$;

Skala u_{I}: $x = -53 \sin(u^2 \cdot 0{,}9^\circ)$, $y = 53 \cos(u^2 \cdot 0{,}9^\circ)$;

Skala u_{II}: $x = 53 \sin(u^2 \cdot 0{,}9^\circ)$, $y = 53 \cos(u^2 \cdot 0{,}9^\circ)$.

An einem Beispiel wollen wir zeigen, wie man dieses Nomogramm benutzt. Es sei die Summe der Quadrate der natürlichen Zahlen von 1^2 bis 10^2 zu ermitteln.

Von dem Punkte mit dem Argument 1 auf der Skala u_{I} als Zentrum machen wir mit einem Radius, der gleich dem Abstand von diesem Punkte bis zum Punkte 0 der Skala σ_{II} ist, mit einem Zirkel einen Einstich auf der Skala σ_{II}. In diesem Punkte bekommen wir den ersten Summanden der gesuchten Summe 1^2. Dann schlagen wir mit einem Radius, gleich dem Abstand des auf der Skala σ_{II} eingestochenen Punktes bis zum Punkte mit dem Argument 2 auf der Skala u_{II} mit dem Zirkel einen Bogen mit dem Punkte $u_{\mathrm{II}} = 2$ als Zentrum. Im Schnittpunkt dieses Bogens mit der Skala σ_{I} können wir die Summe zweier Glieder $1^2 + 2^2$ ablesen (Fig. 195).

Jetzt wählen wir als Zentrum des Einstiches den Punkt mit dem Argument 3 auf der Skala u_{I} und schlagen einen Bogen mit einem Radius gleich dem Abstand vom Punkte $u_{\mathrm{I}} = 3$ bis zu dem bei der vorhergehenden Konstruktion erhaltenen Punkte auf der Skala σ_{I}. Der Schnittpunkt dieses Bogens mit der Skala σ_{II} bestimmt einen Punkt, dessen Argument gleich $1^2 + 2^2 + 3^2$ wird.

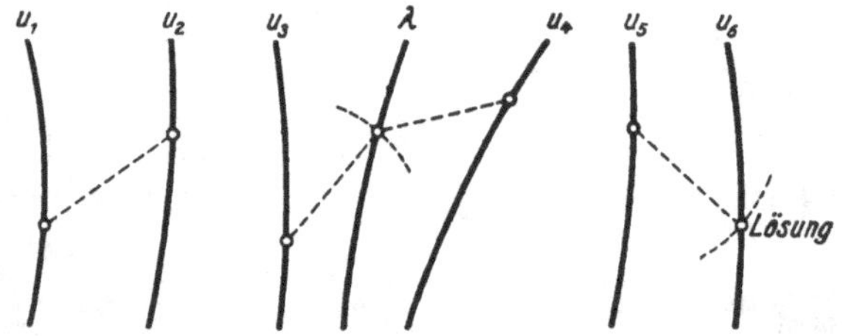

Figur 195

Wählt man nun nacheinander die Zentren der Einschnitte in Punkten $u_{\mathrm{II}} = 4$, $u_{\mathrm{I}} = 5$, ..., $u_{\mathrm{II}} = 10$ auf den Skalen σ_{I} oder σ_{II}, so erhalten wir nach und nach immer größere Argumente, die den Summen $1^2 + 2^2 + 3^2 + 4^2$, $1^2 + 2^2 + 3^2 + 4^2 + 5^2$, ... entsprechen.

Bei der Herstellung eines Einstiches vom Punkte mit dem Argument $u_{\mathrm{II}} = 8$ aus schneidet der Bogen des erhaltenen Kreises die Symmetrieachse des Nomogramms. Dies bedeutet, daß das erhaltene Resultat größer als 200 (der „Periode" des Nomogramms) wird. Dies muß man berücksichtigen und im letzten Ergebnis $\sigma_{\mathrm{II}} = 185$, das man bei Herstellung des Einschnittes vom Zentrum $u_{\mathrm{II}} = 10$ aus bekam, die „Periode" des Nomogramms (200) hinzufügen. Die Lösung wird dann: $\sigma = 185 + 200 = 385$.

14. Die allgemeine Form der zusammengesetzten Stechzirkelnomogramme. Ein Schema eines solchen Nomogramms in seiner allgemeinsten Form ist in Fig. 195 dargestellt. Es besteht aus zwei Nomogrammen: einem ersten Nomogramm für die Variablen u_1, u_2, u_3 und λ und einem zweiten Nomogramm für die Variablen λ, u_4, u_5 und u_6.

Die allgemeinste Form einer durch dieses Nomogramm gelösten Gleichung ist komplizierter Natur. Wir betrachten einen Spezialfall eines derartigen Nomogramms, der ziemliche Verbreitung gefunden hat.

Ein zusammengesetztes Stechzirkelnomogramm mit geradlinigen parallelen Skalen erhält man bequem für eine Gleichung folgender Art:

$$f(u) = f_1(u_1) + f_2(u_2) + f_3(u_3) + \cdots + f_{2n+1}(u_{2n+1}).$$

Die vorgelegte Gleichung stellen wir in Form eines Systems von Gleichungen dar:

$$f_1(u_1) + f_2(u_2) + f_3(u_3) = \lambda_1,$$
$$\lambda_1 + f_4(u_4) + f_5(u_5) = \lambda_2,$$
$$\cdots\cdots\cdots\cdots\cdots\cdots$$
$$\lambda_{n-1} + f_{2n}(u_{2n}) + f_{2n+1}(u_{2n+1}) = f(u).$$

Dabei kann die Funktion $f_{2n+1}(u_{2n+1})$ gleich Null sein. Die Konstruktion eines Nomogramms für jede der oben beschriebenen Gleichungen ist von uns bereits auf Seite 225 betrachtet worden. Die Gleichungen der Skalen jedes Nomogramms werden:

$$x = \mu_x f_i(u_i) + a_i, \qquad y = p_i$$

mit $\sum a_i = 0$, und p_i beliebige Größen.

Die Konstruktion eines solchen zusammengesetzten Nomogramms wollen wir an Hand eines Beispiels betrachten.

Beispiel. Man konstruiere ein Stechzirkelnomogramm für die Gleichung zur Bestimmung der Wärmemenge, die bei der Verbrennung von 1 kg Steinkohle frei wird. (Formel von D. I. Mendelejew):

$$Q_u^p = 81\,C^p + 246\,H^p + 26\,(S_f^p - O^p) = 6\,W^p,$$

dabei ist C^p der Prozentgehalt von Kohlenstoff:

$$45\% \leqq C^p \leqq 96\%;$$

H^p ist der Prozentgehalt von Wasserstoff:

$$1\% \leqq H^p \leqq 5\%;$$

S_f^p ist der Prozentgehalt an flüchtigem Schwefel:

$$0\% \leqq S_f^p \leqq 4\%;$$

O^p ist der Prozentgehalt an Sauerstoff:

$$0\% \leqq O^p \leqq 18\%;$$

W^p ist der Prozentgehalt an Wasser:

$$0\% \leqq W^p \leqq 15\%;$$

Q_u^p ist der untere Heizwert der Kohle:

$$4000 \leqq Q_u^p \leqq 7500\ (\text{kal/kg}).$$

(Alle Werte auf Steinkohle bezogen.)

Die vorgelegte Gleichung zerlegen wir durch Einführung einer Hilfsvariablen λ in zwei Gleichungen:

$$81\,C^p - 6\,W^p + 246\,H^p = \lambda$$

und

$$\lambda + 26\,S_f^p - 26\,O^p = Q_u^p.$$

Legt man die Skalen für die Variablen (C^p, W^p), (H^p, λ), (λ, O^p) und (S_f^p, Q_u^p) paarweise auf dieselben Geraden, so schreiben sich die Gleichungen der Skalen folgendermaßen:

$$\left.\begin{array}{lll} \text{Skala } C^p: & x = 81\mu\, C^p + a_1, & y = 0; \\ \text{Skala } W^p: & x = -\,6\mu\, W^p + a_2, & y = 0; \\ \text{Skala } H^p: & x = 246\mu\, H^p + a_3, & y = p_1; \\ \text{Skala } \lambda: & x = \mu\lambda + a_4, & y = p_1; \end{array}\right\} \text{ erstes Nomogramm}$$

$$\left.\begin{array}{lll} \text{Skala } \lambda: & x = \mu\lambda + a_5, & y = p_2; \\ \text{Skala } O^p: & x = -\,26\mu\, O^p + a_6, & y = p_2; \\ \text{Skala } S_f^p: & x = 26\mu\, S_f^p + a_7, & y = p_3; \\ \text{Skala } Q_u^p: & x = \mu Q_u^p + a_8, & y = p_3. \end{array}\right\} \text{ zweites Nomogramm}$$

Die Maßstabsgröße μ bestimmen wir entweder aus der Bedingung, daß die Summe der Längen der auf einer Geraden liegenden Skalen Q_u^p und S_f^p gleich der vorgegebenen Länge des Nomogramms sei oder dadurch, daß wir von der vorgeschriebenen Genauigkeit ausgehen, mit der die Größe Q_u^p bestimmt werden soll. Nimmt man die gesamte geometrische Ungenauigkeit bei der Benutzung des Nomogramms gleich 0,5 mm an, so ergibt sich, falls Q_u^p auf 15 cal/kg genau bestimmt werden soll, die Beziehung:

$$\frac{0{,}5}{\mu} = 15,$$

hieraus $\mu = \frac{0{,}5}{15} = 0{,}0333 \approx 0{,}04$ (mm) und dann ist die Summe der Längen der Skalen Q_u^p und S_f^p, falls die eine die Fortsetzung der anderen ist, gleich

$$(7500 - 4000) \cdot 0{,}04 + 26 \cdot (4 - 0) \cdot 0{,}04 = 140{,}00 + 4{,}16 \approx 144 \text{ (mm)}.$$

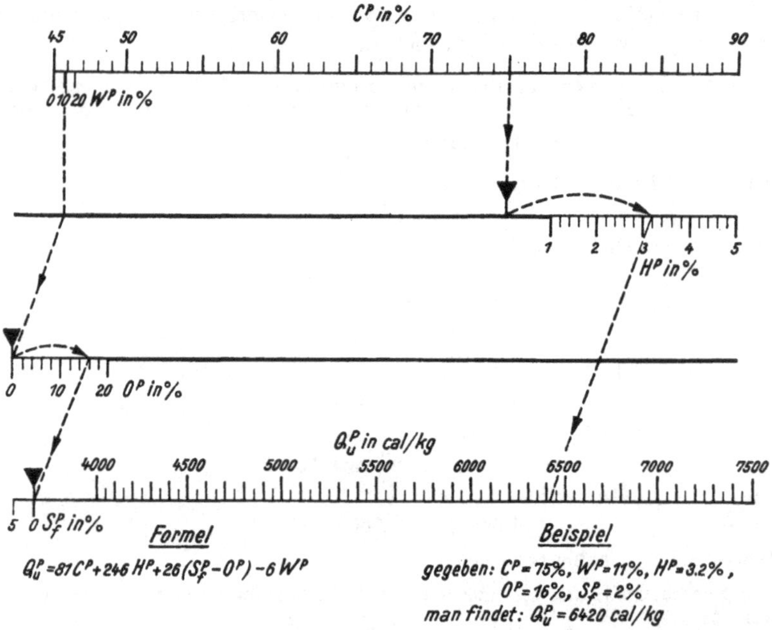

Figur 196

Die Größe p_3 wählen wir gleich M — der Breite des Nomogramms:

$$p_3 = 90 \text{ mm}.$$

Die übrigen Skalen verteilen wir zwischen die Randpaare, d. h. wir werden annehmen

$$p_1 = 30 \text{ mm} \quad \text{und} \quad p_2 = 60 \text{ mm}.$$

Die Größen a_i kann man bis auf eine beliebig wählen, letztere bestimmt man aus der Beziehung

$$\sum a_i = 0.$$

Jedoch ist es einfacher, folgendermaßen zu verfahren: Wir legen die Skalen so auf ihre Träger, daß man sie bequem benutzen kann, wobei wir mit derjenigen Skala beginnen, die die größte Länge hat. Dann legen wir mit Hilfe eines vorher durchgerechneten Beispiels die Lage des Zählungsanfangs auf der unbenannten Skala λ fest; diesen Punkt halten wir mit einem speziellen Index (dreiecksförmig) fest.

Das fertige Nomogramm ist in Fig. 196 dargestellt. Die Lösung eines Beispiels ist auf ihm punktiert angedeutet.

Mit Hilfe eines zusammengesetzten Stechzirkelnomogramms kann man bequem die Gleichung

$$\sigma = f_1(u_1) \cdot f_2(u_2) \cdot f_3(u_3) \ldots$$

lösen, nachdem man sie durch Logarithmieren auf den vorher betrachteten Fall zurückgeführt hat.

15. Fluchtlinientafeln mit durch Stechzirkel bestimmte Korrekturen. Eine vorgelegte Formel enthält zuweilen in ihrer rechten Seite Summanden, die jede nur von einer der Variablen abhängen, deren Änderung wegen ihrer besonderen Struktur oder wegen schmaler Änderungsbereiche der Variablen verhältnismäßig geringen Einfluß auf das nach dem Nomogramm zu errechnende Resultat haben. Doch ist es unmöglich, diese Summanden zu eliminieren oder durch irgendeine Konstante zu ersetzen, da der dadurch entstehende Fehler des Resultats doch zu groß wird. In diesem Falle ist es besser, um das Nomogramm anschaulicher zu machen, die vorgelegte Gleichung $u_n = f(u_1, u_2, u_3, \ldots)$ in zwei Teile zu zerlegen:

$$u_n = \varphi\,(u_1, u_2, \ldots, u_k) + \psi\,(u_{k+}\, u_{k+1}, \ldots),$$

wobei im zweiten Glied alle die Variablen zusammengefaßt sind, die auf das Resultat nur geringen Einfluß haben. Läßt man also das letzte Glied weg, so bekommt man eine Näherungsformel zur Bestimmung von u_n:

$$u_{n\,\mathrm{app.}} = \varphi\,(u_1, u_2, \ldots, u_k),$$

für die wir auch das Nomogramm konstruieren.

Damit wir eine exakte Lösung bekommen, muß man zu dem berechneten Werte $u_{n\,\mathrm{app.}}$ unbedingt den Wert ψ hinzufügen. Wir bezeichnen $\Delta\, u_n = \psi(\mu_{k+1}, \ldots)$ und konstruieren zur Bestimmung von $\Delta\, u_n$ ein kleines Sondernomogramm. Die Resultate, die man nach beiden Nomogrammen erhält, muß man dann addieren. Es ist zweckmäßig, der Skala $\Delta\, u_n$ im letzten Nomogramm denselben Maßstab zu geben wie der Skala $u_{n\,\mathrm{app.}}$ im Hauptnomogramm, da man dann die Addition der Rechenresultate beider Nomogramme mit dem Zirkel direkt durchführen kann, indem man die Abschnitte $\Delta\, u_n$ auf der Skala $u_{n\,\mathrm{app.}}$ direkt abträgt.

Gewöhnlich legt man das zweite Nomogramm ins Innere des ersten auf eine freie Stelle des Blattes (seine kleinen Ausmaße sind bedingt durch die bei den gewählten Bedingungen kleinen Variabilitätsgrenzen von Δu_n im Vergleichzu $u_{n\,\mathrm{app}}$).

Solche Nomogramme mit Korrekturen sind sehr angenehm bei Überschlagsrechnungen, bei denen man die Größe Δu_n überhaupt nicht zu berücksichtigen braucht.

Sehr oft begegnet man Nomogrammen mit Korrekturen für Gleichungen, die durch Nomogramme mit parallelen logarithmischen Skalen gelöst werden.

Beispiel: Man konstruiere ein Nomogramm zur Bestimmung des Wärmeübergangskoeffizienten eines überhitzten gesättigten Dampfes, der im Innern von Röhren und Kanälen strömt:

$$\alpha = 23{,}7\,\frac{\lambda^{0{,}21}}{d^{0{,}16}}\,\frac{(w\,C_p\,\gamma)^{0{,}79}}{L^{0{,}05}},$$

dabei ist α der Wärmeübergangskoeffizient $\left[2{,}5 \leqq \alpha \leqq 20000\,\left(\frac{\mathrm{cal}}{m^2 \cdot h \cdot {}^\circ\mathrm{C}}\right)\right]$;

L ist die Länge des Kanals $[0{,}5 \leqq L \leqq 50\,(\mathrm{m})]$;

d ist der Durchmesser des Kanals $[15 \leqq d \leqq 500\,(\mathrm{mm})]$;

w ist die Geschwindigkeit des Dampfes $(0{,}5 \leqq w \leqq 300\ \mathrm{m/sec})$;

λ, γ und C_p sind die Wärmeleitzahl, das spezifische Gewicht und die spezifische Wärme bei konstantem Dampfvolumen, sie hängen vom Drucke p und der Temperatur t des Dampfes ab und werden mit Hilfe besonderer Tabellen bestimmt [$100 \leqq t \leqq 400$ (°C); $1 \leqq p \leqq 30$ (ata)].

Nimmt man λ, γ und C_p als Funktionen von p und t an, so gilt auch

$$23{,}7 \cdot \lambda^{0{,}21} (\gamma C_p)^{0{,}79} = \Phi\,(t, p).$$

Dann kann man die vorgelegte Gleichung folgendermaßen schreiben:

$$\alpha = \frac{\Phi\,(t, p) \cdot w^{0{,}79}}{d^{0{,}16} \cdot L^{0{,}05}}.$$

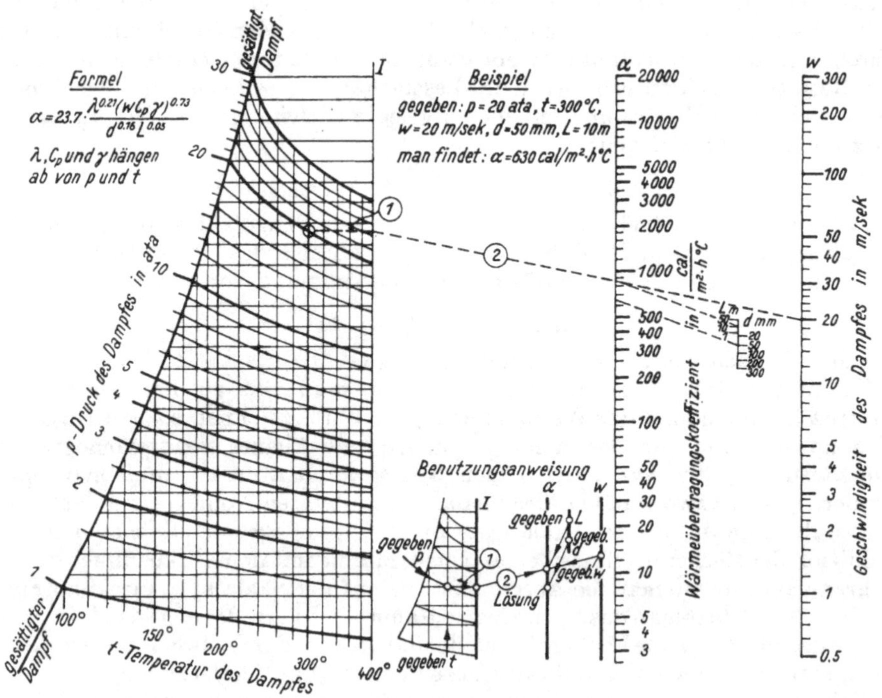

Figur 197

Untersuchen wir den Grad des Einflusses jeder der Größen, so erkennen wir, daß die Änderung der Größen d und L von verhältnismäßig geringem Einfluß auf die Änderung von α ist. Daher spalten wir die vorgelegte Gleichung in zwei einzelne auf:

$$\alpha_{\text{app.}} = \frac{\Phi\,(t, p) \cdot w^{0{,}79}}{0{,}020^{0{,}16} \cdot 0{,}5^{0{,}05}}$$

und

$$\Delta \lg \alpha = \lg \left[\left(\frac{0{,}020}{d} \right)^{0{,}16} \cdot \left(\frac{0{,}5}{L} \right)^{0{,}05} \right].$$

Die erste Gleichung konstruieren wir als Nomogramm mit parallelen logarithmischen Skalen und einer Binarskala für p und t, die zweite stellen wir als Stechzirkelnomogramm mit parallelen logarithmischen Skalen dar, deren Maßstab wir gleich dem Maßstab der Skala α wählen. Dabei konstruieren wir die Skala $\Delta \lg \alpha$ nicht, sondern tragen die Summe der Logarithmen der Zahlen $d^{0{,}16}$ und $L^{0{,}05}$ unmittelbar mit dem Zirkel auf der Skala α des Hauptnomogramms nach der Seite sich vermindernder α-Werte ab.

Das fertige Nomogramm ist in Fig. 197 dargestellt.

§ 46. Zusammengesetzte Nomogramme mit beweglichen Elementen

16. Allgemeine Charakterisierung der Anwendbarkeit solcher Nomogramme. Im allgemeinen Falle der Konstruktion von Nomogrammen mit beweglichen Elementen, sowohl mit graduierten als auch nichtgraduierten Elementen auf der beweglichen Ebene stellt die Projektierung zusammengesetzter Nomogramme die Praxis vor eine schwierige Aufgabe. Die Verwendung zusammengesetzter Nomogramme allgemeiner Natur führt zu einem so komplizierten Ausdruck der Abhängigkeit zwischen den Variablen untereinander, daß es praktisch nur in ganz vereinzelten Fällen möglich ist, diejenige Umformung zu erkennen, die die vorgelegte Gleichung in die kanonische Form überführt (Fig. 199).

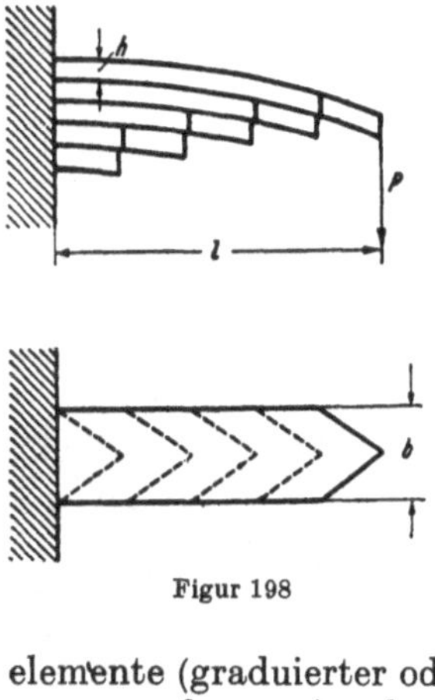

Figur 198

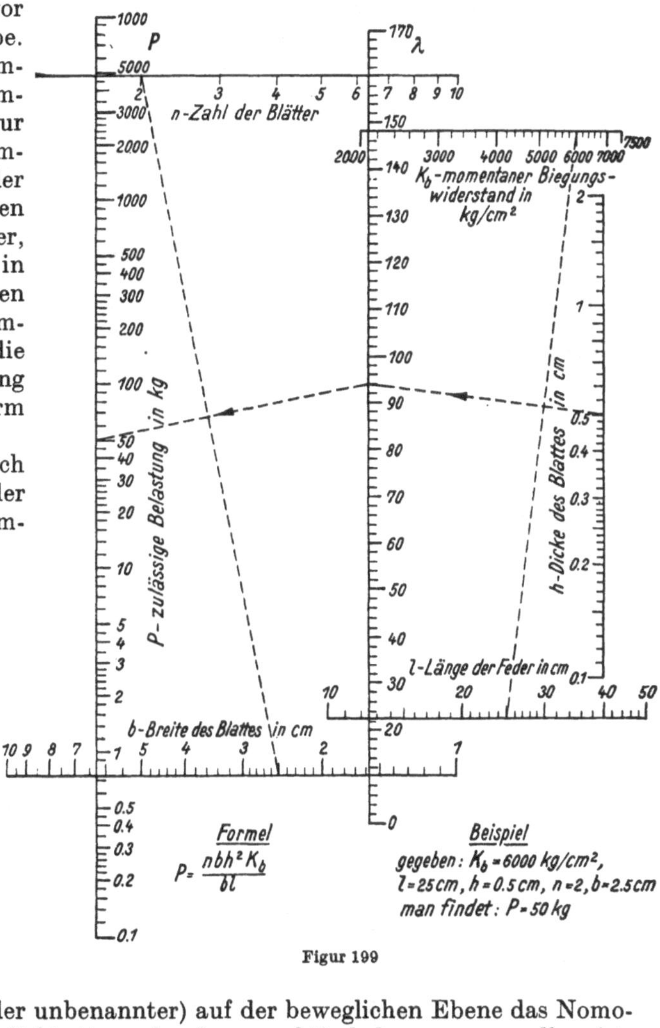

Figur 199

Außerdem verliert durch die Vergrößerung der Anzahl der Nomogrammelemente (graduierter oder unbenannter) auf der beweglichen Ebene das Nomogramm sehr an Anschaulichkeit, wodurch es praktisch kaum verwendbar ist. Dadurch ergibt sich, daß nur die zusammengesetzten Nomogramme einige Verbreitung gefunden haben, die eine bewegliche Ebene besitzen und deren Elemente bei jeder Deckung der beweglichen Ebene unverändert bleiben. Zu der Zahl dieser Nomogramme muß man in erster Linie die Nomogramme mit einem kreuzförmigen, auf ein Transparent gezeichneten Ableseschlüssel (im folgenden kurz: „kreuzförmiges Transparent" genannt) sowie die in verschiedenen Kursen der Nomographie beschriebenen Beispiele hexagonaler Nomogramme rechnen.

17. Zusammengesetzte Nomogramme mit einem kreuzförmigen Ableseindex. Die allgemeine Form einer Gleichung, die durch ein derartiges zusammengesetztes Nomogramm gelöst wird, ist ziemlich kompliziert. In der Mehrzahl der Fälle verwendet man diese Nomogramme für Formeln folgender Bauart:

$$f(u_n) = \frac{f_1(u_1) \cdot f_3(u_3) \cdot \ldots}{f_2(u_2) \cdot f_4(u_4) \cdot \ldots}.$$

Verwendet man hier die Nomogramme mit kreuzförmigem Transparent, vermindert man die Zahl der unbenannten Skalen, wodurch sich die Anschaulichkeit des Nomogramms etwas erhöht.

Eine Gleichung dieser Art bringt man durch Logarithmieren und durch Einführung von Hilfsvariablen $\lambda_1, \lambda_2, \lambda_3, \ldots$ auf ein System von Gleichungen, von denen jede durch ein Nomogramm mit einem kreuzförmigen Transparent gelöst wird.

Als Beispiel eines solchen Nomogramms bringen wir ein Nomogramm zur Berechnung der zulässigen Belastung einer Blattfeder (Fig. 198) nach der Formel

$$P = \frac{n b\, h^2\, K_b}{6 l}.$$

Das Nomogramm ist in Fig. 199 dargestellt.

XIV. KAPITEL

Räumliche Fluchtlinientafeln

§ 47. Allgemeine Konstruktionsprinzipien räumlicher Nomogramme

1. Gleichungen, die durch ein räumliches Nomogramm gelöst werden. Wir stellen uns vier Skalen für die Variablen u_1, u_2, u_3 und u_4 vor, die irgendwie im Raume liegen. Ist ein geometrisches Verfahren zur Bestimmung des Argumentes der Skala u_4 bei gegebenen Werten der Größe u_1, u_2 und u_3 gegeben, so stellt die Kombination dieser Skalen ein Nomogramm einer bestimmten funktionalen Abhängigkeit dar.

Als geometrisches Verfahren zur Bestimmung des Wertes u_4 kann man die Bedingung benutzen, daß Punkte der Skalen u_1, u_2, u_3 und u_4, die der vorgelegten Gleichung genügen, in einer gemeinsamen Ebene liegen.

Ein solches Nomogramm ist die natürliche Verallgemeinerung des Begriffs der Fluchtlinientafel. Die ihr entsprechende funktionale Abhängigkeit zwischen den Variablen u_1, u_2, u_3 und u_4 findet man, wenn man in der analytischen Bedingung, die den Koordinaten der vier in einer Ebene liegenden Punkte auferlegt wird, die Ausdrücke dieser Koordinaten in den entsprechenden Variablen der Skalen einsetzt.

Die Gleichungen der Skalen mögen lauten:

$$\begin{aligned}
&\text{Skala } u_1: \quad x = f_1(u_1), \quad y = \varphi_1(u_1), \quad z = \psi_1(u_1);\\
&\text{Skala } u_2: \quad x = f_2(u_2), \quad y = \varphi_2(u_2), \quad z = \psi_2(u_2);\\
&\text{Skala } u_3: \quad x = f_3(u_3), \quad y = \varphi_3(u_3), \quad z = \psi_3(u_3);\\
&\text{Skala } u_4: \quad x = f_4(u_4), \quad y = \varphi_4(u_4), \quad z = \psi_4(u_4).
\end{aligned}$$

Die diesen Koordinaten auferlegte Bedingung hat die Form[1]):

$$(14.1) \qquad \begin{vmatrix} f_1(u_1) & \varphi_1(u_1) & \psi_1(u_1) & 1 \\ f_2(u_2) & \varphi_2(u_2) & \psi_2(u_2) & 1 \\ f_3(u_3) & \varphi_3(u_3) & \psi_3(u_3) & 1 \\ f_4(u_4) & \varphi_4(u_4) & \psi_4(u_4) & 1 \end{vmatrix} = 0.$$

Diese Beziehung ist auch die allgemeine Form einer Gleichung, die die vier Variablen u_1, u_2, u_3 und u_4 miteinander verknüpft und durch eine Fluchtlinientafel im Raume gelöst wird.

[1]) Dies ist die Bedingung dafür, daß vier Punkte mit vorgegebenen Koordinaten in einer Ebene liegen.

Wir bemerken, daß wir hier, genau wie in der Ebene, Maßstäbe für die Koordinatenachsen einführen können. Dann lauten die Gleichungen der Nomogrammskalen:

$$x = \mu_x f_i(u_i), \quad y = \mu_y \varphi_i(u_i), \quad z = \mu_z \psi_i(u_i), \quad i = 1, 2, 3 \text{ und } 4.$$

Gleichungen, die auf diese Gestalt führen, nennen wir *nomographierbare Gleichungen*, jedoch kann man nicht jede Gleichung mit vier Variablen auf die Form (14.1) bringen.

Um eine nomographierbare Gleichung

$$F(u_1, u_2, u_3, u_4) = 0 \tag{14.2}$$

auf die Form (14.1) zu bringen, muß man sie in der Form

$$L_{1,2,3} f_4(u_4) + M_{1,2,3}\varphi_4(u_4) + N_{1,2,3}\psi_4(u_4) + 1 = 0 \tag{14.3}$$

darstellen, wobei $L_{1,2,3}$, $M_{1,2,3}$ $N_{1,2,3}$ nur Funktionen der Variablen u_1, u_2 und u_3 sind. Bezeichnet man jetzt

$$\xi = L_{1,2,3}, \quad \eta = M_{1,2,3}, \quad \zeta = N_{1,2,3}, \tag{14.4}$$

so muß man versuchen, drei bezüglich ξ, η und ζ lineare Gleichungen zu bekommen, z. B. indem man aus diesen drei Gleichungen der Reihe nach die Paare der Variablen (u_2, u_3), (u_3, u_1) und (u_1, u_2) eliminiert:

$$\begin{aligned} f_1(u_1)\,\xi + \varphi_1(u_1)\eta + \psi_1(u_1)\zeta + 1 &= 0, \\ f_2(u_2)\xi + \varphi_2(u_2)\eta + \psi_2(u_2)\zeta + 1 &= 0, \\ f_3(u_3)\xi + \varphi_3(u_3)\eta + \psi_3(u_3)\zeta + 1 &= 0. \end{aligned} \tag{14.5}$$

Man kann also die vorgelegte Gleichung (14.2) durch ein System von vier Gleichungen ersetzen [Gleichung (14.5) und Gleichung (14.3)], in denen man an Stelle von $L_{1,2,3}$, $M_{1,2,3}$ und $N_{1,2,3}$ ξ, η und ζ gesetzt hat [aus (14.4)]. Eliminiert man aus diesen Gleichungen die Größen ξ, η und ζ, so ergibt sich eine Determinante vierter Ordnung nach (14.1). Damit können die Gleichungen der Skalen unmittelbar hingeschrieben werden.

Beispiel. Man konstruiere ein Nomogramm zur Lösung der vollständigen kubischen Gleichung (Bestimmung der reellen Wurzeln)

$$v^3 + av^2 + bv + c = 0.$$

Wir bezeichnen hier $\quad \xi = -a, \quad \eta = -b, \quad \zeta = -c$

und erhalten vier bezüglich ξ, η und ζ lineare Gleichungen:

$$\begin{aligned} -v^3 + \xi v^2 + \eta v + \zeta &= 0, \\ a + \xi + 0 + 0 &= 0, \\ b + 0 + \eta + 0 &= 0, \\ c + 0 + 0 + \zeta &= 0. \end{aligned}$$

Folglich lautet die kubische Gleichung, geschrieben in der Form (14.1):

$$\begin{vmatrix} -v^3 & v^2 & v & 1 \\ a & 1 & 0 & 0 \\ b & 0 & 1 & 0 \\ c & 0 & 0 & 1 \end{vmatrix} = 0$$

oder

$$\begin{vmatrix} \frac{-v^3}{v^2+v+1} & 1 & \frac{v}{v^2+v+1} & \frac{1}{v^2+v+1} \\ a & 1 & 0 & 0 \\ b & 1 & 1 & 0 \\ c & 1 & 0 & 1 \end{vmatrix} = 0, \tag{14.6}$$

und die Gleichungen der Skalen werden:

Skala v: $x = \mu_x \frac{1}{v^2+v+1}$, $y = \mu_y \frac{v}{v^2+v+1}$, $z = \mu_z \frac{-v^3}{v^2+v+1}$;

Skala a: $x = 0$, $y = 0$, $z = \mu_z a$;

Skala b: $x = 0$, $y = \mu_y$, $z = \mu_z b$;

Skala c: $x = \mu_x$, $y = 0$, $z = \mu_z c$.

Das Nomogramm besteht aus vier Skalen: drei geradlinigen Skalen a, b und c, deren Träger der z-Achse parallel sind und einer krummlinigen Skala v (Kurve doppelter Krümmung). Die allgemeine Form des sich daraus ergebenden Nomogramms ist in Fig. 201 (Seite 296) dargestellt.

2. *Spezialfälle räumlicher Nomogramme.* A. Der Fall, daß das Nomogramm in eine Ebene ausartet. Führt die Elimination von ξ, η und ζ aus den linearen Gleichungen auf folgende Determinante (14.1)

$$\begin{vmatrix} f_1(u_1) & \varphi_1(u_1) & k & 1 \\ f_2(u_2) & \varphi_2(u_2) & k & 1 \\ f_3(u_3) & \varphi_3(u_3) & k & 1 \\ f_4(u_4) & \varphi_4(u_4) & \psi_4(u_4) & 1 \end{vmatrix} = 0, \tag{14.7}$$

dann besitzt das entsprechende räumliche Nomogramm Skalen u_1, u_2 und u_3, die in einer der Koordinatenebenen liegen: es sei dies z. B. die Ebene (x, y). In diesem Falle schneidet die Spur der Lösungsebene auf der Ebene (x, y) die drei Skalen u_1, u_2 und u_3 immer in denselben Punkten unabhängig vom Werte u_4. Somit bekommen wir bei beliebigem u_4 immer ein und denselben Wert u_3, wenn wir die Werte u_1 und u_2 vorgeben; die Werte u_1, u_2 und u_3 bestimmen nicht u_4, aber zwischen den Größen u_1, u_2 und u_3 besteht eine Abhängigkeit.

Subtrahiert man nämlich von den Elementen der dritten Spalte in der Gleichung (14.7) die Elemente der vierten, multipliziert mit k, so ergibt sich

$$\begin{vmatrix} f_1 & \varphi_1 & 0 & 1 \\ f_2 & \varphi_2 & 0 & 1 \\ f_3 & \varphi_3 & 0 & 1 \\ f_4 & \varphi_4 & \psi_4 - k & 1 \end{vmatrix} = - \begin{vmatrix} f_1 & \varphi_1 & 1 \\ f_2 & \varphi_2 & 1 \\ f_3 & \varphi_3 & 1 \end{vmatrix} (\psi_4 - k) = 0,$$

d. h. die Gleichung (14.7) zerfällt in zwei Gleichungen:

$$\psi_4 - k = 0 \quad \text{und} \quad \begin{vmatrix} f_1 & \varphi_1 & 1 \\ f_2 & \varphi_2 & 1 \\ f_3 & \varphi_3 & 1 \end{vmatrix} = 0.$$

Hieraus folgt, daß u_4 nicht von u_1, u_2 und u_3 abhängt und daß tatsächlich zwischen den Variablen u_1, u_2 und u_3 eine Beziehung besteht.

B. Die Skalen des Nomogramms liegen paarweise in zwei Koordinatenebenen. In diesem Falle kann die entsprechende Gleichung durch ein zusammengesetztes Nomogramm auf einer Ebene mit einer geradlinigen unbenannten Skala gelöst werden.

Es kann dann nämlich die Determinante (14.1) in der Form (siehe Seite 257) dargestellt werden:

$$\begin{vmatrix} f_1 & 0 & \psi_1 & 1 \\ f_2 & 0 & \psi_2 & 1 \\ f_3 & \varphi_3 & 0 & 1 \\ f_4 & \varphi_4 & 0 & 1 \end{vmatrix} = 0.$$

C. Ein räumliches Nomogramm mit geradlinigen Skalen. Bestehen zwischen den Funktionen f_i, φ_i und ψ_i zwei lineare Beziehungen, z. B.

$$\varphi_i = a_i f_i + b_i, \quad \psi_i = c_i f_i + d_i,$$

dann besteht das Nomogramm aus vier geradlinigen Skalen.

In dem besonderen Falle, daß in diesen linearen Beziehungen

$$a_1 = a_2 = a_3 = a_4 = a, \quad c_1 = c_2 = c_3 = c_4 = c$$

sind, werden alle diese Skalen einander parallel, legt man jetzt die z-Achse in die Richtung dieser Skalen, so bekommt man eine Gleichung der Form[1]):

$$\begin{vmatrix} f_1(u_1) & b_1 & d_1 & 1 \\ f_2(u_2) & b_2 & d_2 & 1 \\ f_3(u_3) & b_3 & d_3 & 1 \\ f_4(u_4) & b_4 & d_4 & 1 \end{vmatrix} = 0.$$

Diese Gleichung wird auch durch ein zusammengesetztes Nomogramm mit parallelen Skalen gelöst, die in einer Ebene liegen. Die obige Determinante kann man auf die Form der Determinante im Falle B bringen.

3. Nomogramme mit Netzen. Die praktische Herstellung eines Nomogramms mit beliebig im Raume liegenden Netzen ist eine schwer durchführbare Aufgabe. Man kann dies nur im Falle eines Nomogramms mit einem ebenen Netz machen, dessen Herstellung nicht besonders schwierig ist. Zu diesem Zweck kann man eine Koordinatenebene als Ebene des Netzes wählen. Die Gleichung, die durch ein räumliches Nomogramm mit einem derartigen Netz gelöst wird, lautet:

$$\begin{vmatrix} f_{1.2}(u_1, u_2) & \varphi_{1.2}(u_1, u_2) & 0 & 1 \\ f_3(u_3) & \varphi_3(u_3) & \psi_3(u_3) & 1 \\ f_4(u_4) & \varphi_4(u_4) & \psi_4(u_4) & 1 \\ f_5(u_5) & \varphi_5(u_5) & \psi_5(u_5) & 1 \end{vmatrix} = 0.$$

4. Die Umformung räumlicher Nomogramme. Räumliche Fluchtlinientafeln können ebenso wie auch ebene Nomogramme einer projektiven Umformung (Verzerrung) unterworfen werden.

[1]) Man bringt die Determinante (14.1) auf diese Form, indem man von ihrer zweiten und dritten Spalte die mit a und mit c multiplizierten Elemente der ersten Spalte subtrahiert.

Die Beziehungen zwischen den Koordinaten der Punkte der unverzerrten (x, y, z) und der verzerrten (X, Y, Z) Ebene lauten:

$$X = \frac{a_{11}x + a_{12}y + a_{13}z + a_{14}}{a_{41}x + a_{42}y + a_{43}z + a_{44}},$$

$$Y = \frac{a_{21}x + a_{22}y + a_{23}z + a_{24}}{a_{41}x + a_{42}y + a_{43}z + a_{44}},$$

$$Z = \frac{a_{31}x + a_{32}y + a_{33}z + a_{34}}{a_{41}x + a_{42}y + a_{43}z + a_{44}}$$

und enthalten 15 Parameter a_{ij} der Umformung. Bei der projektiven Umformung eines räumlichen Nomogramms werden dessen geradlinige gleichförmige Skalen zu projektiven geradlinigen Skalen und die krummlinigen Skalen verändern sich dabei in dem Sinne, daß auf dem Träger der Kurve die Ordnung erhalten bleibt.

Um die Umformung vollständig festzulegen, muß man in den Ebenen (X, Y, Z) und (x, y, z) fünf Paare homologer Punkte angeben, die bei der Umformung ineinander übergehen sollen. Dies müssen Punkte in allgemeiner Lage sein, d. h. vier von ihnen dürfen nicht in einer Ebene und drei von ihnen nicht auf einer Geraden liegen. Die Umformung wird so durchgeführt, wie dies auch in der Ebene gemacht wurde (Seite 163).

§ 48. Gebrauch eines räumlichen Nomogramms

5. Verwendungszweck eines räumlichen Nomogramms. Die einzig mögliche Art der Benutzung eines räumlichen Nomogramms ist seine Herstellung auf dem Prinzip eines mechanischen Rechengerätes (insbesondere eines einzelnen Mechanismus eines komplizierteren Gerätes). Aber dieser Weg ist nur dann berechtigt, wenn man ein hinreichend einfaches und doch zuverlässiges Instrument hat, das die größte Rechenarbeit mechanisiert, die sonst meist mit großem Zeitverlust verbunden wäre. Besonders wirksam ist die Verwendung räumlicher Nomogramme dann, wenn für die Durchführung jeder einzelnen Berechnung nur eine begrenzte Zeit zur Verfügung steht. In diesen Fällen ist ein hinreichend bequemes räumliches Nomogramm tatsächlich unersetzbar. Die Bequemlichkeit des Nomogramms hängt besonders von der Konstruktion des Bewegungsmechanismus ab (siehe Abschnitt 1, § 47, Seite 291), der die Ebene im Raume beliebig verschiebt.

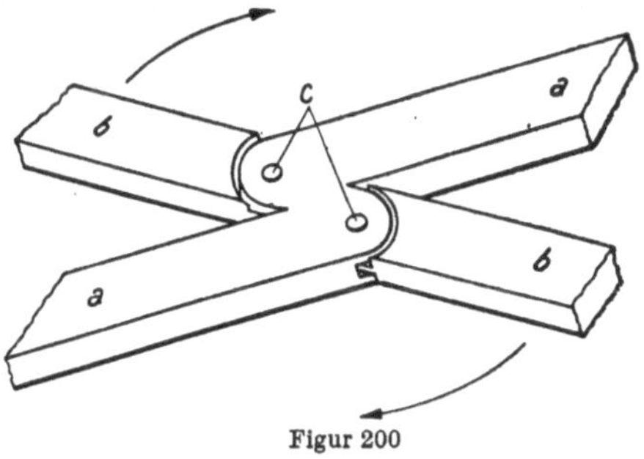

Figur 200

6. Verfahren zur Herstellung einer beweglichen Ebene in einem Nomogramm. Man kann in verschiedener Weise eine bewegliche Ebene im Gerät anbringen. Zwei von ihnen wollen wir angeben, da sie in ihrer Durchführung hinreichend einfach sind.

A. Ein mechanisches Verfahren. An dem Lineal a (Fig. 200) sind zwei Lineale b befestigt, die sich um die Achsen c von Scharnieren drehen können.

Das Lineal a wird mit seinem einen Ende an dem Kugelgelenk einer Muffe befestigt, die sich längs der Skala u_1 verschiebt; sein anderes Ende ist mit einer Muffe verbunden, die mit ihrem Kopfende auf der Unterseite der Skala u_2 gleitet.

Das Ende eines der Lineale b läuft zur Skala u_3, die mit ihrer Unterseite auf einer Muffe liegt, welche sich auf dieser Skala verschiebt.

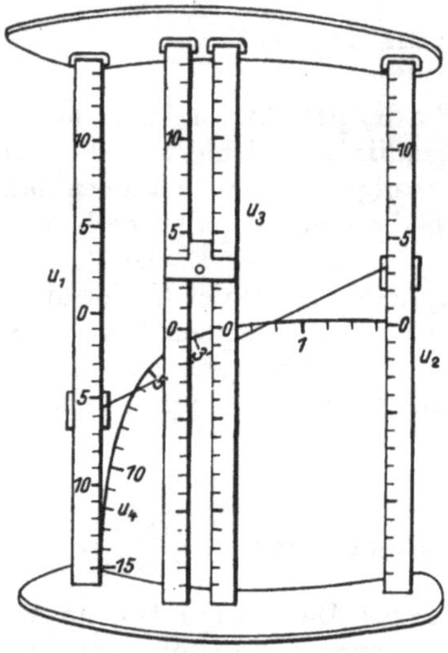

Figur 201

Durch das Vorhandensein von Scharniergelenken kann man die Muffen in beliebige Lagen auf den Skalen u_1, u_2 und u_3 bringen. Das Ende des zweiten Lineals b bestimmt den Schnitt der Ebene mit der vierten Skala.

B. Das Anvisieren eines gespannten Fadens. Man befestigt an einer zwischen den Skalen u_1 und u_2 verschiebbaren Muffe einen gespannten Faden (Fig. 201), auf der Skala u_3 läßt sich ein Schieber bewegen, der eine Öffnung von kleinem Durchmesser hat, durch die man den Faden anvisieren kann. Ist durch die Öffnung dieser Faden und die Skala u_4 sichtbar, so kann man in dem Punkte der Skala u_4, wohin der Faden projiziert wird, die Lösung — den gesuchten Wert von u_4 — ablesen. Hier wird die Ebene durch zwei sich schneidende Geraden festgelegt, von denen die eine der Faden und die andere die Richtung des Sehstrahls von der Schieberöffnung der Skala zum Faden ist.

Außer diesen beiden angegebenen, sehr einfachen Vorrichtungen lassen sich in jedem konkreten Falle auch noch andere Verfahren angeben, um in einem räumlichen Nomogramm eine bewegliche Ebene herzustellen.

XV. KAPITEL

Die Technik der Nomogrammherstellung

§ 49. Die Graduierung der Skalen und Netze

1. Die Regeln der Ausführung einer Skala. Bei der Gestaltung einer Skala für eine Variable u, die beliebige Werte annehmen kann, muß man die folgenden Regeln einhalten, bei deren Beachtung man bequem nach Augenmaß interpolieren kann:

a) Die Länge der Teilungen[1]) in der Mitte muß gleich 1,5 bis 2 mm sein. Teilungslängen kleiner als 0,8 mm und größer als 3 mm, kann man nicht zulassen, ohne an Genauigkeit beim Gebrauch des Nomogramms zu verlieren.

b) Grobe Teilungen, die den Werten $n \cdot 10^k$ und $(n + 1) \cdot 10^k$ entsprechen, darf man, um bequem nach Augenmaß interpolieren zu können, nur in 10 (zu 0,1) in 5 (zu 0,2) oder in 2 (zu 0,5) Teile einteilen. (Schritt. — D. H.) Eine Einteilung in eine andere Anzahl von Teilen, z. B. in vier Teile, ist im allgemeinen unzulässig. Eine Ausnahme bilden nur Skalen für Größen, die nicht im dekadischen System gemessen werden.

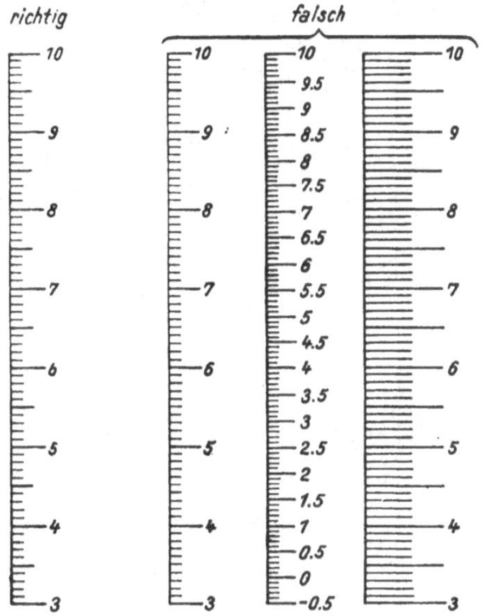

Figur 202

c) Die Strichlänge eines gegebenen Intervalls hat man genau dem Grade der Unterteilung der Teilung anzupassen. Zur Bezeichnung der Zahlen, die den geringsten Abstand haben, soll man Striche von 1,5 bis 2 mm Länge nehmen; der dieser Länge folgende Strich erhält eine Länge von 3 mm, dann 4 und 5 mm. Zu lange Striche erschweren die Ablesung auf der Skala, machen sie „unleserlich“.

d) Striche, die den „Fünfern“ entsprechen, muß man im Vergleich zu den anderen Zahlen derselben Ordnung etwas verlängern.

---

[1]) (Gemeint ist die Entfernung von einem Teilstrich zum nächsten. — D. H.)

e) Die besonders langen Hauptstriche der Skala versieht man, damit sie sich besser hervorheben, an ihrem Ende mit einem schwarzen Punkt.

f) Man darf nicht zu viele Ziffern anschreiben. Es ist gut, sehr genau die Regeln der Strichlierung zu beachten. Es empfiehlt sich, runde Zahlen durch ihre Länge und Dicke hervorzuheben, wodurch sie, besonders bei langen Skalen, sofort ins Auge fallen. Als Schriftmaß nehme man 2,5 nach staatlicher Norm 3454-46. (UdSSR-Norm. — D. H.)

g) Die Trägerlinie einer Skala muß 0,15 bis 0,2 mm dick sein, die Teilstriche sollen 0,1 bis 0,15 mm dick sein, und sind gleich dick.

Beispiele für richtige und falsch gestaltete Skalen sind in Fig. 202 angegeben.

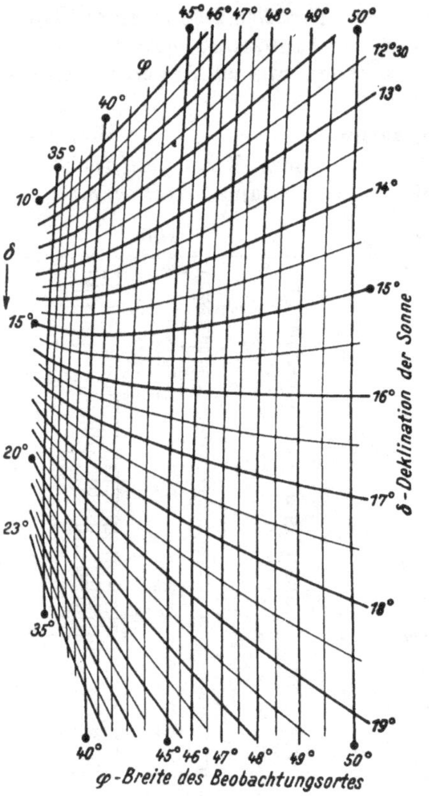

Figur 203

2. Die Regeln für die Gestaltung und die zeichnerische Ausführung eines Netzes und seiner Linienschar. Zur bequemen und genauen Interpolation der Lage eines Punktes auf der Ebene muß man bei der Gestaltung des Netzes die folgenden Regeln beachten:

a) Die Dicke einer Linie jeder Schar des Netzes muß von der Größenordnung 0,1 bis 0,15 mm sein.

b) Kann der Parameter der Schar beliebige Werte annehmen, so darf der Abstand zwischen den Linien einer Schar nicht größer als 7 mm und nicht kleiner als 2 mm sein. Um die Fehler der linearen Interpolation dabei klein zu machen, darf die Differenz zweier beachbarter Abstände zwischen den Linien (gemessen auf der Normale) 1,5 mm nicht überschreiten.

c) Bei großen Teilungen muß man zwischen Linien, die einer Änderung des Parameters von $n \cdot 10^k$ auf $(n + 1) \cdot 10^k$ entsprechen, Linien für stärker gebrochene Werte des Parameters legen. Man sollte die Teilung in Schritte zu 2 (zu 0,5), in 5 (zu 0,2) oder in 10 (zu 0,1) unterteilen; eine andere Zerlegung, z. B. in 4 (zu 0,25) ist unzulässig. Eine Ausnahme bilden nur die Größen, deren Unterteilung nicht nach dem Zehnersystem vorgenommen wird.

d) Für sich schnell verengende Abstände zwischen benachbarten Linien ist es oft unmöglich, auf der ganzen Länge der Linien die Forderung b aufrechtzuerhalten, deshalb muß man den Charakter der Unterteilung verändern, indem man im größten Teile zunächst neun Zwischenlinien legt, dann vier und dann je nach dem Grade der Annäherung nur eine gemäß Abschnitt c).

e) Die Linien jeder Schar, die runden Werten des Parameters entsprechen, müssen stärker hervorgehoben werden; ihre Dicke ist ungefähr 0,25 bis 0,3 mm. Zerlegt man die Teilung in zehn Teile, so muß jede fünfte Linie etwas stärker betont werden, unter ihnen auch die, die 0,5 der Teilung entsprechen (Fig. 203). (Strukturbetonung. — D. H.)

f) Die Linienenden beider Scharen des Netzes werden über den Rand des Feldes hinaus derart verlängert, daß sie eine Skala bilden, deren Form den in Abschnitt 1 angegebenen Regeln genügt.

g) Die Argumente der Linien werden so an ihre Enden angeschrieben, wie dies für die Skalen geschieht. Ist es nötig, auch innerhalb der Grenzen des gegebenen Netzes Ziffern anzugeben, so müssen es möglichst wenige sein, denn sie dürfen das Feld nicht unübersichtlich machen; sie werden über die entsprechende fette Linie gesetzt. Die Ziffernfolge muß man nach einem wohlbestimmten Gesetz anbringen.

Ein Beispiel eines in seiner Formgebung richtigen Netzes ist in Fig. 203 angeführt.

§ 50. Berechnung der Nomogrammelemente

3. Berechnung der Punkte der Skala. Bei der Berechnung einer Skala berechnet man die zwei Koordinaten für nur so viel Skalenpunkte, wie man unbedingt braucht, um den Träger der Skala einzeichnen zu können. Die Anzahl solcher Punkte und ihre Argumente bestimmt man mittels einer Skizze so, daß die Möglichkeit eines Fehlers beim Zeichnen des Trägers ausgeschlossen ist. Hat der Träger nur geringe Krümmung, dann genügen gewöhnlich 5 bis 7 Punkte zu seiner Konstruktion.

Für die übrigen Skalenpunkte berechnet man die Koordinate, die sich beim Übergang von einem Punkt zu einem anderen Punkte am meisten ändert; nach Einzeichnung des Trägers lassen sich die entsprechenden Punkte leicht bestimmen.

Es ist nicht nötig, genauso viele Skalenpunkte zu berechnen, wie man Teilungen einzeichnen will. Da man bei der Ausführung die graphische Interpolation benutzt (siehe Abschnitt 6, Seite 304), genügt es, nur so viele Punkte zu berechnen, daß die zweiten Differenzen 2,0 mm nicht überschreiten.

Die Rechengenauigkeit geht bis 0,05 mm (eine sichere Stelle hinter dem Komma), wenn die Koordinaten in Millimetern gemessen werden und die Rechenergebnisse bei der Zeichnung des Nomogramms auf dem Papier verwendet werden. Die Rechenergebnisse werden durch Differenzenbildung überprüft.

Die ganze Berechnung wird nach speziell dafür hergestellten Tabellen durchgeführt, in denen auch alle Zwischenergebnisse aufgeführt sind, damit man die Möglichkeit zur Überprüfung hat. Dabei muß man zunächst die Hauptwerte des Parameters berechnen und dann seine Zwischenwerte, die man entsprechend dicht wählt.

Beispiel. Man berechne die Skala t, die durch die Gleichungen

$$x = 5t, \quad y = 2t^2 + 10$$

gegeben ist. Dabei ist $$0 \leqq t \leqq 10.$$

Gemäß der Reihenfolge der arithmetischen Operationen, die man durchführen muß, um x und y für vorgelegte Werte von t zu berechnen, stellen wir Tafeln in folgender Form auf, nach denen wir auch die Berechnungen durchführen:

t	$x = 5t$	t^2	$2t^2$	$y = 2t^2 + 10$	t	$x = 5t$	t^2	$2t^2$	$y = 2t^2 + 10$
0	0	0	0	10	1,6	—	2,56	5,12	15,1
1	5	1	2	12	1,8	—	3,24	6,48	16,5
2	10	4	8	18	2,4	—	5,76	11,52	21,5
3	15	9	18	28	2,8	—	7,84	15,68	25,7
4	20	16	32	42	3,2	—	10,24	20,48	30,5
5	25	25	50	60	3,6	—	12,96	25,92	35,9
6	30	36	72	82	4,4	—	19,36	38,72	48,7
7	35	49	98	108	4,8	—	23,04	46,08	56,1
8	40	64	128	138	5,2	—	27,04	54,08	64,1
9	45	81	162	172	5,6	—	31,36	62,72	72,7
10	50	100	200	210	6,4	—	40,96	81,92	91,9
0,5	—	0,25	0,5	10,5	6,8	—	46,24	92,48	102,5
1,2	—	1,44	2,88	12,9	7,2	—	51,84	103,68	113,7
1,4	—	1,96	3,92	13,9	7,4	—	54,76	109,52	119,5

t	$x = 5t$	t^2	$2t^2$	$y = 2t^2 + 10$
7,6	—	57,76	115,52	125,5
7,8	—	60,84	121,68	131,7
8,2	—	67,24	134,48	144,5
8,4	—	70,56	141,12	151,1
8,6	—	73,96	147,92	157,9
8,8	—	77,44	154,88	164,9
9,2	—	84,64	169,28	179,3
9,4	—	88,36	176,72	186,7
9,6	—	92,16	184,32	194,3
9,8	—	96,06	192,08	202,1

indem wir der Reihe nach für alle gewählten t-Werte die gleichen Operationen ausführen. Die Berechnung führen wir in zwei Schritten durch. Zunächst berechnen wir x und y für alle ganzen Werte von t, dann bezeichnen wir die notwendigen Zwischenwerte von t und führen für sie die Berechnung durch. Die x-Werte für die Zwischenwerte von t berechnen wir nicht.

Wir überprüfen graphisch die Skalenpunkte durch Differenzenbildung, und zwar zeichnen wir auf Millimeterpapier eine graphische Darstellung, wobei wir auf der Abszissenachse in beliebigem Maßstabe den Wert t und auf der Ordinatenachse die Differenzen von y in mm auftragen, die äquidistanten t-Werten entsprechen. Da das Variabilitätsintervall für t von uns längs seiner ganzen Breite nicht gleichmäßig gewählt wurde, konstruieren wir zwei graphische Darstellungen: eine für Werte t von 0 bis 10 mit einem

Teilungsschritt von 0,4 und die zweite für Werte t von 6,8 bis 10 mit einem solchen von 0,2 (Fig. 204).

Enthält die Berechnung Fehler, so bilden die graphischen Darstellungen an dieser Stelle einen scharfen Sprung, was auf Rechenfehler bei dem entsprechenden Wert von t hindeutet.

Bei der Berechnung geradliniger Skalen braucht man beide Koordinaten nur für drei Punkte zu berechnen, durch die man den Skalenträger legt (der dritte Punkt zur Kontrolle der Richtigkeit der Berechnung).

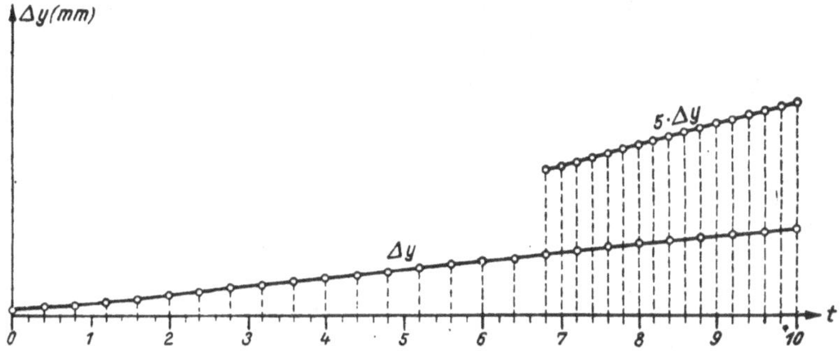

Figur 204

4. Berechnung des Netzes und seiner Linienschar. Die Berechnung der Koordinaten der Punkte der Netzlinien sollte mit möglichst wenig Arbeitsaufwand durchgeführt werden. Die Regeln für die Durchführung der Rechnung bleiben die gleichen wie die im Abschnitt 3 für die Skala angegebenen; deshalb genügt es, auch bei der Berechnung der Netze (bzw. der Linien einer einparametrigen Linienschar) nur die Hauptlinien des Feldes zu berechnen, und zwar so, daß die zweiten Differenzen der Ordinaten nicht größer als 2 mm werden. Die Zwischenlinien konstruiert man dann mit Hilfe der graphischen Interpolation (Abschnitt 6, Seite 304).

Für das Netz berechnet man die „Knotenpunkte", d. h. die Punkte, durch die auf dem Nomogramm die Linien beider Scharen hindurchgehen.

Die Rechenergebnisse stellen wir ebenfalls in Tabellenform zusammen.

Beispiel. Man berechne die Linien $p = \text{const}$ einer Netztafel (Fig. 143) nach der Formel

$$m_0 = \left(0{,}405 + \frac{0{,}003}{H_0}\right)\left[1 + 0{,}55\left(\frac{H_0}{H_0 + p}\right)^2\right]$$

mit $0{,}5 \leqq H_0 \leqq 1{,}5\,(\text{m})$ und $0{,}25 \leqq p \leqq 1{,}5\,(\text{m})$.

Jede Kurve der Schar $p = \text{const}$ kann bei den von uns gewählten begrenzten Ausmaßen des Nomogramms mit hinreichender Genauigkeit mit fünf Punkten konstruiert werden. Daher können wir uns auf eine kleine Anzahl von H_0-Werten beschränken, nämlich: 0,5; 0,8; 1,2; 1,5.

$$H = 0{,}5;\quad 0{,}405 + \frac{0{,}003}{H_0} = 0{,}411; \qquad H_0 = 0{,}8;\quad 0{,}405 + \frac{0{,}003}{H_0} = 0{,}40875;$$

$$m_0 = 0{,}411\left[1 + \frac{0{,}1375}{(0{,}5 + p)^2}\right]; \qquad m_0 = 0{,}40875\left[1 + \frac{0{,}3520}{(0{,}8 + p)^2}\right];$$

p	$(0{,}5 + p)^2$	$1 + \frac{0{,}1375}{(0{,}5 + p)^2}$	m_0
0,25	0,5625	1,2445	1,513
0,3	0,6400	1,2150	0,496
0,35	0,7225	1,1905	0,490
0,4	0,8100	1,1698	0,481
0,45	0,9025	1,1525	0,474
0,5	1,0000	1,1375	0,467
0,6	1,2100	1,1135	0,459
0,7	1,4400	1,0956	0,451
0,8	1,6900	1,0813	0,445
0,9	1,9600	1,0702	0,440
1,0	2,2500	1,0611	0,436
1,1	2,5600	1,0537	0,434
1,2	2,8900	1,0476	0,431
1,3	3,2400	1,0424	0,428
1,4	3,6100	1,0381	0,426
1,5	4,0000	1,0344	0,425

p	$(0{,}8 + p)^2$	$1 + \frac{0{,}3520}{(0{,}8 + p)^2}$	m_0
0,25	1,1025	1,3190	0,5395
0,3	1,2100	1,2910	0,5285
0,35	1,3225	1,2665	0,5180
0,4	1,4400	1,2445	0,5695
0,45	0,5625	1,2253	0,5010
0,5	1,6900	1,2084	0,494
0,6	1,9600	1,1796	0,482
0,7	2,2500	1,1565	0,4375
0,8	2,5600	1,1376	0,465
0,9	2,8900	1,1219	0,4595
1,0	3,2400	1,1086	0,454
1,1	3,6100	1,0976	0,449
1,2	4,0000	1,0881	0,4455
1,3	4,4100	1,0797	0,4420
1,4	4,8400	1,0728	0,4395
1,5	5,2900	1,0666	0,4360

$$H_0 = 1;\ \ 0{,}405 + \frac{0{,}003}{H_0} = 0{,}408;$$

$$m_0 = 0{,}408 \left[1 + \frac{0{,}5500}{(1 + p)^2}\right]$$

$$H_0 = 1{,}2;\ \ 0{,}405 + \frac{0{,}003}{H_0} = 0{,}4075;$$

$$m_0 = 0{,}4075 \left[1 + \frac{0{,}7975}{(1{,}2 + p)^2}\right]$$

p	$(1 + p)^2$	$1 + \frac{0{,}55}{(1 + p)^2}$	m_0
0,25	1,5625	1,352	0,5516
0,3	1,6900	1,325	0,5406
0,35	1,8225	1,3015	0,5310
0,4	1,9600	1,2805	0,5224
0,45	2,1025	1,2615	0,5147
0,5	2,2500	1,2442	0,5077
0,6	2,5600	1,2145	0,4956
0,7	2,8900	1,1901	0,4856
0,8	3,2400	1,1697	0,4773
0,9	3,6100	1,1523	0,4701
1,0	4,0000	1,1375	0,4641
1,1	4,4100	1,1244	0,4588
1,2	4,8400	1,1135	0,4543
1,3	5,2900	1,1039	0,4504
1,4	5,7600	1,0955	0,4147
1,5	6,2500	1,0880	0,4439

p	$(1{,}2 + p)^2$	$1 + \frac{0{,}7975}{(1{,}2 + p)^2}$	m_0
0,25	2,1025	1,379	0,561
0,3	2,2500	1,3545	0,551
0,35	2,4125	1,3307	0,543
0,4	2,5000	1,3117	0,535
0,45	2,7225	1,2927	0,527
0,5	2,8900	1,2760	0,520
0,6	3,2900	1,2483	0,509
0,7	3,6100	1,2208	0,498
0,8	4,0000	1,1995	0,489
0,9	4.4100	1,1807	0,481
1,0	4,8400	1,1648	0,475
1,1	5,2900	1,1509	0,470
1,2	5,7600	1,1384	0,464
1,3	6,2500	1,1275	0,459
1,4	6,7600	1,1179	0,456
1,5	7,2900	1,1094	0,452

$$H_0 = 1{,}5;\ \ 0{,}405 + \frac{0{,}003}{H_0} = 0{,}407;$$

$$m_0 = 0{,}407 \left[1 + \frac{1{,}2375}{(1{,}5 + p)^2}\right]$$

$$H_0 = 1{,}5;\ \ 0{,}405 + \frac{0{,}003}{H_0} = 0{,}407;$$

$$m_0 = 0{,}407 \left[1 + \frac{1{,}2375}{(1{,}5 + p)^2}\right]$$

p	$(1{,}5+p)^2$	$1+\dfrac{1{,}2375}{(1{,}5+p)^2}$	m_0
0,25	3,0625	1,4049	0,571
0,3	3,2400	1,3920	0,566
0,35	3,4225	1,3618	0,554
0,4	3,6100	1,3430	0,546
0,45	3,8629	1,3252	0,539
0,5	4,0000	1,3094	0,532
0,6	4,4100	1,2805	0,521
0,7	4,8400	1,2560	0,5105

p	$(1{,}5+p)^3$	$1+\dfrac{1{,}2375}{(1{,}5+p)^2}$	m_0
0,8	5,2900	1,2345	0,5015
0,9	5,7600	1,2148	0,494
1,0	6,2500	1,1982	0,487
1,1	6,7600	1,1832	0,481
1,2	7,2900	1,1700	0,476
1,3	7,8400	1,1580	0,471
1,4	8,2100	1,1507	0,469
1,5	9,0000	1,1375	0,4625

Die Rechnung ist hier nicht weitergeführt. Man muß noch die berechneten m_0-Werte mit dem Maßstab auf der Ordinatenachse (μ_y) multiplizieren, um die gesuchten y-Werte zu bekommen. Benutzt man jedoch bei der Kurvenkonstruktion ein Netz, das durch die Linien $H_0 = \text{const}$ und $m_0 = \text{const}$ gebildet wird, so kann man zwischen zwei Linien interpolieren und sich somit auf die oben durchgeführte Rechnung beschränken.

Die richtige Durchführung der Rechnung prüft man hier am besten beim Zeichnen des Nomogramms, indem man die Differenzen unmittelbar auf dem Nomogramm nacheinander zwischen den Kurven in den Zirkel nimmt.

Die Berechnung der Punkte des Netzes unterscheidet sich im wesentlichen nicht von der im oben betrachteten Beispiel durchgeführten. Sollten wir das Netz (H_0, p) konstruieren, so könnte man dies leicht mit Hilfe der obigen Rechnung tun; man hätte dann nur noch zusätzlich für die gleichen Werte H_0 und p die Abszissenwerte der Punkte des Feldes zu berechnen.

§ 51. Das Zeichnen des Nomogramms

5. Die allgemeine Reihenfolge beim Zeichnen des Nomogramms. Von der Genauigkeit der Nomogrammzeichnung hängt die Genauigkeit seiner Benutzung ab. Die Nomogramme sollen mit Tusche auf festen weißen Zeichenkarton gezeichnet werden. Millimeterpapier ist wegen ungleichförmiger Schrumpfung seiner Maßstäbe zu diesem Zwecke ungeeignet. Das Zeicheninstrument, das man zum Zeichnen verwendet, muß sorgfältig überprüft werden.

Zur Konstruktion krummliniger Skalen und eines Netzes trägt man auf den Karton ein quadratisches Koordinatennetz mit je einer Seitenlänge von 50 mm auf, wodurch eine bequeme und genaue Konstruktion der Skalenpunkte und Felder mit Lineal und Meßzirkel ermöglicht wird. Bei der Konstruktion des Netzes muß man auf maximale Genauigkeit achten, da von der Güte dieser Konstruktion die Genauigkeit des Nomogramms abhängt. Um Geraden zu legen, die einer gegebenen Geraden parallel sind, trägt man auf zwei zu dieser Geraden senkrechten Geraden gleiche Abstände ab und zieht durch deren Endpunkte die gewünschten Geraden.

Zunächst konstruiert man die Träger aller Skalen und die Randlinien der Felder, dann trägt man alle berechneten Netzlinien und die Skalenpunkte ein. Die Zwischenpunkte (nichtberechnete) der Skalen und Netzlinien trägt man durch graphische Interpolation ein (Abschnitt 6).

6. Die graphische Interpolation beim Eintragen der Zwischenwerte. Das Wesen dieser Interpolation besteht in folgendem: Gegeben (Fig. 205) sei die Skala der Variablen u, auf der bereits berechnete Punkte mit den Argumenten

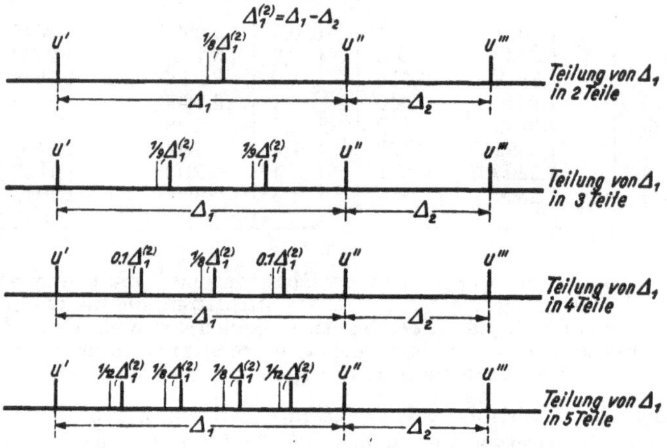

Figur 205

$u', u'', u''', \ldots$ $(u'' - u' = u''' - u'' = \ldots)$ eingetragen sind. Die Zwischenpunkte auf dieser Skala findet man in folgender Weise:

a) Die gegebene Teilung (z. B. von u' bis u'') teilen wir in gleiche Teile ein, deren Zahl der notwendigen Zahl von Zwischenpunkten entspricht;

b) die gefundenen Punkte verschieben wir in der Richtung, in der sich die Skala verdichtet (in der Richtung, in der die Teilstrichabstände abnehmen) um Abstände, die man aus Fig. 205 bestimmt.

Sind die berechneten Teilungen der Skala in zehn Teile einzuteilen, so teilt man sie zunächst in die Hälften und dann jede Hälfte noch in fünf Teile.

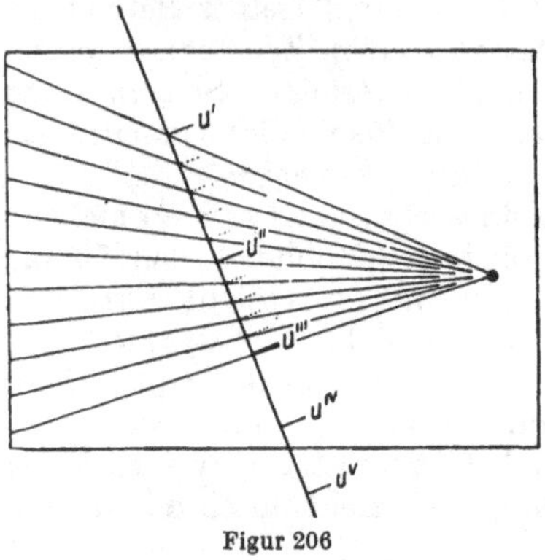

Figur 206

Wird die Differenz der Längen zweier benachbarter Teilungen kleiner als 1,0 mm, so kann man jede dieser Teilungen in gleiche Teile einteilen.

Das angegebene Verfahren verwenden wir auch, um Zwischenpunkte auf krummlinigen Skalen einzutragen und auch um Punkte der Zwischenlinien der Netzscharen zu bestimmen.

Um die Zwischenpunkte einer Skala einzutragen, kann man auch folgendes Verfahren verwenden, das auf der Eigenschaft einer projektiven Skala beruht, ihre Charakteristik bei einer Änderung des Parameters m (Seite 12) in weiten Grenzen zu ändern. Auf einem einzelnen Blatt Papier (besser auf Pauspapier) zeichnet man mit einem Bleistift ein Bündel Geraden, die durch die Punkte einer gleichförmigen Skala hindurchgehen (Fig. 206). Sollen wir die Zwischenstriche auf irgendeiner

Skala u eintragen, dann legen wir das gezeichnete Geradenbündel so auf die Skala, daß durch drei ihrer Argumente drei Linien des Bündels hindurchgehen und im Zwischenraum zwischen je zwei benachbarten dieser Linien sich gerade so viel Linien des Bündels befinden, wie Zwischenpunkte auf der Skala in der ersten Teilung zwischen u' und u'' einzutragen sind.

Im Schnittpunkt der Linien des Bündels mit dem Skalenträger der Skala u tragen wir die Zwischenpunkte innerhalb der Teilung (u', u'') ein. Dann verschieben wir die Schablone so, daß eben diese drei Linien durch die Punkte u'', u''' und u^{IV} der Skala gehen und tragen die Teilungen innerhalb der Teilung u'', u''' der Skala ein.

Indem wir das Geradenbündel weiterverschieben, können wir auf diese Weise die ganze Skala u mit Gradeinteilung versehen.

7. Verwendung von Schablonen zur Anfertiguug logarithmischer Skalen und Netze. Macht man von der Eigenschaft der „Periodizität" logarithmischer Skalen (Seite 11) Gebrauch, dann kann man für ihre Zeichnung zweckmäßig vorher hergestellte Schablonenstücke logarithmischer Skalen verschiedener Maßstäbe verwenden, die für die Bereiche 1 bis 10 konstruiert worden sind. Die Anwendung einer fertigen Schablone zum Zeichnen einer Skala wurde bereits in Fig. 5 gezeigt.

In den Nomogrammen kann man die Längen der Skalen variieren; man braucht jedoch nicht unbedingt, wie auf Seite 8 gezeigt wurde, die Skalen alle genau gleich lang zu machen. Wir kommen deshalb bei der Konstruktion von Nomogrammen mit logarithmischeh Skalen mit einer begrenzten Anzahl fertiger Schablonen aus. Die Praxis hat gezeigt, daß in den meisten Fällen Schablonen für Skalen der 24 Maßstäbe:

$$1000;\ \frac{1000}{2};\ \frac{1000}{3};\ \frac{1000}{4};\ \frac{1000}{5};\ \frac{1000}{6};\ \frac{1000}{7};\ \frac{1000}{8};$$

$$\frac{1000}{9};\ \frac{1000}{10};\ \frac{1000}{11};\ \frac{1000}{12};\ \frac{1000}{14};\ \frac{1000}{15};\ \frac{1000}{16};\ \frac{1000}{18};$$

$$\frac{1000}{20};\ \frac{1000}{24};\ \frac{1000}{25};\ \frac{1000}{30};\ \frac{1000}{40};\ \frac{1000}{50};\ 150;\ 300$$

völlig ausreichen.

Außerdem ist es zweckmäßig, noch folgende drei Schablonen für Skalen größerer Maßstäbe zur Verfügung zu haben:

$$\frac{2000}{1};\ \frac{2000}{3};\ \text{und}\ \frac{2000}{5}.$$

Benutzt man die Rechenmethode nach § 43, XIV. Kapitel (Seite 271), dann genügen diese Schablonen allen Erfordernissen der Praxis.

Schablonen logarithmischer Skalen können recht gut zum Eintragen einer logarithmischen Schar gerader Linien verwendet werden. Das hier gebräuchliche Verfahren wollen wir an einem Beispiel erläutern.

Es sei (Fig. 207) eine logarithmische Schar gerader Linien in den Grenzen von $u = 2$ bis $u = 15$ in irgendeinem Maßstabe (der Maßstab der Konstruktion kann auch unbekannt sein) einzutragen, wobei nur die zwei Linien $u = 2$ und $u = 15$ der Schar gezeichnet vorliegen. Wir wählen zunächst eine Schablone solchen Maßstabes, daß der Abstand zwischen den Argumenten 2 und 15 der Schablone größer (oder gleich) dem Abstand zwischen den bereits eingezeichneten Linien wird und drehen dann die Schablone auf der Zeichenfläche mit den bereits eingezeichneten Linien so weit, bis die Argumente 2 und 15 genau mit den Linien 2 und 15 der Schar u zusammenfallen. Durch Festhalten der Schablone in dieser Stellung können wir auf dem Papier die Lage der Zwischenwerte von u markieren und ziehen anschließend die Linien $u = \text{const}$ durch diese Punkte als Parallelen zu den bereits eingezeichneten Linien.

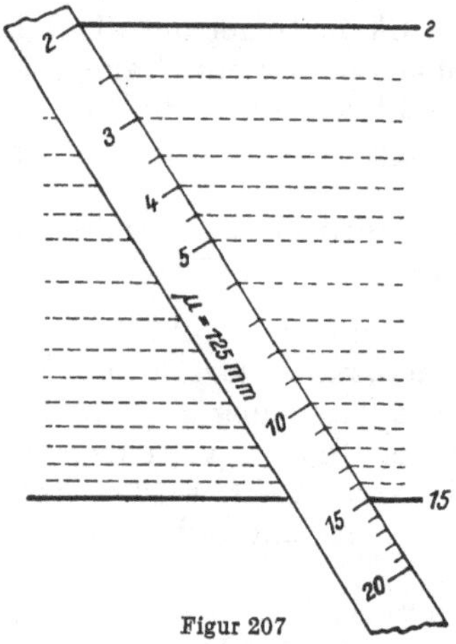

Figur 207

In einigen Nomographiekursen wird empfohlen, zum Einzeichnen logarithmischer Skalen beliebigen Maßstabes ein Geradenbündel zu verwenden, das durch die Punkte einer beliebigen logarithmischen Skala hindurchgeht.[1]) Verschieben wir einen Papierstreifen längs dieses Bündels aus seinem Zentrum heraus, dann erhalten wir im Schnitt der Streifenkante mit dem Strahlenbündel logarithmische Skalen aller möglichen Maßstäbe. Durch Wahl des erforderlichen Maßstabes können wir auf der Streifenkante die gewünschte Schablone einzeichnen, die man dann zum Zeichnen der Skala verwendet. Dieses Verfahren liefert jedoch keine guten Ergebnisse wegen der verhältnismäßig großen Fehler bei der Konstruktion und der Schwierigkeit, ein solches Geradenbündel hinreichend genau herzustellen.

§ 52. Die Gestaltung und Überprüfung des Nomogramms

8. Die Gestaltung des Nomogramms. Überflüssige Bezeichnungen und zusätzliche Zeichnungen auf dem Nomogramm anzubringen, sollte man vermeiden, um die Übersicht nicht zu stören. Jedoch unbedingt notwendig für den Gebrauch des Nomogramms sind folgende Bezeichnungen und ergänzende Zeichnungen:

a) Buchstabenbezeichnungen der Variablen an den Skalen und an den Linienenden des Netzes in fetter Schrift;

b) Bezeichnung der Größe, für die man die Skala konstruiert hat, und die Bezeichnung der Maßeinheiten (Dimensionierung);

c) punktiert ein Beispiel, das den Gebrauch des Nomogramms veranschaulicht.

Ist dann noch freier Platz auf dem Nomogramm vorhanden, so sind noch folgende Dinge erwünscht:

d) Benutzungsanweisung des Nomogramms;

e) die Formeln, für die das Nomogramm konstruiert wurde;

f) eine kurze Erläuterung zu dem punktiert eingezeichneten Beispiel.

---

[1]) In Deutschland unter dem Namen „Logarithmische Harfe" bekannt. (D. H.)

Ein derart durchgeführtes Beispiel einer Fluchtlinientafel ist in Fig. 124 angegeben.

9. Die Überprüfung des Nomogramms. Das Nomogramm kann erst dann abgeschlossen betrachtet werden, wenn es einer eingehenden Kontrolle unterzogen wurde. Diese besteht darin, daß man eine Reihe von Beispielen aufstellt, die man einerseits nach der Formel berechnet und andererseits mit Hilfe des Nomogramms. Die Beispiele müssen so beschaffen sein, daß sie die verschiedenen Teile der Skalen und Felder erfassen und außerdem alle möglichen Lagen der beweglichen Ebene bezüglich der festen Ebene berücksichtigen (unter ihnen auch die ungünstigsten).

VERZEICHNIS EMPFEHLENSWERTER LITERATUR

I. Elementare Bücher über Nomographie

1. Денисюк, И. Н., Что такое номограмма и как ею пользоваться (Denisjuk, I. N., Was ist ein Nomogramm und wie hat man es zu benutzen), Verlag NKTP, 1934.
2. Швердт, Г., Введение в практическую номографию (Schwerdt, H., Einführung in die praktische Nomographie), Moskau, 1932.
3. Глаголев, А. А., Номография для школьника (Glagolew, A. A., Nomographie für den Schüler), Moskau, 1935.

II. Allgemeine Lehrbücher über Nomographie

4. Глаголев, Н. А., Курс номографии (Glagolew, N. A., Kurs der Nomographie), Moskau, 1943.
5. Глаголев, Н. А., Теоретические основы номографии (Glagolew, N. A., Theoretische Grundlagen der Nomographie), ONTI, 1936.
6. Под ред. Глаголева, Н. А., Справочник по номографии (Unter Redaktion von Glagolew, N. A., Handbuch der Nomographie), ONTI, 1937.
7. Герсеванов, Н. М., Теория и построение инженерных номограмм (Gersewanow, N. M., Theorie und Konstruktion von Nomogrammen für Ingenieure), GTTI, 1932.
8. Ермолова, О. В., Перепёлкин, Д. И., Учебный атлас по номографии (Jermolow, O. W., Perepjolkin, D. I., Lehratlas der Nomographie), Verlag NKTP, 1935.
9. Невский, Б. А., Методика построения номограмм (Newski, B. A., Die Methodik der Konstruktion von Nomogrammen), ONTI, 1937.
10. Пентковский, М. В., Номография (Pentkowski, M. W., Nomographie), Staatl. Techn. Verl., 1949.
11. Швердт, Г., Номография на основе геометрии отображения (Schwerdt, H., Nomographie auf abbildungsgeometrischer Grundlage), DNTWU, 1935.

III. Arbeiten über Nomographie,

die die in dem vorliegenden Buche angeschnittenen Fragen etwas eingehender behandeln

12. Под ред. Глаголева, Н. А., Номографический сборник (Unter der Redaktion von Glagolew, N. A., Nomographischer Sammelband), GTTI, 1932.
13. Учёные Записки МГУ (Wissenschaftliche Notizen MGU), Ausgabe 28, 1939.
14. Франк, М. Л., Об одном методе геометрической аноморфозы (Frank, M. L., Über eine Methode der geometrischen Anamorphose), Arbeiten des Leningrader Industrieinstituts, 1936.
15. Пентковский, М. В., Проективное преобразование номограмм (Pentkowski, M. W., Projektive Umformung von Nomogrammen), GTTI, 1937.
16. Смирнов, С. В., К проблеме общей анаморфозы (Smirnow, S. W., Zum Problem der allgemeinen Anamorphose), DAN XIX, Ausgabe 3, 1949
17. Денисюк, И. Н., Упрощённый аналитический метод проективного преобразования номограмм (Denisjuk, I. N., Eine vereinfachte analytische Methode der projektiven Umformung von Nomogrammen), Verlag NKTP, 1934.

18. Денисюк, И. Н., Упрощённый способ построения неравномерных шкал (Denisjuk, I. N., Ein vereinfachtes Verfahren der Konstruktion ungleichförmiger Skalen), Verlag NKTP, 1934.

19. Margoulis, W., Les abaques á transparent orienté ou tournant, Paris, 1931.

20. Soreau, R., Nomographie ou traité des abaques, Paris, 1921.

Es erscheint dem Herausgeber notwendig, auf einige, dem deutschen Leser zugängliche Werke hinzuweisen:

Folgende Werke vermitteln
Grundbegriffe und Herstellung nicht allzu schwieriger Nomogramme

Müller, Dr. A., Nomographie für die technische Praxis, Fachbuchverlag Leipzig 1952.

Luckey-Treusch, Nomographie, 7. Auflage, B. G. Teubner-Stuttgart 1954 (L).

Fricke, H. W., Der Rechenschieber, Fachbuchverlag Leipzig 1952.

Schwerdt, H., Einführung in dic praktische Nomographie, Salle-Berlin 1927.

Etwas weiter führen die nachstehenden Werke

Pirani, Dr. M., Graphische Darstellung in Wissenschaft und Technik, Göschen, Bd. Nr. 728, de Gruyter, Berlin. Neuauflage erscheint in Kürze (L^2).

Kießler, F., Angewandte Nomographie, Teil I u. II, W. Girardet-Essen 1952 (L^2).

Zühlke, M., Wirtschaftlich Rechnen, 3. Aufl., G. Westermann-Berlin 1952 (L^2).

Nomogramme für größte Ansprüche der Praxis setzen umfangreiche theoretische Kenntnisse voraus, die die folgenden Werke im Zusammenhang mit zahlreichen Beispielen vermitteln

Pentkowski, M. W., Nomographie, Akademie-Verlag, Berlin 1953 (Deutsche Übersetzung des unter gleichem Titel in Moskau erschienenen Werkes von P.).

Johnson, Lee H., Nomography and Empirical Equations. Chapman and Hall, Ltd. London, New-York 1952.

Glagolew, H. A., Handbuch der Nomographie, Moskau ONTI, 1937 (L^2).

Meyer zur Capellen, Dr. W., Leitfaden der Nomographie, Springer-Verlag, Berlin 1953 (L^2).

Schwerdt, H., Lehrbuch der Nomographie, Springer-Verlag, Berlin 1924 (L).

Schwerdt, H., Die Anwendung der Nomographie in der Mathematik, Springer-Verlag, Berlin 1931 (L).

L = Literaturangaben
L^2 = umfangreiche Literaturangaben

NAMEN- UND SACHVERZEICHNIS

FSC
www.fsc.org
MIX
Papier | Fördert
gute Waldnutzung
FSC® C083411

Kolibri 360 GmbH
Ferdinand-Jühlke-Straße 7
99095 Erfurt, Deutschland
produktsicherheit@kolibri360.de